Jetzt helfe ich mir selbst

Start-Schwierigkeiten

Dieser Wegweiser soll Ihnen helfen, bei streikendem Motor den Fehler einzukreisen. In Frage kommen fast immer nur zwei Störungsursachen: Zünd- oder Kraftstoffanlage. Der aussichtsreichste Weg: Von beiden Gruppen die Anfangsfrage beantworten und falls diese bejaht werden können, mit dem Wegweiser für die Zündanlage beginnen. Entsprechend unserer Tabelle läßt sich der

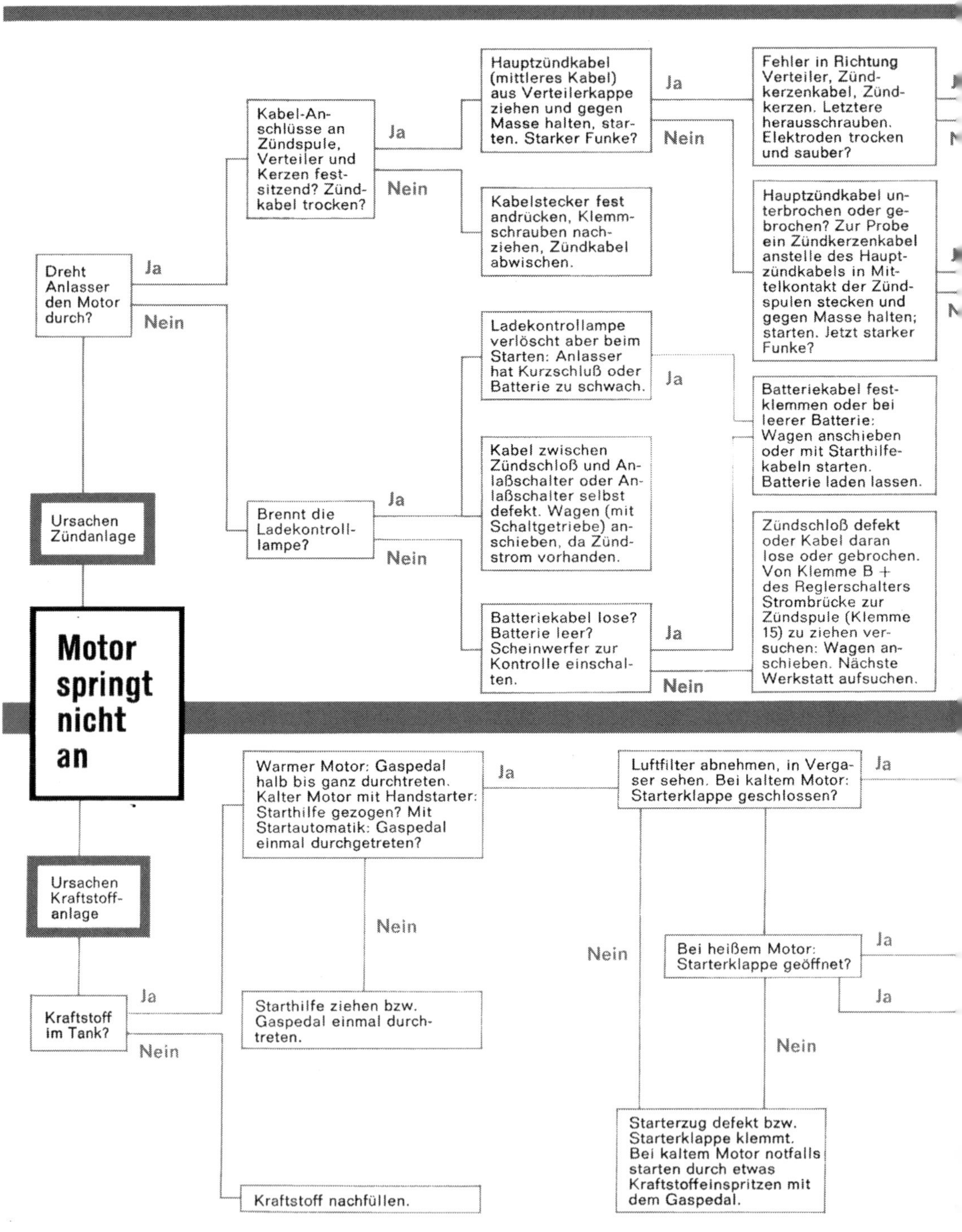

Motor auch bei Störungen, die während einer Fahrt auftreten, durchprüfen. Man beachte auch die näheren Ausführungen zu den einzelnen Punkten in den betreffenden Kapiteln und die damit verbundenen speziellen Störungshilfen, die auf den rechts unten angegebenen Seiten zu finden sind. Dieses Schema gilt auch für die meisten anderen Automobilfabrikate.

Kerzenstecker auf herausgeschraubte Zündkerze stecken: mit Anlasser starten. Starker Funke an Elektrode?

Ja

Nein

Obgleich Zündanlage wahrscheinlich in Ordnung, möglichst neue Zündkerzen einsetzen (alte Kerzen können unter Druck versagen). Springt Motor nun an?

Ja

Nein

Falls jedoch öfter Anlaßschwierigkeiten, Zündkerzenkabel auf Bruch- und Knickstellen untersuchen und Motoreinstellung überprüfen lassen.

Fehler in der Kraftstoffanlage suchen.

Motor ersoffen durch zu starkes Betätigen der Beschleunigungspumpe; Starten mit konstant durchgetretenem Gaspedal. Kerzen trocknen, besser gegen trockene austauschen. Motor bei offenen Zündkerzenlöchern ohne Gasgeben mit Anlasser innen trocknen.

Statt Zündkerze Schraubenzieher oder dicken Nagel in Zündkabelstecker drücken und gegen Masse kurzschließen; Anlasser betätigen. Funken zwischen Schraubenzieherklinge und Masse?

Ja

Nein

Zündkerzen defekt, austauschen.

Verteilerkappe innen naß (nach Motorwäsche) oder gebrochen (Kriechstrom zur Masse) oder Verteilerfinger defekt oder Zündkerzenkabel gebrochen.

Zu starker Funke: Kontakte blau angelaufen, wahrscheinlich Kondensator defekt.

Hauptzündkabel austauschen.

Guter Funke: Motor jetzt mit Anlasser durchdrehen. Funken beim Abheben der Kontakte?

Ja

Nein

Unterbrecher in Ordnung, Fehler in der Zündspule (Sekundärwicklung).

Unterbrecherhebel hebt nicht ab oder hat lahme Feder oder Halteschraube sitzt nicht fest.

Fehler in Richtung Unterbrecher (Verteilerunterteil), Kondensator, Zündspule. Verteilerdeckel abnehmen, Wagen bei eingelegtem höchstem Gang schieben, bis Unterbrecherkontakt geschlossen; Zündung einschalten, Unterbrecherhebel abheben (mit Schraubenzieher, Kugelschreiber). Funke zu sehen und zu hören?

Ja

Nein

Unterbrecherkontakt verschmort? Wenn ja, dann austauschen.

Zündspule (Primärwicklung) in Ordnung? Dünnes Kabel von Klemme 1 der Spule abziehen, statt dessen Prüflampe anklemmen und an Masse halten; Zündung einschalten: Leuchtet Prüflampe dauernd auf?

Ja

Nein

Kondensator oder dünnes Kabel von Klemme 1 der Spule zum Unterbrecher ist defekt.

Zündspule (Primärwicklung) oder Kabel zwischen Zündschloß u. Klemme 15 der Spule defekt.

Vergaser mit Kraft-
versorgt?
ıng: Die von der
stoffpumpe zum Ver-
r führende Zuleitung
ergaser abziehen.
Anlasser betätigen.
Benzin heraus?
sichtig handhaben,
en unterlegen, damit
s auf Auspuff tropft.)

Ja

Nein

Vergaser wird mit Kraftstoff versorgt. Störungen im Vergaser: 1. Möglichkeit: Schwimmer oder Schwimmernadelventil klemmt. Gegen Vergaser klopfen oder Vergaserdeckel abnehmen und Ventil gängig machen oder auswechseln. 2. Möglichkeit: Leerlaufdüse verstopft. Herausschrauben und reinigen. Einspritzanlage: Prüfen lassen.

r etwas abkühlen las-
später Startautomatik
rollieren lassen.

Zulauf zum Vergaser gestört. Leitung vom Tank an Kraftstoffpumpe abnehmen. Läuft Benzin heraus?

Nein

Ja

ıf vom Tank unterbro-
. Zum Beispiel Tank-
ftung verklemmt oder
opft. Tankauslauf
chmutzt oder Leitung
etscht. Knickstelle be-
gen, Belüftung prüfen.

Zulauf vom Tank bis vor Pumpe in Ordnung. Pumpe fördert nicht. Evtl. Sieb verschmutzt, sonst siehe Kapitel Kraftstoffpumpe.

Eingehende Störungstabellen finden Sie auf den Seiten

17/18	Zu hoher Verbrauch
108/109	Vergaser
121	Batterie u. Lichtmaschine
130	Sicherungen
160	Öldruckanzeige
172	Kupplung
199	Bremsanlage

Dieter Korp

Opel Manta A

bis August '75

Jetzt helfe ich mir selbst

Unter Mitarbeit von
Wolfgang Schmarbeck

Motorbuch Verlag Stuttgart

Umschlagentwurf und Buchgestaltung: Peter Werner / Siegfried Horn
Titelbild: Wolfgang Schmarbeck

ISBN 3 – 87943 – 307 – 0

Auflage Nr. 105 975

Eine Abteilung des Buch- und Verlagshauses Paul Pietsch GmbH & Co. KG.

Idee und Gestaltung des Störungsfahrplanes in der vorderen Buchklappe: Verfasser.
Fotos: Bilstein 1, Cromodora 1, Dunlop 2, Opel 3, Schmarbeck 104, Thaer 2, Archiv Verfasser 4.
Werkszeichnungen: Opel 12, Schmarbeck 2, Solex 2, Teroson 1.
Den Schaltplan in der hinteren Buchklappe fertigte Raimund Schmarbeck nach Werksunterlagen.
Satz: Staib & Mayer, Vereinigte Druckereien, 7 Stuttgart 1
Druck: KN Digital Printforce GmbH, Schockenriedstraße 37, 70565 Stuttgart
Printed in Germany.

Sie finden in diesem Buch

Antrieb und Fahrwerk

Pflege der Karosserie

Dies und jenes

So bleibt Ihr Auto mobil

Sie haben mit dem Opel Manta einen zuverlässigen Wagen erworben. Aber ein ständig dienstbereites Auto gibt es dennoch nicht – es ist von Menschen geschaffen und setzt sich aus vielen tausend Teilen zusammen, die nicht alle von ein und demselben Hersteller stammen. Was ist z. B. zu tun, wenn nach kalter Winternacht Ihr Manta nicht mehr anspringen will? Müssen Sie den Wagen stehen lassen oder die Werkstatt oder etwa den Abschleppdienst anrufen? *

Vielleicht würde Ihnen eine derartige Unpäßlichkeit Ihres Autos keine Kopfschmerzen bereiten, vielleicht, weil Sie mit Hilfe dieses Buches bereits Vorsorge getroffen haben, daß Ihnen dergleichen nicht passiert. Aber noch andere unerfreuliche Möglichkeiten schlummern in dem Zusammenspiel der Technik, die sich bisweilen zwar tückisch, doch oft als leicht zu beheben erweisen können. Dann spart man eine Menge Geld und gleichfalls Zeit, wenn die Werkstatt fern ist, wo ohnedies Personalengpässe und Überlastung beiden Parteien – der Werkstatt und dem Kunden – manchen Verdruß bringen. Ganz zu schweigen von den bedauerlicherweise ständig steigenden Preisen für Lohn und Ersatzteile.

Vorliegendes Buch ist kein Reparatur-Leitfaden, der eine gut ausgerüstete Werkstatt ersetzen soll. Es ist aber eine sehr weitgehend ausgedehnte Betriebsanleitung, die Ihnen Unterstützung bei der Eigenhilfe und bei der Störungssuche gibt und daneben noch Ratschläge für die Werterhaltung, für den wirtschaftlichen Betrieb und Unterhalt des Wagens vermittelt. Zugleich bietet dieses Handbuch ausführliche Hilfe bei dem Umgang mit Werkstätten und für die turnusmäßigen Vorführungen des Autos beim TÜV.

Eine wirkliche Wartungsfreundlichkeit ist allen fünf Manta-Typen gemeinsam und nicht zuletzt deshalb konnten sie in diesem Buch vereint beschrieben werden. Ihre Verwandtschaft teils mit dem Kadett B und teils mit dem Rekord C wird manchem Manta-Besitzer, der einen jener Wagen vorher besaß, seine Absicht erleichtern, sich selbst um das Auto zu kümmern. Der Pflege- und Wartungshelfer, den Sie hier als Buch in Händen halten, wird dazu beitragen, die Freude an Ihrem schmucken Wagen zu bewahren.

Das Parallel-Modell, der Opel Ascona, wird in einem gleichen Handbuch dieser Buchreihe berücksichtigt. Es unterscheidet sich vom Manta im wesentlichen in der Karosserie und in der elektrischen Anlage. Für das Nachfolgemodell, den Manta B, erschien 1977 ebenfalls ein solches Handbuch.

Für die Hilfe der freundlichen Menschen, die am Entstehen dieses Buches Anteil hatten, sei hier Dank abgestattet! Die Verfasser

---

* Vermutlich ist einer altersschwachen Batterie bei dem Frost die Puste völlig ausgegangen. Ohne die Batterie auszubauen, jedoch mit Unterstützung eines anderen Wagens mit laufendem Motor und 12 Volt-Anlage und unter Verwendung von Starthilfekabeln (die man sich für solche Fälle anschaffen sollte) kommen Sie wieder vom Fleck. Wie es genau gemacht wird, lesen Sie auf Seite 115.

Was mögen die zwei da unter dem Auto reparieren? Jedenfalls haben sie sich ein Fleckchen in der freien Natur gesucht und vertiefen ihre Kenntnisse, die schon auf eine gewisse Praxis schließen lassen.
Automobil-Wissen kann man sich sozusagen spielerisch aneignen. Voraussetzung ist freilich, daß man Hemmungen über Bord wirft und den fahrbaren Untersatz, auf den man sich ja stets verlassen möchte, nicht als geheimnisumwittertes Hexenwerk betrachtet. Mit diesem Buch besitzen Sie einen aufmerksamen Helfer, um sich zur Pflege und Werterhaltung näher mit Ihrem Opel Manta vertraut zu machen.

Selbst gemacht heißt Geld gespart

Am besten, Sie machen sich zuerst einmal mit dem Wesen dieses Buches vertraut. Wenn Sie es durchblättern, werden Sie feststellen, daß es ein »Sachbuch« ist mit sehr vielen, in sich abgeschlossenen Abschnitten, die jeweils ein Teil Ihres Autos behandeln. Später, im Bedarfsfall, werden Sie auch nur den Abschnitt zu Rate ziehen, der gerade in Frage kommt. Es wäre also verfehlt, das Buch einfach von vorne bis hinten wie einen Roman durchzulesen. Das würde Sie vermutlich nur konfus machen.
Wenn Sie etwas Bestimmtes suchen, steht Ihnen am Ende des Buches ein Stichwortverzeichnis zur Verfügung, das Sie zu den Geheimnissen Ihres Manta führt. Und wenn Sie sich noch etwas unsicher fühlen: Ziehen Sie eine alte Hose an und gehen Sie 'mal raus an Ihren Wagen, mit diesem Buch unterm Arm. So kann man am besten vergleichen, was hier geschrieben ist und was am oder im Auto vielleicht noch etwas unverständlich erscheint. Auf diese Weise kommt man der Praxis schon recht nahe.

Dieses Buch gehört ins Auto

Zweifellos macht sich dieses Handbuch daheim im Bücherschrank recht gut aus. Aber sein Nutzen ist dort sehr gering. Das merken Sie spätestens dann, wenn Sie unterwegs neben Ihrem Auto stehen, das auf einmal nicht mehr weiter will, und wenn Sie der Verzweiflung nahe sind.
Griffbereit im Handschuhfach – dort ist dieses Buch am besten aufgehoben. Es gibt nämlich kein Auto, das sein ganzes Autoleben lang störungsfrei zu Diensten steht. Irgendwann trifft jeden Wagen einmal eine Panne, auch bei sorgfältigster und regelmäßiger Pflege, und wenn dies womöglich noch bei Nacht und Kälte passiert und man sich nicht zu helfen weiß, dann ist der Schrecken groß. Meist ist die Ursache einer Störung nur gering und mit wenigen Handgriffen zu beseitigen – dieses Buch kann Ihnen dabei helfen.

Erste Pannenhilfe

Zur planmäßigen Störungssuche bei überraschenden Pannen finden Sie in diesem Handbuch eine Reihe von Hinweisen, wobei der »Entstörungs-Fahrplan« in der vorderen Buchklappe besonders wichtig ist. Denn Hilfslosigkeit unterwegs kann teuer werden. Denken Sie einmal an die Abschleppkosten, für die man schnell einen Hundertmarkschein hinlegen muß und die sich mit einem »Gewußt wie« oft vermeiden lassen. Mit einiger Sachkenntnis wird man fast immer einen Weg finden, die nächste Werkstatt mit eigener Kraft anzusteuern, falls nicht gerade ein Unfall solche improvisierte Fortbewegung ausschließt.
Dabei noch ein Tip zum Umgang mit diesem Buch: Der Opel Manta ist ein Fahrzeugtyp, den das Werk mit verschiedenen Motoren ausrüstet. Entsprechend unterschiedlich sind gewisse technische Einzelheiten, die folglich in diesem Buch nebeneinander behandelt sein müssen. Sie werden also einzelne Abschnitte finden, die auf Ihr Modell nur teilweise zutreffen, und es gibt solche, die speziell die Besonderheiten Ihres Wagens behandeln.

Ein Tip: Kennzeichnen Sie sich die Stellen, die auf den folgenden Seiten Ihr Auto besonders betreffen, mit einem Farbstift. Dann finden Sie im Notfall schnell, was Sie suchen, und Verwechslungen, die in der Nervosität einer solchen Situation vorkommen, sind ausgeschlossen. Außerdem bietet auch der Rand der einzelnen Seiten Platz für Notizen: Eigene und anderer Leute Erfahrungen auf einem bestimmten Sachgebiet sind manchmal wert, festgehalten zu werden.
Gleiches gilt für Neuerungen und technische Änderungen am Wagen. An den Kapitelenden bietet sich meistens der Raum dazu an, dort Wissenswertes über Veränderungen in der Serienproduktion nachzutragen, wie auch in den laufenden Neuauflagen zu diesem Buch dort Hinweise zu eventuell an Ihrem Manta vorgenommenen Verbesserungen gegeben werden.

Ein Hobby pflegen

Wie vielen anderen Autofahrern auch, so wird Ihnen vielleicht Ihr »fahrbarer Untersatz« ans Herz wachsen und sozusagen ein Familienmitglied werden. Die Freude am Anblick Ihres Autos und beim Fahren möchten Sie gerne so lange wie möglich erhalten. Manchen Autobesitzern fehlt es aber doch an der rechten Sachkenntnis und an der geeigneten Wahl der Hilfsmittel, ihren Wagen richtig zu pflegen und zu warten, und ein dennoch liebevoll umhegtes Auto kann im wahrsten Sinne des Wortes zu Tode gepflegt werden.
Hier erweist sich dieses Buch als Berater. Autowäsche und Lack-Kosmetik sind keinesfalls die wichtigsten Pflegearbeiten, vielmehr kommen den regelmäßigen technischen Wartungsarbeiten eine größere Bedeutung zu. Und diese sind, bei Licht besehen, nicht etwa mühevoller als die Arbeiten, die der äußeren Schönheit des Autos dienen. Die Pflege der Technik steigert Ihr Selbstvertrauen und erhält Ihrem Wagen seine Zuverlässigkeit, und gleichzeitig ersparen Sie sich Umstände oder Unannehmlichkeiten, die ein Besuch der Werkstatt mit sich bringen kann.

Erleichterungen sind möglich

Manch einer hat sein Auto tatsächlich nur zum Spaß: Er bewegt es nur bei Sonnenschein oder am Wochenende. Sehr viele Autobesitzer müssen sich aber regelmäßig durch verstopfte Großstadtstraßen quälen oder schlechte Landstraßen bewältigen, und andere haben ein ständiges Pensum langer Autobahnstrecken vor sich. Solche gegensätzlichen Fahrbedingungen rufen natürlich auch einseitige Beanspruchungen hervor, die einmal Kupplung, Getriebe und Batterie betreffen, zum anderen Federn, Fahrwerk und Stoßdämpfer belasten, bisweilen freilich auch über weite Strecken keinerlei Strapazen bedeuten. Alle solche Eventualitäten hat das Herstellerwerk weitgehendst berücksichtigt, als die Wartungsintervalle festgelegt wurden. Diese sind demnach nur Mittelwerte.
Es liegt auf der Hand, daß jeder Autobesitzer selbst entscheiden kann, welche Teile seines Autos wann überprüft werden müssen. Diese Beurteilung richtet sich nach den eben angedeuteten Beanspruchungen, weshalb es möglich ist, die in der Betriebsanleitung angegebenen Sicherheitswerte (der Wartungsintervalle) dann auszudehnen, wenn man sich über den Zustand eines bestimmten Teils am Auto bewußt ist. Niemals darf dabei die Verkehrssicherheit außer Acht gelassen werden.

Gezielte Inspektionsarbeiten

Innerhalb der Garantiezeit soll man die Fristen, die das Inspektionsheft vorschreibt, schon deswegen einhalten, um keine Garantieansprüche zu verlieren. Nach Ablauf dieser Zeit besteht durchaus die Möglichkeit, zahlreiche Wartungsarbeiten – sozusagen in Hobbystunden – regelmäßig selbst zu erledigen. Das

muß nicht unbedingt in einer ungemütlichen, dunklen Garage stattfinden; bei etwas Planung lassen sich viele Handgriffe auch im Grünen ausführen, wohin man zur gleichzeitigen Erholung fährt.
Eine ganze Reihe durchaus gewissenhafter Autobesitzer handeln so und suchen eigentlich nur noch dann die Werkstatt auf, wenn Störungen oder Schäden die Hilfe des Fachmannes erfordern oder wenn wichtige Wartungsarbeiten notwendig erscheinen. Letztere setzen zuweilen fachliches Wissen, handwerkliches Geschick oder spezielle Werkstatthilfsmittel voraus, wie

- Ventilspiel einstellen
- Zündzeitpunkt einstellen
- Bremsbeläge wechseln
- Lichtmaschine überprüfen

Das sind also Wartungsarbeiten, die »übrig« bleiben können und die in der Werkstatt wesentlich schneller und preiswerter erledigt werden als ein kompletter Wartungsdienst. Natürlich dürfen sie nicht etwa versäumt werden. Solche, nur geringe Zeit in Anspruch nehmende, einzelne Arbeiten lassen sich oft zwischen umfangreiche Inspektions- und Reparaturarbeiten an anderen Wagen einschieben. Das spart Zeit und schont die Finanzen. Manchem versierten und verantwortungsbewußten Praktiker bereiten allerdings auch Arbeiten wie die genannten kaum Schwierigkeiten.
Zumindest lohnt es sich aber, die in der Werkstatt ausgeführten Inspektionen und Arbeiten überprüfen zu können. So legte einmal der ADAC Rechenschaft über eine Testreihe ab, in der mit verschiedenen Automarken eine Anzahl wahllos herausgegriffener Vertragswerkstätten angefahren wurde, um jeweils fällige Scheckheftinspektionen vornehmen zu lassen.
Sei es, daß die Werkstätten überlastet waren, oder mag es an mangelndem oder ungeschultem Personal gelegen haben: Der Zustand der Kundenwagen war einer doch ziemlich großen Gruppe von Werkstätten nicht so wichtig, als daß sie die Fahrzeuge ordnungsgemäß wieder ausgeliefert hätten. Manche Wartungsarbeit wäre – verantwortungsbewußt selbst vorgenommen – besser erledigt worden.
Dieser Hinweis soll nicht verallgemeinern, Ihnen aber doch die Schwächen einer oft unter Hochdruck produzierenden Automobilwirtschaft und ihrer angeschlossenen, meist überlasteten Vertretungen vor Augen führen. Nur wenn Sie über Ihren Wagen nicht Bescheid wissen, werden Sie sich solchen Sorglosigkeiten aussetzen müssen. Inzwischen wird auch Ihre Opel-Werkstatt von jenem Test erfahren und – falls nötig – mögliche Unvollkommenheiten abgestellt haben. Das Vertrauen, das Sie allein durch Ihren Auftrag der Werkstatt gegenüber ausdrücken, sollte darum von Ihren Kenntnissen untermauert sein. Solche Kenntnisse eignen Sie sich mit Hilfe dieses Buches an.
Übrigens ist die gelegentlich gehörte Behauptung, daß bei Nichteinhaltung der Inspektionsvorschriften der Versicherungsschutz entfällt, nur ein Gerücht.

Verstärkte Eigenkontrolle

Wer hauptsächlich an Selbstbedienungs-Tankstellen sein Benzin zapft, kommt ohne ein bestimmtes Maß an Eigenkontrolle nicht aus. Dazu wären vor allem jene Kontrollen zu nennen, die sowieso nicht nur bei jedem offiziellen Wartungsdienst, sondern in wesentlich kürzeren Zeitabständen vorgenommen werden müssen:

- Motorölstand
- Batteriesäurestand
- Bremsflüssigkeitsstand
- Kühlflüssigkeitsstand
- Reifendruck und -zustand
- Wirkung der Bremsen
- Beleuchtung
- Leerlaufeinstellung

Nur wenige Minuten Zeitaufwand werden durch solche vorbeugende Wartungen weitgehend von einem wenig gestörten Betrieb des Wagens belohnt.

Der Spezialist macht's möglich

Natürlich können einmal Schäden oder Störungen den Opel-Besitzer in eine Werkstatt dirigieren. Dort ist er gut bedient. Zwar ist der Weg zu ihr oft nicht weit, aber die Arbeitsüberlastung der Werkstatt führt oft zu zeitlichen Verzögerungen. Dann kann – in manchen Fällen – der Spezialist gezielter helfen. Einer Karosserie- oder Reifenwerkstatt, einer Autolackiererei oder -polsterei z. B. ist es gleichgültig, welches Markenzeichen der Wagen trägt. Die Spezialwerkstätten sind auf ihrem Gebiet mit jedem Wagen vertraut und können besondere Wünsche eher erfüllen.

Hierbei sind auch die Elektro-Werkstätten zu erwähnen, innerhalb dieser den Bosch-Diensten eine besondere Bedeutung zukommt. Diese im ganzen Bundesgebiet anzutreffenden Vertretungen können nicht nur Ersatzteile wie Zündkerzen, Glühbirnen, Unterbrecherkontakte oder auch größere Aggregate sofort liefern, sondern sie verfügen auch über Motor-Testgeräte und Fachkräfte, die mit Einstellarbeiten an Zündung und Vergaser vertraut sind. Ein Adressenverzeichnis dieser Betriebe erhalten Sie über die Robert Bosch GmbH, 7016 Gerlingen-Schillerhöhe, Robert-Bosch-Platz 1.

Neben dieser Liste sollte man auch das Anschriftenverzeichnis der Solex-Dienste im Wagen mitführen. Ihr Opel ist mit einem Vergaser dieses Namens bestückt, und Firmenvertretungen von Solex gibt es in vielen Städten. Hierüber erteilt die Pierburg GmbH & Co. KG, 4040 Neuss 13, Postfach 838 (früher Deutsche Vergaser-Gesellschaft), gern Auskunft.

Nicht zuletzt sei dazu geraten, daß man sich eine Aufstellung der Opel-Werkstätten besorgt. Eine solche erhalten Sie bei Ihrem nächsten Opel-Händler. Dort bekommt man auch ein Verzeichnis der dienstbereiten Opel-Betriebe in Autobahnnähe, die im Sommerhalbjahr an Wochenenden ihre Hilfeleistung anbieten.

Auch Tankstellen können helfen

Suchen Sie sich eine gut geführte Stamm-Tankstelle, die nicht nur auf Selbst-Bedienung spezialisiert ist und sich auch nicht zu einer reinen Gemischtwarenhandlung entwickelt hat. An anderen Tankstellen, die (vielleicht neben einigen Selbstbedienungs-Zapfsäulen) auch noch Tankstellen-Service leisten, sind Sie mit kleineren autotechnischen Nöten besser aufgehoben. Einige Aral- und Esso-Stationen haben auch Motor-Prüfstände, mit denen Vergaser- und Zündeinstellung von geschulten Leuten geprüft und eingestellt werden können. Auch Unterbrecherkontakte kann man dort austauschen lassen.

Trotzdem: In fahrzeugtechnischer Hinsicht darf man von einer Tankstelle nicht zu viel verlangen. Regelrechte Reparaturarbeiten wird ein vernünftiger Tankstellenhalter schon von sich aus ablehnen (er ist nicht entsprechend haftpflichtversichert), Arbeiten an der Bremsanlage darf er im Kundenauftrag überhaupt nicht vornehmen. Die wirklich reparaturtechnischen Feinheiten Ihres Opel kennt verständlicherweise nur die Opel-Werkstatt.

»Hohe Schule« der Selbsthilfe

Erfahrene Autopraktiker – von denen es viele auch in anderen Berufen außerhalb des Kraftfahrzeughandwerks gibt – können sich natürlich noch mehr selbst helfen. Dazu muß allerdings der Werkzeugschrank schon recht gut ausgestattet sein. Unser Buch ist auf diese »Hohe Schule« der Eigenhilfe abgestimmt, wobei nicht verschwiegen wird, was Sache der Werkstatt bleiben muß. In erster Linie denken wir dabei an Bremsanlage und Lenkung, also an die für die Verkehrssicherheit des Fahrzeugs verantwortlichen Teile.

In zahlreichen Kapiteln dieses Handbuches erfährt man theoretische und praktische Kenntnisse der Opel-Intimitäten. Sie verhelfen dazu, sich aufmerksam mit seinem Wagen zu befassen und zu verstehen, was der Mann in der Werkstatt mit dem Auto macht. Diese Wissensvertiefung sollte nicht unterschätzt werden. Auch wenn zu Anfang der Kraftfahrzeugmeister etwas gequält das Gesicht verzieht, wenn Sie Ihre neuen Kenntnisse anbringen möchten, werden Sie mit der Zeit Ihre Sorgen und Wünsche bei der Reparaturannahme schon präziser vortragen können. Außerdem lernt man, Fachausdrücke auf den Rechnungen zu verstehen und kann deren Betrag ins rechte Verhältnis zur Arbeit bringen.

Sparen helfen

In diesem Handbuch liegt das Bestreben, Ihnen sparen zu helfen. Wenn auch an den Schluß dieses Kapitels gesetzt, so steht dies keineswegs an letzter Stelle der Wichtigkeit. Als Sie sich zum Kauf Ihres Opel entschlossen, sagten Sie gewiß: »Erst unter dem Strich wird zusammengezählt.« Benzin und Öl, Steuer und Versicherung, vielleicht auch die Garage, das sind Dauerausgaben, die der Anschaffung folgen. Hinzu kommen Wartung, Reparatur und Abnutzung beim Betrieb des Wagens und seine Wertminderung bei jedem Kilometer, an jedem Tag.

Was soll man daran sparen können? Weder Steuer, weder Versicherung. Letztere wird man eher noch erhöhen, und durch zusätzliche Kasko- oder auch noch Insassenversicherung ist man noch geschützter. Nur die Rabatte für Schadensfreiheit, die man durch karambolagefreies Fahren erringt, mindern einige dieser Kosten.

Aber an Kraftstoff und Öl können Sie bereits sparen, das wird in verschiedenen Kapiteln dieses Buches aufgezeigt. Richtige Wartung und Pflege tragen zur Werterhaltung des Wagens bei, und viele Möglichkeiten bieten eine Senkung dieser Wartungskosten durch Selbsthilfe. Wenn Sie durch eigene Hilfe auch nur eine knappe Werkstattstunde einsparen, haben Sie den Kaufpreis dieses Buches bereits »herausgewirtschaftet« – das ist unser ganzer Stolz. In der Tat: Guter Rat ist gar nicht teuer.

Zudem hilft dieses Buch ebenso in der Vorausplanung. In vielen Kapiteln finden Sie Preisangaben, die Ihnen eine Vorstellung von Anschaffungs- und Reparaturkosten vermitteln. Das betrifft auch Werkzeug, Pflegemittel und Zubehör, Dinge also, die man selten geschenkt bekommt.

Nun sind Sie vielleicht schon ein Experte und Sie vermissen das eine oder andere, was Ihnen als Heimwerker wissenswert erscheint. Bevor Sie dann Ihrer Enttäuschung Ausdruck verleihen, bedenken Sie bitte, daß in Jahrzehnten gesammelte Autoweisheit nicht in einem einzigen Buch vereint sein kann. Sie würden sich letzten Endes nur über die unübersehbare Fülle derartiger (selten verwendbarer) »Ratschläge« ärgern. Das stände dem Sinne dieses Handbuches entgegen. Also dann – viel Glück!

Man muß nicht Fachmann sein

Niemand kann es einem verwehren, sich selbst sorgend um sein Auto zu kümmern. Mit den Fragen der Sicherheit wird einem oft nur Angst eingejagt, womit wir einem gut geleiteten Werkstattbetrieb keineswegs die Zuständigkeit dafür absprechen wollen. Die Fahrsicherheit kann sogar erhöht werden, wenn man sich selbst dafür verantwortlich fühlt.
Dazu muß man durchaus kein Fachmann sein, sondern nur etwas Einfühlungsvermögen und den Willen haben, auch scheinbar nebensächlichen Dingen an Ihrem Opel Beachtung zu schenken. Denn kleine Ursachen haben später oft große Wirkung. Wenn man aber durch kritische Aufmerksamkeit einen sich anbahnenden Schaden rechtzeitig entdeckt, erspart man sich Geld- und Zeitverluste und bestimmt auch manchen Ärger.

Prüfen im Stand

Bei einer bewußt vorgenommenen Probefahrt zeigt es sich, ob sich die Technik des Autos in einwandfreiem Zustand befindet. Aber: Probefahrten fangen schon im Stand an. Werkzeug brauchen Sie bei dieser kritischen Beobachtung nicht. Nehmen Sie einen Bogen Packpapier (alte Zeitungen tun's auch), auf den Sie sich legen können, oder eine praktischere Kunststoffolie.
Machen Sie vor dem Einsteigen gelegentlich eine prüfende Runde um den Wagen.

Am Tage:
- Beulen?
- Kratzer im Lack?
- Rostansatz?
- Reifenzustand?

Bei Dunkelheit:
- Abblendlicht?
- Standlicht?
- Fernlicht?
- Rückleuchten?
- Bremslichter?
- Alle Lichtspender sauber?

Wie sieht es unter der Motorhaube aus bei stehendem Motor:
- Ölstand?
- Vergaser feucht?
- Keilriemenspannung?
- Zündkabel locker?
- Fehlt Kühlwasser?
- Scheibenwaschbehälter gefüllt?
- Stand der Bremsflüssigkeit?
- Batteriepole sauber?

Bei laufendem Motor:
- Ungleichmäßiger Leerlauf?
- Ventilgeräusche?

Wagenstandplatz betrachten. Neue Ölflecken? Wenn ja, woher?
Sollten Sie nicht bald Gelegenheit haben (z. B. anläßlich des Ölwechsels bei Ihrer Tankstelle), den hochgebockten Wagen von unten zu sehen, greifen Sie jetzt zu der erwähnten Unterlage. Schauen Sie sich die Wagenunterseite an:
- Rostansatz?
- Öl am Kurbelgehäuse, Getriebe?
- Stoßdämpfer ölverschmiert?
- Auspuff durchgerostet?
- Räder schwergängig?
- Radlager mit zu viel Spiel?
- Bremsleitungen verrostet, feucht?
- Handbremsseil locker?

Die Probefahrt

Eine Probefahrt ist Teil der turnusmäßigen Inspektionsdienste. Zeitmangel in der Werkstatt und Verkehrsdichte können diese wichtige Kontrolle freilich verhindern oder verfälschen, darum kommt der Fachmann auch auf dem Prüfstand zu aufschlußreichen Schlüssen. Die selbst unternommene Probefahrt bietet zusätzlich das Gefühl der Fahrsicherheit, läßt daneben rechtzeitig eventuelle Mängel erkennen. Am besten sollte man die Reihenfolge der Kontrollen nach folgendem Schema einhalten:
Bremsen – Lenkung – Motor – Kupplung – Getriebe.

■ Bremsen: Siehe Abschnitt »Bremsprobe« im Kapitel »Die Bremsen«.

■ Wagen mit Gas und ohne Gas fahren und rollen lassen, Hände vom Lenkrad. Der Wagen darf nicht einseitig wegziehen (die Straße darf nicht gewölbt sein, gilt auch für den Bremsversuch). Lenkung kurz anreißen und loslassen: Kommt der Wagen von selbst in die Geradeausrichtung zurück? Stellt sich die Lenkung nach der Kurve ohne Nachhilfe zurück? Läßt sich das Lenkrad leicht drehen? Kein zu großes Spiel in der Lenkung?

■ Rollt der Wagen leicht (Motor im Leerlauf, Schalthebel neutral) weiter? (Sonst zu schwergängige Räder.)

■ Läuft der Motor im Leerlauf leise und gleichmäßig? Auch nach längerer Fahrt? Sauberer Übergang und ruckfreies Beschleunigen beim Gasgeben? Gaswegnehmen aus höherer Geschwindigkeit: Unübliche Geräusche von Motor, Getriebe, Auspuff? Patschen im Vergaser oder im Auspuff?

■ Geräusche aus Richtung Hinterachse lassen sich lokalisieren. Wagen auf ca. 70 km/h beschleunigen, Gas wegnehmen und auf Geräusch achten. Dann wieder etwas Tempo, Schalthebel auf Neutral und Zündung aus (aber Lenkrad nicht blockieren!), Wagen ausrollen lassen. Geräusche bei beiden Versuchen rühren nicht vom Differential her. Ist nur bei der ersten Probe etwas zu hören, kann ein Defekt am Differential, an den Achswellen oder an den Radlagern vorliegen.

■ Kupplung: Siehe Abschnitt »Kupplungsunarten« im Kapitel »Die Kupplung«.

Prüfen vor der TÜV-Kontrolle?

Alle zwei Jahre muß Ihr Opel dem Technischen Überwachungsverein vorgeführt werden. Der genaue Termin ist im Kraftfahrzeugschein eingetragen und läßt sich auch von der farbigen Plakette auf dem hinteren Kennzeichenschild am Wagen ablesen. Wenn Sie den Manta anhand dieses Buches liebevoll gepflegt haben, können Sie dieser gefürchteten Kontrolle eigentlich gefaßt entgegensehen. Der Prüfer beim TÜV kann sehr schnell beurteilen, ob er ein regelmäßig gewartetes Auto oder ein »Stiefkind« begutachtet, dem in letzter Minute auf alte Wunden noch ein paar Pflaster zur Tünche geklebt worden sind. Wichtig ist es, mit einem auch von unten gereinigten Wagen vorzufahren. Das Fahrwerk kann man sich bei einer Tankstelle sauberspritzen lassen.
Vor der TÜV-Kontrolle müssen Sie Ihren Opel natürlich besonders unter die Lupe nehmen. Nicht zulässige Anbauteile (fremde Auspufftöpfe, überlaute Signalhörner, Eigenbau-Schaltungen usw.) sind zu entfernen. Auspuff und Bodengruppe sind auf Durchrostung, die Reifen auf Profiltiefe zu prüfen.
Wenn Sie einer Werkstatt den Auftrag erteilen, den Wagen speziell für die TÜV-Kontrolle vorzubereiten, kann das für Sie unter Umständen teuer werden. Solche Kunden sind gerne gesehen. Manche geschäftstüchtige Werkstatt könnte Ersatzteil- und Reparaturkosten auf die Rechnung setzen, daß Sie staunen würden.
Man kann auch umgekehrt handeln. Manche Autobesitzer führen das gesäuberte Auto erst einmal dem TÜV vor und erklären, daß sie sich über eventuelle Mängel informieren wollen. Nach der Kontrolle überreicht der Prüfer einen

Man sollte es öfter tun als andere Wagenbesitzer: die Beleuchtungsanlage kontrollieren. Bequemer hat es natürlich der, der sich bei dieser Probe helfen lassen kann. Aber es geht auch, wenn man alleine ist und das Funktionieren der einzelnen Lampen bei allen Schaltungen separat überprüft.

schriftlichen Befund. Danach soll sich dann die Werkstatt richten (unter dem ausdrücklichen Hinweis, nur die vermerkten Mängel zu beheben!), und die Instandsetzung wird preislich angemessen ausfallen. Danach stellt man den Wagen unter Beifügung der detaillierten Rechnung dem TÜV erneut vor, und die neue Prüfplakette wird man ohne Ärger erhalten. Der zweite Besuch kostet zwar eine Nachgebühr, aber gespart hat man dabei dennoch.

Die Untersuchung braucht nicht bei einer TÜV-Stelle am Wohnort und auch die Nachuntersuchung nicht bei der zuerst besuchten Prüfstelle zu erfolgen (man kann sich also eine solche aussuchen, bei der man sich mehr Entgegenkommen verspricht). Ungünstige Prüfzeiten sind Tage vor den Ferien und vor Feiertagen, allgemein jedoch das Frühjahr. Mit manchen Prüfstellen kann man einen Termin vereinbaren. Persönlich muß man mit seinem Wagen nicht vorfahren, dies kann auch ein anderer tun.

Kraftstoffverbrauch messen

Fahrweise und Belastung des Wagens, Verkehrsverhältnisse und Witterung beeinflussen den Verbrauch Ihres Opel. Wieviel Liter verbraucht Ihr Auto? Bei zu hohem Verbrauch können die genannten Bedingungen ungünstig zusammenwirken, er kann aber auch mit Ihrem Fahrzeug zusammenhängen. Vor allem wird der Verbrauch von Ihrer Fahrweise abhängig sein! Gleichmäßiges und aufmerksames Fahren ist immer rentabler als ein sehr flotter und nervöser Fahrstil.

Sorgfältige Eintragungen in ein Bordbuch (erhältlich an Tankstellen) geben ein unverfälschtes Bild des Durchschnittverbrauchs. Der Normverbrauch sollte aber auch bekannt sein.

Was ist Normverbrauch?

Diesen Verbrauch kann man in der eigenen Fahrpraxis auch erreichen, wenn man so fährt, wie es die DIN-Vorschrift 70 030 für die Ermittlung des Kraftstoff-Normverbrauches vorschreibt. Der Wagen muß mit halber Nutzlast und gleichbleibend bei ³⁄₄ seiner Höchstgeschwindigkeit auf ebener Straße bei vorschriftsmäßigem Reifendruck gefahren werden. Zu der so ermittelten Verbrauchsmenge wird noch ein Sicherungszuschlag von 10 Prozent gegeben. Nach diesen Richtlinien wurde folgender Normverbrauch für die einzelnen Typen errechnet (für Modelle ab Baujahr 1975 siehe Seite 249):

Manta 1200 S = 8,4 Liter
Manta 1600 = 9,0 Liter
Manta 1600 S = 8,5 Liter, SR = 8,8 Liter
mit automat. Getriebe = 9,4 Liter, SR = 9,7 Liter
Manta 1900 S = 8,5 Liter, SR = 8,7 Liter
mit automat. Getriebe = 9,7 Liter, SR = 9,7 Liter
Manta GT/E = 8,5 Liter

Nur unter sehr günstigen Bedingungen wird man diese Werte unterschreiten können. Im allgemeinen sollten Sie jedoch damit rechnen, einen höheren Durchschnittsverbrauch zu erzielen. Bei dauerndem Stadtbetrieb wird der »Durst« schließlich 13 Liter beim 60 PS-Manta, etwa 13,5 Liter beim 68 PS-Manta, bis zu 14 Litern beim 80 PS-Manta und rund 14,5 Liter beim 90 PS-Manta betragen. Ist das Auto mit einem automatischen Getriebe ausgerüstet, erhöhen sich diese Angaben noch durchschnittlich um 0,5 bis 1,0 Liter.

Verbrauchsmessung mit Fahrtenbuch

Ob Ihr Opel-Motor verbrauchssparsam oder sauflustig ist, können Sie nicht aus einer Verbrauchsmessung über wenige hundert Kilometer erfahren. Selbst bei genauer km-Notierung und genauer Volltankung – keine schräge Tankstellenfahrbahn, keine Luftblasen im Tank! – erfahren Sie nur den Verbrauch für diese spezielle Strecke und die speziellen Fahrverhältnisse.
Zur echten Verbrauchsmenge ist eine Mindeststrecke von mehr als tausend Kilometer notwendig, die über einige Tage oder gar Wochen führt. Nur bei einer langen Fahrstrecke mischen sich alle Fahr- und Streckenverhältnisse zu einem guten Durchschnitt und Betankungsfehler werden ausgeglichen. Dazu gehört zur genauen Buchführung ein Fahrtenbuch (erhält man kostenlos an seiner Stamm-Tankstelle). Die Verbauchsmessung geht dann so:

- Alle Tankungen mengenmäßig eintragen.
- Nach wenigstens tausend km gelegentlich des Volltankens genauen Kilometerstand zusätzlich eintragen.
- Alle Nachfüllmengen zwischen zwei km-Eintragungen und die letzte Volltankung zusammenzählen (aber ohne die Volltankung bei der ersten km-Eintragung! Denn erst danach beginnt die Verbrauchsmessung).
- Gesamtverbrauch durch gefahrene km teilen und mit 100 multiplizieren = Liter-Verbrauch pro 100 km.

Beispiel: Letzte km-Notierung bei 86 784, vorletzte Notierung bei km-Stand 85 434, ergibt 1350 km Meßstrecke. Getankt wurden nach dem km-Stand 85 434 (ohne die damalige Volltankung!) bis einschließlich km-Stand 86 784 insgesamt 140,4 Liter. 140,4 : 1350 = 0,104 (das ist der Liter-Verbrauch pro 1 km). 0,104 x 100 = 10,4 Liter Verbrauch pro 100 km.

Zu hoher Verbrauch

Es ist weder möglich noch läßt es sich vertreten, dauernd möglichst sparsam zu fahren. Die heutigen Verkehrsverhältnisse verlangen fortwährendes Anpassen. Um nicht als rollendes Verkehrshindernis zu erscheinen, dessen Fahrer sich scheut, auf das Gaspedal zu treten, soll man ruhig den geizigen Blick zum Kraftstoffanzeiger gegen wohlwollende Behandlung des Motors eintauschen. Denn: Motoren, die ständig niedertourig und lahm gefahren werden, erreichen besonders auf kurzen Strecken kaum die günstigste Betriebstemperatur. Sie unterliegen – trotz scheinbar schonender Fahrweise – einem höheren Verschleiß und leiden unter Rückstandsablagerung aus der Verbrennung von Kraftstoff und Öl. Lieber also etwas mehr Benzin verbrauchen als Ihr Nachbar, dessen angebliche niedrigen Verbrauchszahlen vermutlich kaum einer Nachprüfung standhalten.

Fahrerursachen

■ Unruhiger Gasfuß. Die Beschleunigungspumpe spritzt bei jedem leichten Pedaldruck bis zu einem Fingerhut voll Benzin zusätzlich in den Vergaser.

■ Beschleunigen mit voll durchgetretenem Gaspedal. Man spart Benzin durch langsames Niederdrücken des Gaspedals in der Weise zunehmend, wie der Motor annehmen kann.

Der günstigste Verbrauch liegt im Bereich der höchsten Durchzugskraft des Motors (= günstigstes Drehmoment bei bester Zylinderfüllung). Das maximale Drehmoment liegt bei den vier verschiedenen Motorversionen des Manta nicht bei gleicher Motordrehzahl, vielmehr bei folgenden Werten (siehe auch Seite 246):

12 S = 3000–3800 U/min	16 = 3400 U/min
16 S = 3800 U/min	19 S = 2500–3100 U/min

Als günstigste Werte ergeben sich daraus bei den verschiedenen Typen in den einzelnen Gängen etwa folgende Geschwindigkeiten:

Manta	1200 S	1600	1600 S	1900 S
im 1. Gang	35 km/h	30 km/h	40 km/h	30 km/h
im 2. Gang	50 km/h	50 km/h	60 km/h	45 km/h
im 3. Gang	80 km/h	80 km/h	95 km/h	70 km/h
im 4. Gang	125 km/h	115 km/h	125 km/h	110 km/h

■ »Bleifuß« fahren. Die Differenzgeschwindigkeit zwischen dauerndem Vollgas und leicht zurückgenommenem Gasfuß ist unwesentlich. Der Benzinverbrauch sinkt jedoch spürbar bei besonnener Fahrweise.

■ Zugknopf der Startvorrichtung ist nicht hineingeschoben.

Ungünstige Fahrbedingungen

■ Vorwiegend Stadtverkehr: Der Motor dreht zu viel im Leerlauf. Notwendige Betriebstemperatur wird nicht erreicht. Beschleunigen an Kreuzungen läßt sich meist nicht vermeiden, steigert aber den Verbrauch erheblich.

■ Niedrige Außentemperaturen lassen den Motor nicht warm werden. Schmierstoffe bleiben länger steif und leisten Widerstand.

■ Schnee und Matsch, aber auch Kurven und schlechte Straßenoberflächen erhöhen den Rollwiderstand.

■ Gebirgsstrecken zwingen zum vielen Schalten und Beschleunigen. Winterlicher Stadtverkehr mit Spikesreifen können den Verbrauch fast bis zum Doppelten des Normverbrauchs ansteigen lassen.

Wagenursachen

■ Hohe Belastung (Urlaubsgepäck!) kostet mehr Verbrauch. Man merke sich: 100 kg Zuladung erfordern ca. 0,5–1 Liter mehr Benzin auf 100 km.

■ Zu niedriger Reifendruck erhöht den Rollwiderstand. Vor Autobahnfahrt Luftdruck prüfen. Falls nötig, erhöhen.

■ Zu knappes Radlagerspiel oder schleifende Bremsbacken machen die Räder schwergängig. Handbremse muß auch richtig eingestellt sein.

■ Radeinstellung der Vorderräder stimmt nicht. Einseitige Abnutzung der Reifen und unsaubere Lenkeigenschaften lassen dies erkennen.

■ Reifenart beeinflußt den Verbrauch. Gürtelreifen verhelfen zur Sparsamkeit, M + S-Reifen erhöhen den Rollwiderstand und damit den Verbrauch.

Motorursachen

■ Ein neuer Motor braucht durchschnittlich 6000 km, bei ungünstigen Fahrbedingungen bis zu 10 000 km, bis er die vorteilhaftesten Leistungs- und Verbrauchswerte erreicht.

■ Verschmutztes Luftfilter behindert eine optimale Zylinderfüllung.

■ Schwimmer klemmt oder ist porös, oder Schwimmerventil ist undicht. Siehe Kapitel »Vergaser«.
■ Zündung nicht in Ordnung. Zündzeitpunkt verstellt. Zündkerzen verschmutzt, locker oder verbraucht. Siehe Kapitel »Zündanlage«.
■ Kraftstoffpumpe ohne ordnungsgemäße Förderleistung. Siehe Kapitel »Vom Tank zur Kraftstoffpumpe«.
■ Kraftstoffleitungen gelockert. Kurz nach Abstellen des Wagens mit einem Blick unter das Fahrzeug festzustellen, wenn Benzin auf den Boden tropft.
■ Starker Motorverschleiß. Schlecht schließende Ventile, verschlissene Kolben und Zylinder ergeben mangelhafte Kompression und führen zu Leistungsverlusten und ansteigendem Verbrauch.

Bleiarmes Benzin

Ab Januar 1972 wurde die Zumischung einer Bleiverbindung als Antiklopfmittel von Gesetzes wegen auf 0,4 Gramm je Liter Kraftstoff begrenzt. Dies geschah wegen der Giftigkeit von Blei, um die Umweltverschmutzung zu verringern. Durch diese Maßnahme sank die Oktanzahl um etwa 1 bis 2 Punkte, wodurch manche Motoren, besonders jene mit einem Verdichtungsverhältnis von mehr als etwa 9 : 1 zu dem motorschädigenden Klingeln neigen können. Um den Schwierigkeiten mit dem 1976 abermals bleireduzierten Benzin zu begegnen, senkte Opel die Verdichtungsverhältnisse der Motoren (siehe Seite 246).
Der mit 8,2 : 1 verdichtete 68-PS-Motor des Manta 1600 kommt als einziges der hier besprochenen Modelle mit Normal-Kraftstoff aus, sein Oktanzahlbedarf liegt bei 92 ROZ (ROZ kommt von Research-Oktanzahl und ist ein Maßstab für die Klopffestigkeit). Bei Fortsetzung in dieser Rangordnung folgt der Typ 1900 S mit 90 PS, für den zwar Super vorgeschrieben ist, den man aber – bei zurückhaltender Fahrweise – notfalls auch einmal mit einer Mischung Normal/Super betreiben kann. Beim mit 9,2 : 1 verdichteten 1200er und beim GT/E möchten wir von solch ungenügender Klopffestigkeit abraten, denn hier liegt der Oktanzahlbedarf schon bei 98 ROZ, und auch der 1600 S (Verdichtung 9,5 : 1, Oktanzahlbedarf 98 ROZ) muß mit Superkraftstoff gefahren werden.
Auch mit dem bleiärmeren Superkraftstoff müssen keine Motorschwierigkeiten vorkommen. Allerdings soll die Zündeinstellung ganz korrekt sein. Ein Mittel, das Klingeln oder Klopfen bei superbedürftigen Motoren zu vermeiden, ist die Zurücknahme des Zündzeitpunktes von dem werksseitig angegebenen Normalwert der Frühzündung auf etwas weniger Frühzündung, also in Richtung Spätzündung (siehe dazu Seite 138). Für die ab 1975 zugelassenen Modelle mit niedrigerer Verdichtung (siehe Seite 246) sorgte sich Opel um die kostenlose Beseitigung von auftretendem Beschleunigungsklopfen.
Bei längeren Vollgasstrecken sollte man allerdings die Kühlwasseranzeige im Auge behalten. Steigt sie zu rasch an, muß man eine Pause einlegen. Die Verbrennungsräume können nach häufigem Stadtverkehr durch Rückstandsbildung verkoken und brennen sich bei mäßiger Fernfahrt erst nach etwa 100 km frei, danach kann wieder flotter gefahren werden.

Was ist Klingeln oder Klopfen?

Klingeln wird hörbar bei brüskem Gasgeben aus niedrigen Drehzahlen heraus, wenn Sie beispielsweise im 3. Gang aus 20 bis 30 km/h heraus scharf beschleunigen oder an einer Steigung schaltfaul fahren, also den Motor quälen. Man muß aber ein aufmerksames Ohr haben, um das Klingeln im Motor zu hören, denn es wird zum Teil von Fahrgeräuschen überdeckt. Mit dem Klingeln – auch Klopfen genannt, was aber das Geräusch weniger genau bezeichnet – hat es folgendes auf sich.
Normalerweise verbrennt das Kraftstoff-Luft-Gemisch im Zylinder auf Befehl der Zündkerze. Springt an ihren Elektroden der Funken über, entflammt das

Gemisch. Es kann so heiß werden – u. a. durch die vorangegangene Verdichtung oder bei mangelhafter Kühlung –, daß es sich, wie schon erwähnt, von selbst entzündet. Dabei entstehen Flammenfronten, nämlich die von der Zündkerze und die durch Eigenzündung ausgelöste, die aufeinander zueilen. Jetzt bilden sich örtliche Überhitzungsherde und Druckwellen, die den Motor bis in seine Kurbelwellen- und Pleuellager erschüttern. 5 km Strecke, die unter Klingelerscheinungen zurückgelegt werden, können den Motor mehr verschleißen als etwa 150 km normale Fahrstrecke. Sind Sie sicher, daß es sich um keine anderen Geräusche handelt, sollten Sie unbedingt auch die Kühlanlage kontrollieren und den Motor auf richtige Zündzeitpunkt-Einstellung überprüfen. Damit ein Motor klopffrei betrieben werden kann, mischen die Hersteller dem Kraftstoff bestimmte Zusätze bei, die als »Klopfbremse« wirken. Es handelt sich dabei um Bleitetraäthyl, das übrigens stark giftig ist. Unverbleiten Kraftstoff gibt es heute nicht mehr. Der Bleigehalt ist aber, wie im vorangegangenen Abschnitt erwähnt, reduziert worden, wodurch sich für höher verdichtete Motoren gewisse Gefahren ergeben können.

Die Höchstgeschwindigkeit

Bei Autofahrergesprächen spielt die Höchstgeschwindigkeit eine wichtige Rolle, obwohl sie in der Praxis nur selten erreicht wird. Doch sollte man hier Angaben, die lediglich auf dem Tachometer beruhen, mit Vorsicht genießen. Das optimistische Tachometer schwindelt immer einige Prozente dazu. Der Gesetzgeber erlaubt dies sogar: In den oberen beiden Dritteln des Anzeigenbereiches darf das Tachometer bis zu + 7 Prozent zuviel anzeigen. Bei Opel ist man aber relativ ehrlich: Im Durchschnitt beträgt die Voreilung etwa 3 Prozent. So sind angezeigte 100 km/h effektiv nur 97 km/h und angezeigte 120 km/h sind effektiv 116 km/h.

Sie können die Voreilung auf einer ebenen, mäßig befahrenen Autobahnstrecke nachprüfen. Voraussetzungen: Beifahrer(in) mit Stoppuhr, notfalls Armbanduhr mit Sekundenzeiger. Bei Vollgas die Zeit für einen Kilometer messen lassen. Die Tachonadel darf dabei während der Messung nicht mehr ansteigen, was einen kilometerlangen Anlauf bedingt (Fenster schließen).

Die Geschwindigkeit in Kilometer pro Stunde (3600 Sekunden) ergibt sich, wenn Sie 3600 durch die gestoppte Zeit (in Sekunden) dividieren.

Übrigens läßt sich ähnlich auch das Tacho eichen: 3600 geteilt durch die zwischen zwei km-Markierungen auf der Autobahn gestoppte Zeit, während man genau nach Tacho ein bestimmtes Tempo fuhr. Beispiel: 3600 : 38 sec = 95 km/h (Tacho zeigte 100 km/h).

Gewisse Behauptungen anderer Autofahrer, was die erreichte Endgeschwindigkeit angeht, können Sie kritischer beurteilen, wenn Sie nun einige Angaben aus der Praxis erfahren. Der Manta 1200 S erreicht in der Regel 145 km/h, und gute Exemplare können es auch auf 148 km/h bringen. Beim 1600 sind es etwa 155 km/h, und der Manta 1600 S läuft, wenn er gut eingefahren wurde, wenigstens 165 km/h. Mit dem 1900 S-Motor beträgt die Spitzengeschwindigkeit rund 170 km/h, und besonders muntere Exemplare bringen es sogar auf 173 km/h. Beim GT/E sind 190 km/h keine Seltenheit. Alle diese Angaben beziehen sich auf mit Schaltgetriebe ausgerüstete, bis Anfang 1975 gebaute Wagen. Mit automatischem Getriebe ausgestattet, sind die Autos ein wenig bedächtiger, und von den eben angeführten Werten muß man jeweils runde 5 km/h abziehen. Modelle ab März 1975 siehe Seite 249.

Um gute 10 km/h bis maximal 25 km/h verringert sich die Höchstgeschwindigkeit, wenn sperrige Dachlast mitgeführt wird. Opel empfiehlt ohnehin, mit Dachgepäck nicht schneller als 120 km/h zu fahren.

Keiner kommt ohne den anderen aus

Es war einmal ein Mann, der wollte sich um eine neue Stelle bewerben. Zuvor trank er eine halbe Flasche Schnaps aus, um sich Mut zu machen. Davon unpäßlich geworden, besuchte er seinen Arzt und verlangte von ihm, seinen angeschlagenen Zustand umgehend zu »reparieren«. Es soll Leute geben, die ebenso unvernünftig mit ihrem Auto umgehen. Sie verlangen das Äußerste von ihrem Gefährt und erwarten dann, wenn die geschundene Technik streikt, von der Werkstatt Wundertaten. Und kosten soll es möglichst wenig.
Der Umgang mit einem Auto zwingt zu Kompromissen, auch was Wartung und Pflege angeht. Man kann nicht immer alles auf die lange Bank schieben, man kann aber – leider – auch nicht alles selber machen. Irgendwann muß man das Wissen und Können anderer in Anspruch nehmen. Das gilt besonders für Arbeiten an der Bremsanlage und an der Lenkung, also für Dinge, die mit der absoluten Verkehrssicherheit zusammenhängen. Oder die Inanspruchnahme fachlicher Kräfte wird erforderlich, wenn geeignete Werkzeuge und Meßinstrumente fehlen. Fehlt Ihnen der Mut für den Weg zum Arzt?
Dieses Kapitel soll Ihnen ein wenig Hilfestellung geben bei dem Umgang mit der Werkstatt. Zugleich sollen Sie sich davon ein ungefähres Bild machen können, mit welchen Kosten und Preisen Sie zu rechnen haben, wenn Sie Ihren Opel vertrauensvoll in eine Autoklinik bringen.

Umgang mit der Werkstatt

Eigentlich sollte man, wenn man sich ein Auto kauft, Erkundigungen über den Ruf der Werkstatt einholen, die der betreffenden Vertretung angeschlossen ist. Solide Bedienung auch nach dem Kauf bestärkt den Autobesitzer in seiner Markentreue, und gelegentliche persönliche Kontaktgespräche helfen die gefürchtete Anonymität überwinden. Um jedoch noch nach Ablauf der Garantiezeit – die zu Pflichtvisiten in einer (natürlich nicht vorgeschriebenen) Werkstatt zwingt – weiterhin vertrauensvollen Kontakt zum erwählten Opel-Dienst zu pflegen, bedarf es auch für den »König Kunde« einiger Regeln, weil selbst der hilfsbereiteste Werkstattchef kein Zauberer ist.
Aber Probleme, die auftreten können, lassen sich entschärfen. Beherzigen Sie folgendes:

- Wartungsdienste und voraussehbare Reparaturen möglichst rechtzeitig persönlich oder telefonisch anmelden und Termin vereinbaren (Fristen von einer Woche sind nicht ungewöhnlich).
- Möglichst morgens zwischen 7 und 8 Uhr vorfahren; dann werden die Arbeiten für den Tag eingeteilt. Notfalls den Wagen am Vorabend hinbringen.
- Ganz klaren Reparaturauftrag geben (dieses Buch soll dazu helfen). Zum Beispiel Ölwechsel: ja oder nein? Wollen Sie das teuerste Öl? Es wird oft ungefragt beim Ölwechsel aufgefüllt. Zündkerzen austauschen: ja oder nein?
- Eigene Telefonnummer hinterlassen. Wichtig für Rückfragen wegen zusätzlicher Arbeiten, die der Werkstatt empfehlenswert erscheinen.

■ Vor dem Werkstattaufenthalt sollten Sie Handschuhfach und Kofferraum einschließlich Werkzeug, Reservekanister und Abschleppseil ausräumen. Die Werkstatt übernimmt keine Haftung, wenn derartige Dinge abhanden kommen.
■ Ausgebaute oder ersetzte Teile wandern auf den Schrotthaufen. (Rückgabe-Austauschteile natürlich ausgenommen.) Lassen Sie auf dem Auftrag vermerken, daß man die defekten Teile in den Kofferraum legt oder zur Hand hält. Dadurch haben Sie eine gewisse Kontrolle der Werkstattarbeit.
■ Wenn Sie anderer Meinung als die Leute von der Werkstatt sind, toben Sie nicht durch die Werkshalle – Sie erheitern dadurch nur die Lehrlinge –, sondern sprechen Sie sachlich und ruhig mit dem zuständigen Mann. Lassen Sie sich seine Gründe so erklären, daß Sie sie als Laie verstehen können.
■ Ein nettes Wort hellt auch verärgerte ölige Gesichter wieder auf; eine freundliche Stimmung der Leute, die an Ihrem Wagen arbeiten, überträgt sich auf die Qualität ihrer Arbeit.
■ Bei Reparaturen haben Sie Garantieansprüche, wenn die Arbeit unsachgemäß erledigt wurde oder sich ein Materialfehler herausstellt. Branchenüblich für die Werkstätten ist eine Reparaturgarantie von 6 Monaten ohne Kilometerbegrenzung bei Privatfahrzeugen. Wußten Sie das? Bei der Nachreparatur haben Sie in diesem Falle allenfalls das zu bezahlen, was sich als zusätzlich erforderliche Instandsetzung herausstellt.
■ Bei grober Fahrlässigkeit der Werkstatt haben Sie sogar Anspruch auf Schadenersatz, falls Ihnen etwa kurz nach Verlassen der Werkstatt z. B. ein nachlässig montiertes Rad verlorengeht und dadurch ein Unfall passiert.
■ Allgemeiner Werkstattbrauch: Wagenauslieferung nach der Reparatur nur gegen Barzahlung. Auch von Schecks ohne Scheckkarte will man in vielen Werkstätten nichts wissen, es sei denn, Sie sind dort gut bekannt.
■ Kleinere Opel-Werkstätten fern der Großstädte haben oft mehr Zeit und arbeiten preiswerter, sind aber mit Ersatzteilen nicht so eingedeckt wie größere Betriebe.
■ Wagen möglichst nicht kurz vor Feiertagen oder großen Schulferien in die Werkstatt bringen – man ist dann oft überlastet.
■ Unterwegs immer einen kleinen Block und Bleistift mit sich führen, damit Sie nicht vergessen, was Sie dem Werkstattmann mitteilen wollten.
■ Bei Abnahme des reparierten Wagens sollten Sie noch auf dem Werkstatthof möglichst viele Funktionen Ihres Wagens prüfen und auch versuchen, ein kleines Stück hin und her zu fahren. Solange Sie noch im Bereich der Werkstatt sind, lassen sich Beanstandungen aller Art besser und überzeugender anbringen – ein nachlässiger Monteur kann Ihnen die Polster mit Fett ver-

In den Betriebsanleitungen zum Manta findet man vieles, was man über sein Auto wissen möchte, nicht oder nur unvollständig beschrieben. Es liegt natürlich auch nicht im Sinn einer solchen Betriebsanleitung, daß der Autobesitzer darin Anleitungen für Reparaturarbeiten erhält. Aber selbst dann, wenn man nur einfache Pflegedienste selbst ausführen oder kontrollieren möchte, hilft die Betriebsanleitung oft nicht weiter. Diese Lücke schließt das vorliegende Buch und hilft dabei, den Opel betriebssicher zu halten.
Die regelmäßig von Opel herausgebrachten Preislisten ermöglichten auch beim Manta A einen Überblick über die Kosten von Sonderausstattungen. Diese Angaben waren bei Wünschen nach zusätzlicher Ausrüstung interessant, erlauben aber heute noch eine realere Taxierung eines Gebrauchtwagens.

schmiert haben – als an einem der folgenden Tage, wenn der Werkstattmann sich auf den Standpunkt stellen kann, das sei erst nach Verlassen der Werkstatt passiert.

■ Bei Uneinigkeiten mit der Werkstatt wende man sich an eine der über die BRD verteilten Schiedsstellen. Ein Anschriftenverzeichnis ist vom Zentralverband des Kraftfahrzeughandwerks, 53 Bonn 1, Franz-Lohe-Straße 21, von der Kfz-Innung, von der Handwerkskammer, von den Automobil-Clubs, vom TÜV oder von der DAT erhältlich.

Selbsthilfe in der Mietwerkstatt

Vor allem in Großstädten haben sich etliche Autohobby-Mietwerkstätten angesiedelt, in welchen man gegen entsprechende Arbeitsplatzstandmiete (oft einschließlich Werkzeugbenutzung) selbst an seinem Manta bauen und basteln kann.

Dort gibt es Hebebühnen, Montagegruben, Schweißgeräte, Schließwinkeltester und Stroboskoplampen, und einige Betriebe haben sogar Lackierkammern und einen hauptberuflichen Lackierer. Alerdings muß man diese Werkstätten oft mühsam im Branchenverzeichnis des Telefonbuchs oder im Anzeigenteil von Tageszeitungen suchen, da es immer wieder Wechsel gibt, bekannte Werkstätten aufgeben und neue hinzukommen. Hier einige Adressen, die sich bisher als beständig erwiesen haben:

Anschrift	Name	Telefon	Arbeitsplätze
1000 Berlin 42 (Mariendorf) Mariendorfer Damm 146	Auto-Hobby-Werkstatt Janasik & Schiffmann	7 06 13 86	15
2000 Hamburg 50 (Altona) Ruhrstraße 48-56	Auto-Selbsthilfe Fibier & Co.	8 50 11 51	26
2000 Hamburg 50 (Altona) Bornkampweg 6	Mach-es-selbst-Station Shell-Station Fr. Hofer	89 43 42	5
3000 Hannover Fössestraße 105 a	SB-Autohobby-Center Siegfried Jetzkewitz	4 58 87 86	30
4370 Marl-Sinsen Halterner Straße 42 a	Autoverwertung Fr. Schmidt	8 14 60	4
5000 Köln Genter Straße 13-15	Autohobby-Mietwerkstatt	52 48 74	70
6000 Frankfurt-Nied Nieder Kirchweg 113	Autohobby-Mietwerkstatt	39 92 92	65
6500 Mainz-Mombach Industriestraße 5	Autohobby-Mietwerkstatt	4 62 58	35
6800 Mannheim-Wildhof Waldstraße 172	Shell-Station Albrecht	75 31 28	2
8000 München 45 Knorrstraße 135	Shell-Hobby-Station Adolf Höhl	3 51 43 90	8

Eigene Geschicklichkeit wird bezahlt

Was man sich durch eigene Erfahrungen an handwerklichen Fähigkeiten beigebracht hat, darf einem niemand streitig machen. Keiner hindert Sie daran, Reparaturen am Auto selbst auszuführen.

Diesen Standpunkt muß man auch manchmal gegenüber Versicherungen vertreten. Wurde etwa das Auto durch einen unverschuldeten Unfall beschädigt, muß der Schädiger bzw. dessen Versicherung dem Eigentümer die Kosten für die von ihm selbst durchgeführte Reparatur in voller Höhe ersetzen. Maßgeblich für die Erstattung ist der Kostensatz, der in einer gewerblichen Werkstatt ange-

fallen wäre. Der Anspruch umfaßt auch die Mehrwertsteuer. Einen derartigen Grundsatz stellte der Bundesgerichtshof im Urteil VI ZR 46/72 auf.
Erfahrene Autopraktiker – von denen es viele auch in anderen Berufen außerhalb des Kraftfahrzeughandwerks gibt – können sich natürlich noch mehr selbst helfen. Dazu muß allerdings der Werkzeugschrank schon recht gut ausgestattet sein. Unser Buch ist auf diese »Hohe Schule« der Eigenhilfe abgestimmt, wobei nicht verschwiegen wird, was Sache der Werkstatt bleiben muß. In erster Linie denken wir dabei an Bremsanlage und Lenkung, also an die für die Verkehrssicherheit des Fahrzeugs verantwortlichen Teile.
Der gute Kontakt zu einer Stammtankstelle ist schon im Hinblick auf die Wagenpflege von Vorteil. Neben Wartungsmöglichkeiten gibt es dort auch Prüfgeräte für Motor und Elektrik.

Was wird das wohl kosten?

Wie wir immer wieder beobachten, haben Autofahrer die größte Scheu vor der Frage nach den Kosten. Man will seine Unkenntnis nicht zugeben (obwohl unmöglich ein Mensch erwarten kann, daß man etwa als Arzt die Preise für eine Windschutzscheibe und die zugehörigen Montagekosten kennt), läßt sich etwas Unverständliches erzählen, erteilt dementsprechend verschwommene Reparaturaufträge und wartet mit banger Sorge auf die Höhe der Rechnung, wenn die Finanzreserven knapp sind.
Jene Leute, die mit fröhlicher Unbekümmertheit erklären, daß sie rein gar nichts vom Auto verstehen (obwohl sie vielleicht recht gut Bescheid wissen) und daher keine Ahnung hätten, wieviel Geld sie zum Abholen des Wagens in die Tasche stecken müßten (Reparaturen nur gegen bar! Wer kennt das Schild nicht?), sind oft besser dran. Machen Sie es wie letztere, Sie werden manche Mark sparen, wiel Sie diese oder jene eifrig angebotene Arbeit abweisen können, bevor sie auf Ihrer Rechnung erscheint.

Schriftlicher Kostenvoranschlag

Genauso, wie Sie sich vor dem Kauf Ihres Opels über den Preis informierten, sollten Sie sich bei größeren Reparaturen – möglichst von verschiedenen Werkstätten – einen Kostenvoranschlag machen lassen. Dies kann durchaus in Form des Reparaturauftrages geschehen, auf dem zu den einzelnen Posten die Preise eingesetzt sind. Ein solcher Kostenvoranschlag darf nach Brauch der Branche nur um höchstens 15 Prozent bei Beträgen über 500 Mark und um 20 Prozent bei Kosten unter 500 Mark überschritten werden, ohne daß deshalb um Erlaubnis nachgesucht wird. Entstehen jedoch höhere Kosten, muß die Werkstatt beim Auftraggeber rückfragen, ehe die Arbeiten ausgeführt werden und auf der Rechnung erscheinen. Deshalb ist die Angabe der eigenen Telefonnummer oder Anschrift so wichtig.
Entdeckt die Werkstatt Mängel, die sich auf die Verkehrssicherheit beziehen, muß man Sie auch fragen. Sie können ablehnen; der Werkstattbesitzer ist dann jedoch verpflichtet, Ihren Wagen als nicht mehr verkehrssicher der Polizei zu melden.
Achten Sie auch darauf, daß es in der Reparatur-Branche allgemein übliche »Geschäftsbedingungen für die Ausführung von Arbeiten an Kraftfahrzeugen« gibt. Sie hängen entweder irgendwo an der Wand, wo sie der Kunde lesen kann, oder sie sind auf der Rückseite des Reparaturauftrags gedruckt.

Offiziell keine Austauschteile

Für Aggregate, die erfahrungsgemäß nicht das ganze Autoleben aushalten, wie Motor, Getriebe, Kupplung, Hinterachse und dergleichen, hat Opel kein offizielles Austauschsystem. Es werden vom Werk nur neue Ersatzteile geliefert, die jeweils der neuesten Produktion entstammen. Dadurch können inzwischen eventuell vorgenommene Verbesserungen mit übernommen werden. Ähnlich wie bei Ford ist man im Haus Opel der Meinung, daß es bei den heutigen rationellen Produktionsverfahren preiswerter sei, Neuteile herzustellen, anstatt die notwendigen Arbeitskräfte an die Aufbereitung überholungsbedürftiger Altteile zu stellen. Das machen sich Spezialbetriebe zunutze (z. B. die Firma »Kolben-Motor«, Magstadt bei Stuttgart), die auf ihre Weise die ausrangierten Aggregate generalüberholen, und so kann es durchaus vorkommen, daß Ihnen Ihre Opel-Werkstatt, die mit solch einem Betrieb zusammenarbeitet – oder gar selbst Gebrauchtteile aufarbeitet – bei Bedarf einen »Austausch-Motor« anbietet. Dagegen ist an sich nichts einzuwenden, nur muß man sich darüber klar sein, daß bei vorzeitig auftretenden Schäden nicht die Firma Opel in Rüsselsheim, sondern die einzelne Opel-Werkstatt bzw. der Anlieferer, Garantie leisten muß.

Der Teile-Motor

Mit dem Opel-Teile-Motor bietet sich eine weitere Besonderheit. Dabei handelt es sich um einen neuen, aber nur teile-weisen Motor. Ein solcher Motor besteht aus dem Zylinderblock mit kompletten Kolben, Pleuelstangen, Kurbel- und Nockenwelle einschließlich sämtlicher Lager, Ölpumpe, Kurbel- und Nockenwellenrad mit einem Satz Dichtungen. Der Teile-Motor wird von der Werkstatt durch Teile aus dem Alt-Motor wie Zylinderkopf, Ölwanne, Vergaser, Lichtmaschine, Anlasser usw. ergänzt. Es handelt sich also um kein einbaufertiges Aggregat.

Die Preise für die Motoren liegen – je nach Hubraumgröße – zwischen rund 600 und 700 Mark. Wegen der laufenden Kostensteigerung sind hier exakte Angaben nicht möglich.

Stellt sich bei der Motor-Überholung bzw. dem Umbau vom Alt- auf den neuen Teile-Motor heraus, daß etwa die Lichtmaschine überholt oder gar durch eine neue ersetzt werden muß, dann werden die betreffenden Arbeiten und die benötigten Teile extra berechnet. Man kann also beim Manta im voraus den Preis für eine Motor-Überholung nur nach genauer Prüfung der Anbauteile bestimmen. Diese kann (einschließlich des neuen Teile-Motors) über 1000 Mark kosten, aber auch noch mehr, je nach dem Zustand der Anbauteile des Alt-Motors. Natürlich ist beim Manta auch nach herkömmlicher Art eine spezielle Reparatur des betreffenden Aggregates möglich, also beispielsweise Zylinder ausschleifen, Ventile einschleifen, Kurbelwelle neu lagern, neue Kolben einbauen usw. Solche Arbeiten sind zwar billiger, rentieren sich aber tatsächlich nur, wenn der Motor noch keine zu hohe Kilometerleistung hinter sich hat. Sind auf dem Tacho vielleicht schon 80 000 km abzulesen, wird eine solche Reparatur nur noch selten sinnvoll sein, denn auch die anderen Motorteile sind inzwischen wahrscheinlich schon so weit abgenutzt, daß sie bald nach dem reparierten Teil den Geist aufgeben und die vorhergegangene Reparatur sinnlos machen. Man muß da schon einen Opel-Meister finden, zu dem man gutes Vertrauen haben kann und ihn jeweils um einen Rat fragen, der sich weniger danach orientiert, was in diesem Falle die Werkstatt verdienen könnte, sondern wie der Opel-Besitzer preiswert zu einem wieder vollwertigen Auto kommt.

Ersatzteile

Da die Anzahl der Ersatzteile einen dicken Katalog füllt und sich ihre Preise auch von Zeit zu Zeit ändern, hat es wenig Sinn, hier eine Ersatzteilpreisliste zusammenzustellen. Auch ist es mit dem einfachen Preis allein zumeist nicht getan. Sehr oft müssen neben dem defekten Teil noch die anschließenden oder mit diesem in Zusammenhang stehenden Teile ausgewechselt (und bezahlt)

Schnell sind die Gläser der Leuchten am Wagen bei schlechtem Wetter verschmutzt. Dann hilft unterwegs auch ein Papiertaschentuch, wieder Sauberkeit und vor allem Leuchtkraft herzustellen. Und wenn wirklich einmal eine der Lampen ausgefallen sein sollte, dann ist das Auswechseln der Birne – aus dem hoffentlich stets mitgeführten Vorrat an Ersatzlampen (siehe S. 147) – sozusagen ein Kinderspiel. In der Werkstatt müßte man diese Arbeit auch bezahlen.

werden. Das gilt nicht nur für Dichtungen, Schrauben und dergleichen, auch einzelne Bremsbacken lassen sich nicht ersetzen, sondern es müssen alle Bremsbacken zumindest einer Achse ausgetauscht werden. Ebenso kann man Zahnräder nur paarweise ersetzen. Wenn Sie sich bei Ihrer Opel-Werkstatt Ersatzteile zum Selbsteinbau kaufen, sollten Sie nicht zu fragen vergessen, ob auch irgendwelche Nachbarteile ersetzt werden müssen.

Lassen Sie sich nicht dazu verleiten, fremde Teile einzubauen, die von Opel nicht für Ihr Auto vorgesehen sind. Eine Ausnahme macht die elektrische Ausrüstung, die von verschiedenen namhaften Herstellern ersetzt oder ergänzt werden kann.

Die Preise für Zubehör und Ersatzteile, die von Tankstellen angeboten werden, schwanken oft erheblich und man muß dort mit Aufschlägen bis zu 300 % rechnen. Das trifft vor allem für Autobahn-Tankstellen zu. Eine Orientierung über die üblichen Preise ist daher vor dem Kauf ratsam.

Werkstattkosten

Rund 2250 Opel-Werkstätten und -Servicestellen in Deutschland stehen für Reparaturen zu Diensten. Darum ist auch die Frage nach dem Stundenlohn, der in der Summe der Rechnung erscheint, nicht so konkret zu beantworten.

Die Firma Opel hat jedoch für alle häufiger vorkommenden Werkstattarbeiten in einem Katalog sogenannte »Arbeitswerte« festgelegt. Ein solcher Arbeitswert entspricht etwa 10 Minuten Arbeitszeit, d. h. eine Reparatur, für die 6 Arbeitswerte ermittelt wurden, soll von einer ordentlichen Werkstatt in einer Stunde erledigt sein (siehe auch Seite 37). Wenn sie länger braucht, ist es ihr Schaden und umgekehrt Ihr Gewinn. Insofern ist die Reparaturberechnung – wenigstens Opel-offiziell – überall gleich.

Unterschiedlich ist jedoch der Verrechnungspreis für einen Arbeitswert (abgekürzt: AW). Den muß die Werkstatt nach ihren eigenen Unkosten – Löhne, Gehälter, Gebäude- und Geräteamortisation, allgemeine Betriebskosten usw. – festlegen. So kann der AW in der einen Opel-Werkstatt mehr als in der anderen kosten. Deshalb lohnt es sich bei größeren Reparaturen unter Umständen, irgendwo auf dem Lande zu einer Opel-Werkstatt zu gehen, wo die allgemeinen Unkosten nicht so hoch sind, und der Meister keine so hohen Löhne zahlen muß. Da Sie aber bei der Auftragserteilung – falls

Die in Deutschland ansässigen Automobil-Clubs unterstützen die Autobesitzer in verschiedenartiger Weise. So bietet z. B. der AvD in Zusammenarbeit mit der Stoßdämpferfirma Bilstein eine kostenlose Überprüfung der Stoßdämpfer. Ein sogenannter Schocktester ermöglicht diese Untersuchung der Stoßdämpfer im eingebauten Zustand.

möglich – Ihre Telefonnummer angeben und erklärt haben, man müsse Sie bei weiterreichenden Reparaturen zuvor fragen – vergessen Sie das niemals! –, brauchen Sie keine Furcht vor umwerfend hohen Reparaturrechnungen zu haben. Reparaturen, die im Interesse der Verkehrssicherheit erforderlich sind – etwa ausgeleierte Lenkungsteile –, können Sie allerdings nicht ablehnen, wenn sie die Werkstatt gelegentlich anderer Arbeiten als dringend notwendig feststellt. Sie können die Werkstatt nur wegen ihres Verantwortungsbewußtseins loben, wenn sie sich weigert, Ihnen den verkehrsgefährdenden Wagen unrepariert herauszugeben.
Die im Zweijahres-Turnus erfolgende TÜV-Prüfung kann auch von autorisierten Werkstätten vorgenommen werden. Nur sollte man bei entsprechendem Auftrag bedenken, daß die Werkstatt kein Wohltätigkeitsinstitut ist, sondern Geld verdienen will. Ein Blanko-Auftrag könnte also mit Arbeiten ausgenutzt werden, die mit der TÜV-Kontrolle wenig zu tun haben.

Pannenhilfe

Neben der schon erwähnten Zusammenstellung der Opel-Werkstätten kann man auch ein Heft mit Anschriften von Opel-Kundendienstbetrieben in Autobahnnähe erhalten, die außerhalb der üblichen Geschäftszeiten mit erweiterter Dienstbereitschaft aufwarten. Falls Sie also unterwegs mit Ihrem Wagen unverhofft in Not geraten, können Sie eine jener rund 500 Telefonnummern anwählen, die Ihrem Standort am nächsten ist, um Hilfe oder Rat zu erbitten.

Mittel für alle Zwecke

Früher war der Autofahrer gezwungen, unterwegs fast alle vorkommenden Reparaturen selbst auszuführen. Einmal, weil die Schnauferl damals nicht so störungsfrei liefen wie man es heute von einem modernen Wagen erwartet, zum anderen, weil die Werkstätten viel dünner gesät waren. So wurde mit der Zeit aus dem umfangreichen Bordwerkzeug, mit dessen Hilfe man unter dem Chausseebaum einem Dorfschmied Konkurrenz machen konnte, eine immer ärmlichere Beigabe, mit der man allenfalls ein Rad wechseln, daneben aber höchstens noch einen Hund verjagen kann. Opel macht dabei keine Ausnahme, bietet vielmehr das Magerste, was zumutbar ist, und im Ernstfall sind Sie mit diesem Bordwerkzeug völlig hilflos. Und Sie wollen dem möglichen Ernstfall doch nicht ausgeliefert sein.

Empfehlenswerte Grundausrüstung

Beim Werkzeugkauf hat die Frage nach guter Qualität an erster Stelle zu stehen. Nur mit wirklich gutem Werkzeug läßt sich leicht und zuverlässig arbeiten. Mit schlechtem Werkzeug kann zur Not auch einmal ein Werkmeister hantieren – er weiß sich zu helfen. Aber ein Heimwerker, der damit nur nebenbei und ungelernt umgeht, ist mit schlechten Schraubenschlüsseln und Schraubenziehern sehr schnell am Ende seiner Kunst.
Aber gutes Werkzeug ist nicht billig. Deshalb ist es wichtig, sein Geld zweckmäßig anzulegen und nicht aufs Geratewohl draufloszukaufen. Denn in ganzen Werkzeugsätzen oder in manchem anderen, in Bausch und Bogen gekauften Werkzeugen wird vieles nie benötigt; dagegen ist für Ihren Opel verschiedenes Spezialwerkzeug brauchbar, das man in allgemeinen Werkzeugsätzen nicht findet. Das gilt zugleich für fertige »Herrenfahrer«-Werkzeugsätze.
Wesentliche Arbeiten am Opel kann man durchführen, wenn man den heimischen Werkzeugschrank mit einer Ausrüstung auffüllt, wie sie sich aus der folgenden Liste ergibt. Über die einzelnen Preise sollte man sich in guten

Dies ist das gesamte serienmäßige Bordwerkzeug des Opel, wenn man vom Wagenheber einmal absieht. Wer sich darauf verlassen will, ist sehr schnell verlassen. Im Opel-Werk erwartet man auch gar nicht, daß der Besitzer des Autos sich mit diesen Zugaben zufrieden gibt.
Was an Werkzeug mitgeführt werden soll und was weniger dringend gelegentlich gebraucht wird, darüber geben die nachfolgenden Seiten Aufschluß.

Fachgeschäften informieren; wie gesagt, Qualität bekommt man nicht umsonst. Anschließend ist die Verwendungsmöglichkeit der einzelnen Werkzeuge erläutert, wonach entschieden werden kann, welche Arbeiten selbst ausgeführt werden wollen. Wenn Sie also vorläufig den Ölwechsel nicht selbst vornehmen wollen, dann können Sie sich die Anschaffung eines Ringschlüssels SW 19 erst einmal sparen.

Werkzeuggrößen

3 Doppel-Gabelschlüssel 8 x 9, 10 x 11, 13 x 15
2 Ringschlüssel 8 x 10, 13 x 15
3 Gabel-Ringschlüssel SW 13, 18, 19
2 Rohrsteckschlüssel 8 x 10, 13 x 15
2 Inbusschlüssel SW 5, 8
2 Schraubenzieher Größe 2 und 6, für Querschlitzschrauben
2 Schraubenzieher für Kreuzschlitzschrauben, verschiedene Größen
1 Vergaser-Schraubenzieher, kurze Form, für Querschlitzschrauben
1 Rohrzange, 240 mm lang
1 Kombizange, isolierter Griff
1 Seitenschneider
1 Türfederzange (Hazet-Bestell-Nr. 799)
1 Schlosserhammer, 300 Gramm
1 Fühlerblattlehre, darin 0,10, 0,20, 0,30, 0,40 mm
1 Flachmeißel und 1 Kreuzmeißel
1 Körner
1 Durchschläger, 3 mm
1 Satz Schlüsselfeilen, flach, dreikant, rund
Falls Bordwerkzeug nicht mehr vorhanden:
1 Zündkerzenschlüssel SW 21
1 Radmutterschlüssel SW 19

Bedeutung der Größenangaben

Sie müssen natürlich wissen, was es bedeutet, wenn es bei einem Schraubenschlüssel z. B. SW 10 oder 17 x 19 heißt. In Deutschland, Frankreich und vielen anderen Ländern werden Maschinenteile und Werkzeuge in der Regel nach dem metrischen Maß-System gemessen. In manchen Fällen ist jedoch auch noch das amerikanische oder englische Maß-System üblich. Im metrischen System werden alle Größen natürlich in Zentimeter und Millimeter angegeben, im amerikanischen Maß-System in Zoll. Das Kennzeichen für Zoll ist ein oben an der betreffenden Zahl stehendes Gänsefüßchen ("). 1 Zoll (") entspricht 25,4 mm. Zumeist kann man schon an den Zahlen selbst erkennen, welchem System sie zuzuordnen sind, denn Zollangaben werden in der Regel mit Bruchstrichen geschrieben, also etwa 2¼" (= 37,5 mm), während metrische Angaben mit Komma oder vollständig in Millimetern ausgedrückt werden.
Bei Schraubenmuttern mißt man den Abstand der sich gegenüberliegenden Flanken in Millimeter oder Zoll und schreibt auf den passenden Schraubenschlüssel die entsprechende Schlüsselweite (Kurzbezeichnung SW). Ein Doppelgabelschlüssel – man nennt ihn auch vielfach Maulschlüssel – mit der Bezeichnung 9 x 10 hat also eine Gabel für eine 9 mm breite und am anderen Ende für eine 10 mm breite Schraube. Da bei Opel alle Schrauben in Millimeter gemessen werden, kommen Schraubenschlüssel mit Zollangaben nicht in Frage. Auch geschenkte »englische« Schlüssel soll man nicht benutzen, sie passen nicht genau und beschädigen die Flanken der Schrauben.
Keine Maßangaben in Millimetern oder Zoll haben die für Opel typischen Vielzahnsteckschlüssel für die aus Platzersparnis verwendeten Innenzwölfkant-

schrauben, mit denen Zylinderkopf sowie weitere Motorteile befestigt sind. Die Größen der innenverzahnten Einstecköffnungen richten sich nach der Größe des Schraubengewindes. Das Gewinde dieser sogenannten XZN-Schrauben ist metrisch, wird also auch in Millimetern gemessen und trägt vor der Maßzahl dementsprechend die Bezeichnung »MW«. Zum Beispiel dient der Vielzahnsteckschlüssel MW 81 zum Abschrauben des Kettenrades, und der Schlüssel MW 110 ist für die Zylinderkopfschrauben vorgesehen.

Welches Werkzeug zu welchem Zweck?

Am Opel sind besonders oft die Schlüsselweiten 10, 13 und 19 vertreten, aber – wie man aus der Liste ersehen kann, werden noch eine ganze Reihe anderer Schlüssel benötigt. Hier nur einige Beispiele: den 10er Schlüssel braucht man für die Batteriekabel und für andere elektrische Anschlüsse, aber auch für die Schrauben des Ventildeckels (ein Steckschlüssel ist allerdings geeigneter).

Einen Maulschlüssel SW 11 muß man zum Auswechseln der Benzinpumpe haben, und die Größe 13 wird zum Nachstellen der Handbremse, für einen Anlasserkabelanschluß, zum Demontieren der Lichtmaschine und des Thermofühlers, aber auch für die Halterung der Hupe und des Verteilers benötigt. Ein Ringschlüssel SW 17 dient zum Nachstellen der Hinterradbremsen, mit einem Ringschlüssel SW 19 ist die Ölablaßschraube und die Kurbelwellenriemenscheibe zu drehen, und für die Lichtmaschinenhalterung braucht man auch noch einen Schlüssel SW 27. Wer in die Servolenkung hineinschauen will, muß einen Inbusschlüssel SW 5 besitzen und zur Kontrolle des Getriebeöls den Inbusschlüssel SW 8. Beim Entlüften der Bremsen kann man auf einen Maulschlüssel SW 9 nicht verzichten.

Unser Sortiment nennt fünf verschiedene Schraubenzieher. Sie können sich statt dessen auch einen Einsteck-Werkzeugsatz mit entsprechend verschiedenen Einsteck-Klingen für Querschlitz- und Kreuzschlitzschrauben kaufen. Sie sind alle notwendig, denn allein die elektrische Anlage hat beide Schraubenarten in verschiedenen Größen. Der kurze Schraubenzieher mit 3 mm breiter Klinge für Querschlitzschrauben und dickem Griff ist besonders für stramm angezogene Schrauben an Vergaser und Stromanlage wichtig. Rohrzange, Kombizange und der Seitenschneider zum Abkneifen von Kabeln dienen als allgemeine Hilfswerkzeuge, ebenso Hammer, Meißel, Körner und die feinen

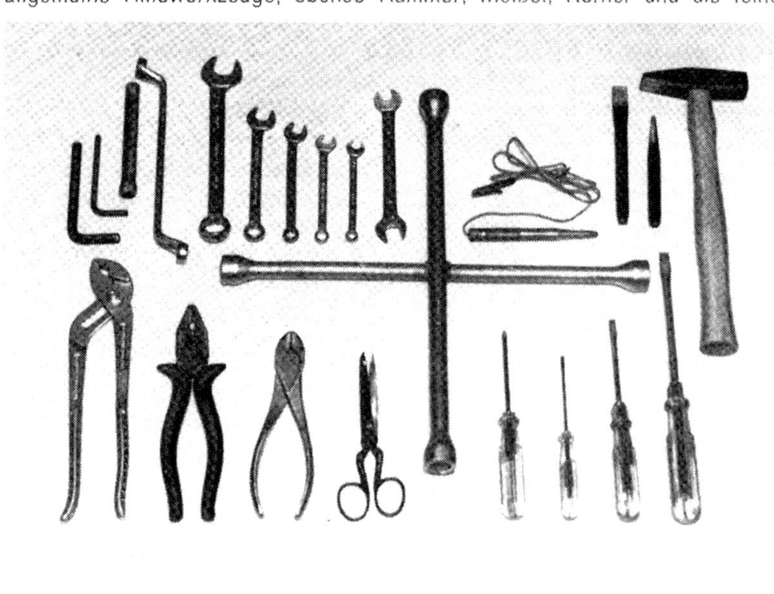

Werkzeuge, die wir als Grundausrüstung für den Opel Manta vorschlagen. (Oben): Inbusschlüssel SW 5 und SW 8, Steckschlüssel SW 8/10, Gabel-Ringschlüssel SW 17, SW 13, SW 11, SW 10, SW 8, Doppelgabelschlüssel SW 10/13, Radkreuzschlüssel, Prüflampe, Meißel, Körner, Schlosserhammer. (Unten): Rohrzange, Kombizange, Seitenschneider, Schere, Kreuzschlitzschraubenzieher und drei verschiedene Größen Schlitzschraubenzieher. Zur Ausrüstung gehört auch noch ein Kerzenschlüssel SW 21.

Feilen in verschiedenen Ausführungen. Die Fühlerblattlehre wird zum Ventileinstellen, Messen des Elektrodenabstandes der Zündkerzen und der Unterbrecherkontakte gebraucht. Für die Zündkerzen braucht man einen Zündkerzenschlüssel, der für die tief im Motorblock steckenden Zündkerzen einen langen Schaft haben sollte.
Für den Radwechsel ist ein Kreuzschlüssel am praktischsten, weil er sich beidhändig benutzen läßt, wodurch mehr Gewalt angewendet werden kann. Aber er ist sperrig und manchmal schlecht unterzubringen. Kaum Platz beansprucht dagegen der stockförmige, ausziehbare Radschlüssel, der von der Firma Karadium-Werkzeuge, Horst Klein, 5632 Wermelskirchen, Postfach 1351 und der Bestell-Nr. 2000/19 vertrieben wird. Ausgezogen ist der Schlüssel 50 cm lang, und unter seinem Griff verbirgt sich ein Radkappenabzieher.
Überlegen Sie sich aber beim Werkzeugkauf, ob Sie diese oder jene Arbeit überhaupt selbst machen wollen. Wer nicht an den Fingern friert, braucht auch keine Handschuhe. Und wer niemals die Absicht hat, die Türverkleidung zu entfernen, für den ist die Türfederzange überflüssig.

Ergänzung nach Wunsch

Die Werkzeugausrüstung zu vervollständigen, bringt Nutzen, kann aber recht kostspielig werden. Andere Gabelschlüssel als genannt anzuschaffen ist nicht erforderlich, aber mehr Freude bei der Arbeit bringen Ringschlüssel. Leichtere Arbeit ermöglichen in vielen Fällen auch die Sechskant-Steckeinsätze (sogenannte »Nüsse«). Sie sind den Zwölfkant-Einsätzen vorzuziehen, da sie selbst auf stark angerosteten Schrauben nicht so schnell durchrutschen. In Verbindung mit einer vielzahnigen Knarre und den dazugehörigen Winkel- und Verlängerungsstücken kann auch auf engstem Raum oder an für normale Schrauben unzugänglichen Stellen gearbeitet werden. Ein kompletter »Nußkasten« mit verschiedenen Betätigungswerkzeugen und Einsätzen für die einzelnen Schlüsselweiten ist allerdings nicht ganz billig.
Der Wunsch nach weiterem Werkzeug wird dem inzwischen auf Geschmack gekommenen Heimwerker beim Besuch einer Werkstatt oder bei Bekannten sicher sein. Sie können Ihre Hobby-Werkstatt mit einem Drehmomentschlüssel zu 125 Mark vergrößern, können eine Bohrmaschine und Gewindeschneider anschaffen und schließlich einen Werkzeugschrank aufstellen, der selbst einen Werkstattbesitzer vor Neid erblassen läßt. Vorschläge wären hier fehl am Platze, denn die Neigung eines jeden ist individuell.
Hierbei möchten wir noch die praktischen Vorsatzgeräte von Bosch erwähnen, die sich mit wenigen Handgriffen an eine dazu vorgesehene Bohrmaschine koppeln lassen. Mit solchen Geräten kann man schleifen, polieren, Karosserieblech sägen, aber auch – mit zusätzlicher Hilfe eines kleinen Kompressors – spritzlackieren und sogar Reifen füllen.
Kaufen Sie aber kein sogenanntes Universalwerkzeug, womit man angeblich alle möglichen Arbeiten in Haus, Hof und Garten verrichten kann. In Wirklichkeit nutzt solches Werkzeug recht wenig, und am Auto schon gar nicht.

Umgang mit Werkzeug

Pflegen Sie Ihr Werkzeug sorgsam und nutzen Sie es richtig aus, denn es hat – in den meisten Fällen – Ihr eigenes Geld gekostet. Jedes Stück wurde nur zu einem einzelnen Zweck geschaffen, daher benutzt man einen Schraubenzieher genausowenig als Meißel wie einen Kaugummi zum Radieren. Wer mit der Zange einer Schraube oder Mutter zuleibe rückt, ist ein Rohling ohne Erfolg: Vielleicht hat sich die Mutter gelöst, aber die Kanten der Zange haben die Ecken und Flanken der Befestigung derart beschädigt, daß später jeder Schraubenschlüssel abgleiten muß. Eine Zange ist zum Halten da, nur mit der

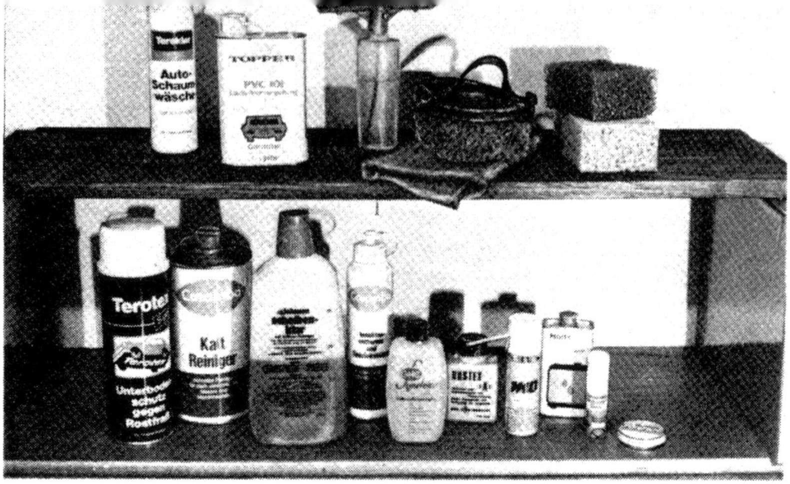

Nützliche Dinge zur Wagenpflege. (Oben): Schaumwäsche, Lackversiegeler, Scheibenreiniger mit Plastikbehälter, Handschuhschwamm und Waschleder (kein Ersatz!), grobporiger Viskoseschwamm und feinporiger Schwamm. (Unten): Unterbodenschutz, Motorreiniger, Scheibenreinigungsmittel, Insektenentferner, Kunststoffschnellreiniger, Rostumwandler, Rostlösemittel, Kühlerdichtungsmittel, Auftaumittel für Türschlösser, Handwaschpaste.
Wie die flüssigen Hilfen im einzelnen angewendet werden sollen, ist in den Kapiteln »Die Wagenwäsche«, »Die Lackpflege« und »Der Winterschutz« beschrieben.

Rohrzange darf, ihrem Namen gemäß, an Rohren und Wellen gedreht werden, aber auch nicht an Schrauben.
Schraubenzieher sollen eine gerade, aber nicht scharf geschliffene Klingenspitze haben, damit sie im Schraubenschlitz festen Halt findet, sich nicht herausdreht und den Schraubenkopf beschädigt. Mit einem Schleifstein kann man manches Werkzeug einsatzbereit halten, z. B. stumpfe Meißel schärfen, und er eignet sich auch zum Bearbeiten mancher Werkstücke.
Wie der Besteckkasten eines Arztes dessen Wirken erleichtert, hat ein Werkzeugkasten mit Griff den Vorteil, den Inhalt übersichtlich beisammenzuhalten. Anfangs kommt man sicherlich mit einem Holzkasten oder mit der Tischschublade aus. Um Ordnung zu haben, sollte man diese Behältnisse wenigstens mit Holzbrettchen unterteilen.

Hilfsmittel für die Wagenpflege

In der Werkzeug-Grundausrüstung dürfen noch verschiedene Hilfsgeräte nicht vergessen werden, von denen wir einige nennen:

- Ölspritzkännchen
- Reifendruckprüfer
- Prüflampe
- Fensterleder, 1. Qualität
- Autoschwamm od. Waschhandschuh
- Waschbürste mit Stiel
- Waschpinsel ohne Metallfassung

In den diesbezüglichen Kapiteln ist beschrieben, wie diese Hilfsgeräte benutzt werden.

Flüssige Hilfen, vor allem gegen Rost

Der Fortschritt bescherte uns die Sprühdosen, die vom Haarpflegesaft bis zum Scheibenreiniger alle möglichen Flüssigkeiten enthalten. Sie sind zwar recht teuer, aber ihr Inhalt läßt sich bequem überall dorthin sprühen, wo man sonst pinseln, streichen oder tropfen lassen müßte. Da man als Selbstpfleger meist nur geringe Mengen benötigt, sind Sprühdosen im Umgang mit dem Auto nicht zu verachten.
Als Lösemittel für starken Rost und festsitzende Schrauben haben sich beispielsweise »Caramba Super« und »Ferex Rapid« sehr bewährt. Man muß nur ein wenig Geduld haben und die Flüssigkeiten lange genug einwirken lassen (Frühstückspause derweilen machen), bevor man dann den Ringschraubenschlüssel ansetzt. Damit die solcherart locker gemachten Schrauben nicht wieder anrosten, entweder vom Bleistift Graphit auf das Gewinde schaben (Gra-

phit ist ein Festschmierstoff) oder mit einem graphitierten Öl (z. B. von BP, Aral, Teroson, Pingo oder Shell) einsprühen.
Als Schutz gegen Rost lassen sich einzelne Teile oder Werkzeuge sehr wirkungsvoll mit »Tectyl« von Valvoline oder »Aral-Unterbodenschutz« überziehen. Diese wachsartigen Rostschutzmittel gibt es ebenfalls in Sprühflaschen. Dabei eine Zwischenbemerkung zum Rostschutz: Sie können dazu auch frisches Motoröl oder reine Vaseline nehmen, aber auf keinen Fall Altöl! Denn es enthält rostfördernde Säuren, bewirkt also das Gegenteil.
Für angerostete Fahrwerksteile, Fahrzeugböden oder rostige Karosserieschäden werden im Fachhandel eine Reihe von sogenannten Rostumwandlern angeboten. Tests und eigene Erfahrungen zeigten, daß sie nicht alle ihrem Namen Ehre machten. Bisweilen entdeckt man schon wenige Wochen nach der Behandlung erneut Rostbefall. Die besten Ergebnisse erzielten wir mit Rostumwandlern auf Tanninsäurebasis, die den Rost (Eisenoxyd) in eine Tanninsäure-Eisenverbindung umwandeln und dadurch weiteres Rosten verhindern. Bereits nach etwa einer Stunde kann der blauschwarz gefärbte Metallgrund mit Grundierung und Decklack oder Unterbodenschutz weiterbehandelt werden. Vorläufig sind uns nur zwei derartige Erzeugnisse bekannt: »Pingo-Roststop« (Bezugsquellennachweis durch Pingo-Erzeugnisse, 8046 Garching, Gutenbergstraße 13) und das relativ teure »Rostsiegel«, bestehend aus dem eigentlichen Rostumwandler und einem Überzugslack (Vertrieb: Heim + Sport, 7065 Winterbach, Schorndorfer Straße 18).
Sollen fettverschmierte Motorteile, die Innenseite der Felgen oder der ganze Motorraum gereinigt werden, dann gibt es hierzu, ebenfalls in Sprühdosen, besondere Motor-Reiniger (z. B. von Shell, Aral, Esso, Teroson und Caramba). Damit wird das betreffende Teil eingesprüht und nach wenigen Minuten mit Wasser abgespritzt oder mit dem Pinsel abgewaschen. Selbst die dicksten Fettkrusten lösen die »Motor-Reiniger« und geben dazu den Teilen noch Glanz. Fahrbenzin ist demgegenüber zur Motorreinigung gar nicht zu empfehlen. Nicht nur, weil nach dem Trocknen die Teile unansehnlich sind, sondern vor allem, weil das Fahrbenzin giftige Bleiverbindungen enthält.
Die zahlreichen Lackpflegemittel, Scheibenwaschwasserzusätze, Chromschutzmittel, Plastik-Reiniger usw. gehören eigentlich auch zu den »Flüssigen Hilfen«. Ihnen sind jedoch die Kapitel »Lackpflege« und »Winterschutz« besonders gewidmet. Hier wäre noch wegen eines besonderen Effekts MoS_2 von Pingo, »Intact« von Aral, »Teroson mo« und »4x Silikon-Spray« von Molykote zu nennen, denn diese Mittel haben die Eigenheit, Feuchtigkeit auf Metall zu unterwandern. Sie bewirken bei Zündstörungen durch Feuchtigkeit (nach Motor-

Das sind Kleinteile, die man eigentlich immer im Auto mitführen müßte: Schrauben mit Muttern und Sicherungsringen, Unterlegscheiben, Karosserieschrauben und Dichtungsringe werden sehr schnell einmal benötigt. Ist man mangels dieser »Kleinigkeiten« auf die Werkstatt angewiesen, sind weit mehr Geld und Zeit erforderlich. Einige Ventilkappen und Ventileinsätze gehören ebenfalls ins Ersatzteilkästchen. Die Blechschrauben (Mitte) können in passende Löcher der Karosserie eingedreht werden, ohne daß dort ein Gewinde nötig ist.

wäsche oder nach taufrischer Nacht im Freien) wieder willige Funktion des damit eingesprühten Zündverteilers oder schlecht isolierter Kabel.

Hilfen unterwegs

Unbesorgte Autofahrer fahren einfach drauflos, ohne Luft im Ersatzrad, ohne Abschleppseil und ohne Reservekanister. Andere dagegen schleppen aus Furcht vor Pannen eine ganze Pionierausrüstung im Auto herum. Traut man sich zu, auch einmal improvisieren zu können, wenn Not am Mann ist, dann reichen eigentlich die Dinge aus, die hier aufgezählt sind, und wenn sie nur dazu dienen, unterwegs anderen hilflosen Autofahrern zu helfen:

- Reservekanister
- Abschleppseil
- Ersatzglühlampen
- Sicherungen
- Zündkerzen
- Rolle Draht
- Klebeband, Tesa-Film
- 2 m Elektrokabel (Zündkabel)
- 1–2 m benzinfesten Schlauch
- Alleskleber (Uhu-Plus)
- Brettchen zum Unterlegen für Wagenheber
- Ersatzkeilriemen
- Starthilfekabel

Zahlreiche Opel-Dienste stehen auch außerhalb der üblichen Geschäftszeiten in Bereitschaft. Ein Heft mit den Anschriften dieser Werkstätten erhält man bei jedem Opel-Händler.

Ersatzteile bei Auslandsreisen

In Europa, Vorderasien und Nordafrika stehen über 4000 Opel-Dienststellen zur Verfügung. Trotzdem kann man fern der Heimat leicht in Verlegenheit kommen, zumal die Strapazen für das Auto im Ausland oft größer sind als auf der Stadtautobahn im Wohnort. Neben der sinnvollen Werkzeugwahl und den schon genannten Hilfen sollte man noch folgende Ersatzteile in Lappen wickeln und verstauen:

- 1 Zündspule
- 1 Satz Unterbrecherkontakte
- 1 Verteilerläufer
- 1 Kondensator
- 1 Schwimmer
- 1 Membrane für Benzinpumpe oder eine kompl. Einheitspumpe
- 1 Keilriemen
- Schlauchstück für Kühlanlage
- Schlauchbinder
- 1 Reserveschlauch für Reifen
- 2 Reifenmontierhebel
- Reifenflickzeug
- Ventileinsätze für Reifen
- kräftige Fußluftpumpe
- einige Muttern, Schrauben und Sicherungsringe gängiger Größe
- Zylinderkopfdichtung

Außerdem kann man in Verlegenheit kommen und zusätzlich gebrauchen:

- Motoröl, Menge je nach geplanter Fahrtstrecke
- Flasche mit destilliertem Wasser (Ostblockstaaten!)
- Handwaschpaste
- Handlampe

Opel-Werkstätten geben für Auslandsreisen Tips für Ersatzteile und Zusatzwerkzeuge. Daneben kann man dort komplett zusammengestellte und versiegelte Hilfspakete erhalten. Nach der Reise gibt man diesen Reparatursatz gegen Preiserstattung wieder an die Werkstatt zurück, wenn nichts gebraucht wurde. Für gute Kunden werden auch nur teilweise nicht gebrauchte Reparatursätze wieder zurückgenommen und angerechnet. Ratschläge dazu (z. B. auch über zusätzlichen Unterbodenschutz) erteilt die Adam Opel AG, Abteilung Technischer Kundendienst, 609 Rüsselsheim. Ferner gibt es bei Opel interne Merkblätter für Auslandsfahrten, speziell in den Ostblock und in die Tropen.

Welche Teile kennen Sie?

Beim Blick in den Motorraum Ihres Opel Manta werden Sie feststellen, daß es dort eigentlich recht aufgeräumt aussieht und daß fast alle Teile und Aggregate sehr gut zugänglich sind. Damit ist schon der Anreiz gegeben, das sonst unter der Motorhaube Versteckte näher anzusehen. Freilich genießen Sie diesen Anblick hier nur von einem erhöhten Standpunkt. Aber auch wenn Sie neben Ihrem Wagen stehen, können Sie sich mit Hilfe dieses Bildes zurechtfinden.
Gezeigt ist hier der 1,6-Liter-Motor, der mit dem Motor des Manta 19 S nahezu identisch ist. Nur beim 1,2-Liter-Motor bestehen in der Anlage weniger Teile Unterschiede, wobei am auffälligsten ist, daß sich die Lichtmaschine vorn rechts und der Zündverteiler hinten links am Motor befinden.
Die Zahlen bedeuten: 1 – Kühlerverschluß, nach rechts abzweigend Überdruckschlauch, 2 – Kühler, 3 – Signalhorn, 4 – Zündverteiler, 5 – Drehstrom-Lichtmaschine, 6 – Behälter für Scheibenwaschanlage, 7 – Bosch-Zündspule, 8 – Zweiteiliger Bremsflüssigkeitsbehälter auf Hauptbremszylinder, 9 – Anlasser, 10 – Schalter der Motorraumleuchte, 11 – Batterie, 12 – Scheinwerfer (innen für Fernlicht, außen für Abblendlicht), 13 – Heißwasserschlauch, 14 – Deckel des Öleinfüllstutzens, 15 – Thermostatgehäuse, 16 – Kurbelgehäuseentlüftungsschlauch zum Saugrohr, 17 – Vergaser (Luftfilter abgenommen), 18 – Gaszug, 19 – Ansaugkrümmer, 20 – Zylinderkopfhaube, 21 – Unterdruckschlauch für Bremshilfe, 22 – Gehäuse für Heizkörper und Belüftung.

Gelichtetes Dickicht

Nichts, was man sich zulegt, hält ewig. Freude am Neuen bewahrt man sich nur, wenn man regelmäßig etwas Pflege walten läßt. Egal, ob es sich dabei um das Fahrrad, um den Goldfisch oder um das Auto handelt.
Ihr Wagen dankt es Ihnen mit Dienstbereitschaft und Fahrsicherheit, wenn Sie sich regelmäßig um sein Wohlergehen kümmern. Solche Überprüfungen setzen sich aus einfachen Funktionskontrollen und aus mehr oder weniger sorgfältig auszuführenden Pflegearbeiten zusammen, wobei es zu warten, zu schmieren oder auch nur nachzusehen gilt. Die Einhaltung der vom Werk festgesetzten Intervalle bewahrt Ihnen zugleich eventuelle Ansprüche gegen den Hersteller.
Opel hat – wie jedes Automobilwerk – einen Fahrplan entwickelt, der im Kundendienst-Scheckheft zu Ihrem Wagen enthalten ist. Übrigens gehört Opel zu den überhaupt ersten Autoherstellern, die mit diesem Scheckheft-System ihre Kunden in regelmäßigen Kontakt mit der Werkstatt bringen wollten.
Auf der Rückseite des jeweiligen »Schecks« sind allerdings nur die einzelnen Arbeiten stichwortartig vermerkt, weil es sich dabei um Anhaltspunkte für die zu erledigenden Arbeiten in der Opel-Werkstatt handelt. Diese Aufstellungen weisen in einigen Punkten auch auf Inspektionen hin, die einen anderen Opel-Typ betreffen und bei Ihrem Wagen nicht vorgenommen werden müssen. In verschiedenen Punkten sind andererseits eine Anzahl von Arbeiten versteckt, die wir in unserem Pflegeplan auseinandergezogen haben, um sie an den jeweils passenden Stellen dieses Buches erläutern zu können.
Dennoch brauchen Sie bei dieser langen Liste nicht zu erschrecken, denn Sie werden bei näherer Betrachtung schnell feststellen, daß viele Dinge mit wenigen Handgriffen zu erledigen sind. Bei etwas routinierter Beziehung zwischen Ihnen und dem Wagen können einzelne Punkte sogar während des Fahrens ausgeführt werden. In den einzelnen Kapiteln wird daneben noch verständlich erklärt, was über die Pflegearbeiten hinaus am Opel getan werden soll. Besondere Anforderungen ergeben sich dabei im Winter, unter dem die Autos am meisten leiden. Den Zweck der Vorsorge zu erfüllen – das gilt freilich bei allen Wartungen.

Im Auge behalten

Nach Anlauf der Serienfertigung treten praktisch bei allen Fabrikaten und neuen Modellen sogenannte »Kinderkrankheiten« auf. Der Manta schnitt bei dieser Diagnose recht gut ab, vor allem, weil sein Herz, der Motor, enge verwandtschaftliche Bindungen zu anderen Opel-Modellen der Autofamilie aus Rüsselsheim hat, also schon einen gewissen Reifeprozeß hinter sich brachte. Auch in anderen Bereichen findet man beim Manta kaum typische Mängel.
Aber eingehende Beobachtungen, Befragungen, eigene Erfahrungen sowie die Ergebnisse verschiedener Dauerteste führten zu einigen Punkten, die man innerhalb seines »Wartungsplanes« vorbeugend im Auge behalten sollte. Natürlich ist man bei Opel bemüht, solche Schwachpunkte im Laufe der Pro-

duktion auszumerzen. Nachstehende Liste dürfte daher eher kleiner als größer werden, und selbstverständlich kann man diese Aufstellung nicht allgemein bei jedem Opel hinzuziehen.

- Mangelhaft dichtender Türgummi; Windgeräusche, Feuchtigkeitseintritt.
- Nicht bündige Einpassung der rahmenlosen Seitenfenster.
- Lockere Verschraubungen an und innerhalb der Karosserie (z. B. am Fahrer- und Beifahrersitz, in den Türen); Klappergeräusche.
- Undichte Hinterachse: Ölverlust.
- Nachwuchten der Räder, besonders vorn, häufig erforderlich.
- Schadhafte Auspuffanlage; gemäß TÜV-Auto-Report 1973 ungewöhnlich hohe Quote bei zwei Jahre alten Fahrzeugen. Auch der Abgastest fällt beim Manta häufig negativ aus.
- Ungenügender Schutz der Scheinwerfer gegen Feuchtigkeit.

Sicherheits-inspektions-Programm und Inspektions-System 1976

Die einzelnen Pflegearbeiten wurden bei Opel früher in einem »überschlagenden Einsatz« vorgenommen. Dabei mußte ein Teil der Arbeiten zu anderer Zeit und bei anderen Kilometerständen als der andere Teil ausgeführt werden. Im August 1972 erhöhte Opel die Inspektionsintervalle für alle neuen Modelle und für die ab diesem Zeitpunkt ausgelieferten Wagen. Dieses Sicherheits-inspektions-Programm sah eine Planung vor, die sich nach der zurückgelegten Wegstrecke richtete.

Zu diesem Grundplan folgten ab 10 000 km alle 20 000 km (also bei 30 000, 50 000 usw.) Zusatzarbeiten, benso bei den km-Ständen 20 000, 60 000 und 100 000, und andere Zusatzarbeiten waren bei den km-Ständen 40 000 und 80 000 vorgesehen. Zwischen den ersten 1000 und 5000 km sowie zwischen 5000 und 10 000 km sollte die Zeitspanne höchstens drei Monate betragen.

Im April 1976 wurde das neue »Opel-Inspektions-System 1976« eingeführt, bei dem statt der Kilometerintervalle jetzt Zeitintervalle in den Vordergrund rücken. Zugleich wurde der Arbeitsumfang um 25 Prozent verringert, was zur Kostenreduzierung führte. Mit dem System kommt Opel den Wenigfahrern entgegen. Beibehalten wurde die alte Regelung für Fahrer, die im Jahr mehr als 20 000 km zurücklegen. In unserem Wartungsplan auf der nächsten Zeite haben wir die auszuführenden Arbeiten in eine Reihenfolge gebracht, die ebenfalls auf Kilometerleistungen abgestimmt ist und die sich weitgehend mit dem früheren Opel-Plan deckt.

Vor jeder einzelnen Wartungsarbeit unserer Liste finden Sie einen oder mehrere Kennbuchstaben (S, T oder W), die Ihnen andeuten sollen, was Sie selbst machen können, was die Tankstelle erledigen kann und was der Werkstatt überlassen bleiben soll. Die entsprechenden Erläuterungen finden Sie im Anschluß an den hier folgenden Wartungsplan.

Inspektions-Zeiten in der Werkstatt

Wie am Ende des Kapitels »Werkstatt, Garantie und Reparaturen« erwähnt, werden die Werkstattarbeiten in Arbeitswerte gegliedert, und auch die Inspektionsdienste sind zeitlich reglementiert. So sieht z. B. die Arbeitswert-Tabelle für die 10 000-km-Inspektion bei allen Manta-Typen gemeinsam 27 AW (Arbeitswerte) vor, die auch bei den km-Ständen 30 000, 50 000 usw. vorgeschrieben sind. Bei den geraden Zehntausender-Inspektionen (20 000, 40 000 usw.) sind 29 AW angesetzt, zu denen alle 40 000 km noch 7 AW hinzugefügt werden, sofern es sich um einen Wagen mit Automatik handelt (Ölwechsel).

Diese ziemlich einfache Bewertung bietet die Möglichkeit, daß man sich eine Vorstellung vom Arbeitsaufwand in einer mit allen Hilfsmitteln ausgestatteten Werkstatt machen kann.

Was muß wann und wo gemacht werden?

		Überwachungsdienst bei km-Stand 5000	Seite
1.	S	Motorölstand kontrollieren (alle 500 km)	43
2.	S	Vergaserbefestigung kontrollieren	107
3.	S/T	Gummibälge der Lenkung prüfen	181
		Pflegedienst bei km-Stand 5000 und 10 000, danach alle 10 000 km	
4.	S	Lenk-Anlaß-Schloß prüfen	132
5.	S	Schalter, Instrumente und Kontrolleuchten prüfen	164
6.	S	Belüftung und Heizung prüfen	83
7.	S/W	Leerlauf des Motors kontrollieren	69
8.	S	Keilriemenspannung nachprüfen	125
9.	S/W	Ventilspiel einstellen	64
10.	S/W	Kupplungspedalspiel prüfen (nur Manta 12)	169
11.	T/W	Getriebeölstand kontrollieren	50, 175
12.	T/W	Hinterachsölstand kontrollieren	51
13.	S	Bremsflüssigkeitsstand kontrollieren	187
14.	S/W	Handbremse nachstellen	195
15.	S/W	Belagstärke an den Scheibenbremsen prüfen	189
16.	S/W	Hand- und Fußbremse auf Wirkung prüfen	186
17.	S/W	Funktion des Bremskraftverstärkers prüfen	198
18.	S	Reifenluftdruck regulieren	208
19.	S	Radmuttern auf festen Sitz prüfen	209
20.	S/W	Lenkung prüfen	182
21.	W	Vorspur nachmessen	182
22.	S/W	Motor auf Geräusche prüfen	69
23.	S	Karosserie und Fahrwerk während der Fahrt auf Geräusche prüfen	231
		Pflegearbeiten alle 10 000 km	
24.	S	Kühlflüssigkeitsstand kontrollieren	77
25.	S	Scheibenwaschanlage überprüfen und Waschwasser nachfüllen	223
26.	S	Scheibenwischerfunktion überprüfen	165
27.	S	Batteriesäurestand kontrollieren	112
28.	S	Lichtanlage kontrollieren	147
29.	S/W	Scheinwerfereinstellung überprüfen	149
30.	S	Blinkanlage prüfen	154
31.	S	Signalhorn prüfen	156
32.	S/W	Zündeinstellung kontrollieren	138
33.	S/T	Motoröl wechseln	44
34.	S	Heizerventil und Gasgestänge prüfen und ölen	52
35.	S	Motorhaubenschloß kontrollieren	234
36.	S	Reifenzustand überprüfen	208
37.	T/W	Unwucht der Vorderräder kontrollieren	211
38.	S/T	Bremsanlage auf Dichtheit überprüfen	188
39.	S/W	Bremsleitungen und -schläuche auf Zustand überprüfen	188
40.	S/W	Trommelbremsen reinigen und Belagstärke prüfen, einstellen	192, 194
41.	S	Zustand der Auspuffanlage und ihre Aufhängung kontrollieren	72
42.	W	Abgaskontrolle	98
		Pflegearbeiten alle 20 000 km, beginnend bei km-Stand 10 000	
43.	S/T	Ölfilter wechseln	46
44.	S/W	Unterbrecherkontakte nachstellen	136
45.	W	Schließwinkel kontrollieren	137
46.	S	Elektrodenabstand der Zündkerzen korrigieren	143
47.	S	Gummibälge des Lenkgetriebes prüfen	181
		Pflegearbeiten alle 40 000 km, beginnend bei km-Stand 20 000	
48.	S/W	Kurbelgehäuseentlüftung reinigen	75
49.	S/W	Unterbrecherkontakte ersetzen	137
50.	S	Zündkerzen ersetzen	142
51.	S/W	Kraftstoffleitungen kontrollieren	89
52.	S	Handbremsseil auf Gängigkeit und Zustand prüfen	196
53.	S	Karosseriescharniere ölen	52
54.	W	Traggelenke auf Axialspiel prüfen	180
		Pflegearbeiten alle 40 000 km, beginnend bei km-Stand 40 000	
55.	S	Papierelement im Luftfilter wechseln	104
56.	W	Ölwechsel im automatischen Getriebe	175

Was kann man selber machen?

In der Tabelle der Pflegearbeiten haben wir durch einen oder mehrere Kennbuchstaben angezeigt, wann man sich selbst helfen kann und wann nicht.

S = Selbstmachen. Das sind Arbeiten, die man ohne Fachkenntnisse und besonderes Werkzeug selbst ausführen kann, nachdem man den entsprechenden Abschnitt dieses Buches gelesen hat.

S/T = Selbstmachen oder Tankstelle. Auch hier sind keine besonderen Fachkenntnisse notwendig, aber vielleicht fehlt das entsprechende Gerät zur Ausübung dieser Arbeit. Die Tankstelle besitzt es.

S/W = Selbstmachen oder Werkstatt. In diesen Fällen sind neben einfachen Fachkenntnissen etwas Geschick, Einfühlungsvermögen und zusätzliches, aber kein aufwendiges Werkzeug Voraussetzung.

T = Tankstelle. Der sparsame Mann überläßt diese Arbeit am besten der Tankstelle, obgleich er sie auch selbst ausführen könnte. Er spart dabei Zeit und Mühe, denn der Warenpreis, der bei dieser Arbeit entsteht, ist gleich, einerlei ob man die Ware – in der Regel das Öl – selbst verarbeitet oder von der Tankstelle verarbeiten läßt. Selbsthelfer mit Ehrgeiz werden sich jedoch auch diese Arbeit nicht nehmen lassen. Billiger wird es für den Selbsthelfer aber nur, wenn er die notwendige Ware besonders günstig einkaufen kann.

W = Werkstatt. Diese Arbeit erfordert spezielle Fachkenntnisse, teure Meß- und Arbeitsgeräte, die nur die Fachwerkstatt besitzt.

Natürlich ist eine Opel-Werkstatt mit allen aufgeführten Arbeiten vertraut. Einzelne Arbeiten, die man nicht selber machen will, werden jedoch an einer guten Tankstelle oft schneller ausgeführt, als dies in überlasteten Werkstätten möglich ist. Es gibt allerdings auch einige Pflege- und Inspektionsdienste, die nur mit »W« gekennzeichnet sind. Sie bleiben »übrig«, wenn man selbst pflegt oder die Tankstelle einige Wartungen übernehmen läßt. Man braucht sich keineswegs zu scheuen, seiner Werkstatt nur diese Arbeiten gesondert in Auftrag zu geben, es ist billiger als ein kompletter Inspektionsdienst. Ihre Werkstatt wird es schnell herausbringen, wenn Sie mit einem stets gut gewarteten Wagen aufkreuzen und nur vereinzelte Aufträge erteilen, die Sie offensichtlich nicht selber ausführen können. Nach dem Zustand Ihres Opel wird man Sie einschätzen und respektieren.

Zum Anheben einer Wagenseite führt man den abklappbaren Zapfen des Bordwagenhebers in das dafür vorgesehene Aufnahmerohr am Wagenunterbau. So wird der Wagenheber exakt angesetzt, damit er beim Hochkurbeln nicht umkippt: Schräg nach außen stehend, jedoch haargenau senkrecht. Unter den Heber legt man bei weichem Boden zuvor ein Brettchen oder einen flachen Stein, damit sich der Wagenheberfuß nicht in den Grund drückt (anstatt den Wagen hochzuheben). Der schräg nach außen stehende Wagenheber kommt beim Hochkurbeln immer mehr in die Senkrechte.

Mit dem sogenannten Spindelheber verfügt man über einen sicheren und kräftigen Wagenheber. Aber auch mit ihm kann man sich das zusätzliche Absichern des hochgebockten Autos durch Stützen nicht ersparen. Mit etwas Glück kann man ein derartiges Gerät auf Autofriedhöfen erstehen.

Der Pflegeplatz

Vielleicht haben Sie sich längst dazu entschlossen, Ihrem Manta zu Leibe zu rücken, um Pflegearbeiten vorzunehmen. Wo soll sich diese Veranstaltung abspielen? In der Garage? Dort ist man natürlich bei schlechtem Wetter geschützt, aber die Lichtverhältnisse sind dort nie so gut wie im Freien. Oft fehlt auch die Geräumigkeit, um ungehindert von allen Seiten an das darin abgestellte Fahrzeug herankommen zu können.

Ein Platz in der frischen Luft ist – wenn möglich – in jedem Fall vorzuziehen. Aber stellen Sie Ihr Auto nicht auf die Wiese, denn die Schraube, die beim Werkeln herunterfällt, finden Sie hier nicht wieder. Ein fester Untergrund sollte schon vorhanden sein, und am besten ist natürlich ein ebener, zementierter oder plattierter Boden, wo man auch einmal Werkzeuge oder Ersatzteile ablegen kann. Wenn man, bevor die Rückenlage unter dem Auto eingenommen wird, dort noch sorgfältig gekehrt hat, verfügt man über einen ganz passablen Arbeitsplatz.

Hüten Sie sich davor, unter das Auto zu kriechen, wenn es nur von dem Wagenheber einseitig hochgehalten wird! Es wäre nicht das erstemal, daß solchem Leichtsinn ein Unglück folgt. Bei unvermeidlichem Rütteln am Fahrzeug kann der Wagenheber abrutschen oder umknicken. Für den, der darunter liegt, bedeutet das Lebensgefahr!

Ihr Vorhaben, sich um Ihr Auto selbst zu kümmern, soll aber durch diese Warnung nicht verhindert werden. Vor einiger Zeit fand einmal eine statistische Erhebung statt, die sich mit der Eigenkontrolle am Kraftfahrzeug befaßte. Danach führten fast 30 Prozent der deutschen Autofahrer kleinere Inspektionsarbeiten selbst aus, und acht Prozent gaben ihren Wagen überhaupt nicht zur Inspektion, weil sie sich um alle anfallenden Wartungsaufgaben selbst bemühten. Sicher: Es ist nicht immer nur die Freude an der Sache, die dieses Ergebnis entstehen ließ, sondern die stetig steigenden Preise, die einem den Spaß verderben können, trugen das ihre dazu bei. Und somit gewinnt das Sprichwort »Selbst ist der Mann« auch hier seinen Sinn.

Freizeit mit Nutz und Lohn verbinden

Kleine Handgriffe vorzunehmen, gehört zu den unproblematischen Kontrolldiensten und Pflegearbeiten, die wir im vorangegangenen Wartungsplan mit »S« bezeichneten. Diese Überprüfungen können Sie ohne Werkzeug ausführen, und irgendwelche Fachkenntnisse benötigen Sie dazu auch nicht. Zugleich entlasten Sie die Werkstatt für echte Reparaturarbeiten und ersparen sich selbst allerlei kleinere Unkosten.

Die auf diesen beiden Seiten beschriebenen Handgriffe sind nicht mit irgendeinem km-Stand verknüpft. Mühelos ist der Griff nach dem Ölpeilstab, die Stopfen der Batterie sind schnell einmal abgezogen, und ob die Scheinwerfer brennen, sieht man mit einem Blick. Unabhängig von Inspektionsvorschriften überwacht man öfter den Reifendruck, und auch die Keilriemenspannung läßt sich kontrollieren, ohne dazu einen Zeitplan abhaken zu müssen. Noch aufmerksamer sollte man überprüfen, wenn man – etwa im Winter – verhältnismäßig selten fährt und was bei häufigem Betrieb schon fast unbewußt kontrolliert wird. Sicher kennen Sie die alte Weisheit: Wer rastet – rostet. Sie gilt auch für Ihr Auto.

Dieser kleine Wartungsdienst ist nachstehend in Stichworten zusammengefaßt. Einzelheiten zu den verschiedenen Maßnahmen und ihr »Warum« werden ersichtlich, wenn man jene Seiten aufschlägt, die neben der Wartungstabelle auf Seite 38 angegeben sind.

1. Zustand der Bremsleitungen prüfen

Hierbei ist der Bremsflüssigkeitsstand zu kontrollieren. Fehlt Flüssigkeit, den Zustand der Bremsleitungen besonders sorgfältig prüfen, irgendwo muß sie ausgetreten sein. Auto hochbocken oder über Pflegegrube fahren. Bremsleitungen und -schläuche müssen trocken und dürfen nicht aufgequollen sein. Schwarzer Schmutz deutet auf Undichtigkeit, auch feuchtdunkle Stellen am Scheibenbremssattel (vorn) oder an einer Bremstrommel (hinten). Radbremszylinder undicht? Anschlußstellen nicht mit Schraubenschlüssel nachziehen (Verdrehen der Leitung!), bald Werkstatt aufsuchen. Scheuerstellen (durch zu große Reifen oder Schneeketten)?

Kein Benzin, Petroleum, Dieselkraftstoff oder Fett an die Bremsschläuche bringen. Beim Einsprühen abdecken.

2. Keilriemenspannung kontrollieren

Der Keilriemen muß sich in der Mitte zwischen mittlerer und linker Riemenscheibe 10–15 mm bei mäßigem Daumendruck durchdrücken lassen. Lockerer Keilriemen rutscht, wird heiß und verschleißt bald. Zudem ungenügender Betrieb von Lichtmaschine und Wasserpumpe. Zu strammer Keilriemen belastet Lichtmaschinenlager, erhöhte Abnutzung. Spannen des Keilriemens siehe Abschnitt »Keilriemenprobleme« Seite 124.

3. Motorölstand prüfen

Der Ölpeilstab befindet sich im Motorraum links, in Fahrtrichtung vor dem Anlasser. Besitzt ringartigen Griff. Ölstand nur ermitteln, wenn Motor mindestens einige Minuten stillstand, sonst zu geringe Anzeige, weil noch Öl im Schmierungskreislauf.

Peilstab ganz herausziehen, mit sauberem Lappen (auch Papiertaschentuch, nicht Putzwolle oder faseriges Material) abwischen. Stab wieder bis zum Anschlag in Motor stecken und wieder herausziehen. Öl muß Peilstabspitze mindestens bis zum unteren Querstrich benetzen.

4. Säurestand der Batterie prüfen

12-Volt-Batterie sitzt im Motorraum hinten links. Gelbe Verschlußstopfen herausziehen. Inwendig müssen alle Zellen von Batteriesäure bedeckt sein. Andernfalls ergibt sich Leistungsschwund und vorzeitiger Verschleiß. Da Wasseranteil der Säure verdunstet, nur destilliertes Wasser (kein Leitungswasser, keine Batteriesäure) nachfüllen. Soll-Stand der Säure von ca. 10 mm über Zellenplatten mit schmalem Pappstreifen leicht nachmeßbar. Nicht mit Metall (Werkzeug) nachmessen. Kurzschluß-Gefahr.

5. Bremsflüssigkeitsstand kontrollieren

Der Bremsflüssigkeitsbehälter sitzt im Motorraum hinten links. Die Prüfung ist wenigstens alle 5000 km vorzunehmen. Durchscheinendes Material des Behälters ermöglicht den Inhalt zu erkennen. Flüssigkeitsspiegel muß über der Trennwand beider Behälterkammern liegen. Nur spezielle Bremsflüssigkeit nachfüllen, niemals Öl.

6. Scheibenwascherbehälter auffüllen

Der Vorratsbehälter der Scheibenwaschanlage hängt links im Motorraum. Inhalt im Winter stark frostgefährdet. Aber bei Matsch ist Scheibenwascher wichtig (bis −15° wirken Auftausalze). Geeignete Frostschutzmischungen siehe »Winterschutz«-Kapitel Seite 223. Mischung vor Einfüllen gut durchschütteln oder Behälter kneten, sonst friert Wasseranteil trotzdem. Im Sommer empfiehlt sich Beimischung von Reinigermittel gegen Schlierenbildung auf Windschutzscheibe durch silikonhaltige Lackpflegemittel oder Dieselqualm.

7. Reifendruck nachmessen

Nachprüfung etwa einmal pro Woche. Nur an kalten Reifen Luftdruck messen, da während zügiger Fahrt sich Druck durch Erwärmung erhöht. Diesen gesteigerten Luftdruck nicht ablassen, ist für Fahrbetrieb bereits einkalkuliert. Angaben über den richtigen Luftdruck, bei kalten Reifen gemessen, finden Sie für Ihren Wagen in der Tabelle auf Seite 249. Für flotte Autobahnfahrt die Werte um 0,2 bar erhöhen.

8. Lichtanlage prüfen

Eigentlich vor jeder Fahrt prüfen, ob alle Lampen funktionieren: Scheinwerfer-Fernlicht, -Abblendlicht, -Standlicht; Rücklichter, Bremslichter, Nummernschildbeleuchtung, vier Blinker, Lichthupe. Am besten: Helfer geht um Wagen, während Lampen nacheinander geschaltet werden. Andernfalls: Widerschein der Lampen auf heller (Garagen-)Wand kontrollieren. Bei Störung: Stichwortverzeichnis dieses Buches gibt Seite an, wo Fehlerbeseitigung beschrieben ist.

Vom Fett-Polster zum Öl-Bad

Über Ihren Opel Manta brauchen Sie sich nicht nur deswegen freuen, weil er so nett aussieht. Es gibt auch noch andere Gründe dafür, beispielsweise, wenn er mit dem maßvollen Aufwand für die Fettversorgung zusammenhängt. Autos der Gegenwart bieten nämlich den Vorteil, daß die Anzahl ihrer Schmierstellen äußerst gering gegenüber früher ist, als man häufig da und dort irgend etwas fetten oder ölen mußte.
Dennoch sollte man auch dort gelegentlich ein Tröpfchen Öl anbringen, worauf im Inspektionsplan nicht besonders hingewiesen wurde. Das sind Stellen am Auto, die in den betreffenden Abschnitten dieses Buches noch beschrieben sind.
Sie wissen ja, um was es überhaupt geht: Damit bewegliche metallische Teile möglichst leicht aufeinander gleiten und somit Kraftverlust und Wärmeentwicklung vermieden werden, bringt man zwischen sie eine trennende Schutzschicht. Sie soll sich allen Bewegungen und den sich sonst »nackt« berührenden Oberflächen anpassen. Öl oder Fett bilden eine solche Schicht. Öl – im Motor – soll aber auch durch Wärmeabtransport kühlen helfen.
Fett ist nur durch »Verseifung« in festere Form gebrachtes Öl. Es hängt von der Geschwindigkeit und von den dabei auftretenden Temperaturen und Drükken ab, denen diese Teile unterworfen sind, ob Öl oder Fett angebrachter ist. Aber es sind auch äußere Einwirkungen, die etwa durch Wasser oder Schmutz auftreten können, zu berücksichtigen. Ferner müssen die Schmierpolster zur Beseitigung von Abriebteilchen und Verbrennungsrückständen, der Abdichtung gegen Gase und als Kühlmittel für heiß werdende Teile dienen können. Nicht umsonst gibt es deshalb vielerlei Sorten von Fetten und Ölen.
Mit derart unterschiedlichen Aufgaben kann man nicht eine X-beliebige Schmiere beauftragen. Pommes frites, in Lebertran angerichtet, würden scheußlich schmecken – aber beste Butter tut Ihrem Opel auch nicht gut, weil ihr die mineralischen Substanzen fehlen. Diese absichtlichen Übertreibungen mögen Ihnen nahebringen, welche Fehler beim Schmieren gemacht werden können.

Ölstand im Motor prüfen

Pflegearbeit Nr. 1

Dieser wichtige Handgriff soll etwa alle 500 km erfolgen. In unserer Pflegeliste auf Seite 38 wurde das Prüfen des Motorölstandes unter die Überschrift »bei 5000 km« eingereiht, wie es dem Opel-Inspektionsplan entspricht, aber die Betriebsanleitung weist – unmißverständlich – auf die 500 km-Kontrolle hin. Unbedingt ist diese letztgenannte Prüfspanne einzuhalten.
Morgens vor dem Starten ist die genaueste Kontrolle möglich, oder ebenfalls dann, wenn das Öl genügend Zeit hatte, sich im Motor abzusetzen. Sonst müssen Sie einen sauberen Lappen haben (neben der Batterie einklemmen), an dem Sie den Ölpeilstab abwischen. So behält man sogar saubere Hände. Nach Reinigung des Peilstabs drückt man diesen wieder bis zum Anschlag in den Motor und zieht ihn erneut heraus. Jetzt erst ist genau erkennbar, wie hoch

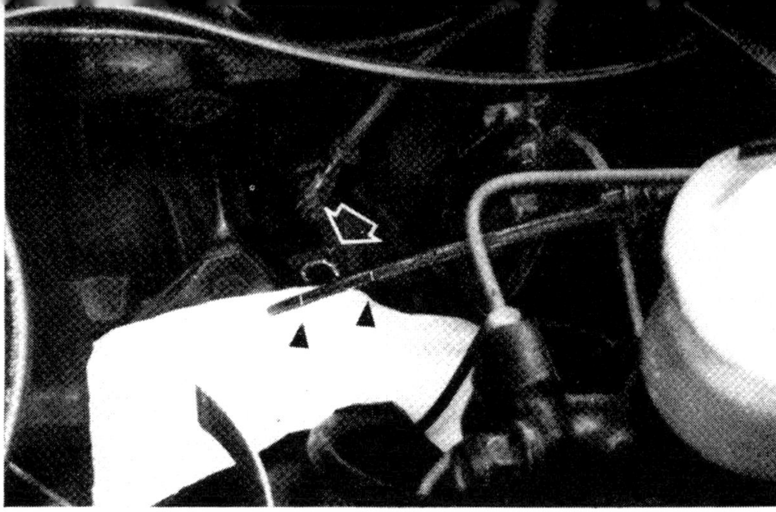

Motoröl soll nachgefüllt werden, wenn der Ölstand bis zur Minimum-Marke abgesunken ist. Die Füllmenge zwischen Minimum- und Maximum-Markierung auf dem Peilstab beträgt außer beim 12 S mit 1 Liter rund 1,5 Liter (richtige Ölsorten siehe S. 47). Zuviel eingefülltes Öl wird außerdem über die Motorentlüftung angesaugt und verklebt die Bohrungen im Vergaser. Ebenso erhöht ständiges Nachfüllen bis zur Maximum-Marke den Ölverbrauch, hat also keinen Sinn und schadet nur dem Geldbeutel. Nach der Ölstandsprüfung muß der Peilstab (der eigentlich »Peillatte« heißen müßte) fest in das Peilstabloch am Motor gedrückt werden, sonst tritt bei laufendem Motor Öl aus. Ergebnis: Ölverlust und ölverschmierter Motorraum.

das Öl im Motor steht. Der Ölstab besitzt zwei Markierungen; die untere bedeutet »Nachfüllen« und die obere »Voll«. Wenn das Öl den Stab dazwischen benetzt, stimmt der Ölstand. Erst dann, wenn der Ölpegel unter die untere Marke abgesunken ist, muß Öl nachgefüllt werden.
Unterwegs ist der Ölstand exakt nur kontrollierbar, nachdem der Motor einige Minuten nicht gelaufen ist, weil sich das Motoröl in der Ölwanne zuerst sammeln muß. Beim Prüfen soll man zugleich beachten, daß das Auto auf waagerechtem Boden steht. Ein auf abschüssigem Grund schräg stehender Wagen vermittelt ein falsches Meßergebnis.

Motoröl wechseln

Pflegearbeit Nr. 33

Laut Inspektionsvorschrift ist das Motoröl alle 10 000 km oder alle 6 Monate zu wechseln. Nach dieser Laufzeit ist das Öl so weit »gealtert«, daß es seine Funktion nur noch mangelhaft erfüllt. Besonders bei häufigen Kurzstreckenfahrten (unterkühlter Motorbetrieb) bilden sich Verunreinigungen, versetzt mit Kraftstoffkondensaten und Wasserspuren.
Altes Öl verbraucht sich schneller. Erhöhter Ölverbrauch kann daran liegen, daß man schon häufig neues Öl zum alten hinzugeschüttet hat. Ein Ölwechsel kann den Verbrauch wieder sinken lassen, wenn der Motor sonst noch in Ordnung ist.
Wenn man oft längere Strecken fährt, braucht man sich um den Zustand seines Öls im Opel nicht so große Sorgen zu machen; denn die schnelle Autobahnfahrt ist für den Motor – entgegen oft vertretener Ansicht – bei weitem nicht so strapaziös wie der Kurzstreckenverkehr, der viel rascher zu den schon erwähnten Verschmutzungen des Öls führt. Die 10 000-km-Angabe ist daher nur ein empfohlenes Mittelmaß. Wer den Opel als Botenfahrzeug oder zum kurzen Arbeitsweg in der Stadt benutzt, wer ihn häufigem Kaltstart aussetzt, über staubige Feldwege fahren muß oder im Winter von Haus zu Haus fährt, sollte die 10 000-km-Intervalle keinesfalls überschreiten.

Fingerzeig: *Gegen die Methode, den Ölwechsel mittels eines Ölabsauggeräts an der Tankstelle selbst auszuführen, hat Opel nichts einzuwenden. Für den Manta-Fahrer ist das eine zeit- und kostensparende Ölwechselmethode, zumal das angebotene »Öl zum Mitnehmen« so preisgünstig ist wie Markenöl im Discountladen. Nur wenn jeden zweiten Ölwechsel auch das Ölfilter gewechselt werden muß, was nur von unten her möglich ist, sollte der Wechsel nach der herkömmlichen Methode durchgeführt werden. Keinesfalls darf der Filterwechsel aber vergessen werden.*

Ölwechsel kann man in der Opel-Werkstatt oder an einer Tankstelle oder zu Hause machen. Im allgemeinen ziehen wir die Tankstelle wegen besonderer Überlegungen vor:

1. Das Motoröl soll warm gewechselt werden, damit es restlos mit allem Schmutz gut abläuft. In Werkstätten muß der Wagen oft lange warten, und inzwischen wird der Motor wieder kalt. An Tankstellen hat man oft schon nach wenigen Minuten Zeit für diese Arbeit.

2. Beim Ölwechsel fällt Altöl an. Wohin damit? In die Kanalisation schütten oder im Garten vergraben darf man es nicht. Das kostet wegen des Grundwasserschutzes Strafen. Nicht mal zum Einpinseln der Wagenunterseite gegen Rost taugt das Altöl, da es rostfördernde Säuren enthält. Allenfalls können Sie es verbrennen oder zum Imprägnieren hölzerner Gartenpfähle verwenden, wenn Sie welche haben. Bei der Tankstelle ist Altöl besser aufgehoben.

Wenn man jedoch den Ehrgeiz hat, es selber zu machen, dann werden benötigt:

- Beim Manta 12 S nur 2,5 Liter, bei den anderen drei Manta-Modellen 3,5 Liter (verwendbare Ölsorten siehe Tabelle auf Seite 47). Bei den Motoren der ersten Serie ist das Ölwannenvolumen um 0,5 Liter geringer.
- Ringschlüssel SW 19 zum Öffnen und Schließen der Ablaßschraube.
- Gefäß zum Auffangen des Altöls.

Die Arbeit verläuft folgendermaßen: Hat man keine Grube, muß der Wagen allseitig gleich hoch aufgebockt werden, damit der Motor sich in waagrechter Stellung befindet und das Öl vollkommen auslaufen kann. Dann Wanne oder sonstiges Gefäß zum Auffangen des Altöls unterschieben, Ablaßschraube öffnen (Vorsicht bei heißem Öl) und Öl auslaufen lassen. Danach Ablaßschraube wieder festdrehen, aber nicht »anknallen«.

Nun wird das frische Motoröl oben in den Einfüllstutzen auf dem Zylinderkopfdeckel eingefüllt. Ganz zum Schluß wird nach einigen Minuten noch einmal der Ölmeßstab gezogen, denn sicher ist sicher. Die Differenzmenge zwischen den Markierungen am Stab beträgt übrigens (mit Ausnahme des 12 S-Motors mit 1 Liter Differenz) bei den 16- und 19-Typen 1,5 Liter.

Zu der eben beschriebenen Arbeit kommt jedes zweite Mal der Ölfilterwechsel hinzu, über den im nächsten Abschnitt nachzulesen ist.

Fingerzeige: *Beim Ölwechsel verbleiben in den Motoren etwa 0,2–0,3 Liter Altöl. Dementsprechend müssen nach einer Demontage des Motors die oben angeführten Füllmengen vergrößert werden, wenn eine vollständige Befüllung erreicht werden soll.*

Hat man keine Grube zur Verfügung, sollte der Wagen zum Ablassen des Motoröls möglichst allseitig gleichmäßig hochgebockt sein. Wagen zur Sicherung abstützen! Die Ölablaßschraube befindet sich an der Unterseite der Ölwanne, sie kann nur mit einem Ring- (oder Gabel-)schlüssel SW 19 herausgedreht werden. Beim Hineindrehen der Schraube darf keine Gewalt angewendet werden, damit man das Gewinde nicht beschädigt.

Wie in diesem Kapitel beschrieben, kommt man an das Ölfilter am besten von unten heran, nachdem man den Wagen hochgebockt hat. Das neue Filter darf nicht verkantet festgedreht werden; grundsätzlich läßt sich das Filter mit der Hand leicht anschrauben. Zum Festdrehen darf man kein Werkzeug benutzen.

Entsprechende Differenzen ergeben sich auch beim Ölwechsel ohne bzw. mit Ölfilterwechsel. Die im vorstehenden Abschnitt genannten Mengen beziehen sich auf den Ölwechsel ohne Filterwechsel. Mit Filterwechsel braucht man beim 12 S-Motor 2,75 Liter und bei den übrigen Motoren 3,8 Liter. Wir empfehlen jedoch, sich auf die vorher angegebenen Mengen zu beschränken, weil es derartig kleine Differenz-Mengen lose nicht zu kaufen gibt. Wie im Abschnitt »Ölstand prüfen« erläutert wird, darf das Öl sowieso bis zur unteren Peilstabmarke abgesunken sein, bevor Öl nachgefüllt werden muß.

Ölfilterpatrone wechseln

Pflegearbeit Nr. 43

Bei jedem zweiten Ölwechsel, also nach 10 000, 30 000, 50 000 km usw., soll die Ölfilterpatrone ausgewechselt werden. Beim Opel ist sie in den sogenannten Hauptstrom des Motoröls geschaltet. Diese Wegwerfpatrone kann nicht mit Benzin oder anderen Mitteln gereinigt werden. Sie sitzt – in Fahrtrichtung gesehen – vorne unten rechts am Motor.

Eine alte Patrone läßt sich selten mit Händekraft losdrehen. In der Werkstatt benutzt man dazu einen speziellen Bandschlüssel, es geht aber auch mit einem alten Keilriemen oder Ledergurt. Man schlingt den Riemen einmal um das Filtergehäuse, dreht die Enden mit einer Rohrzange fest und gleichzeitig damit das Gehäuse los.

Bei der neuen Patrone muß der Dichtring vor dem Ansetzen leicht mit Abschmierfett eingestrichen werden. Zwar nimmt man dazu bei Opel Öl, aber bei der anschließenden Sichtprüfung am laufenden Motor, ob nämlich die Patrone wirklich dicht sitzt, kann abtropfendes Öl fälschlich als austretendes Öl angesehen werden, und man zieht dann die Patrone noch fester an. Sie darf aber beim Andrehen nur mit der Hand festgedreht werden. Jedes Festziehen mit irgendeinem Werkzeug ist verboten und kann dazu führen, daß sich die Patrone später nicht mehr lösen läßt.

Folgende Ölfilterpatronen erhält man bei Opel-Vertretungen oder im Zubehörhandel (passend für alle Manta-Modelle):

- Bosch 0 451 102 001
- Fram PH 966 B
- Hengst H 90 W
- Knecht FO 318 oder AW 52
- Mann W 712
- Purflux Opel
- Purolator PC 20
- Tekalemit FB 2063

Fingerzeig: *Handprobe am Ölfilter bei heißgefahrenem Motor zeigt, ob das Öl auch richtig durch diese Patrone zirkuliert. Sie muß gleich warm wie der Motorblock sein. Ein verschmutztes oder verstopftes Filter wird sich kühler anfassen, weil der Ölstrom über das Kurzschlußventil fließt. Dann wird der Motor mit ungefiltertem Öl versorgt, und ein Filterwechsel ist dringendst geboten.*

Verwendbare Ölsorten

Opel schreibt für die Motoren Qualitäts-HD-Öle vor, überläßt es aber dem Wagenhalter, sich selbst von dieser Qualität zu überzeugen. Im Zweifelsfall – also bei einem nicht verbreitet bekanntem Öl – bietet Opel jedoch Auskunft über dessen Eignung an. Nun erhält man heute an jeder Tankstelle Markenöle, und bei einiger Routine läßt sich hierbei Geld sparen. Denn es muß nicht gleich das teuerste Öl sein, das der Tankwart feilbietet.
Auf der Öldose, die Sie erwerben, oder auf dem Faß, aus dem Sie sich Motoröl für Ihr Auto abfüllen lassen, muß irgendwo deutlich HD eingeprägt oder aufgemalt sein. Allerdings ist es auch möglich, daß die Öldosen die gültigen internationalen Leistungsbezeichnungen tragen, die hierzulande nur von wenigen Mineralölfirmen, wie z. B. Agip und Shell, verbindlich geführt werden. Diese Leistungsnormen wurden vom API, dem »Amerikanischen Petroleum-Institut«, festgelegt. Sie sind international anerkannt und sagen mehr als die simple Bezeichnung »HD«. Dementsprechend kann anstelle des »HD« – oder zusätzlich – die Öldose die Aufschrift »API Service SD«, »Service SE« oder »Service CC« (an sich für Dieselmotoren bestimmt, kann aber problemlos auch im Manta-Motor verwendet werden) tragen. In Kaufhäusern erhält man recht preisgünstige Öle dieser API-Norm – im Zweifelsfall muß man sich beim Verkäufer durch Rückfrage von dieser Eigenschaft vergewissern.
Motorenöl, das keine dieser Bezeichnungen hat oder nur mit den geringeren API-Normen »Service SA, SB, SC, CA oder CB« gekennzeichnet ist, sollten Sie nicht für Ihren Motor nehmen. Es ist schwach oder gar nicht legiert und ist höheren Beanspruchungen nicht gewachsen.

Die nachstehenden Ölsorten entsprechen den Opel-Empfehlungen:

Bezeichnung	Viskosität im Sommer und bei Temperaturen über —10° C	Viskosität im Winter unter Temperaturen von —10° C
Einbereichsöl	SAE 20 W/20	SAE 10
	SAE 10 W/30	SAE 10 W/30
Mehrbereichsöl	SAE 10 W/40	SAE 10 W/40
	SAE 15 W/50	

In den Kaufhäusern werden Öle angeboten, deren Preise unter den hier angegebenen Mindestsätzen liegen. Über die Qualität dieser Öle ist bislang nichts Negatives behannt geworden, wenn sie die API-Spezifikationen oder die ebenfalls gültigen MIL-Normen aufweisen. Kein namhaftes Kauf- oder Versandhaus würde das Risiko eingehen, durch an die Öffentlichkeit geratende Prozesse einen guten Namen zu verlieren.

Viskosität und Temperatur

In der vorangegangenen Aufstellung geben Spalte 2 und 3 die Viskosität, die Zähflüssigkeit des Öls, durch Zahlenwerte an. Sie ergibt sich aus der Fähigkeit des Öls, schneller oder langsamer aus einem Röhrchen gleichen Durchmessers zu fließen, und wurde von der amerikanischen **S**ociety of **A**utomotive

Engineers genormt. Die Bezeichnung der Zähflüssigkeitsklassen erfolgt deswegen mit »SAE« und einer vereinbarten Zahl. Je kleiner diese Zahl, desto dünnflüssiger ist das Öl.
Das »W« am Schluß bedeutet zusätzlich »Winter«, es gibt aber auch etwas dickflüssigeres Öl, das sich bei manchen Motoren im Winter und bei anderen im Sommer eignet und deshalb die gemischte Bezeichnung SAE 20 W/20 trägt. SAE 30 und SAE 40 sind Sommeröle, allenfalls bei seltenen Autotypen oder bei extremen Temperaturen erfüllen sie besondere Bedingungen. Die meisten Sicherheitsreserven bietet das Öl 15 W/50, es ist aber auch am teuersten.
In den beiden Spalten wird auch angeführt, welche Ölsorten für Ihren Opel am geeignetsten sind. Die Temperaturbereiche sind von der Ölsorte und der Viskosität, aber auch von der Motorkonstruktion abhängig. Dickflüssiges »20 W/20er«-Öl strengt im Winter den Anlasser an, wenn er den vom steifen Öl verklebten Motor durchdrehen soll, aber andererseits schadet es auch zu Ostern nicht, wenn noch das »Winteröl« SAE 10 W im Motor ist. Man muß nicht gleich zum nächsten Ölwechsel eilen, wenn das Thermometer in Bereichen schwankt, die dem Kalender vielleicht nicht angemessen sind.

Mehrbereichsöle

Bisher sprachen wir über »Einbereichsöle«. Eine Sonderstellung nehmen die Motoröle SAE 10 W/30 und SAE 10 W/40 ein, die ebenfalls HD-Öle sind. Sie haben den Vorteil, das ganze Jahr über im Motor Dienst tun zu können und heißen daher Mehrbereichsöle. Sie können immer dann verwendet werden, wenn Öle von SAE 10 W oder SAE 20 W/20 vorgeschrieben sind. Das Öl SAE 15 W/50 schließt sogar die extremen Temperaturen, in denen SAE 50 genommen werden soll, mit ein. Beim Manta ist solches dickflüssiges Öl jedoch unter keiner Bedingung erforderlich, wie aus der vorangegangenen Tabelle ersichtlich ist.
Es ist aber Ihr Geld, das Sie in Mehrbereichsöl nur dann gut anlegen, wenn Sie mit Ihrem Opel so wenig fahren, daß der nächste Ölwechsel bestimmt in jene Jahreszeit fällt, für welche eine andere Ölviskosität vorgeschrieben ist. Genaugenommen handelt es sich bei den Mehrbereichsölen um dünnflüssige Öle, denen spezielle chemische Zusätze beigegeben sind. Diese »quellen« bei höheren Temperaturen, verhindern also, daß das Öl bei hohen Temperaturen zu dünnflüssig wird, wodurch es seine Schmierfähigkeit verlieren könnte.

Synthetische Öle

Unter der Bezeichnung »Aral Spectral«, »Mobil SHC« und »Castrol Formula RS« werden synthetisch hergestellte Öle (also nicht auf der üblichen Mineralölbasis) angeboten. Diese Öle sind für außergewöhnlich hochbelastete Motoren gedacht, wo sie auch bei hohen Öltemperaturen noch für guten Schmierfilm und Öldruck sorgen und den Ölverbrauch senken.
Diese und andere gute Eigenschaften lassen sich jedoch die Mineralölfirmen, wir wir meinen, mit rund 15 DM je Liter zu teuer bezahlen. Normales Motoröl, regelmäßig gewechselt, genügt ebenso, wenn es die bereits erwähnten Spezifikationen erfüllt.

Ölverbrauch

Die in der Betriebsanleitung angegebenen Verbrauchswerte – 0,075 Liter beim 12 S-Motor und 0,1 Liter bei den drei anderen Motor-Typen auf 100 km – stellen ziemlich hoch angesetzte Daten dar. Ein derartig hoher Ölverbrauch müßte schon von ungünstigen Ursachen abhängen. Normal sind etwa 0,3 Liter auf 1000 km, wobei die älteren Motoren mit mehr als 60 000 km Laufstrecke auch 0,5 Liter verbrauchen werden. Mehr als 0,8 Liter sind schon ein Alarmzeichen und kann auf nicht mehr einwandfreie Kolbenringe hindeuten. Viel-

leicht ist auch nur der Motor undicht: Ölspuren am und unter dem Motor beobachten eventuell einmal eine Zeitung unter den Wagen legen und mit Steinen oder ähnlichem festhalten. Manta 16 S und 19 S mit Automatikgetriebe brauchen in der Regel sogar weniger Motoröl, etwa 0,1 Liter auf 1000 km oder rund 0,5 Liter Nachfüllmenge zwischen zwei Ölwechseln.
Es ist kein Grund zur Beunruhigung, wenn der Ölverbrauch bei einem älteren Wagen sacht ansteigt. Dies wird man in jedem Fall bei ständigem Stadtverkehr und bei scharfen Gebirgsfahrten feststellen, auch, wenn das Auto noch jung ist. Dauer-Vollgas dagegen wirkt sich auf den Ölkonsum nicht aus.
Erst ab 7500 km Laufstrecke etwa hat sich der Ölverbrauch stabilisiert. Vor einer Verbrauchsmessung ist sicherzustellen, daß der Motor nicht wegen Undichtheiten Öl verliert. Häufiger Kaltstart, unterkühltes Fahren und zu langes Fahren mit gezogener Starterklappe kann dagegen vortäuschen, daß der Motor überhaupt kein Öl verbraucht. Vorsicht! In solchem Fall ist das Öl durch Kraftstoffteile und Kondensate verdünnt und ein Ölwechsel ist dringend fällig.

Unterwegs Öl nachfüllen

Daß Sie regelmäßig den Ölstand im Motor kontrollieren, setzen wir voraus. Wie und wann es am besten gemacht wird, das haben Sie auf Seite 43 gelesen. Schieben Sie den Peilstab nach dem Messen aber wirklich bis zum Anschlag ein, sonst können Ölverluste bis zu einem Liter auf 1000 km auftreten! Wenn Sie wegen Ölverbrauch Motoröl nachfüllen müssen – das ist erst wirklich notwendig, wenn der Ölstand bis zur Minimum-Marke abgesunken ist –, dann nehmen Sie am besten die gleiche Marke, die Sie zum Ölwechsel gewählt haben. Sie haben dann das beruhigende Gefühl, bei einem überraschenden Motorschaden bei der treu beanspruchten Ölfirma anklopfen zu können, um feststellen zu lassen, ob vielleicht mit der Motorschmierung oder gar dem Öl irgend etwas nicht stimmte. Das ist allerdings nur wirklich selten der Fall, und in diesen seltenen Fällen zeigen die Mineralölfirmen auch zweifellos Kulanz.
Aber sonst lassen sich alle HD-Ölsorten und HD-Ölmarken fröhlich durcheinander mischen. Diese Mischbarkeit ohne schädliche chemische oder sonstige Folgen ist eine Grundforderung der internationalen Öl-Normen. An Tankstellen erzählt man es gerne anders. Glauben Sie uns trotzdem. Es empfiehlt sich sogar, beim eventuell notwendigen Nachfüllen bei hartem Frost das dünnere Winteröl SAE 10 W zum »20er«-Öl im Motor zu nehmen. Ein Mehrbereichsöl erhält man dadurch zwar nicht, aber die Ölfüllung ist doch besser den Starttemperaturen angepaßt.
Zu hoher Ölstand ist unnütz. Im Kurbelgehäuse kommt es zu Schaumbildung, die Zündkerzen verrußen, die Leistung fällt ab, das Öl wird sinnlos verbraucht. Zuviel eingefülltes Öl wird außerdem über die Entlüftungsleitung vom Motor angesaugt und verklebt dabei die Bohrungen im Vergaser.
Zusatzmittel zum Motoröl kosten Geld und bringen meist nichts. Sogar Zusätze mit Molybdändisulfit, die wir im Abschmierfett durchaus zu schätzen wissen, sind nahezu nutzlos. Die heutigen HD-Öle namhafter Mineralölgesellschaften sind so »konstruiert«, daß sie die Ansprüche gegenwärtiger Motorenproduktion erfüllen. Erhöhung der Spitzengeschwindigkeit, Verminderung des Benzinverbrauchs und Verringerung von Reparaturkosten durch Zusatzmittel hat bislang noch niemand bewiesen.
Wer sich über die hohen Öl-Preise ärgert, dem sei gesagt, daß darin bereits die Kosten für die Verbrennung des Altöls enthalten sind, denn einfach wegschütten darf man ja das schmierige Zeug nicht. Auf diese Weise wird die umweltschützende Vernichtung des Abfallprodukts gefördert.

Fingerzeige: *Hochwertiges Öl wird schon nach kurzer Laufzeit dunkel. Das beweist, daß es richtig »arbeitet« und allen anfallenden Schmutz in der Schwebe hält. Es ist jedoch kein Zeichen zum Ölwechsel und soll Sie nicht besorgt machen.*

Geld läßt sich sparen, wenn beispielsweise nach 1000 km der nächste Ölwechsel fällig wäre und der Ölspiegel steht an der Minimum-Marke. Anstatt nun einen Liter teures Öl in den Motor zu geben, das alsbald doch wieder rausfließen muß, ist es besser, den ganzen Ölwechsel einfach vorzuverlegen. Die fehlenden 500 oder 1000 km können Sie beim nächsten Ölwechsel dann wieder zulegen, denn im heutigen HD-Öl stecken noch durchweg gute Reserven.

Die bei Tankstellen bisweilen gebräuchlichen Ölwechselzettel, die mit Bindedraht irgendwo im Motorraum befestigt werden, sind Unfug. Der Draht kann Ursache zu Kurzschlüssen oder zu Funkenregen sein. Entsprechende Zettel sollten mit Bindfaden befestigt oder aufgeklebt werden.

Getriebeölstand kontrollieren

Pflegearbeit Nr. 11

Schaltgetriebe

In Fahrtrichtung links sitzt in halber Höhe des Getriebegehäuses eine Innensechskantschraube SW 8, die nach Herausschrauben eine Kontrollöffnung für den Getriebeölstand bietet. Natürlich darf der Wagen bei dieser Kontrolle nicht schief stehen. Reicht bei waagerecht aufgebocktem Auto der Ölstand bis zur Unterkante der Einfüllöffnung – man kann das mit einem Finger fühlen –, ist alles in Ordnung. Die Kontrollschraube darf danach aber nicht zu fest »angeknallt« werden, sonst leidet das Gewinde.

Bei vermutetem Ölmangel ist von eigenhändigem Nachfüllen abzuraten, denn in der Regel fehlt nur eine geringe Menge oder gar nichts. Fehlt eine größere Menge, dann dürfte irgendwo das Gehäuse undicht sein, was schon äußerlich an Ölschmutzkrusten erkennbar ist. Zum Abdichten aber ist die Werkstatt zuständig, und Nachfüllen besorgt auch besser eine Tankstelle. Diese Sicherheits-Kontrolle sollte alle 10 000 km stattfinden. Die erforderliche Ölsorte ist dem nächsten Abschnitt zu entnehmen.

Automatisches Getriebe

Sollten Sie einen Manta 16 S oder 19 S mit dieser Bedienungserleichterung besitzen, dann lesen Sie bitte den Abschnitt auf Seite 175, wo auch die Behandlung der Getriebeautomatik noch ausführlicher beschrieben ist. Hier sei nur darauf hingewiesen, daß der Ölstand am Peilstab bei kaltem Motor zwischen den Markierungen »ADD« und »F«, bei betriebswarmem Motor bis »F« abzulesen sein muß. Bei der Prüfung muß der Motor in Wählhebelstellung P oder N laufen. Diese Kontrolle sollte man wesentlich öfter als zu den vorgeschriebenen 10 000-km-Intervallen vornehmen. Der Ölwechsel ist erstmals nach 40 000 Kilometer Laufzeit ausführen zu lassen.

Vorgeschriebene Ölsorten

Ob Schalt- oder Automatikgetriebe – im Bedarfsfall muß das genau richtige Getriebeöl eingefüllt werden!

Da im Gegensatz zu vielen anderen Personenwagen beim Opel mit Schaltgetriebe kein regelmäßiger Ölwechsel vorgeschrieben ist, besitzen diese Getriebe auch keine Ölablaßschraube. Beim Nachfüllen muß das Öl seitlich in die weiter oben erwähnte Kontrollöffnung gedrückt werden, was mittels Schlauch und passend gebogenem Mundstück passiert. Zum Selbermachen braucht man dann noch eine Plastikflasche, die man zusammendrücken und somit das Öl pumpen kann. Da das Öl aber recht dickflüssig ist, stellt diese Prozedur einige Ansprüche an die Geduld des Bastlers.

Zum Nachfüllen dient das Getriebeöl SAE 80 (bei Opel mit der Kennzeichnung M 15/1 versehen), das auch zu einer eventuellen Neubefüllung – nach Ge-

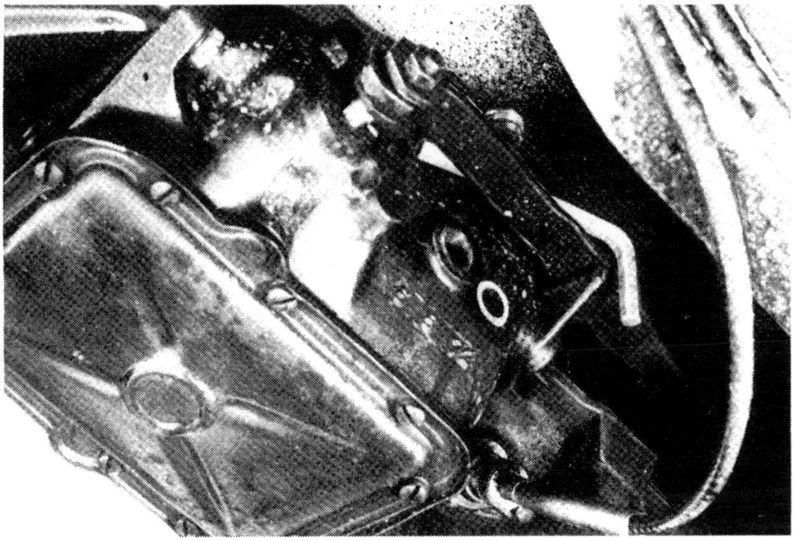

Der Getriebeölstand wird an der Einfüll- und Kontrollöffnung mit dem Zeigefinger geprüft. Die Einfüllschraube hat einen Innensechskant SW 8. Zeigefinger in die Öffnung stecken: Reicht der Ölstand bis zur Unterkante der Einfüllöffnung (man fühlt das mit dem Finger), ist die Sache in Ordnung. Kontrollschraube wieder eindrehen, jedoch nicht zu fest »anknallen«, sonst wird das Gewinde beschädigt.

triebereparatur – verwendet wird. Die Füllmenge beträgt beim 1,2 Liter-Manta 0,6 Liter und bei den größeren Modellen 1,1 Liter.
Für das automatische Getriebe ist das handelsübliche Spezialöl mit der Bezeichnung »Dexron B ...« (und einer nachfolgenden Nummer) zu benutzen. Bei Opel wird dieses Öl unter der Katalog-Nr. 19 40 690 geführt.
Zum Ölwechsel beim automatischen Getriebe, der alle 40 000 km oder spätestens nach 24 Monaten vorgenommen werden soll, sind 2,5 Liter erforderlich. Siehe jedoch wiederum Seite 175.

Lenkgetriebe schmieren?

Vergeblich werden Sie irgendwo einen Hinweis suchen, der mit der Fett- oder Ölversorgung des Lenkgetriebes bei Ihrem Manta zusammenhängt. Das liegt einfach daran, weil Ihr Auto mit einer wartungsfreien Zahnstangen-Lenkung ausgerüstet ist. Natürlich ist da auch Fett mit im Spiel, aber so ohne weiteres kann eine eventuell fehlende Menge nicht nachgemessen werden, und einfach nachfüllen, wie das bei anderen Lenkgetrieben möglich ist, geht dabei auch nicht. Alles, was Sie über die Lenkung in Ihrem Auto wissen müssen, finden Sie auf den Seiten 181–182.

Hinterachsölstand kontrollieren

Pflegearbeit Nr. 12

Bei jedem 10 000-km-Stand soll nachgesehen werden, ob der Ölstand im Hinterachsgehäuse noch stimmt. Dazu steht der Wagen am besten unbeladen auf seinen Rädern über einer Grube, er darf also nicht angehoben werden. Für Tankstelle oder Werkstatt ist es eine kurze Arbeit. Wer es selbst machen will, braucht dazu einen Inbusschlüssel SW 8, um die Kontrollschraube loszudrehen. Wie beim Schaltgetriebe ist alles in Ordnung, wenn das Öl bis zur Einfüllöffnung steht.
Bei Wagen mit üblicher Hinterachse findet eine Erstbefüllung mit Spezial-Hinterachsöl SAE 90 statt, das bereits nach den ersten 1000 km abgelassen und gegen Hypoid-Getriebeöl SAE 90 ausgetauscht wird. Solches Hypoidöl ist auch später nur zu verwenden, da es besonders druckfest und für dieses Hinterachsgetriebe am geeignetsten ist. Opel-Werkstätten führen dieses Hypoidöl unter dem Kennzeichen M 12 (GM-4744 M), und im Zweifelsfall sollte man bei Opel anfragen, ob ein eventuell woanders ausgesuchtes Höchstdruckschmieröl zulässig ist.

Zur Kontrolle des Ölstandes in der Hinterachse wird die Kontrollschraube mit dem Inbusschlüssel SW 8 herausgedreht. Das Öl soll bis zur Unterkante dieser Einfüllöffnung stehen. Bei eventuellem Ölverlust muß die verantwortliche undichte Stelle an der Hinterachse ausfindig gemacht werden.

Eine Hinterachse mit Sperrdifferential muß dagegen mit Spezial-Hinterachsöl SAE 90 (ohne den Zusatz »Hypoid«) befüllt sein, welches man auch bei Opel unter der Katalog-Nr. 19 42 380 erhalten kann. Dieses Öl ist nicht etwa »schlechter« als Hypoidöl, im Gegenteil, es greift die Dichtungen nicht an, wirkt nicht ätzend auf die Zahnflanken und braucht bei längerer Stillegung des Wagens nicht abgelassen zu werden.
Wenn das Hinterachsgehäuse nicht zu einer Reparatur geöffnet werden mußte, braucht ein Ölwechsel nicht stattzufinden. Die Füllmenge beträgt beim Manta 12 S und Manta 16 jeweils 0,65 Liter, beim 16 S und 19 S jedoch 1,1 Liter.

Heizerventil und Gasgestänge ölen
Pflegearbeit Nr. 34

Die Lagerstellen und Gelenke des Gasgestänges sind gelegentlich für einige Tropfen Öl empfänglich. Übermäßige Schmutzkrusten sollte man freilich vorher entfernen, aber Ihr Opel sieht sicher unter der Haube immer recht sauber aus. Für das Schmieren der Gelenke kann man auch Fett verwenden, am praktischsten ist jedoch Graphitöl aus der Spraydose (z. B. von BP). Einer weiteren Erläuterung zum Ölen bedarf es hierbei sicher nicht.
Ebenfalls soll – nach Inspektionsvorschrift – die Kolbenstange des Heizerventils alle 10 000 km geölt werden. Das Ventil sitzt am Zuleitungsschlauch der Heizung im Motorraum, hinten zwischen Motor und Spritzwand. Man läßt einen Helfer den Heizungshebel im Wagen öffnen und schließen und ölt dann am Ventil dort, wo sich etwas bewegt. Zugleich ist auch der Bowdenzug zu schmieren, da bei dieser Hin- und Herbewegung das Schmiermittel in die Ummantelung des Zuges dringt. Um Bowdenzug und Heizerventil für den Winter einsatzbereit zu halten, sollte man auch im Sommer ab und zu den Heizungshebel einmal betätigen.

Scharniere und Schlösser ölen
Pflegearbeit Nr. 53

Haubenverschlüsse, Scharniere und Türschlösser, die nicht rosten, klappern oder klemmen sollen, brauchen nach 40 000 km Betriebszeit ein wenig Fett. Sie können auch das Ölkännchen mit Motoröl dazu nehmen, es kommt nicht so genau darauf an, denn diese Schmierstellen sind anspruchslos. Wichtiger ist, daß Sie sich später nicht Hände oder Anzug beschmutzen, wenn Sie einmal an diese Schmierstellen streifen. Öl ist also vielleicht günstiger – es darf sogar Fahrradöl oder »Haushaltsöl« sein, wie man es in kleinen Spritzkännchen zu

Die von außen zugänglichen, beweglichen Teile des Heizerventils sollen alle 10 000 km geölt werden. Damit ist auch der Bowdenzug gemeint, dessen Ende mit dem Hebel des Ventils durch eine Schraube (Pfeil) verbunden ist. Beim 1,2-Liter-Manta hat das Heizerventil eine andere Form, die Arbeitsweise der gesamten Heizanlage ist aber mit der in den größeren Modellen identisch.

kaufen bekommt. Vorher mit einem Läppchen alte Fett- und Ölreste um die Scharniere, Verschlüsse und an den Türschließkeilen wegwischen und danach das gleiche noch einmal mit überschüssigem Öl und Fett, sonst kann es später eine Anzugreinigung kosten.
Lediglich die Schloßzylinder, also die Innenteile der Türschlösser, sind etwas anspruchsvoller. Werden sie mit Fett vollgepreßt, ist der Türschlüssel stets schmierig und verschmutzt die Jackentasche. Besser ist Frostschutzmittel oder Chrompflegemittel (kein Chromschutzlack), welches man mit einer Spraydose in das Schlüsselloch pustet. Das schmiert und hält das Schloß im Winter auch gleich frostfrei.
Entgegen den Empfehlungen einiger anderer Automobil-Hersteller kann man für Opel-Türschlösser auch den Fest-Schmierstoff Graphit verwenden. Hierzu ist der Schlüssel in das Graphit zu stecken, mehrmals im Schloß hin- und herzudrehen und zuletzt sauber abzuwischen. Zum Beispiel bekommt man »Teroson-Spezial-Graphit« für 3 Mark in kleinen Dosen im Zubehörhandel.

Das steht nicht im Inspektionsplan

Oft wäscht man sich auch dann die Hände, wenn sie nicht »sichtbar« schmutzig sind. Dies nur als vorbeugende Antwort, falls Sie jetzt gefragt haben sollten, wann denn die Schmiererei zu Ende ist. Wir wollen nichts übertreiben, doch es gibt an Ihrem Opel noch einige Stellen, wo sich Teile gegeneinander bewegen und nach gewisser Zeit ölhungrig werden. Für den Fall, daß Sie an den hier nachfolgend erwähnten Teilen (oder in deren Nähe) irgendeine kleinere Arbeit vornehmen, geben wir Ihnen ein paar Tips, wie man gleichzeitig die Fettversorgung in einen jugendfrischen Zustand versetzen kann.

Scheibenwischergestänge

Unermüdlich müssen die Scheibenwischer für freie Sicht sorgen, wenn das Wetter es befiehlt, und das ein ganzes Autoleben lang. Irgendwann findet sich bestimmt einmal die Gelegenheit, hier ölend nachzuhelfen. Klappen Sie die Motorhaube auf und schalten Sie Zündung und Wischerschalter ein, dann sehen Sie, unterhalb der Windschutzscheibe, was sich bewegt. Einige Tropfen Öl auf diese Gelenkstellen und auf die Buchsen der Scheibenwischerlager erleichtern dem Scheibenwischermotor sein Wirken.

Starterzug bei 12 S- und 16-Motoren

Die Manta-Modelle mit 16 S- und 19 S-Motoren besitzen Vergaser mit Startautomatik, während die schwächeren 12 S- und 16-Modelle mit Vergasern mit Starterzug ausgerüstet sind. Dieser Bowdenzug gehört eigentlich noch zum Vergaser, wird aber bei dessen Pflege leicht vergessen. Behandeln Sie ihn regelmäßig mit Öl, sonst haben Sie eines Tages den Zugknopf in der Hand.

Zündverteiler

Ein nicht unwichtiger Punkt ist es, den Zündverteiler mit Fett zu versorgen. Man könnte meinen, bei Opel hätte man diesen Hinweis vergessen. Da aber die Unterbrecherkontakte alle 40 000 km ersetzt werden sollen (siehe Seite 137) und dies meist durch eine Werkstatt geschieht, sorgt man dort ohnehin für Fettzufuhr. Doch auch zwischendurch schadet es nicht, das Gleitstück des Unterbrecherhebels und den Unterbrechernocken leicht einzufetten, ebenso wie das Hebellager des Unterbrechers. Hierzu bedient man sich des Bosch Spezial-Fettes Ft 1 v 4, wovon eine kleine Tube etwa 60 Pfennig kostet.
Die gleitenden Teile der Fliehgewichte benetzt man etwas mit Kugellagerfett, und den Schmierfilz im Nocken sowie die gleitenden Teile der Kontaktplatte sind ganz leicht mit Motoröl zu ölen.

Tür- und Fenstermechanismus

Irgendwann entfernen Sie vielleicht eine Türverkleidung, wie auf Seite 235 beschrieben steht. Zugstangengelenke, Seilführungen und Zahnsegmente vertragen bestimmt eine Portion Fett, zumal, wenn Ihr Opel schon einige Jahre auf dem Buckel haben sollte. Durch die Montagelöcher der inneren Türwandung gelangt man auch an unzugängliche Stellen, wenn man einen Holzstab oder einen langen Schraubenzieher zu Hilfe nimmt.
Nicht zu schmieren braucht man die Gelenke und Lagerstellen am Fahrgestell. Was sich dort aneinander berührend bewegt, ist von einer Schmierstoff-Dauerfüllung umhüllt oder besitzt gleitende Teile aus Kunststoff, was eine Schmierung überflüssig macht. Nach Schmiernippeln sucht man hierbei also vergeblich, und das Geld für eine Fettpresse haben Sie gespart.

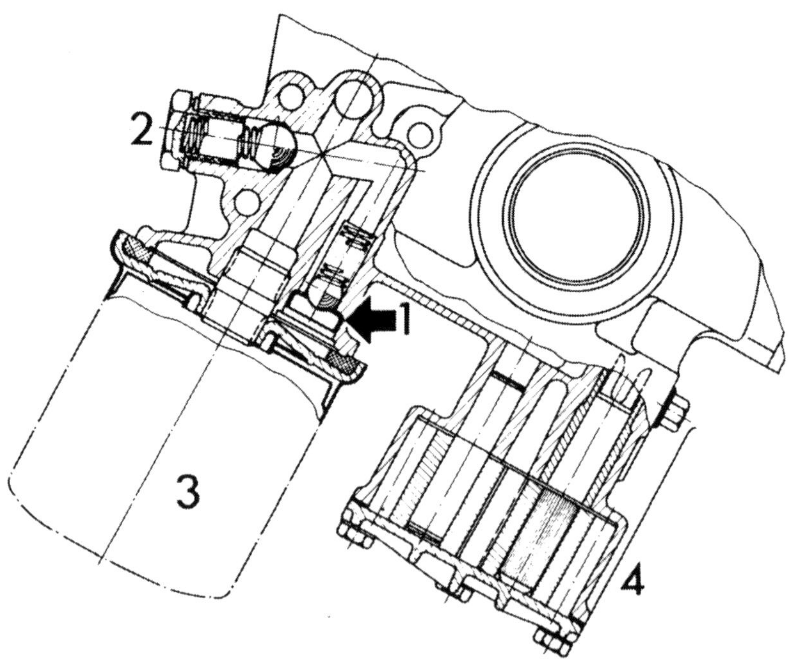

Die Zeichnung zeigt: 1 – Kurzschlußventil, 2 – Überdruckventil, 3 – Ölfilter, 4 – Ölpumpe. Siehe hierzu die Beschreibung auf S. 73. Soll das Kurzschlußventil ersetzt werden, ist das Filtergehäuse abzuschrauben und die Ventilhülse vorsichtig mit einem Dorn herauszukanten. Nach Ausblasen mit Preßluft müssen Kugel und Feder erneuert und die neue Ventilhülse mit passendem Dorn eingetrieben werden. Dabei muß die offene Hülsenseite nach unten zeigen.

Kurzer Hub und langes Leben

Der Opel Manta kann wahlweise mit vier Motoren verschiedener Leistung ausgestattet sein. Es sei auch gleich gesagt, daß die nachträgliche Umrüstung eines Manta 12 S mit einem 19 S-Motor theoretisch wohl möglich, praktisch aber wegen zu großen Aufwandes und notwendigen Änderungen nicht ratsam ist.
Die Zuverlässigkeit des 1,2-Liter-Motors bewies sich bislang ebenso wie die Robustheit des 1,9-Liter-Motors, und zwar findet man den einen auch im Opel Kadett und den anderen im Opel Rekord, während der 1,6-Liter-Motor lediglich eine verkleinerte Form des Rekord-Triebwerks darstellt. Die vergleichbaren Merkmale dieser Motoren erlauben eine gemeinsame Besprechung. Weil es sich um Reihenmotoren mit Kurzhubcharakter handelt (wobei der Kolbenhub kleiner als der Durchmesser der Zylinderbohrung ist), ermöglichen sie höhere Drehzahlen als bei Langhubern vertretbar. Freilich steht diesem Vorteil eine geringere Elastizität gegenüber, was bedeutet, daß die Durchzugskraft des Motors bei niedrigen Touren geringer ist.
Bei den vier Ausführungen der Manta-Motoren ergaben sich ursprünglich Leistungen von 60, 68, 80, 90 und 105 PS, die bei der schwächsten Version mit dem 1,2-Liter-Motor und bei dem stärksten Typ mit dem 1,9-Liter-Motor zusammenhängen. Durch Verringerung der Bohrung (Durchmesser eines Zylinders) um 8 mm beim 19 S-Motor kam es zu dem 1,6-Liter-Motor, aus dem die beiden mittleren Leistungswerte des nur beim Ascona und Manta anzutreffenden Motorentyps resultieren. An dieser Stelle sei auch das für USA speziell geänderte Modell 19 US erwähnt, dessen Leistung nur 78 PS beträgt. Ab März 1975 wurde die Leistung der 1,6-Liter-Motoren und des 19 S leicht gesenkt.
Wartungsfreundlichkeit zeichnet alle Manta-Modelle aus. Diese positive Beurteilung schließt die gute Zugänglichkeit ein, die sich im Motorraum – auch bei den größeren Motorentypen – bei Pflegearbeiten oder eventuell notwendigen Reparaturen offenbart. Ordnung und Übersichtlichkeit sind wie bei anderen Opel-Modellen unter der Motorhaube des Manta anzutreffen; ein Vergleich mit einigen anderen Fabrikaten macht dies deutlich.
So bietet sich der Motor geradezu an, seinen Aufbau sowie die Funktion und den Charakter einzelner Teile gelegentlich zu studieren. Dazu muß man weder Fachmann sein noch braucht man einen Schraubenschlüssel. Überhaupt sind die auf den folgenden Seiten beschriebenen Kontrollen und Wartungsarbeiten, aber auch erforderliche Reparaturen keine geheimnisumwitterten Handlungen, die ein langjähriges Studium voraussetzen.
Mag dennoch der eine oder andere Handgriff für den neuen Autobesitzer anfangs unerklärlich erscheinen, weil jetzt einzelne Begriffe erstmals im Zusammenhang mit der Funktion verschiedener Teile genannt werden, so braucht deshalb niemand die Flinte ins Korn zu werfen. Eine derartige Ablehnung wäre durchaus erklärlich. Das Verständnis wächst jedoch bei nüchterner

Überlegung, und die gebotenen Illustrationen zeigen den Sinn der Mechanik. Wem eine gewisse Funktion im Motor klar geworden ist, der braucht keine Hemmungen zu haben, einer Störung der betreffenden Funktion auf den Grund zu gehen.

Die Einlaufzeit

Einfahrregeln, die früher einmal üblich waren und peinlichst beachtet werden mußten, sind bei Opel schon seit längerem fortgefallen. Empfehlungen in Form von »Fahrhinweisen« machen dem Besitzer eines neuen Motors aber deutlich, daß innerhalb der ersten 1000 km dennoch eine gewisse Beschränkung angebracht ist, was das Ausfahren der Geschwindigkeit in den einzelnen Gängen anbelangt.

Moderne Herstellungsverfahren bieten die Gewähr, daß die Teile im Motor, die sich gegeneinander bewegen, von Anfang an ausreichend zueinander passen. Von der Konstruktion her wurden Einlauftoleranzen berücksichtigt und dauerhafte Materialien (z. B. speziell behandelte Laufflächen der Kurbelwelle) sind für hohe Beanspruchung ausgelegt. Diesen Pluspunkten steht aber gegenüber, daß ein neuer Motor tatsächlich erst laufen lernen muß.

In der Betriebsanleitung sind Tabellen wiedergegeben, unterteilt für Wagen mit Schaltgetriebe und mit automatischem Getriebe und die verschiedenen Hinterachsübersetzungen berücksichtigend, woraus man die jeweils günstigsten Geschwindigkeitsbereiche entnehmen kann. Die für die einzelnen Gänge angegebenen Geschwindigkeiten, die während der ersten Betriebszeit empfohlen werden, entsprechen Motordrehzahlen bis zu 4000 U/min (= Umdrehungen pro Minute), während die später erlaubten Höchstgeschwindigkeiten etwa 6000 U/min gleichkommen.

Niemand wird gezwungen, in den ersten 1000 km dauernd gebannt Tachometer oder Tourenzähler zu beobachten, aber es schadet bestimmt nicht, wenn

Der Motor des Manta 19 S, linke Seite. Es bedeuten: 1 – Unterdruckschlauch zum Vergaser (von der anderen Seite) zur Unterdruckdose am Zündverteiler, 2 – Zündverteiler, 3 – Keilriemen, 4 – Drehstrom-Lichtmaschine, 5 – Ölmeßstab, 6 – Kraftstoffleitung zum Vergaser, 7 – Kraftstoffpumpe, 8 – Kurbelgehäuseentlüftung. 9 – Kerzenkabel, 10 – Zündkerze, 11 – Anlasser, 12 – Getriebegehäuse.

man die Einlaufstrecke etwa um das Doppelte verlängert und den Motor allmählich an spätere Leistungen gewöhnt.
Fahren Sie die Maschine gemächlich warm (wenn Sie wissen wollen, wann »warm« ist: Thermometernadel hat das erste Drittel der Anzeige erreicht; oder kurz die Heizung anstellen – Sie werden es merken). Danach kann flotter beschleunigt werden, denn das neue Auto soll nicht mit viel Gas bei wenig Drehzahl gequält werden. Das heißt ganz einfach: Nicht schaltfaul fahren. Lassen Sie den Motor richtig drehen, damit er es später gut kann.
Sie werden feststellen, daß die ersten 1000 bis 2000 km sehr bald zurückgelegt sind. Am besten eignen sich dazu längere Fahrten auf Landstraßen. Benutzt man jedoch die Autobahn, dann ist die Fahrweise so einzurichten, wie sie über Land mit Kreuzungen und Ortsdurchfahrten ausfallen würde. Also: mit wechselnden Geschwindigkeiten fahren und Höchstdrehzahl vermeiden, dazwischen auskuppeln und dem Motor für 500 Meter Leerlauf gönnen, was vielleicht bergab gelegentlich möglich ist.

Die Lebensdauer des Motors

Der Motor Ihres Opel wird seine volle Kraft entfalten, wenn Sie den eben erwähnten Maßnahmen nachgekommen sind. Bei einem neuen Motor wird sich diese angestrebte Leistung frühestens nach etwa 5000 km einstellen. Vorwiegender Stadtverkehr oder Winterbetrieb kann die Ursache dazu sein, daß der Motor vielleicht erst nach weiteren 2000 oder 3000 km »frei« wird.
Motoren mit kleinerem Hubraum erreichen nicht das Lebensalter größerer Motoren, sofern sie gleiche Konstruktionsprinzipien aufweisen und unter vergleichbaren Bedingungen betrieben werden. Der schwächere Motor wird gewöhnlich stärker beansprucht. Die Leistungsgrenze des größeren Motors wird seltener ausgeschöpft, weil man sich dem von kleineren Autos diktierten Verkehrsfluß zwangsläufig anpassen muß.

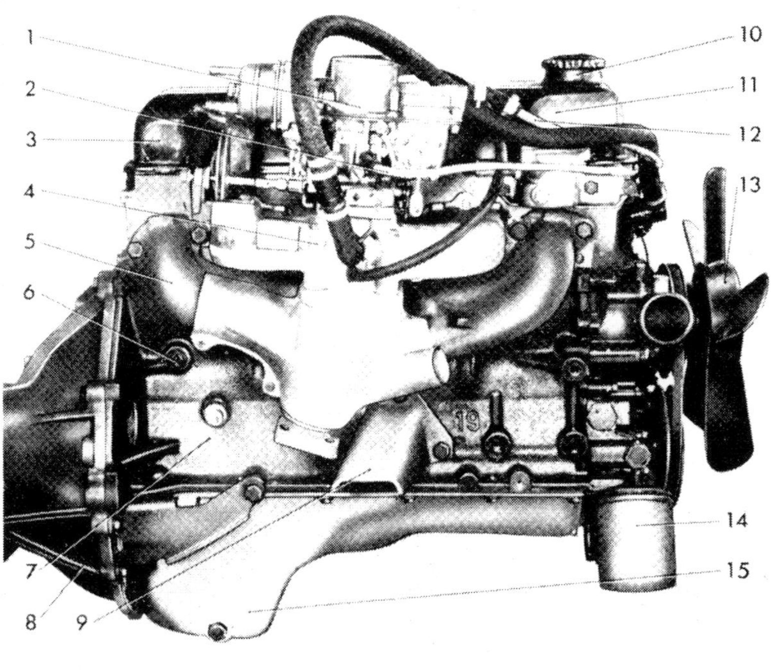

Die rechte Seite des Opel Manta-Motors. Es bedeuten: 1 – Vergaser, 2 – Unterdruckleitung zum Zündverteiler, 3 – Zylinderkopfhaube, 4 – Ansaugkrümmer, 5 – Auspuffkrümmer, 6 – Wasserablaßstopfen, 7 – Kurbelgehäuse, 8 – Kupplungsgehäuse, 9 – Motoraufhängung, 10 – Öleinfüllstutzen, 11 – Thermostatgehäuse, 12 – Kraftstoffleitung von der Benzinpumpe zum Vergaser, 13 – Ventilator, 14 – Ölfilter, 15 – Ölwanne.

Es liegen Erfahrungen vor, wonach man die durchschnittliche Motorlebensdauer der Manta-Motoren einigermaßen verläßlich in folgende Bewertungen einstufen kann:

Typ 12 S durchschnittlich 90 000 km
Typ 16 durchschnittlich 95 000 km
Typ 16 S durchschnittlich 110 000 km
Typ 19 S durchschnittlich 115 000 km

Eine solche Rangfolge in der Lebenserwartung hängt auch mit der vom Werk angegebenen maximalen Dauerdrehzahl von 6000 U/min (nur bei der Hinterachsübersetzung 4,11 soll sie 5800 U/min betragen) zusammen, die man zu dem Hubraum und der Leistung ins Verhältnis setzen muß. Natürlich richtet sich die »Haltbarkeit« eines Motors nach der Behandlung, die man ihm zukommen läßt, und nach den Fahrbedingungen, denen der Wagen vornehmlich ausgesetzt ist.

Nachstehende kleine Regeln können dazu dienen, die Lebensdauer des Motors zu verlängern:

- Erst voll Gas geben, wenn die richtige Betriebstemperatur erreicht ist.
- Nach Kurzstreckenbetrieb (Stadtverkehr) auf langer Strecke nicht gleich Vollgas geben.
- Nach Fahrt auf Autobahn oder über Gebirgspaß Motor nicht sofort abstellen, sondern eine Weile leerlaufen lassen.
- Ventilspiel regelmäßig prüfen und einstellen (siehe Seite 64).
- Ölfilter und Luftfilter regelmäßig wechseln (siehe Seite 46 und 104).
- Frostschutz als Kühlmittel laufend verwenden, reines Wasser im Kühlkreislauf wegen Korrosion und Rückstandsbildung vermeiden.

Steckbrief des Motors

Der Block des Vierzylindermotors ist aus Grauguß gefertigt. Ebenso besteht der Zylinderkopf aus (chromlegiertem) Grauguß, im Gegensatz zu den heute häufig anzutreffenden Leichtmetallköpfen bei anderen Herstellern. Die Kennzeichnung eines Zylinderblocks erfolgt durch die erhaben gegossenen, seitlich angebrachten Zahlen 12, 16 oder 19, die eine Kurzbezeichnung des Hubraums darstellen.

Ferner sind die Zylinderköpfe der drei größeren Motortypen des Manta markiert. Eine entsprechende Zahl ist seitlich neben dem Verschlußdeckel (oberhalb der zweiten Zündkerze) eingeschlagen, und an der vorderen Stirnseite des Zylinderkopfes sind senkrechte Rippen angegossen. Hier bedeuten: Ohne Rippe = 1,6-Liter-Zylinderkopf, drei Rippen = 1,6-Liter-S-Zylinderkopf, zwei Rippen = 1,9-Liter-S- und US-Zylinderkopf.

An der hinteren Nockenwellenstirnfläche weisen eingeschlagene Buchstaben auf die Zugehörigkeit hin. Bei den dreimal gelagerten Nockenwellen für die Motortypen 16, 16 S und 19 S lautet die Markierung »A«, bei der Nockenwelle mit vier Lagern für den 19 US-Motor »B«. Die (auffällig) kürzere 12 S-Nockenwelle trägt weiße Farbzeichen zwischen den Nocken.

Die Kurbelwellen der 12 S-Motoren sind dreifach, die der übrigen fünffach gelagert. Jedes Pleuel mit Kolben stützt sich also bei den größeren Motoren links und rechts auf ein Lager ab. Ein derart auf Sicherheit ausgelegter Kurbeltrieb könnte theoretisch höhere Drehzahlen als vorgeschrieben verkraften, doch die somit verborgene Reserve kommt der Lebensdauer zugute. Andererseits sind dem Ventiltrieb, der noch besprochen wird, in seinem Arbeitstempo Grenzen gesetzt. Dennoch sei wiederholt, daß man das Triebwerk durch Gasgeben bei niedrigen Touren quält. Dann zeigt sich eines Tages schaltfaules Fahren auf der Werkstatt-Rechnung, z. B. durch Verschleiß der Kurbelwellen-

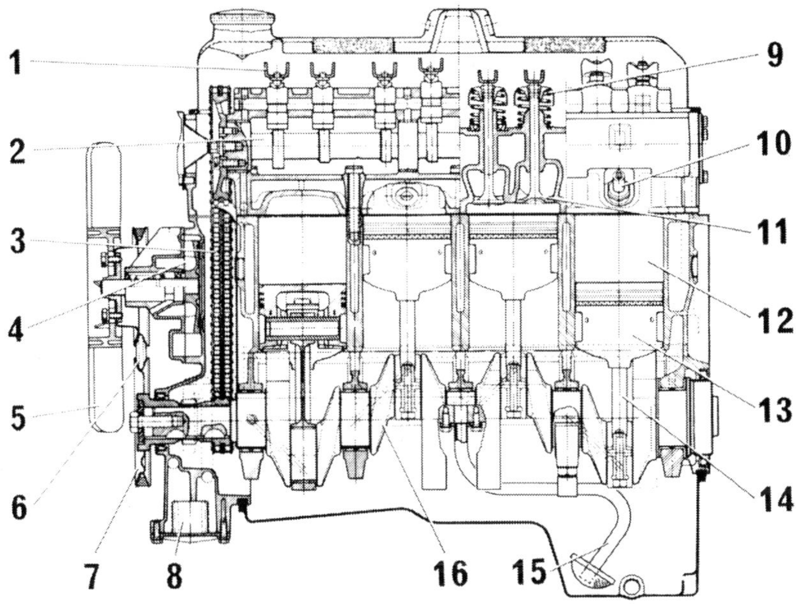

Auf diesem und dem untenstehenden Schnittbild offenbart sich das Innenleben des Motors vom Opel Manta mit 1,9-Liter-Motor.
Bei dieser Seitenansicht bedeuten 1 – Kipphebel, 2 – Nockenwelle, 3 – Steuerkette, 4 – Wasserpumpe, 5 – Ventilator, 6 – Keilriemen, 7 – Riemenscheibe der Kurbelwelle, 8 – Ölpumpe, 9 – Ventilfeder, 10 – Zündkerze, 11 – Ventil, 12 – Zylinder, 13 – Kolben, 14 – Pleuel, 15 – Ölansaugrohr mit Ölsieb in der Ölwanne, 16 – Kurbelwelle.

lager (hohe Belastung bei niedrigen Drehzahlen zerquetscht das Ölpolster in den Lagern).
Die Kolben besitzen je drei Kolbenringe. Diese sind in Aussparungen – Nuten – im oberen Drittel des Kolbens elastisch eingebettet und drücken federnd gegen die Zylinderwand. Die beiden oberen Verdichtungsringe (bei Opel als »Rechteckring« und »Minutenring« bezeichnet) verhindern, daß das Gasgemisch aus dem Verbrennungsraum am Kolben vorbei nach unten dringt, und der untere Ölabstreifring läßt das Schmieröl nicht aus dem Kurbelgehäuse nach oben steigen. Dieser untere Ring ist eine sogenannte PC-Kombination, die aus zwei Zwischenringen und einem Stahlbandring besteht. Von der Ring-

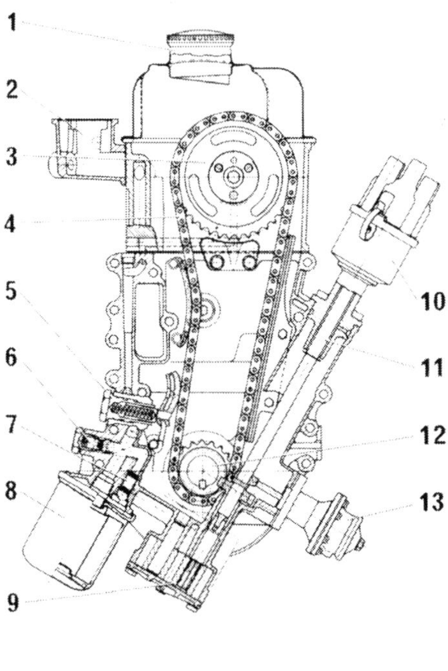

Beim gleichen Motor wie oben, von vorn gesehen, bedeuten die Zahlen: 1 – Öleinfüllstutzen, 2 – Kühlwasseranschluß, 3 – Steuerrad für Ventiltrieb, 4 – Steuerkette, 5 – Kettenspanner, 6 – Ölpumpendruckventil, 7 – Ölfilter-Kurzschlußventil, 8 – Ölfilter, 9 – Ölpumpe, 10 – Zündverteiler, 11 – Verteilerwelle, 12 – Kurbelwelle, 13 – Benzinpumpe.

kombination wird erwartet, daß sie sich federstramm, aber völlig klemmfrei, in ihrer Nut bewegen läßt.

Ausfräsungen am Kolbenboden für die Ventile sind der Anlaß für Einbauvorschriften, die auch mit der Ölversorgung zusammenhängen. Danach muß die Kerbe am Kolbenboden nach vorn, das Ölspritzloch am Pleuel zur Krümmerseite und die Kerbe im Pleuelstangendeckel nach hinten zeigen. Zu Montagearbeiten und Motorüberholungen stehen eine Reihe von Kolben in Produktionsgrößen und in Übergrößen zur Verfügung, deren Differenz um hundertstel Millimeter verschieden ist und für entsprechende Zylinderbohrungen verwendet werden können. Nicht immer identische Richtzahlen auf dem Kurbelgehäuse und auf dem Kolbenboden sind dabei ein Schlüssel zur tatsächlichen Größe. Kolben ab der Richtzahl »04« sind mit Kolbenring-Übergrößen bestückt; »dickere« Kolben sind beim Ausschleifen der Zylinderbohrung nötig.

Der Hubraum eines Verbrennungsmotors errechnet sich aus dem Durchmesser – Bohrung – eines Zylinders und aus dem Weg – Hub –, den ein Kolben vom unteren zum oberen »Totpunkt« zurücklegt. Die Manta-Motoren basieren auf zweierlei Ausgangstypen, der Kadett-Reihe und der Rekord-Reihe. Die erstere geht von einem 61-mm-Hub aus, der im 12 S-Motor mit der Bohrung von 79 mm verbunden ist. Daraus ergibt sich das exakte Hubvolumen von 1196 ccm, anstelle dessen ein in Deutschland gültiger Wert von 1187 ccm gesetzt ist. Allen Rekord-Motoren ist der Hub von 69,8 mm eigen, doch weisen die hiervon abgeleiteten Manta-Motoren unterschiedliche Bohrungswerte auf: Der 16- und 16 S-Motor besitzt eine Bohrung von 85 mm, der 19 S-, 19 E- und 19 US-Motor verfügt über eine Bohrung von 93 mm. Dementsprechend beträgt der effektive Hubraum einmal 1584 ccm (nach der in Deutschland gültigen Steuerformel 1566 ccm) und zum anderen 1897 ccm (nach Steuerformel 1875 ccm).

Beim 12 S-Motor macht die Bremsleistung 60 PS aus, also nur um 8 PS weniger als bei dem relativ niedrig verdichteten 16-Motor. Wesentlicher Unterschied in der Verdichtung des 16- und 16 S-Motors erklärt auch die differierenden Leistungen von 68 PS und 80 PS (siehe Kapitel »Technische Daten«). Der 19 S-Motor kommt auf 90 PS Leistung, der in der US-Ausführung – im wesentlichen durch Verwendung sogenannter Muldenkolben – eine für deutsche Verhältnisse ganz erheblich geringere Verdichtung aufweist und dessen Leistung somit nur 78 PS beträgt. Im Opel Rekord leistet dieser 1,9-Liter-Motor sogar 97 PS, weswegen in der 90-PS-Version des Manta eine ausgezeichnete Elastizität zur Verfügung steht. Der Manta GT/E leistet 105 PS.

Lagerschäden

Die kurzhubigen Opel-Motoren, deren Kolbenhub kleiner als der Zylinderdurchmesser ist, sind langhubigen Motoren gegenüber noch insofern überlegen, als bei gleicher Umdrehungszahl der Kurbelwelle ein Kolben im Kurzhubmotor weniger Wegstrecke zurücklegen muß und daher die Kolbengeschwindigkeit geringer ist. Dadurch wird der schützende Ölfilm zwischen Kolben und Zylinderwand weniger beansprucht, die Drehzahlen lassen sich problemloser ausnutzen – der Verschleiß wird reduziert.

Dennoch können durch Ölmangel, Überbeanspruchung und bei hohem Motoralter Lagerschäden entstehen. Dies sind Beschädigungen der Gleitflächen zwischen Pleuel und Kurbelwelle, in fortgeschrittenem Stadium sogar zwischen Kurbelwelle und Motorgehäuse, also der Hauptlager. Primäre Ursachen mit schleichender Wirkung zu solcher Misere sind schaltfaules Fahren, lang anhaltende Vollgasfahrten oder ständiges scharfes Ausfahren der Gänge. Nicht beachteter Ölmangel dagegen führt zu plötzlich auftretenden Lagerschäden.

Wenn man in der Lage ist, solche sich anbahnenden Defekte früh zu erkennen, spart man viel Geld. Lagerschäden kündigen sich mit wärmer werdendem Motor (Öl wird flüssiger) durch Klopfen an, das allmählich zum lauten Hämmern wird. Ob überhaupt ein Lager (meistens Pleuellager) schadhaft ist und um welches es sich handelt, ist folgendermaßen festzustellen: Bei Leerlauf nacheinander die Kabel von den Zündkerzen abziehen und wieder aufstecken. Läßt das Klopfen bei einem der abgezogenen Kabel nach, liegt der Lagerschaden an diesem Zylinder vor. Ein anderer Test besteht darin, mit langem Schraubenzieher oder Metallstab auf den Zylinderkopf nahe der Zündkerzen zu drücken und ein Ohr auf das Ende des Werkzeugs zu legen. Auf diese Weise läßt sich das Resonanzgeräusch des schadhaften Lagers lokalisieren.
Bei äußerst schonender Fahrweise kann man mit einem »ausgelaufenen« Lager noch die rettende Werkstatt, ja sogar den Heimatort über Hunderte von Kilometern anlaufen. Dazu Zündkerze des betreffenden Zylinders ausschrauben, damit die Arbeit und weitere Beanspruchung durch Kompression bei diesem Zylinder fortfällt. Falls sich Wasser im Motoröl befindet (milchiges Aussehen): Öl wechseln. Denn der Lagerschaden kann auch durch Ölverdünnung eingetreten sein, wenn bei undichter Zylinderkopfdichtung das Kühlmittel in den Ölkreislauf gelangt ist. Die Leistung der drei noch arbeitenden Zylinder darf während der Fahrt keinesfalls ausgeschöpft werden. Im 4. Gang kann das Tempo etwa 60 km/h betragen. Aus dem offenen Kerzenloch entweicht dabei ein pfeifendes Knallen, das von den Kompressionsbemühungen des mitlaufenden Kolbens herrührt; diese Geräusche sind unerheblich. In jedem Fall müssen bei derartigem Notbetrieb der Stand und die Temperatur von Kühlwasser und Motoröl laufend überwacht werden.

Die Ventilsteuerung

Die Ventile hängen im Zylinderkopf schräg nach unten in die Verbrennungsräume. Sie sollen Frischgas herein- und verbranntes Gas herauslassen, was sie durch Öffnen und Schließen bewerkstelligen. Das Veranlassen dieser Arbeit im richtigen Moment wird Steuern der Ventile genannt und von den oval geformten Nocken der Nockenwelle bestimmt.
Stößelstangen, die beim 12 S-Motor wegen der seitlich unten im Motorblock liegenden Nockenwelle erforderlich sind, konnte man bei den neuzeitlichen 16- und 19-Motoren einsparen. Die Nockenwelle liegt hierbei im Zylinderkopf. Ihre Nocken wirken auf kleine Stößel und heben die Kipphebel an. Das andere Ende eines Kipphebels drückt regelmäßig auf ein Ventil, und dadurch entsteht eine Öffnung des Verbrennungsraums. Zu jedem Zylinder gehören zwei Ventile: Das Einlaßventil ist für die Zufuhr des vom Vergaser bereiteten zündfähigen Gasgemischs zuständig, das vom niedergehenden Kolben angesaugt wird, und das Auslaßventil sorgt für eine Ausgangsöffnung für das verbrannte Gas, das der nach oben drückende Kolben ausstößt.
Die Reihenfolge der Ventile, von vorn oder von hinten gezählt, lautet für diese Vierzylindermotoren (A = Auslaß, E = Einlaß): A – E – E – A – A – E – E – A.
Es wurde schon erwähnt, daß alle hier besprochenen Motoren Nockenwellen mit drei Lagern aufweisen. Nur die abgewandelte Version des 19 US-Motors besitzt eine viermal gelagerte Nockenwelle.
Der Antrieb der Nockenwelle erfolgt beim 12 S-Motor durch eine einfache, bei den anderen Motoren durch eine endlose Duplex-Rollenkette ohne Kettenschloß. Sie wird im Steuergehäuse von zwei Gleitbahnen geführt (lange Gleitbahn auf der Zugseite, kurze gebogene Gleitbahn auf der Schubseite). Für straffen, spielfreien Sitz der Rollenkette sorgt ein Kettenspanner, der wie die Gleitbahnen mit abrieb- und ölbeständigem synthetischem Gummi beschichtet

ist. Die Verschlußschraube für die Spannvorrichtung sitzt rechts am Geräteträger über dem Ölpumpendruckregelventil. Eine Nachprüfung des wartungsfreien Spanners sollte aber einer Werkstatt überlassen bleiben, weil hierbei bestimmte Meßwerkzeuge benötigt werden und das Leichtmetallgehäuse gegen Beschädigungen sehr empfindlich ist.
Zum Auswechseln von Kette und Steuerrädern muß der Motor ausgebaut werden. Es ist schon vorgekommen, daß die Rollenkette bei Reparaturen auf einem der beiden Steuerräder um einen Zahn versetzt montiert wurde. Dann stimmen die Ventilöffnungszeiten nicht, worunter Beschleunigung und Spitze leiden.
Die aus Stahlblech gepreßten Kipphebel wurden erstmals beim Kadett-Motor verwendet und erprobt. Ihre Herstellung ist billiger. Durch ihr geringeres Gewicht werden – unterstützt durch den Wegfall von Stößelstangen – leichteres Hochdrehen und höhere Drehzahlen des Motors ermöglicht. Die Bruchsicherheit dieser Stahlblech-Kipphebel wird im nächsten Hauptabschnitt »Überdrehzahlen« angesprochen.
Bei den höher beanspruchten Auslaßventilen ist die Sitzfläche mit einer Kobalt-Chrom-Nickel-Legierung gepanzert, die Tellerstirnfläche sowie die Sitzfläche sind »alitiert«. Letzteres bedeutet eine Anspritzung der Ventile mit Aluminium, das bei Erwärmung im Betrieb in den Ventilstahl eindringt und als Wärmeableiter dient. Neben dieser Kühlung der Ventile wird zusätzlich vermieden, daß Zunderbildung und Korrosion durch Bleiablagerung (wegen bleifreierem Kraftstoff in letzter Zeit ohnehin geringer) die Ventile und ihren Sitz beeinträchtigen.
Um zu verhindern, daß aus der Ventilkammer an den Ventilführungen entlang Öl in den Verbrennungsraum sickert und dort verbrennt, besitzen alle Ventile zwischen Ventilfeder und Zylinderkopf dicht schließende Gummikappen. In der untersten Nut des Ventilschaftes sitzt ein zusätzlicher Öldichtring. Bei den 19 US-Motoren sind noch aufwendigere Ventilschaftabdichtungen angebracht, die es in drei Größen gibt und sich durch farbige Ringe unterscheiden.
Die Auslaßventile verfügen über Ventildrehvorrichtungen (»Roto Caps«), die unter den Ventilfedern liegen. Deren sinnreiches System, basierend auf Federn und Kugeln, dreht das Ventil bei jedem Hub um einen kleinen Betrag weiter. Auf diese Weise vermeidet man, daß sich die Sitzfläche einschlägt und undicht wird.

Überdrehzahlen

Je nach Motortyp gehört zu den Motoren eine bestimmte Nenndrehzahl, die sich zwischen 5100 und 5400 U/min bewegt (siehe »Technische Daten«). Seine höchste Leistung erreicht jeder Motor bei seiner Nenndrehzahl. Es bringt nichts ein, über diese Drehzahl hinauszudrehen, weil die Leistungskurve darüber wieder abfällt. Lediglich der Schwung, den ein Wagen während einer sich steigernden Beschleunigung erhält, kann mit höheren Drehzahlen kurzzeitig ausgenutzt und somit in eine noch leicht höhere Geschwindigkeit umgewandelt werden.
Auf ebener Strecke und im obersten Gang kann der Motor nicht überdreht werden. Dies ist aber in kleineren Gängen und im Gefälle ohne weiteres möglich. Als Warngerät gibt es dafür nur den Drehzahlmesser, den die SR-Modelle serienmäßig besitzen und der bei anderen Wagen nachträglich eingebaut werden kann. Überdrehzahlen machen sich mit dem unüberhörbaren Brummen des Motors bemerkbar. Was da so vernehmlich rasselt, das sind die in Schwingungen geratenen Teile der Ventilsteuerung, vor allem die Ventilfedern. Diese sind es auch, denen in der Fahrpraxis eine Drehzahlgrenze

gesetzt ist, sie sind nämlich für eine Maximaldrehzahl von 6200 U/min (± 100 U/min) ausgelegt. Darüber ist wegen mangelnder Gasfüllung garantiert kein Leistungszuwachs zu erwarten.

Der serienmäßige Drehzahlmesser beim Manta SR und GT/E hat – gemäß Messungen an verschiedenen Testwagen – jeweils eine Voreilung von 300 U/min, angezeigte 6000 U/min sind also effektiv nur 5700 U/min. Die Warnsektoren in diesen Drehzahlmessern müssen also auch nicht zu ängstlich beachtet werden: In den orange Sektor kann man beim Überholen ohne weiteres kommen, in den roten Warnsektor selbstverständlich nur bei voll betriebswarmem Motor und wirklich nur ganz kurzzeitig.

Zur Beruhigung mag gesagt sein, daß die Manta-Motoren so konstruiert sind, daß der Ventiltrieb und die übrigen Motorteile sogar eine Drehzahl von 6500 U/min sicher verkraften. Das schon angedeutete Ventilschnattern sollte dann aber als dringende Warnung aufgefaßt werden. Denn bei noch höherer Drehzahl können Ventilfedern oder Blechkipphebel brechen.

Ersteres ist peinlicher als das zweite, da das Ventil auf den Kolben fällt, was zu argen Beschädigungen im Motor führt. Bricht nur ein Kipphebel, wird das betreffende Ventil nicht mehr bewegt und der dazugehörige Zylinder hat keine Leistung mehr, was natürlich einen merkbaren Leistungsschwund gibt. Eine Werkstatt muß dann umgehend aufgesucht werden; im Notfall sind die zerbrochenen Metallteile im Nockenwellenraum sorgfältig herauszusuchen, man kann dann noch bei mäßiger Fahrt eine weiter entfernte Werkstatt erreichen.

Aber auch eine gebrochene Ventilfeder muß nicht gleich das Ende der Reise bedeuten, wenn Sie sich beispielsweise in einer Gegend befinden, wo der Opel-Dienst sehr fern ist. Voraussetzung ist natürlich, daß das betreffende Ventil noch nicht im Zylinder zerstört wurde. Man kann dann die Kraft der gebrochenen Ventilfeder wieder nutzbar machen, indem man zwischen die beiden (gebrochenen) Federteile eine Stahlscheibe legt, so daß die Windungen neuen Halt haben und sich nicht ineinanderschieben.

5500 U/min nach Anzeige sind eine absolut risikolose Dauerdrehzahl, auch bei stundenlangen Autobahnfahrten. Nach Werksangabe beträgt die Motoröltemperatur dabei etwa 105–110°. Bei maximaler Beanspruchung können bis 120° erreicht werden und im Sportbetrieb natürlich noch mehr, aber dann ist ein Ölkühler notwendig.

Ventile einschleifen

Bei nicht ausreichend hohem Kompressionsdruck (nachlassende Leistung mit höherem km-Alter) bringt eine Bearbeitung von Ventilen und Ventilsitzen wieder Besserung. Wenn die kegelige Ventilsitzfläche noch nicht zu große Verschleiß- oder Verbrennungsspuren aufweist, kann man die Ventilsitze in der Werkstatt nachfräsen lassen oder die Ventile einschleifen. Dadurch begegnet man der mit höherem km-Alter auftretenden nachlassenden Leistung, und der Kompressionsdruck wird wieder angehoben.

Beim Einschleifen wird der Ventilkegel mit Schleifpaste bestrichen und das Ventil in seine Führung im Zylinderkopf – dieser ist ausgebaut – gesteckt. Dann wird ein Spezial-Handgriff auf den Ventilschaft gesteckt und das Ventil unter leichtem Anziehen und wechselweisem Hin- und Herdrehen auf seiner Sitzfläche eingeschliffen.

Wer es sich zutraut, den Zylinderkopf und die darin befindlichen Ventile zu demontieren, kann diese Arbeit auch auf dem Küchentisch verrichten. Als Drehwerkzeug eignet sich gut die alte Handbohrmaschine, in deren Futter ein Ventilsauger gesetzt wird, mit dem das Ventil von unten gegen seinen Sitz gedrückt und dabei gedreht wird. Den ersten Arbeitsgängen mit grober Schleifpaste folgen sorgfältigere mit feiner Paste, wobei auf allseitig gleichmäßige Schleifwirkung am Ventil und am Sitz zu achten ist (zur Kontrolle ist auf den gesäuberten Sitzring Kreide oder Tusche aufzutragen, das gereinigte Ventil muß jetzt nach einer Umdrehung überall »tragen«, d. h. die Kennzeichnung gleichmäßig verschmiert haben).

Die Kegelwinkel aller Ventilsitze betragen 45°. Um die vorgeschriebene Sitzbreite der Einlaßventile von 1,25 bis 1,50 mm und der Auslaßventile von 1,60 bis 1,85 mm zu erreichen, bedient man sich beim 1,2-Liter-Motor eines 25°-Korrekturfräsers, bei den anderen Motoren eines 30°-Fräsers. Die Breite des Ventilsitzes (Dichtfläche) kann natürlich nur mit Werkstattmitteln exakt hergestellt werden. Übrigens sind die Teller der Ventile unterschiedlich groß: Beim 12 S-Motor beträgt der Durchmesser des Einlaßventils 32 mm und des Auslaßventils 27 mm und bei den übrigen Motoren entsprechend 40 und 34 mm. Bei dieser Arbeit sollten auch die Ventilführungen auf Verschleiß überprüft werden. Sie können auf eine nächste Übergröße aufgerieben werden, verlangen dann natürlich auch nach neuen Ventilen mit stärkerem Schaft.

Warum Ventilspiel?

Der Begriff »Ventilspiel« taucht bei allen technischen Daten und Anweisungen auf. Wie wichtig ist es eigentlich? Es ist von lebenswichtiger Bedeutung für die Lebensdauer der Ventile und damit für die gleichbleibende Motorleistung. Zwischen den Teilen der Ventilbetätigung – also Nocken, Stößel, Kipphebel und Ventilschaftende – muß etwas Luft oder »Spiel« vorhanden sein, damit die unterschiedlichen Wärmedehnungen ausgeglichen werden können.

Man sollte sich bei der Kontrolle des Ventilspiels nicht auf sein Ohr verlassen, um etwa das Klappern bei zu großem Ventilspiel zu erkennen. Was man nicht hört und was wesentlich kritischer ist: Zu kleines Ventilspiel. Es bedeuten:

Zu kleines Ventilspiel: Gefahr, daß Ventile und Ventilsitze verbrennen (Ventile liegen nicht satt auf Ventil-Sitzring auf, wodurch Kühlung ungenügend), Verziehen der Ventile, schlechte Leistung durch verringerte Kompression, veränderte Steuerzeiten.

Zu großes Ventilspiel: Schlechtere Zylinder-Füllung, also geringere Leistung, Veränderung der Steuerzeiten, ungleichmäßiger Lauf, höherer Verschleiß, größeres Geräusch.

Was die Commodore-Modelle als wesentliche Neuerung bereits 1969 erfuhren und bei den Rekord-Typen ab 1972 übernommen wurde, nämlich die Ausstattung ihrer Motoren mit sogenannten Hydro-Stößeln, kommt vorerst nur dem 19 US-Motor zugute. Die Ventile dieses für den Export bestimmten Typs müssen nicht mehr nachgestellt werden, und der folgende Abschnitt ist demnach für ihn nicht zutreffend.

Ventilspiel prüfen und einstellen

Pflegearbeit Nr. 9

Das Ventilspiel beim Manta 12 S hat beim Einlaßventil 0,15 und beim Auslaßventil 0,25 mm zu betragen. Bei den 1,6-Liter-Motoren und beim 19 S-Motor ist es für Ein- und Auslaßventile mit 0,30 mm gleich groß. Messen und Einstellen soll bei warmgefahrenem Motor geschehen, die Kühlwasser-Anzeige sollte also knapp in der Mitte der Skala stehen. Das Spiel wird mit einer Fühlerblattlehre gemessen. Besitzt diese kein entsprechendes Meßblatt, kann durch die Kombination anderer vorhandener Fühlerblätter die erforderliche Stärke zusammengestellt werden (etwa ein Blatt 0,20 und ein Blatt 0,05 für das 12 S-Auslaßventil).

Beim 12 S-Motor ist es vor dem Abschrauben der Zylinderkopfhaube nötig, den Luftfilter abzubauen. Danach muß nur noch das Kabel vom Fernthermometer abgezogen werden, das vorne auf dem Zylinderkopf sitzt. Die Ventil-

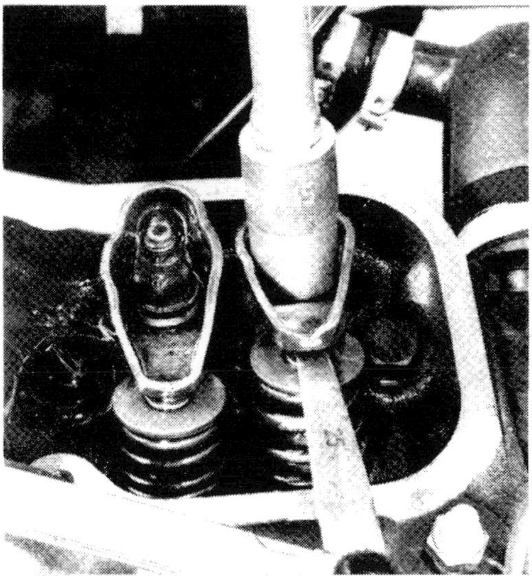

Das Ventilspiel wird geprüft, indem eine Fühlerblattlehre zwischen Ventilschaft und Kipphebel geschoben wird. Im linken Bild ist das Prüfen beim 12 S-Motor zu sehen, das rechte Bild zeigt die gleiche Arbeit am 19 S-Motor. Das Nachstellen – Vergrößern oder Verringern des Spiels – geschieht mittels eines von oben auf die Einstellschraube gesetzten Steckschlüssels. Diese Schraube ist selbstsichernd.
Bei den 1,6- und 1,9-Liter-Motoren liegt, wie man im rechten Bild sieht, die Steuerkette offen. Bei laufendem Motor ist unbedingt darauf zu achten, daß man der dann umlaufenden Kette – auch mit dem Rockärmel – nicht zu nahe kommt: Akute Unfallgefahr!

haube ist mit vier Muttern SW 10 festgehalten und läßt sich nach Losdrehen derselben abheben.
Der Vergaserzug ist bei den 16- und 19-Motoren über die Zylinderkopfhaube geführt und daran befestigt. Zwei SW 14-Muttern sind zu lösen. Dann wird das Luftfilter vom Vergaser abgenommen, wozu die nur von der Seite knapp sichtbare Halteschraube unten am Filtergehäuse gelockert werden muß. (Manchmal ist diese Schraube nur so weit angezogen, daß sie wohl Halt bietet, das Filter aber nicht sehr fest sitzt. Dann läßt sich dieses durch leichtes Hin- und Herdrücken nach oben wegziehen.) Unten am Filterschnorchel muß der dicke Vorwärmschlauch und aus dem Stutzen des Zylinderkopfdeckels müssen die Entlüftungsschläuche gezogen werden.
Der Ventilkammerdeckel ist mit Muttern SW 10 befestigt, die man mit einem Steckschlüssel abschraubt. Unter den Muttern befinden sich längliche Zwischenstücke, die man nicht verlieren darf, weil sie die Haube zwecks guter Dichtung gleichmäßig anpressen.
Beim Abnehmen der Haube aufpassen, daß die Korkdichtung nicht beschädigt wird. Eine festsitzende Haube kann man lockern, indem man mit dem Hammerstiel am Rand entlang klopft. Nachdem man die Haube an einem sauberen Platz abgelegt hat, ist nun der Blick auf die Kipphebel, Stößel und Ventilfedern frei. Vorn (in Fahrtrichtung) ist die Doppelrollenkette für die Nockenwelle zu sehen, und man muß beachten, daß nichts in diese Öffnung des Zylinderkopfes hineinfällt (worin auch die Nockenwelle zu erkennen ist). Beim späteren Wiederaufsetzen der Haube die Schrauben nicht zu fest anknallen!
In den Opel-Werkstätten wird das Ventilspiel bei laufendem Motor überprüft. Nicht nur, weil man dabei Zeit spart, sondern weil bei stehendem Motor nicht die Garantie gegeben ist, daß die Ventile an das Meßblatt anschlagen. Ebenso kann man es daheim machen. Allerdings verspritzt die Steuerkette bei laufendem Motor Öl, und um sich davor zu schützen, schneidet man sich aus Blech oder Pappe ein etwa 25 × 7 cm großes Stück und setzt es halbkreisförmig in die Öffnung über die Kette.
Zur Spielmessung nimmt man das entsprechende Blatt der Fühlerlehre und steckt es bei jedem Ventil zwischen Kipphebel und Ventilschaft. Jedesmal, wenn der Kipphebel hochgeht, läßt es sich dazwischen schieben. Es macht

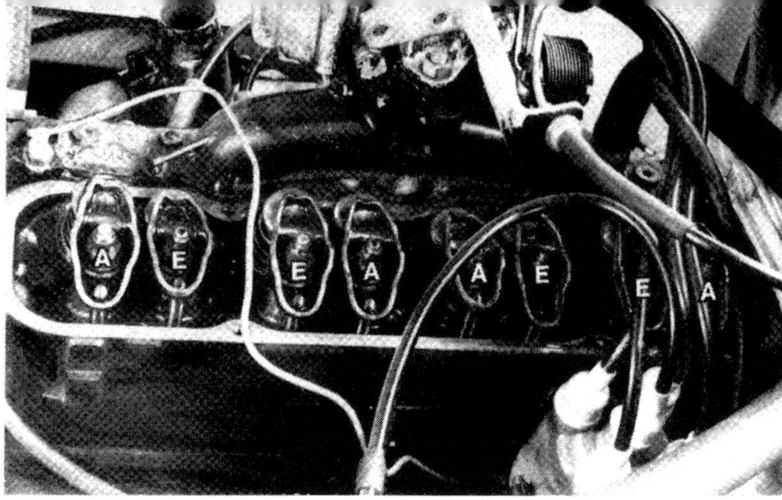

Vor allem beim 12 S-Motor ist es wichtig zu wissen, wo die Einlaßventile (E) und wo die Auslaßventile (A) sitzen, weil bei beiden Ventilarten ein unterschiedliches Ventilspiel eingestellt sein muß. Siehe dazu S. 64 unten. Bei allen in diesem Buch besprochenen Opel-Motoren ist die Reihenfolge der Ventile die gleiche.

nichts, wenn bei betätigtem Ventil – Kipphebel senkt sich – das Lehrenblatt festgeklemmt wird. Geht das Lehrenblatt (noch einmal: 12 S-Motor Einlaßventil 0,15 mm, Auslaßventil 0,25 mm; 16- und 19-Motoren alle Ventile 0,30 mm) nicht dazwischen, ist das Spiel zu klein oder gar überhaupt kein Spiel vorhanden.
Man setzt dann bei stehendem Motor einen Steckschlüssel SW 15 auf die Mutter der Einstellschraube – zugleich Kipphebellagerung – und löst sie etwas. Die Mutter ist durch Kunststoffeinsatz selbstsichernd, weshalb eine Kontermutter entfällt. Dann prüft man an diesem Ventil erneut das Spiel. Hat man das Gefühl, daß das vorgeschriebene Blatt zu leicht dazwischengeht, probiert man es mit einem stärkeren Blatt und muß zutreffendenfalls die Einstellschraube etwas anziehen.
Mühsamer ist es, die Ventile bei stehendem – ebenfalls warmem – Motor einzustellen. Man dreht zunächst den Motor so weit durch, daß Zylinder 1 auf Zündzeitpunkt kommt. Dabei zeigt der Verteilerfinger auf die Kerbe am Verteilergehäuserand und der Zeiger am Schauloch im Schwungradgehäuse deckt sich mit der Kugel im Schwungrad. Damit sind die Ventile von Zylinder 1 geschlossen und das Ventilspiel kann hier gemessen werden. Dann geht es entsprechend der Zündfolge 1 – 3 – 4 – 2 weiter und es folgen jetzt also die Ventile von Zylinder 3 (der 3. Zylinder von vorn). Man erkennt auch am vom Federdruck entlasteten Kipphebel, ob das jeweilige Ventilpaar tatsächlich geschlossen ist: Dann läßt sich ein Kipphebel ein wenig – um das Ventilspiel – auf- und abbewegen.
Den Motor kann man mit einem 19er Gabelschlüssel an der Kurbelwellenmutter der Keilriemenscheibe durchdrehen, und zwar – von vorn gesehen – nach rechts herum. Am besten schraubt man dazu die Kerzen heraus, um die Kompression auszuschalten. Oder man legt den obersten Gang ein und schiebt den Wegen jeweils etwas nach vorn, wodurch der Motor ebenfalls durchgedreht wird. Dazu braucht man aber einen Helfer, der schiebt, während man das Erreichen des Zündzeitpunktes beobachtet.
Feststellungen der ADAC-Straßenwacht zufolge ist es vorgekommen, daß sich während der Fahrt die Keilriemenscheibe ein wenig gelöst hat, weil sie auf dem sie arretierenden Keil etwas nach vorn rutschte. Man muß also darauf bedacht sein, die Kurbelwellenmutter der Keilriemenscheibe immer nur im Uhrzeigersinn zu bewegen.
Ältere Motoren können ausgeschlagene Gleitflächen zwischen Kipphebel und Ventilschaft besitzen und somit verhindern, daß sich das Lehrenblatt einwandfrei hindurchschieben läßt. Mit einer feinen Feile werden die Kipphebelgleit-

flächen in diesem Fall geglättet, wozu die Kipphebel abzuschrauben sind, damit keine Feilspäne in den Motor gelangen.
Das Prüfen des Ventilspiels wird bei km-Stand 5000 und 10 000 vorgenommen und anschließend alle weiteren 10 000 km. Eigentlich ist diese Arbeit nicht schwierig, und wer sich einmal damit befaßt hat, dem ist der Hergang schnell geläufig. Gleichzeitig kann man sich im Verlauf der Arbeit von der Ordnungsmäßigkeit anderer Teile, wie z. B. Vergaserbefestigung, Kurbelgehäuse-Entlüftung und Vergaserzüge, überzeugen.

Hydro-Stößel beim 19 -US-Motor

Bei den hydraulischen Stößeln, wie sie bei der Exportausführung des Manta 1,9 Liter verwendet werden und die man auch beim Rekord D vorfindet, handelt es sich um mehrteilige, zusammengesetzte Stößel, die in der Hauptsache aus Gehäuse und Kolben bestehen. Ihr Aufbau ist mit einem ölgefüllten Stoßdämpfer für die Radaufhängung zu vergleichen. Diese Stößel sind an den Ölkreislauf des Motors angeschlossen und erhalten so das zu ihrer Funktion erforderliche Drucköl. Sie sichern ein spielfreies Arbeiten der Ventilsteuerung unter allen Betriebsbedingungen und gleichen auch die Längenänderung aus, die durch Temperaturschwankungen und Verschleiß auftreten. Ein Nachstellen des Ventilspiels ist daher nicht erforderlich. Jedoch muß eine Grundeinstellung der Stößel durchgeführt werden, wenn der Zylinderkopf oder die Kipphebel (oder natürlich auch die Stößel allein) ausgebaut waren.
Funktionsstörungen der Hydro-Stößel können sich durch harte oder mäßige Klopfgeräusche, durch zeitweilige Klickgeräusche, durch allgemein lauten Mechanismus und auch durch Drehzahl-Leistungsverlust anzeigen. Ihre ordnungsgemäße Arbeit läßt sich ohne weiteres selbst prüfen: Man setzt bei laufendem Motor den Finger auf den Ventilteller. Weich schließender Hydro-Stößel arbeitet richtig. Verspürt man dagegen bei jedem Schließen einen harten Stoß, ist die Funktion fehlerhaft.
Reparaturen, die mit den Hydro-Stößeln zusammenhängen, sind der Opel-Werkstatt zu überlassen. Die Grundeinstellung erfolgt bei stehendem Motor, der warm oder kalt sein kann. Der Kolben des betreffenden Zylinders muß dabei auf dem oberen Totpunkt stehen. Die Einstellmutter am Kipphebel ist zurückzudrehen, bis Spiel vorhanden ist, und danach wird sie wieder angezogen, daß kein Spiel mehr zwischen Ventil, Kipphebel und Stößel besteht. Nun ist die Mutter um eine volle Umdrehung weiter anzuziehen. Das Ventilspiel ist fixiert.
Eine Nachstellung der Stößel kann bei warmem, laufendem Motor vorgenommen werden. Wie eben beschrieben, ist die Einstellmutter zu lösen, bis der Kipphebel klappert, und dann wieder anzuziehen, bis dieses Klappern gerade aufhört. Danach wird die Mutter langsam viermal um eine Viertelumdrehung weiter angezogen, und jedesmal ist dazwischen eine kleine Pause einzulegen. Bis der Motor jeweils wieder rund läuft, vergehen etwa 10 Sekunden. Diese stufenweise Einstellung ist erforderlich, um Beschädigungen im Stößel zu vermeiden.

Kompressionsdruck prüfen

Mit dieser Kontrolle soll vorbeugend oder im Bedarfsfalle geprüft werden, ob Kolben und Ventile gut abdichten, ob also die Kompression in den Zylindern noch hoch genug ist. Voraussetzung: Ventilspiel ist richtig eingestellt.
Zur Prüfung wird von der Werkstatt ein Kompressions-Druckschreiber benutzt, in den Meßkärtchen eingelegt werden. Der Druckschreiber wird auf das Kerzenloch gesetzt. Der Motor soll betriebswarm sein, doch sieht es in der Praxis oft so aus, daß er kalt ist, bis er zur Prüfung kommt. Ein Helfer drückt das

Gaspedal ganz durch, damit die Zylinder ihre größte Füllung erhalten und dreht den Motor mit dem Anlasser einige Male durch. Für jeden Zylinder zeichnet der Druckschreiber nach Weiterschalten eine flache Kurve auf das gewachste Papier, deren Endpunkt den höchsten Druck anzeigt. Wichtig für den gesunden Motor ist nicht die absolute Höhe des Druckes, sondern dessen Gleichmäßigkeit bei allen Zylindern. Druckunterschiede bis zu 0,5 kg/cm² sind unerheblich, sie sollen aber nicht mehr als 1 kg/cm² betragen. Der gemessene Druck bei warmem Motor liegt höher als bei kaltem Motor, da bei diesem die Abdichtung durch die Kolbenringe und das Öl noch nicht so hoch ist.

Zu niedriger Druck kann bedeuten: Schäden an den Ventilen, z. B. durch verbranntes Auslaßventil (durch zu knappes Ventilspiel) oder klebendes (»hängendes«) Ventil durch zu viel Rückstandsbildung am Ventilschaft und in dessen Führung, ferner Kolben- und Kolbenringverschleiß oder festsitzende Kolbenringe, unrunde Zylinder, Folgeerscheinungen von Kolbenklemmern, außerdem kann auch die Zylinderkopfdichtung verbrannt oder undicht geworden sein.

In den weitaus meisten Fällen liegt jedoch mangelnder Kompressionsdruck und damit verringerte Motorleistung an undichten Ventilen. Deren Einschleifen bringt Abhilfe, wenn sich nicht wegen zu hoher Motorlaufstrecke ohnehin ein Tauschmotor empfiehlt. Zusätzliche Kontrolle: Einträufeln von Öl ins Kerzenloch. Ist der Druck nach nochmaligem Motordurchdrehen immer noch mangelhaft, sind die Ventile undicht, insbesondere die Auslaßventile. Undichte Auslaßventile kann man auch am Blasgeräusch im Auspuffkrümmer erkennen, ebenso wie undichte Einlaßventile durch ein solches typisches Geräusch im Vergaser bzw. Saugrohr vermutet werden müssen. Eine undichte Zylinderkopfdichtung macht sich durch Luftblasen im Kühlwasser und manchmal auch durch Ölspuren bemerkbar.

Ist die Motorleistung trotz hohem und gleichmäßigem Kompressionsdruck schlecht, liegt der Fehler vermutlich an der Zündanlage.

Vergleichbar sind nur Messungen, die mit demselben Meßgerät ausgeführt sind, da diese voneinander immer etwas abweichen. Lassen Sie sich das Meßkärtchen geben und schreiben Sie sich zu Vergleichszwecken Datum und km-Stand auf. Bosch hat einen Kompressionsverlust-Tester entwickelt, mit dem man sowohl den Kompressionsdruck als auch den Kompressionsdruck-Verlust messen kann.

Ungefähre Werte: Über 10 kg/cm² ist ein gutes Ergebnis, unter 7 kg/cm² läßt auf schlechten Motorzustand, zumindest auf schlecht eingestellte Ventile, schließen.

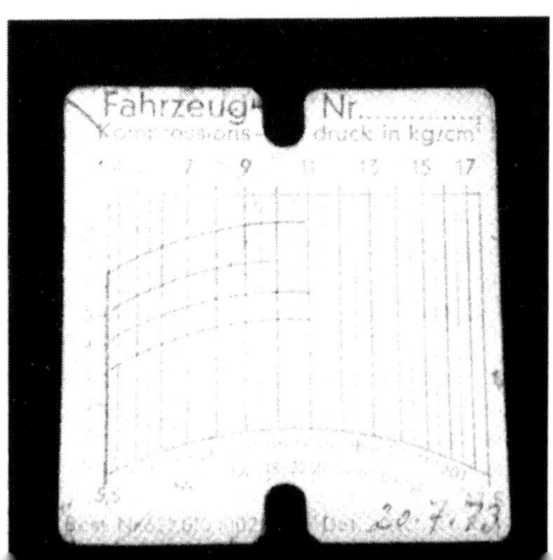

Ein solches Kärtchen (etwa natürliche Größe) wird von dem Kompressionsprüfgerät automatisch beschrieben. Man sollte es sich in der Werkstatt aushändigen lassen, um bei einer späteren Messung Vergleiche anstellen zu können. Jede einzeln aufgezeichnete Kurve gibt die Höhe der Kompression in einem Zylinder an. Wie hier gezeigt, besitzen die Zylinder 1, 3 und 4 eine sehr gute Kompression, Zylinder 2 dagegen eine leicht abgeschwächte.

Leerlauf des Motors kontrollieren
Pflegearbeit Nr. 7

Wenn der Motor ohne Betätigung des Gaspedals (und bei den Typen 12 S und 16 ohne gezogene Starterklappe) läuft, spricht man von dem Leerlauf. Dabei soll sich die Kurbelwelle in Drehzahlen bewegen, bei denen die Motorleistung gerade zur Überwindung der inneren Reibung und zum Antrieb der Nebenaggregate ausreicht. Der Leerlauf soll nicht so niedrig sein, daß der Motor nicht jeden Moment aufhören könnte zu laufen, und er soll auch nicht so schnell sein, daß bei längerem Standlauf das Kühlwasser zu heiß und der Kraftstoffverbrauch zu hoch wird.
Beeinflußt wird der Leerlauf von der Vergaser-Einstellung (siehe Kapitel »Vergaser-Praxis«) und von der Einstellung der Zündung (siehe Kapitel »Die Zündanlage«), aber auch sekundär durch die Außentemperatur. Bei korrekter Einstellung von Vergaser und Zündung und in betriebswarmem Zustand soll die Leerlauf-Drehzahl bei allen Manta-Typen zwischen 800 und 850 Umdrehungen pro Minute (U/min) betragen, wobei im Falle eines eingebauten automatischen Getriebes der Wählhebel sich in »N«-Stellung befinden muß.
Nur der Besitzer eines Manta SR ist in der Lage, mühelos die Leerlaufdrehzahl selbst festzustellen, denn diese Autos verfügen serienmäßig über einen Drehzahlmesser. Wer sich also bei einem anderen Typ nicht nachträglich einen Drehzahlmesser hat einbauen lassen, sollte diese Prüfung, die im Inspektionsdienst alle 10 000 km vorgeschrieben ist, in der Werkstatt vornehmen lassen. Dort schließt man einen transportablen Drehzahlmesser an den Motor an und korrigiert gegebenenfalls an Vergaser oder Zündung den Leerlauf. Diese Überprüfung ist nicht bedeutungslos, denn zu hoher Leerlauf wirkt sich auch ungünstig auf den Benzinverbrauch aus.

Motor auf Geräusche prüfen
Pflegearbeit Nr. 22

Ob am Motor alles gesund ist, das kann man bei richtig eingestelltem Leerlauf durch die vom Motor ausgehende Akustik feststellen. Diese Geräuschprüfung ist natürlich nur nach einiger Übung möglich, wenn man mit seinem Wagen genügend vertraut geworden ist. Will man sich auf sein Gehör verlassen können, darf dabei anderer Lärm den Motorlauf nicht übertönen.
Im Leerlauf hat nichts zu klappern (tickende Geräusche rühren meist von falsch eingestellten Ventilen her) und nichts darf schnarren oder rasseln (dies könnte die zu locker arbeitende Steuerkette für den Ventiltrieb sein = Werkstattsache). Durch etwas Gasgeben mit der Hand – siehe Seite 99 – überzeugt man sich davon, daß auch bei höheren Drehzahlen keine fremdartigen Geräusche hinzukommen. Auftretende, als Störung empfundene Geräusche sind nicht immer exakt zu lokalisieren, und die Klärung ihres Ursprungs bleibt meist nur dem Fachmann vorbehalten. Deshalb – im Zweifelsfalle – Werkstatt aufsuchen!
Auch der Ton des Auspuffs gilt als Aussage über einen richtig oder falsch eingestellten Motor. Ungleichmäßige Auspuffgeräusche oder gar Patschen und Knallen deuten zuerst darauf hin, daß die Zündungseinstellung nicht stimmt, in zweiter Linie kommt die Vergasereinstellung in Betracht.

Zylinderkopf ausbauen

Normalerweise kommt diese Arbeit für den Eigenpfleger nicht in Frage. Sie wird nötig, um z. B. Ventile oder Federn auszuwechseln, Ventile einzuschleifen oder um die Brennräume von Rückständen zu säubern. Praktisch veranlagte Leute können sich dafür interessieren. Aber auch fern der Heimat könnte es einmal nötig sein, den Zylinderkopf abnehmen zu müssen. Darum das Wichtigste dazu in Stichworten:
Minuskabel von der Batterie abklemmen, Kühlwasser ablassen (siehe entsprechende Kapitel). Alle Zusatzteile demontieren (Luftfilter, Zylinderkopf-

Um den demontierten Zylinderkopf wieder aufzuschrauben, sind die Zylinderkopfschrauben in der Reihenfolge der Zahlen nacheinander anzuziehen, und zwar hintereinander in zwei Arbeitsgängen. Beim ersten Mal alle Schrauben bei kaltem Motor mit 8 mkp festziehen und beim Einstellen der Ventile soll der Wert von 10 mkp (Meterkilogramm nach Drehmomentschlüssel) erreicht werden. Beim 1,2-Liter-Motor dürfen die Zylinderkopfschrauben jedoch nur mit 4,5 mkp an- und nachgezogen werden.

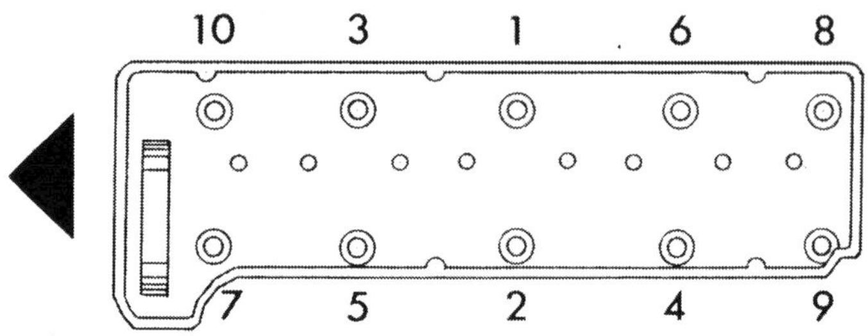

haube, Auspuffrohr, Vergaser, Verteilerkappe, Schläuche usw.). Vorn am Zylinderkopf Verschlußdeckel für Nockenwelle (Vielzahnstiftschlüssel) und mit gleichem Schlüssel Nockenwellenrad abschrauben. 10 Zylinderkopfschrauben lösen. Für die linken Schrauben Nockenwelle so drehen, daß runde Aussparungen in dieser senkrecht stehen. Zylinderkopf mit Nockenwelle und Krümmer abnehmen.

Beachten: Kopf nicht auf Dichtfläche ablegen, da sonst Ventile beschädigt werden. Daher vorn und hinten Holzstücke unterlegen.

Beim Wiedereinbau neue Kopfdichtung verwenden (sie muß für den Motorentyp passen!). Beim Aufsetzen des Zylinderkopfes auf zwei Paßstifte achten (kein Kolben darf im oberen Totpunkt stehen). Nockenwelle mit Aussparungen senkrecht stellen. Kopfschrauben zunächst mit etwa 8 mkg anziehen, dann Motor warmlaufen lassen, Ventile einstellen und nach Schema bis zum vorgeschriebenen Anzugsmoment von 10 mkg mit Drehmomentschlüssel die Kopfschrauben endgültig festziehen. Dabei soll die Kühlmitteltemperatur ca. 80° C und die Öltemperatur 60–80° C betragen. 12 S: Siehe Bildtext oben!

Wenn die Zylinderkopfschrauben nicht richtig angezogen werden, kann sich der Zylinderkopf verziehen. Spätestens dann gelangt das Kühlwasser in den Ölkreislauf, und Lagerschäden, Kolbenklemmer oder Ärgeres sind die Folge. Sicherheitshalber sollen nach einer Fahrtstrecke von 1000 km die Zylinderkopfschrauben nochmals – bei warmem oder kaltem Motor mit den eben angegebenen Werten – angezogen werden. Dabei muß die »Ruckreibung« berücksichtigt werden, die als Anfangswiderstand einer nachzuziehenden Schraube auftritt. Sie ist höher als das wirklich vorhandene Anzugsdrehmoment. Erst nach Überwindung dieses Punktes wird der tatsächliche Istwert erreicht.

Beim Einbau einer neuen Nockenwelle sind die auf Seite 58 vermerkten Kennzeichen der Nockenwellen zu beachten. Das Nockenwellenlängsspiel wird durch eine spezielle Nylonschraube, die vorn in der Nockenwelle sitzt, fixiert. Zum Aufsetzen des Zylinderkopfes ist die Kurbelwelle so zu drehen, daß alle Kolben unterhalb des oberen Totpunktes stehen. Außerdem müssen die Ventileinstellmuttern der offenstehenden Ventile so weit gelöst sein, daß die Ventile nicht an die Kolbenböden stoßen können.

Ansaug- und Auspuffkrümmer

Die Saugrohre zwischen Vergaser und Motor bestehen aus einer Aluminiumlegierung. Dieser Ansaugkrümmer sitzt auf dem Auspuffkrümmer und ist mit letzterem durch vier senkrecht sitzende Schrauben verbunden. Auf diese Weise bildet die gesamte Krümmeranlage eine Einheit, die mit sechs Schrauben am Zylinderkopf und mit zwei angeschraubten Haltewinkeln am Motorblock befestigt ist und mit vier Schrauben eine Verbindung zum Auspuff besitzt.

Somit bilden Ansaug- und Auspuffkrümmer gegen den Zylinderkopf gerichtete Rohrenden, die analog der Ventilfolge die Einlaß- und Auslaßkanäle an der Seite des Zylinderkopfes fortsetzen.
Zwischen Zylinderkopf und Krümmeranlage ist eine durchgehende Dichtung angebracht; die beiden äußeren Krümmerschrauben sind mit einer dünneren und die vier innenliegenden Schrauben mit einer dickeren Unterlegscheibe versehen. Zum Anschrauben der Krümmer sind die Krümmerschrauben mit Graphitfett zu bestreichen und wechselseitig (zuerst die beiden inneren, dann die weiter nach außen liegenden und zum Schluß die beiden äußeren) mit 5 mkg anzuziehen. Nachdem der Motor warmgelaufen und wieder abgekühlt ist, müssen die Schrauben nochmals nachgezogen werden.
Ebenso befindet sich zwischen Ansaug- und Auspuffkrümmer eine Zwischendichtung, die nach einer kompletten Demontage der Anlage zuerst angebracht werden muß. Man muß also den Zusammenbau von Ansaug- und Auspuffkrümmer ausführen, bevor man die eben beschriebene Befestigung am Zylinderkopf vornimmt.

Die Auspuffanlage

Während die Auspuffanlage der 1,6-Liter- und 1,9-Liter-Motoren untereinander gleich ist, besitzt die Rallye-Ausführung ein Doppelendrohr mit je einem Resonator. Die gesamte Anlage besteht aus dem vorderen Auspuffrohr mit Zwillingsmündung, das über einen Stutzen zum vorderen Auspufftopf verbunden ist. Am hinteren, nach oben gebogenen Stutzen dieses Topfes ist eine Halterung zum Wagenboden angebracht. Das nächste Rohrstück ist über der Hinterachse gekröpft. Danach folgt der zweite Auspufftopf mit einer weiteren Aufhängung zum Wagenboden.
Ähnlich ist die Anlage für den 1,2-Liter-Motor gestaltet. Ebenso ist ihre Aufhängung am Wagenboden bei allen Manta-Modellen gleich.
Zwar gehören Auspuffrohr und Schalldämpfer zum Motor, dessen Lebensdauer erreichen sie aber nicht. Spritzwasser und Streusalz fressen das Blech von außen und Korrosion von innen auf, und regelmäßiger Kurzstreckenverkehr verkürzt das Dasein der Anlage noch stärker. Die dann bald eintretende Durchrostung macht sich durch lautes Auspuffgeräusch und durch Knallen bei schiebendem Wagen (Gas wegnehmen bei Fahrt) bemerkbar.
Aus der Beschaffenheit der Auspuffgase lassen sich allerlei Schlüsse ziehen:

- Schwärzliche Gase: Unvollständige Verbrennung durch Luftmangel oder Kraftstoffüberschuß. Oder der Leerlauf ist zu fett eingestellt.

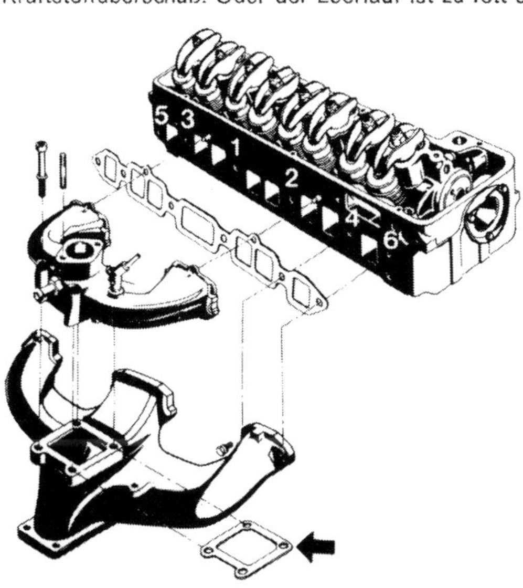

Dieses Bild vermittelt den Aufbau und die Anbringung des Ansaug- und des Auspuffkrümmers bei den Motoren 16, 16 S und 19 S. Beim Zusammenbau sind die Krümmerschrauben in der numerierten Reihenfolge wechselseitig auf 5 mkg anzuziehen. Vorher sollen die Gewinde mit kolloidalem Graphitfett eingestrichen werden. Nachdem der Motor einmal warmgelaufen hat, müssen die Schrauben nochmals nachgezogen werden.

Die mit Pfeilen angezeigte Aufhängung des Auspuffs am Abschluß der Karosserie darf nicht beschädigt sein. Besonders beim Rückwärtsfahren im Gelände sind die elastischen Ringe gefährdet. Natürlich kann man bei gerissener Aufhängung den Auspuff zur Not mit Draht befestigen, aber dieser Behelf sollte wirklich nur bis zur nächsten Opel-Werkstatt dienen. Denn wenn die Auspuffanlage starr befestigt ist, bilden sich durch die Erschütterungen während der Fahrt schnell Risse, die einen völlig neuen Auspuff nötig werden lassen.

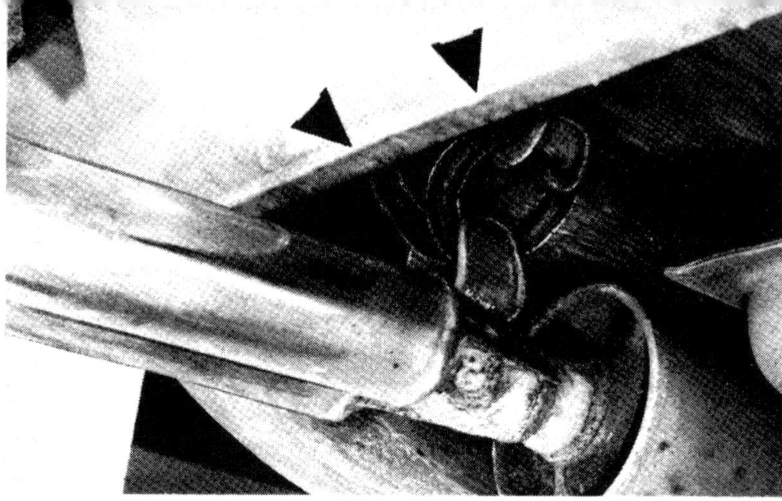

■ Bläuliche Gase: Verbranntes Öl durch undichte Kolben bzw. Kolbenringe oder verschlissene Ventilführungen. Oder zuviel Öl im Kurbelgehäuse.
■ Weiße Gase: Das ist Wasserdampf als chemisches Verbrennungsprodukt, der bei Kälte kondensiert (unbedenklich).
■ Gase, die man nicht sieht: Gift (Kohlenmonoxyd) bei geschlossener Garage. Bei Stadtverkehr wird der Auspuffstutzen innen schwarz gefärbt sein, ein Zeichen, daß man – was sich freilich kaum vermeiden läßt – nicht die nötige Betriebstemperatur erreicht und durch viel Leerlauf Kraftstoffüberschuß vorliegt. Nach Überlandfahrten soll der Stutzen innen hellgrau sein.

Aufhängung und Zustand der Auspuffanlage kontrollieren

PflegearbeitNr. 41

Die Auspuffanlage kann nur dann richtig kontrolliert werden, wenn der Wagen hochgebockt ist. Am besten, man verbindet diese Überprüfung mit dem Ölwechsel, wobei das Auto an der Tankstelle auf der Hebebühne oder über der Schmiergrube steht.
Die Auspuffleitung ist von vorne bis hinten auf Durchrostung oder auf andere Beschädigungen, wie sie etwa durch Bodenberührung entstehen können, abzusuchen. Selbstverständlich bezieht man auch die beiden Auspufftöpfe in diese Kontrolle ein. Ferner sind die Dämpfungsringe (es sind zweimal zwei Gummiringe, an denen die Auspuffleitung elastisch aufgehängt ist) auf Brüchigkeit, Einrisse oder sonstige Alterungserscheinungen zu untersuchen. Gelängte oder beschädigte Ringe müssen ausgetauscht werden.
Diese Ringe dürfen nicht durch Bindedraht oder eine andere starre Aufhängung ersetzt werden. Andernfalls wirken sich die Vibrationen und Schwingungen, denen die Auspuffanlage durch Motorlauf und Fahrwerksbewegungen ausgesetzt ist, schädigend auf dieselbe aus. Ebenso ist es annähernd zwecklos, eine durchrostete Auspuffleitung oder einen Schalldämpfer flicken zu wollen – der TÜV weist solche »Reparaturen« zurück. Nur in dem Fall, wenn durch Steinschlag oder ähnliches ein sonst noch gut erhaltener Auspuff beschädigt worden ist, kann sich eine Schweißarbeit daran lohnen.

Die Auspuffanlage der 1,6-Liter- und 1,9-Liter-Manta-Typen ist untereinander gleich. Lediglich bei der Rallye-Ausführung ist das Endrohr als Doppelrohr mit je einem Resonator ausgelegt (im Bild unten links). Die besonders korrosionsgefährdete Anlage kann man, sofern sie noch neu ist, über Jahre hinweg dauerhaft schützen. Das geschieht durch flammgespritztes Rein-Aluminium, versiegelt mit aluminisiertem Silikonharz.

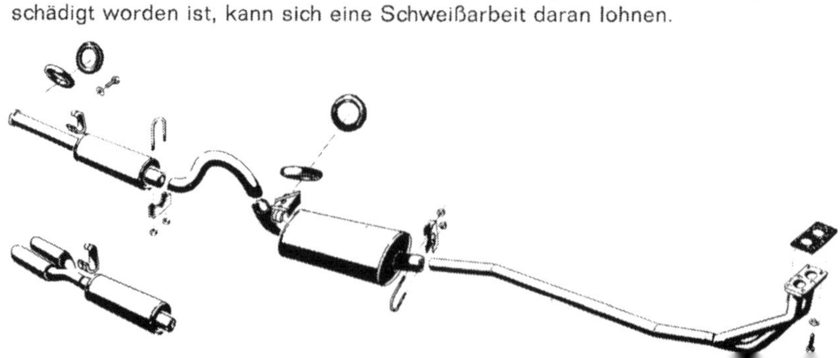

Gewöhnlich rostet der hintere Auspufftopf rascher als der vordere durch. Dann kann man das Endstück samt Auspufftopf ersetzen, indem man die beiden Muttern der Klemmbefestigung vor dem Topf abschraubt und vom gebogenen Rohr, das über die Hinterachse geführt ist, abzwängt. Als Lösungsmittel für die bestimmt zusammengerosteten Rohre und die Schraubverbindung bietet sich Caramba oder Mo von Teroson an.

Auspuffleitung auswechseln

Soll jedoch die gesamte Anlage ersetzt werden, muß man zuerst das mittlere Rohrstück durchsägen. Danach schraubt man das vordere Rohr vom Auspuffkrümmer ab, der vordere Topf und das Endrohr werden aus den Dämpfungsringen ausgehängt, und die Teilstücke können unter dem Wagen herausgenommen werden.

Die neue Anlage ist unter dem Wagen zusammenzustecken und am Wagenboden aufzuhängen. Alle Befestigungsteile und die Flanschdichtung müssen ebenfalls neu sein. Die Krümmerschrauben werden vorerst nur lose angedreht und dann verschiebt man die Teile so zueinander, daß das gebogene Rohrstück über der Hinterachse genau über dem Ausgangsstutzen des mittleren Topfes liegt, wobei zu beachten ist, daß alle gesteckten Rohrverbindungen in ausreichendem Maß ineinandersitzen, um durch die aufzuschraubenden Klemmverbindungen genügend Halt zu bekommen.

Jetzt muß das mittlere Rohr mit dem vorderen Topf verschweißt werden. Steht kein Schweißgerät zur Verfügung, kann man die Rohrenden auch mit Schellen verbinden. Schließlich sind alle Schrauben mit etwa 2 mkg anzuziehen. Diese ganze Arbeit läßt sich normalerweise nur durchführen, wenn das Auto auf einer Hebebühne steht.

Auch diese frisch montierte Anlage wird nicht länger halten als die alte es tat. Eine neue Auspuffanlage läßt sich jedoch für eine ganze Reihe von Jahren dauerhaft schützen. Dazu werden die Einzelteile (also vor dem Anbau) mit einer flammgespritzten Reinaluminiumschicht versehen und mit aluminisiertem Silikonharz versiegelt. Diese Arbeit führt die Firma Leuze, Stuttgart-Weilimdorf, Korntaler Landstraße 68, aus, wofür man etwa 100 Mark zu bezahlen hat.

Fingerzeig: *Die Verschraubungen am Auspuff besitzen die unschöne Eigenschaft, beinahe unlösbar zusammenzurosten, was dem Heimwerker manchen Schweißtropfen abringt. Nach unseren Erfahrungen hat es sich deshalb bewährt, bei Einbau des neuen Auspufftopfes alle Gewinde mit »ASC-Paste« von Liqui Moly oder "HSC-Paste« von Molykote zu bestreichen. Dieses Heißschraubencompound verhindert das Festrosten der Muttern und Schrauben bis zu Temperaturen von 1000° C.*

Das Schmiersystem

Im Kapitel »Schmieren aller Teile« wurde schon gesagt, was es mit der Praxis dieser Angelegenheit auf sich hat. Hier sollen nun noch einige andere Zusammenhänge beim Schmiersystem des Motors beleuchtet werden.

Im Motor muß das Öl zu einer ganzen Reihe von Schmierstellen geführt werden. Damit es dorthin gelangt, wird es durch zwei ineinanderkämmende Zahnräder der Ölpumpe unter Druck gesetzt. Entgegen üblicher Gepflogenheit sitzt diese Pumpe als ein Teil des Steuergehäuses außen am Motor, und sie wird von der Kurbelwelle über die nach unten verlängerte Zündverteilerwelle angetrieben. Die Ölpumpe saugt das Öl über eine »Saugglocke«, die bis zum tiefsten Punkt der Ölwanne reicht, je nach Geschwindigkeit (Umdrehungszahl) der Kurbelwelle an. Damit wird deutlich, daß das Schmierpolster in den Lagern umso kräftiger ist, je schneller sich die Kurbelwelle dreht, und daß demnach schaltfaule Fahrer die Kurbelwellenlager schädigen. Im Leerlauf (Heißleerlauf) soll der Öldruck nicht weniger als 0,3 bar ausmachen, und er sollte bei Betriebstemperatur und ab 2000 U/min nicht unter 3,0 bar absinken.

Weil die Ölpumpe sich selbst schmiert, ist sie wartungsfrei. Es kann aber vorkommen, daß sich die Pumpenräder nach längerer Laufzeit in den Pumpendeckel eingelaufen haben. Dann ist das Höhenspiel dieser Zahnräder zu prüfen: Die Stirnflächen der Zahnräder dürfen höchstens bis zu 0,10 mm über der Deckelanlagefläche hervorstehen. Außerdem ist der Pumpendeckel zu erneuern. Zwischen den Pumpenrädern darf das Zahnflankenspiel 0,10 bis 0,20 mm betragen.

Bei einer Überholung der Ölpumpe muß beachtet werden, daß die Bohrungen für Zahnräder und Wellen 0,2 mm Übergröße aufweisen können. Eine solche Abweichung ist oberhalb des Pumpendeckels durch die Markierung »02« kenntlich gemacht. Vor dem Zusammenbau sind die Zahnräder reichlich zu ölen. Vor dem ersten Anlassen des Motors wird der Ölkanalverschlußstopfen aus dem Pumpengehäuse herausgeschraubt und die Pumpe mit Öl gefüllt. Somit erreicht man schon bei den ersten Umdrehungen des Motors eine wirksame Schmierung.

Die Ölventile

Links unten am Geräteträger befindet sich eine Sechskantverschlußschraube, hinter der das Druckregelventil für die Ölpumpe sitzt. Dort sorgt eine federbelastete Kugel dafür, daß zuviel gefördertes Öl in die Saugleitung zurückfließt. Ferner kann durch ein Nebenschlußventil eine »Weiche« so gestellt werden, daß entweder das Öl durch das Hauptstromfilter fließt, wo es gereinigt werden soll, oder das Filter wird umgangen und das Öl fließt direkt zu den Schmierstellen. Letzteres ist bei starker Verschmutzung des Filters der Fall, wenn er also nicht fristgerecht ausgewechselt wurde oder wenn bei Kälte das Öl anfangs so dick ist, daß das Filter einen zu großen Durchflußwiderstand bietet. Das Nebenschlußventil (auch »Kurzschlußventil«) ist nur bei abgenommenem Ölfilter erreichbar (siehe Abbildung Seite 54).

Leuchtet bei genügender Ölmenge im Motor dennoch das Öldruckkontrollicht auf, muß das Regelventil untersucht werden. Dazu wird der Verschlußstopfen herausgeschraubt. Die dahinterliegende Feder und die Ventilkugel müssen auf Klemmfreiheit und Schmutzteilchen überprüft werden. Die Kugel ist beim Zusammenbau durch einen leichten Schlag über einen Messingdorn in ihrem Dichtsitz zum einwandfreien Tragen zu bringen.

Bei dem 19 US-Motor befindet sich das Regelventil im Ölpumpendeckel. Sein Verschlußstopfen muß zum Wagenheck hinzeigen.

Links unten am Motorblock sitzt noch ein elektrischer Öldruckschalter. Er wird über eine Membrane vom Öldruck im Hauptölkanal gesteuert. Ist der Öldruck zu gering oder nicht vorhanden (auch nach Einschalten der Zündung), leuchtet das Warnlicht im Armaturenbrett auf. Siehe auch Seite 159.

Undichte Motoren

Ein Motor kann durch nicht einwandfreie Dichtungen ständig Öl verlieren. Nach der Säuberung des Motors läßt sich ziemlich genau lokalisieren, wo das Öl austritt und ob die Menge des Ölverlustes bedenklich ist.
Die Durchlässigkeit der Kurbelgehäuseentlüftung, am Schluß dieses Kapitels beschrieben, ist für einen öldichten Motor sehr wichtig. Im Laufe der Betriebszeit setzen sich nämlich die Stahlwollepackung und die Schläuche mit Ölschlamm zu, so daß die Kurbelgehäuseentlüftung an Wirksamkeit nachläßt. Als Folge wird durch den höheren Überdruck im Kurbelgehäuse das Öl durch die Dichtungen gedrückt.

Bevor also in der Werkstatt umfangreiche Reparaturen bei Reklamation eines undichten Motors durchgeführt werden, ist erst der Zustand der Entlüftung zu prüfen. Auch darf nicht gleich der Wellendichtring für das hintere Kurbelwellenlager erneuert werden, sondern man sollte in der Werkstatt erst einmal an anderen Stellen nach der möglichen Ursache von Ölundichtheit suchen: z. B. am Ölkanalverschlußdeckel in der Zylinderblockrückwand, an den Auflageflächen des hinteren Hauptlagerdeckels, an der Zylinderkopfhaubendichtung und an der Zylinderkopfdichtung vorn oben am Steuergehäuse (die beiden letzten Punkte lassen sich selber prüfen). Da der Zylinderblock aus Grauguß und der vorn an ihn geschraubte Geräteträger aus Leichtmetall bestehen, kann es wegen der unterschiedlichen Wärmedehnung dieser Teile zu Undichtheiten kommen.

Kurbelgehäuse-entlüftung reinigen

Pflegearbeit Nr. 48

Während der Arbeit des Motors blasen Frisch- und Altgase an den Kolben vorbei und vermischen sich im Kurbelgehäuse mit Öldämpfen. Hier muß für eine Entlüftung gesorgt werden, sonst könnte das Kurbelgehäuse zersprengt werden.
Im Zuge der Bestrebungen zur Reinhaltung der Außenluft werden die Kurbelgehäusegase aber nicht wie früher einfach nach draußen weggeblasen, sondern dem Motor zugeführt, um noch einmal verbrannt zu werden. Die Gase strömen vom Kurbelgehäuse in den Zylinderkopf. Auf der Zylinderkopfhaube wird man einen kleinen Blechdom entdecken, durch den sie nach links oder rechts in einen Schlauch eintreten. Bei Leerlauf wird das Gas durch den dünneren Schlauch in das Saugrohr (unter dem Vergaser) abgesaugt und bei höheren Drehzahlen in den dicken Schlauch, der zum Luftfilter führt. In beiden Fällen wird das Kurbelgehäuse zusammen mit dem Frischgas dem Motor zur Verbrennung zugeführt. Belüftung erfolgt über das Luftfilter.
Unter dem erwähnten kleinen Dom sitzt in einer Halterung eine Stahlwollefüllung, die Ölfeuchtigkeit vom Ansaugsystem fernhalten soll. Auswaschen der Haube mit Benzin nutzt nicht viel; die Stahlwolle muß herausgeangelt und ausgewechselt und der festsitzende Dreck muß weggekratzt werden. Die Innenseite der Zylinderkopfhaube ist oft angerostet. Das kommt von dem sich hier wegen der Entlüftung bildenden Kondenswasser. Abhilfe: Älteren Verschlußdeckel für den Öleinfüllstutzen nehmen. Früher waren die Deckel ja noch belüftet. Wegen der neuen »geschlossenen« Kurbelgehäusebelüftung dichten sie jetzt völlig ab. Eine neue Zylinderkopfhaube (DM 15,–) kann man auch mit einer feinen Bohrung versehen – aber das wäre wohl nicht im Sinne des Gesetzgebers und außerdem würde durch das Loch Öl heraustreten.
Auch den dicken Schlauch – zwischen Zylinderkopfhaube und Luftfilter – soll man bei dieser Gelegenheit ausspülen. Übrigens dient man mit der Reinhaltung der ganzen Entlüftung nicht nur irgendwelchen lästig erscheinenden Bestimmungen, sondern auch sich selbst: Die Starteigenschaften bleiben gut erhalten, und der Benzinverbrauch kann sich in günstigen Grenzen bewegen.

Für gutes Arbeitsklima

Es ist die Eigenart von Verbrennungsmotoren, daß sie bei ihrer Arbeit Wärme erzeugen. Sie darf sich nicht stauen, sonst würde der Motor in kürzester Zeit zerstört. Um die entstehende Wärme abzuleiten, stehen zweierlei Möglichkeiten zur Verfügung: Kühlung durch Wasser oder Kühlung durch Luft.
Letztere, die Gebläsekühlung, steht im Ruf, völlig wartungsfrei zu sein. Doch ist der Betrieb eines Autos mit Wasserkühlung durchaus nicht mit großen Umständen verbunden, wie Sie auf den folgenden Seiten sehen werden. Beim Umgang mit dem Opel Manta werden Sie bald feststellen, daß die wenigen Beobachtungen und Handgriffe, die das Kühlersystem von Ihnen verlangt, bald zur Routine geworden sind.
Der Lauf eines Motors mit Wasserkühlung ist leiser als der eines luftgekühlten und es bedarf bei ihm weniger schalldämmender Maßnahmen. Zudem kann die vom Wasser aufgenommene Wärme recht einfach in Heizungswärme verwandelt werden, was einen weiteren Vorteil des mit Wasser betriebenen Kühlsystems darstellt.

Wie die Kühlung funktioniert

Alle Opel-Motoren besitzen wie andere moderne Motoren ein Kühlsystem, in dem bei Betriebstemperatur ein Überdruck von etwa 0,8 bar erreicht wird. Dadurch wird der Siedepunkt des Kühlmittels auf ungefähr 116° C heraufgesetzt. (Der Ausdruck »Kühlmittel« wird verwendet, weil sich im Kühlkreislauf kein reines Wasser, sondern eine Mischung aus Korrosions- und Frostschutzmittel und Wasser befindet.) Auf diese Weise wird der Kraftstoff besser ausgenutzt, weil er bei höheren Temperaturen wirtschaftlicher verbrennt. Niedrige Temperaturen (Kühlwasser unter 80° C) sind für den Motor schädlich und fördern den Verschleiß.
Zwei wichtige Teile des Kühlsystems dienen dazu, das »Betriebsklima« für den Motor angenehm zu erhalten. Es sind dies der Kühlerverschlußdeckel, der den Druck reguliert, und der Thermostat, der nach dem Start baldigst für angemessen hohe Betriebstemperatur sorgt.
Das Kühlmittel durchfließt ständig einen Kreislauf, erzwungen von der Wasserpumpe. Hat es sich im Wassermantel des Motors, der um die Zylinder gelegt ist, erwärmt, fließt es zum Kühler. Zusätzlich zum Fahrtwind zieht noch der Ventilator Luft durch den Kühler an, so daß das gekühlte (schwerere) Wasser von unten wieder zum Motor geschickt werden kann. Vom Zylinderblock gelangt das Kühlmittel in Kanäle des Zylinderkopfes, wo Zündkerzen und Ventilsitze gekühlt werden. Wie noch beschrieben wird, kann der Thermostat dafür sorgen, daß das Kühlmittel auf einem kürzeren Weg, ohne durch den Kühler zu gelangen, gleich wieder zum Motor zurückfließt.
Daneben wird das Kühlmittel noch zu anderen Aufgaben herangezogen. Zusätzliche Schlauchleitungen verbinden Kühlsystem und Heizanlage, und beim 16 S- und 19 S-Motor ist auch die Startautomatik am Vergaser mit dem

Wasserkreislauf verbunden. Diese Einrichtungen werden ebenso bei geschlossenem Thermostat, also während der Anwärmperiode, gespeist, wenn der Kreislauf noch kurzgeschlossen ist.

Frostschutz-Dauerfüllung

Ab Werk enthält das Kühlsystem eine Dauerfüllung, die als Frostschutzmittel und als Korrosionsschutz dient. Dieses spezielle Kühlmittel verdunstet oder verdampft nicht, und sein Siedepunkt liegt über dem des Wassers. Allgemein verwendet man dafür Äthylenglykol, das eine Flüssigkeit auf Alkoholbasis ist. Als Notbehelf kann auch Brennspiritus verwendet werden, doch hat dieser den Nachteil, daß er relativ rasch verdunstet.
Etwa 95 Prozent des Kühlanlageninhalts besteht aus dem erwähnten Alkohol, der als Antifrostmittel dient. Der Rest sind Zusätze gegen Korrosion, die im Kühler chemische Angriffe, Rost und Kesselstein verhindern sollen, was nicht der Fall ist, wenn man reines Wasser verwendet.
Die gebräuchlichen Frostschutzmittel besitzen zwar eine etwas verringerte Wärmeleitfähigkeit, doch ist diese Tatsache bei der Anlage des Kühlsystems berücksichtigt. Daher treten auch im Sommer keine Kühlprobleme auf. Natürlich kann man – im Sommerhalbjahr – bedenkenlos Wasser nachfüllen, wenn einmal Kühlmittel verlorengegangen ist, aber vor der kalten Jahreszeit muß dann der Inhalt der Kühlanlage auf die Fähigkeit seiner Schutzwirkung untersucht werden.
Der Originalgefrierschutz im Manta ist bis zu – 30° C wirksam. In Tankstellen oder Werkstätten kann dies überprüft (»ausgespindelt«) werden, und bei geringerem Gefrierschutzwert ist Frostschutzmittel nachzufüllen. Im Kapitel »Winterschutz« ist weiteres zu diesem Thema nachzulesen.

Kühlwasserstand prüfen

Pflegearbeit Nr. 24

So lange der Motor kalt ist, soll der Kühlmittelstand im Kühler des Manta etwa 5 cm unter der Oberkante des Einfüllstutzens liegen. Dabei ist der Wasserkasten (bei geöffnetem Kühlerstutzen sichtbar) noch mit Flüssigkeit bedeckt. Es ist falsch, mehr Wasser oder Kühlmittel einzufüllen, weil sich der Inhalt bei Erwärmung ausdehnt und der Überschuß durch das Druckventil der Verschlußkappe und das Überlaufrohr ins Freie ergießt.
Mußte man mehr als etwa einen Liter in die Kühlanlage nachfüllen, stellt man den Heizungshebel auf »warm« und läßt den Motor laufen, damit vorhandene Luftblasen aus dem Kühlsystem herausgedrückt werden. Im Kühler ist der Kühlmittelstand dabei zu beobachten und eventuell nochmals zu ergänzen. Wichtig: Kaltes Wasser nur bei abgekühltem Motor nachgießen, sonst können Wärmespannungen Zylinderblock oder Zylinderkopf verziehen. Ein heißer Motor kann durch kaltes Wasser sogar buchstäblich zerspringen. Warmes Wasser darf man natürlich jederzeit nachfüllen.

Wasserschläuche prüfen

Undichte Schlauchanschlüsse und poröse Schläuche verursachen Wasserverlust im Kühlsystem. Neben den Kühlerschläuchen großen Durchmessers sind auch die zum Vergaser führenden dünnen Schläuche und die Heizungsschläuche aufs Korn zu nehmen. Zunächst muß man bei Kühlmittelverlust feststellen, ob die Schlauchenden nicht zu knapp auf den Stutzen sitzen und ob die Spannschrauben der Schlauchbinder festgezogen sind.
Tritt der Zeiger im Fernthermometer plötzlich ins rote Feld, ist vermutlich bei dem Betriebsdruck von 0,8 bar ein hart und spröde gewordener Wasserschlauch geplatzt. Dann muß die Fahrt sofort unterbrochen und der Schaden behoben werden, damit kein Motordefekt eintritt. Sollte der zerrissene Schlauch unterwegs nicht gleich ersetzt werden können, rettet festes Klebeband die Situation,

das man mehrfach stramm um das gereinigte und getrocknete Schlauchstück wickelt.
Zur Vorbeugung solcher Pannen knetet man die Schläuche mit den Fingern und prüft, ob sie verhärtet sind. Der Austausch ist problemlos, man muß aber auf die richtige Länge der Heißwasserschläuche achten. Die Formschläuche zum Kühleranschluß (»oberer« und »unterer Schlauchbogen«) sind nur in Opel-Werkstätten erhältlich.

Der Kühler

Oberer und unterer Wasserkasten des Kühlers sind durch eine große Anzahl von senkrecht angebrachten dünnwandigen Rohren verbunden. Zur Vergrößerung der Kühlfläche dienen waagerecht angeordnete Bleche zwischen den Röhrchen. Der Fahrtwind bzw. der durch den Ventilator erzeugte Luftstrom kühlt den Inhalt genügend ab, und die Wasserpumpe saugt das Kühlmittel zum weiteren Kreislauf in den Motor.

Kühlflüssigkeit ablassen

Wenn für eine Kühlerreparatur oder zu Arbeiten am Motor das kostbare Kühlmittel abgelassen werden muß, so ist es in einem Behälter aufzufangen, um es später wieder einfüllen zu können. Befindet sich nur reines Wasser im Kühlsystem, kann man dieses natürlich einfach ablaufen lassen.
Die Schlauchschelle des unteren Schlauchbogens am Kühler wird gelöst, und der Schlauch ist vom Kühlerstutzen abzuziehen. Festgebackene Schlauchenden lassen sich bei vorsichtiger Handhabung mit einem Schraubenzieher lösen, indem man mit dem Werkzeug zwischen Schlauch und Stutzen fährt. Durch Abziehen dieses Schlauches gelangt nicht das gesamte Kühlmittel aus dem Kühlsystem, doch reicht die Arbeit bis hier hin aus, falls nicht der Motor demontiert werden soll.
Zum vollständigen Ablassen des Kühlwassers ist die Ablaßschraube, die rechts hinten am Motor sitzt, herauszudrehen. Dies ist ein 9 mm-Vierkantstopfen (beim 1,2-Liter-Motor manchmal 11 mm), der sich am besten mit einem Gelenkschlüssel drehen läßt.

Kühler ausbauen

Bei Verdacht auf Kühlerundichtigkeit ist zuerst eine Werkstatt aufzusuchen. Dort kann man mit einem Kühlerprüfgerät den Zustand des Kühlers ermitteln. Dazu muß der Motor im Leerlauf laufen und der Heizungshebel auf »warm« stehen. Das Gerät wird statt des Verschlußdeckels auf den Einfüllstutzen gesetzt und bringt in das Kühlsystem einen Druck von 1,5 bar (Drücke darüber gefährden die Lötstellen). Undichte Stellen zeigen sich an ausfließendem Kühlmittel. Fällt dagegen der von der Meßuhr angezeigte Druck ohne Austritt

Zum Ausbauen des Kühlers müssen zuerst die Schrauben herausgedreht werden, die hier auch zugleich den Trichter für die Kühlluft festhalten. Der schwarze Pfeil zeigt auf den Gummipuffer, der den Kühler in senkrechter Stellung hält. Die gleichen Befestigungen befinden sich natürlich auch auf der rechten Seite. Nach dem Einbau und der Befüllung soll das Heizungsventil geöffnet sein und der Motor im Leerlauf laufen, damit alle Luftblasen entweichen können. Anschließend eventuell nochmals Kühlmittel nachfüllen.

von Kühlmittel ab, ist auf einen Defekt im Motor (beschädigte Zylinderkopfdichtung, Gehäuseriß) zu schließen.
Bei einem Schaden am Kühler muß dieser ausgebaut werden. Zuvor ist das Kühlmittel abzulassen, und auch der obere Schlauchanschluß wird gelöst. Am unteren Befestigungspuffer wird die Sechskantmutter abgeschraubt, und dann kann der Kühler vorsichtig nach oben herausgehoben werden, nachdem man ihn aus den seitlichen Führungen für die Gummipuffer herausgelöst hat.
Wagen mit automatischem Getriebe: Ölleitungen von den Winkelstücken am unteren Wasserkasten abschrauben und verschließen. Dabei (und auch beim späteren Anschrauben) sind die Winkelstücke mit einer Zange festzuhalten, um Einreißen des Metalls zu vermeiden. Es ist sehr darauf zu achten, daß in die Ölleitungen (Ölkühler) keinerlei Schmutz dringt.
Unterwegs läßt sich ein undicht gewordener Kühler zur Not auch mit Kaugummi abdichten, sofern das Loch nicht zu groß ist und der Motor nicht zu heiß gefahren wird.

Kühler reinigen

Wir sagten es schon: Das Kühlsystem ist mit einer Dauerfüllung versehen, die auch gegen Korrosion und Kesselstein wirksam ist. Dementsprechend hält das Werk eine Entschlackungskur nicht für nötig.
Wer meint, seinem Kühler damit etwas Gutes zu tun, kann ihn nach zwei oder drei Jahren Betriebszeit mit klarem Wasser durchspülen. Dazu wird das Kühlmittel abgelassen, indem man – siehe oben – unten rechts am Kühler den Schlauch von seinem Stutzen zieht. Abfließendes Kühlmittel auffangen, weil es wieder verwendet werden soll. Man spült durch, indem man einen Wasserschlauch oben in den Kühlerstutzen hält und das Wasser unten einfach abfließen läßt.

Der Verschlußdeckel

Die Kühlerverschlußkappe besitzt einen Renkverschluß und ist mit einem Überdruckventil versehen, das einen Überdruck von ca. 0,8 bar im Kühlsystem hält. Auf der Verschlußkappe ist die Zahl 800 als Kennzeichen eingeprägt. Das Ventil sorgt für einen Siedepunkt des Kühlmittels von etwa 116° C. Bei höherem Druck öffnet das Ventil und läßt den Überdruck durch die Überlaufleitung ins Freie entweichen. Damit sich die Kühlsystemschläuche nach Abstellen und Abkühlen des Motors nicht zusammenziehen, verfügt die Verschlußkappe noch über ein Unterdruckventil, das bei Unterdruck von 0,06 bis 0,10 bar öffnet und Luft von außen in das Kühlsystem einströmen läßt.
Wegen der genau abgestimmten Ventilkräfte darf die Kühlerverschlußkappe nicht einfach gegen eine andere, zufällig passende, ausgewechselt werden.

Dieses ist der umseitig im Schnitt gezeigte Kühlerverschluß des Opel, der in keinem Fall gegen einen anderen, vielleicht passenden Verschlußdeckel eingetauscht werden darf. Links im Bild befindet sich die Leitung, die zum Entweichen des Überdrucks im Kühler dient.
Ein abgenommener Deckel muß beim Aufsetzen wieder bis zum Anschlag festgedreht werden, damit das Kühlsystem luftdicht verschlossen ist.
Statt des auf dieser Seite erwähnten Deckels mit der Zahl 800 kommen auch solche mit »1000« zur Verwendung, die 1 bar Druck aushalten.

Der Kühlerverschluß-deckel ist vielseitiger, als man denkt. Seine große Feder drückt die Verschlußplatte auf den Stutzen, so daß sich im Kühlsystem Überdruck bilden kann. Über das Ausgleichsrohr kann bei etwa 0,7 bar Überdruck Dampf oder überschüssiges Wasser austreten. Umgekehrt kann bei Abkühlung Luft über Ausgleichsrohr und Ausgleichsventil nachströmen, wenn der Außendruck um etwa 0,05 bar höher liegt.

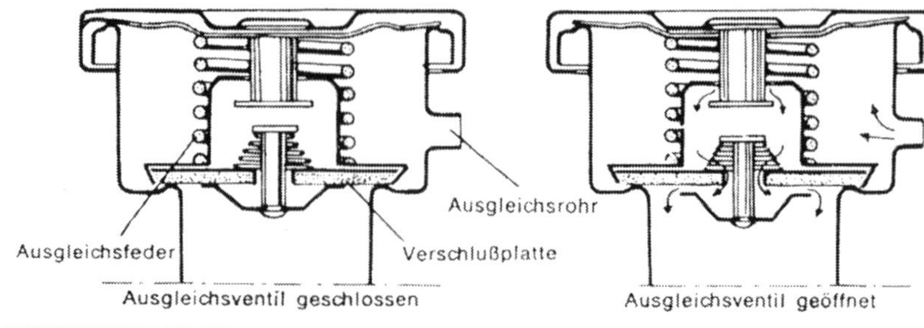

Eine Ersatzkappe kauft man am sichersten in der Opel-Werkstatt. Ständiger Kühlmittelverlust kann durch falsche Druckverhältnisse entstehen.
Bei heißem Motor öffnet man die Verschlußkappe nur unter großer Vorsicht, da der unter Druck stehende Dampf die Hand verbrühen könnte. Besser ist es, den Motor vor dem Abdrehen des Verschlusses etwas abkühlen zu lassen.
Gelegentlich reinigt man das Innere der Verschlußkappe von Rückständen, die sich dort ablagern. Dadurch wird die Freigängigkeit der Ventile garantiert.

Der Thermostat

Mit seiner Arbeit bewirkt der Thermostat, daß bei kaltem Motor nur ein Teil des Kühlmittels auf kurzem Wege zirkuliert, wodurch es sich sehr schnell erwärmt. Das Kühlmittel fließt dabei aus dem Zylinderkopf über einen Nebenschlußkanal direkt in das Zylinderkurbelgehäuse. Wird das Wasser wärmer, öffnet der Thermostat den Zugang zum Kühler, und zwar nicht sofort voll, sondern er läßt eine von der Temperatur abhängige Wassermenge hindurch.
Erst ab einer Temperatur von 87° C beginnt der Thermostat zu öffnen. Bei 95° C beträgt der Öffnungshub etwa 4,5 mm, und bei 102° C ist die volle Öffnung von rund 7 mm erreicht und der Kühler ist voll in den Kreislauf eingeschaltet. Auf diese Weise bleibt der Motor weitgehend innerhalb der günstigsten Betriebstemperatur, was seiner Lebensdauer (sonst chemische Kaltkorrosion) und der Schmierfähigkeit des Öls (Ölschlammbildung) zuträglicher ist, und auch die Heizung gibt im Winter schneller Wärme ab.
Der Thermostat sitzt vorn rechts am Zylinderkopf, und zwar in dem Gehäuse, aus dem der Kühlwasserschlauch nach vorn oben in den Kühler führt. Wird ein Thermostat defekt, geht er bedauerlicherweise in Schließstellung und die Wassertemperatur und damit die Temperaturanzeige steigen während der Fahrt schnell an. Das Wasser beginnt zu kochen. Abhilfe unterwegs: Thermostat ausbauen. Man kann auch ohne ihn fahren.

Der auf diesen Seiten in seiner Funktion besprochene By-pass-Thermostat sitzt in dem abgebildeten Gehäuse. Beim Defekt ist die Kühlflüssigkeit wenigstens bis zum unteren der drei Anschlüsse abzulassen, die beiden Schrauben SW 13 sind zu lösen, und das Gerät kann ausgewechselt werden. Anschließend wieder Kühlmittel – oder Wasser – nachfüllen. Unten am Gehäuse ist der Thermofühler mit dem blauen Kabel zu sehen.

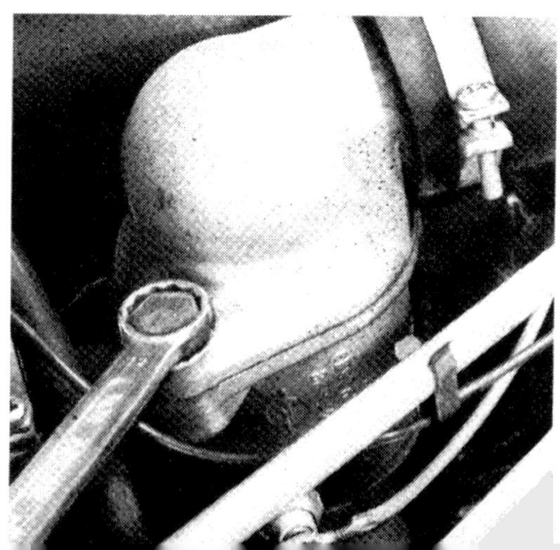

Auch kann irgendein Fremdkörper, z. B. ein Sandkörnchen, zwischen Ventil und seinem Sitz hängen bleiben und der Thermostat schließt nicht mehr ganz. Der Motor und die Heizung werden dann langsamer warm. Besteht dieser Verdacht, durch Handprobe die Temperatur vom Thermostatgehäuse und vom oberen Schlauchbogen vergleichen. Sind beide etwa gleich warm, bevor die Kühlwasseranzeige anspricht, strömt Wasser zu früh durch den Thermostat. Abhilfe: Thermostat ausbauen, in heißes Wasser legen. Wenn er sich öffnet, den Fremdkörper entfernen. Thermostat wieder einbauen.
In gleicher Weise wird auch geprüft, wenn die Temperaturanzeige ins rote Feld gerät, wenn also Verdacht auf defekten und deshalb geschlossenen Thermostat besteht. (Vor dieser Prüfung Kühlmittelstand kontrollieren.)

Thermostat prüfen und auswechseln

Der Thermostat muß kontrolliert werden, wenn die Kühlwasseranzeige plötzlich hohe Temperaturen meldet, ohne daß diese durch Kühlmittelverlust gestiegen sind. Dazu wird das Oberteil des Thermostatgehäuses demontiert (SW 13, Rohrsteckschlüssel), man nimmt das Thermostat heraus und schraubt das Oberteil wieder fest. Wie im vorigen Abschnitt schon erwähnt, kann man auch ohne Thermostat fahren. Verlorene Kühlflüssigkeit ist selbstverständlich wieder einzufüllen, falls man die Frostschutzfüllung nicht aufgefangen hatte.
Später kann man den Thermostat von Schlammrückständen reinigen und auf einwandfreie Öffnungszeit prüfen. Er wird dazu in einen Topf mit Wasser gestellt. Dann wird das Ganze über der Gasflamme oder mit dem Tauchsieder erhitzt. Die Temperaturkontrolle kann allerdings nur mit einem Spezial-Thermometer vorgenommen werden (zur Not genügt auch Prüfung, ob der Thermostat überhaupt öffnet). Die Öffnungsdaten wurden bereits auf der vorangegangenen Seite angegeben.
Beim Zusammenbau muß man den Thermostat richtig ins Gehäuse einsetzen. Der Steg muß in Fahrtrichtung stehen und in der dafür vorgesehenen Aussparung im Gehäuse sitzen. Der Pfeil auf dem Steg (Strömungsrichtung) muß oben liegen. Vor dem Aufschrauben des Auslaßstutzens ist zwischen die Gehäuseteile eine möglichst neue Dichtung zu legen. Und zum Schluß nicht vergessen, Kühlflüssigkeit aufzufüllen.
Vorsichtige Leute tun gut daran, sich einen Ersatz-Thermostat zu kaufen und für alle Fälle im Wagen mitzuführen.

Die Wasserpumpe

Die Wasserpumpe soll das Kühlmittel zwischen Motor und Kühler im Kreislauf halten. Sie sitzt vorn vor dem Motor und ist wartungsfrei. Stellen sich Störungen bei ihr ein, wird sie undicht. Erkennt man an mahlenden oder heulenden

Im auf der linken Seite abgebildeten Thermostatgehäuse sitzt dieser Thermostat. Hier hatte ein Fremdkörper (Pfeil) seine Funktion gestört: Das Kühlwasser wurde während der Fahrt ständig wärmer, weil der Thermostat nicht mehr genügend öffnen konnte. Unbesorgt kann man den Thermostaten unterwegs ausbauen und ohne diesen fahren, bis man Gelegenheit hat, einen neuen zu besorgen.

Geräuschen, daß die Lager schadhaft sind, muß sie komplett ausgewechselt werden. Kontrolle: Keilriemen abnehmen und Motor kurz laufen lassen. Ist das Geräusch verschwunden, kommen als Störenfriede nur die Wasserpumpe oder die Lichtmaschine in Frage.
Soll die Wasserpumpe ausgetauscht werden, Lichtmaschine lösen, zurückschwenken und Ventilatorriemen abnehmen. Ventilatorflügel abschrauben und mitsamt der Pumpenriemenscheibe abnehmen.
Kurbelwellen-Riemenscheibe abnehmen. Die zentrale Sechskantschraube erreicht man von unten her mit einem 19-mm-Schlüssel. Schlauchbinder der Wasserschläuche lösen und Schläuche abziehen. Die Wasserpumpenschrauben sind nicht ganz einfach zu erreichen. Man löst sie am besten mit einem Vielzahn-Steckschlüssel für 8-mm-Schrauben (Opel-Sonderwerkzeug) und mit Hilfe einer Ratsche.
Der Einbau der neuen Wasserpumpe erfolgt in umgekehrter Reihe: Vorher Dichtungsreste von den Anlageflächen der Wasserpumpe und des Steuergehäuses entfernen. Wasserpumpe mit neuer Dichtung und etwas Dichtungsmittel wieder einsetzen. Schrauben gleichmäßig und überkreuz anziehen.
Darauf achten, daß nur Dichtungen aus Werkstoff »Abil« verwendet werden. Keine Papierdichtungen. Riemenscheiben und Ventilatorflügel aufschrauben, Ventilatorriemen auflegen und Lichtmaschine zurückschwenken, um Riemen zu spannen (Arbeitsvorgang siehe »Lichtmaschine«). Kühlmittel wieder einfüllen.

Überhitzter Motor

Auf der Skala des Fernthermometers kann man recht genau ablesen, wann es dem Motor zu heiß wird. Diese Meldung kommt von dem Thermofühler, der beim 12 S-Motor vorn auf dem Zylinderkopf und bei den anderen Typen unten am Thermostatgehäuse sitzt (siehe auch Seite 80).
Bei zu heißem Motor kann die Zylinderkopfdichtung durchbrennen. Das kündigt sich durch Wasserverlust, schlechtem Geruch und aufsteigende Luftblasen im Kühler an. Ein untrügliches Kennzeichen ist die weiße, allmählich stärker werdende Dampfwolke, die der Wagen nachzieht (man sieht sie während der Fahrt im Rückspiegel). Dann ist ein Werkstattbesuch überfällig. Die defekte Kopfdichtung kann auch von nicht sachgemäß angezogenen Zylinderkopfschrauben verursacht sein oder von einem verzogenen Zylinderkopf kommen. Dann muß der Kopf plangeschliffen werden.
Auch bei niedrigen Außentemperaturen ist die Anzeige von Bedeutung: Es kann sein, daß der Thermostat seine Aufgabe nicht mehr erfüllt und geschlossen ist, wodurch das Kühlmittel nicht mehr durch den Kühler fließt und gekühlt wird, so daß der Motor überhitzt ist. Aber auch bei einwandfreiem Motor mahnt die Temperaturanzeige vor übermäßiger Belastung, weil der Motor erst voll ausgedreht, also belastet werden soll, wenn er seine Betriebstemperatur erreicht hat. Natürlich ist die Anzeige von Übertemperaturen wichtiger. Man sollte es besser schon gar nicht zu einer möglichen Überhitzung kommen lassen und bei hohen Außentemperaturen Vollgas-Dauerfahrten anderen überlassen. Vernünftigerweise wird man ohnehin auf der Autobahn immer noch eine kleine Reserve im Gaspedal behalten. Mangel an Kühlwasser ist der Anlaß zum Tod des Motors.
Noch ein Wort zur Überhitzung: Bei Bedarf steht ein weiterer »Kühler« durch die Heizung zur Verfügung. Mit ihr kann eine momentane Übertemperatur (Paßfahrt im Sommer in Kolonne) durch »persönliche Opfer« gemildert werden. Dazu Heizungsregulierung ganz öffnen, Heizungsklappen öffnen und Gebläse einschalten. Umgekehrt tut es dem Motor im Winter gut, wenn man nach dem Start die Heizung erst bei Betriebstemperatur einschaltet.

Gerissener Keilriemen

Dieser Defekt ist so selten geworden, daß vermutlich kaum ein Opel-Fahrer einen Ersatzriemen an Bord haben wird. Eigentlich müßte man sich abschleppen lassen, da nun die Wasserpumpe und damit der Kühlwasserkreislauf ausgefallen ist. Wenn man keinen Ersatzkeilriemen zur Hand hat, kann man sich kurzzeitig mit Nylonstrümpfen oder starker Schnur behelfen (siehe Seite 125). Wer ohne Wasserpumpenantrieb weiter fährt, riskiert eine durchbrennende Zylinderkopfdichtung, erkennbar an Luftblasen im Kühlwasser und verbranntem Geruch aus dem Einfüllstutzen (bei laufendem Motor). Bedenkliches Stadium: Kühlwasserstand fällt, da Wasser in den Motor dringt. Besser ist es also doch, einen Ersatzriemen mitzuführen, den man in Werkstätten oder an Tankstellen erhält.

Fingerzeige: *Wenn die Kühlwasser-Temperaturanzeige nach dem Anfahren schnell ansteigt und die Nadel sogar ins rote Feld wandert, so ist noch kein Grund zur Beunruhigung gegeben, sofern die Anzeige gleich wieder ins grüne Feld zurückgeht. Das ist eine Eigenart mancher Wachs-Thermostaten: Sie sprechen zunächst nur zögernd auf die steigende Wassertemperatur an, dann aber sozusagen mit einem Ruck.*
Sollte der Motor in einem strengen Winter nicht auf die günstigste Betriebstemperatur kommen, dann behilft man sich mit teilweiser Abdeckung des Kühlers (Pappe oder Kunststoff-Folie vor den Kühler binden), die mehrmals durchlocht ist, denn der Motor benötigt auch Frischluft.

Die Heizung
Pflegearbeit Nr. 6

Die Temperierung der vorn unter der Windschutzscheibe eintretenden und vom Fahrtwind (oder Gebläse) durch die Lamellen eines Heizkörpers gedrückten Frischluft wird mit dem oberen Heizungshebel gesteuert, der sich stufenlos von links (0) nach rechts von »kalt« auf »warm« schwenken läßt. Der Hebel ist durch kurzen Drahtzug mit dem Heizungshahn, der im Motorraum dort sitzt, wo die Schläuche der Heizung in der Spritzwand verschwinden, verbunden. Der Heizwasserkreislauf wird mit einem Schlauch von der Motorkühlung rechts am Thermostatgehäuse abgezweigt, um nach Durchlauf durch den Heizkörper (ein Lamellenradiator ähnlich dem Frontkühler) wieder ins Kühlsystem zurückzufließen. Die Zirkulation des Heizwassers wird auf diesem Wege nicht durch den Thermostaten beeinflußt. Die Heizung spricht also auch in der Warmlaufperiode schnell an, wenn das Heizungsventil geöffnet wird.
Hinweis: Der Motor wird schneller warm, wenn die Heizung zunächst abgeschaltet bleibt (Heizung kühlt das Kühlwasser!).
Für die Verteilung der Luft im Wageninnern sorgt der untere Hebel, der vertikal verstellbar ist. Hier reguliert man die Luftzufuhr (Kühlluft bzw. Heizluft) zur Windschutzscheibe, zu den Düsen im Armaturenbrett und in den Fußraum. – Mit einem weiteren Hebel rechts und links unter dem Armaturenbrett können sich Fahrer und Beifahrer getrennt vom Belüftungs- und Heizungssystem zusätzlich und individuell mit Kühlluft versorgen.
Heizungskasten und Schlauchleitungen zu den Düsen sind von unten her im Wageninnern zugänglich. Gelöste Verbindungen lassen sich also mit ein paar Handgriffen unter dem Armaturenbrett wieder zusammenstecken.
Der mittlere der Bedienungshebel dient zum Einschalten des Ventilators, der je nach Stellung des oberen Hebels kühle oder warme Luft in das Wageninnere treibt. Dieser Ventilator läuft bei Mittelstellung langsam und bei Stellung des Hebels rechts außen schnell. Die richtige Funktion der Anlage soll man etwa alle 10 000 km überprüfen. Auch im Sommer ist es ratsam, gelegentlich die Heizungshebel zu bedienen, damit man im Winter nicht friert.

Störungen an der Heizung

Wenn die Heizung nicht mehr wärmt oder (was eher vorkommen kann) wenn die Wärmeentwicklung nicht mehr unterbrochen werden kann, ist wahrscheinlich das Heizerventil kaputt. Zu reparieren ist daran nicht viel, man muß es austauschen. Zu dem Zweck wird das Kühlmittel zu etwa einem Drittel abgelassen und aufgefangen. Dann sind die Schlauchklemmen des Ventils abzuschrauben, der Bowdenzug wird in Stellung »Geschlossen« (am Ventil in Fahrtrichtung) gezogen, am Ventilhebel abgeschraubt und aus seiner Befestigungsklammer gedrückt. Jetzt kann man das Ventil aus den Schläuchen ziehen und ein neues einsetzen. (Abb. Heizerventil: Seite 63).

Dabei muß der Ventilhebel auf »Zu« und der Bedienungshebel im Wagen auf »0« stehen. In dieser Position ist der Bowdenzug anzuschrauben und in die Klammer zu drücken. Die Beweglichkeit des Ventils wird geprüft, und danach kann man das Kühlmittel wieder einfüllen.

Ein Austausch des Heizkörpers, der als Rediator wie ein kleiner Autokühler aussieht, ist wesentlich umständlicher. Das Kühlmittel muß völlig abgelassen werden. Die Tunnelkonsole sowie die Abdeckung für die Lichtschalter und die Bedienungshebel der Heizung und auch das Unterteil der Instrumententafel sind auszubauen. Ferner muß man die beiden Schläuche der Wasserheizung vom Heizkörper abmontieren, und der elektrische Anschluß vom Gebläse wird abgezogen. Danach kann das gesamte Heizungsgehäuse herausgenommen werden. Der Heizkörper wird jetzt noch von vier Kreuzschlitzschrauben festgehalten, und nach Lösen derselben läßt er sich aus seinem Gehäuse herausziehen.

Innenraumbelüftung

Eine optimale Belüftung kann nur erreicht werden, wenn die verbrauchte Luft aus dem Wageninneren entweichen kann und somit frischer Luft Platz macht. Früher öffnete man zu diesem Zweck ein Fenster. Beim Manta wird jedoch die verbrauchte Luft durch Entlüftungsschlitze seitlich der schrägen Heckscheibe entlassen, während frische Luft vor der Windschutzscheibe nachströmt, die je nach Wunsch beheizt werden kann. Die Entlüftungsschlitze verhindern zugleich das Entstehen eines Überdruckes im Innenraum.

Der Luftdurchsatz ist hauptsächlich von der Fahrgeschwindigkeit abhängig. Er ist so abgestimmt, daß bei Geschwindigkeiten um 100 km/h die Innenluft drei- bis fünfmal pro Minute erneuert wird; bei niedrigeren oder höheren Geschwindigkeiten ist die Umwälzung entsprechend geringer oder größer. Es lohnt sich also kaum, mit dem Gebläse zusätzlich Luft heranholen zu wollen, es sei denn bei Geschwindigkeiten unter 50 km/h oder bei sommerlicher Hitze. Im Winter ist die Heizleistung bei geschlossenen Fenstern am größten. Das hängt mit den erwähnten Entlüftungsschlitzen zusammen, die für die nötige Luftzirkulation (und für das Nachströmen von Heizluft) sorgen.

In extremen Fällen kann es trotzdem sinnvoll sein, bei eingeschaltetem Gebläse ein Fenster einen Spalt zu öffnen. Weil dann der Innendruck abgesunken ist, läuft das Gebläse etwas schneller und der Luftdurchsatz ist größer.

Kraftfutter-Transport

Natürlich könnte man oberhalb des Vergasers einen Behälter anbringen, aus dem das Benzin einfach durch ein Rohr zum Vergaser fließt. Tatsächlich gab es früher solche einfachen Anlagen, und man sprach dann von »Fallbenzin«. Dabei mußte das Kraftstoffreservoir aber an einer ungünstigen Stelle im Auto angebracht sein; heutzutage löst man diese Aufgabe eleganter. Die Raumausnutzung ist bei im Heck eingebautem Tank besser, was auch die Gewichtsverteilung günstiger beeinflußt. Damit das Benzin auf seinem relativ langen Weg zum Motor gleichmäßig durch die Leitungen fließt, wird es von der Kraftstoffpumpe »gefördert«.
Die ganze Anlage ist weitgehend störungsfrei. Trotzdem kann es nützlich sein, wenn man weiß, was es mit den einzelnen Teilen der Kraftstoffzufuhr auf sich hat. Bei jedem Auto kann es einmal vorkommen, daß die Quelle versiegt, die den Motor nährt, obwohl der Benzinvorrat nicht erschöpft ist. Dann ist die »Pipeline« entweder verstopft oder sie hat ein Leck, oder die Pumpe hat ihre Arbeit eingestellt. Nachfolgende Seiten sollen dazu beitragen, solchem Übel begegnen zu können. Dieses Wissen kann Ihnen eines Tages auch bei einem anderen Auto nützlich sein.

Der Tank

Der Kraftstofftank ist bei allen Manta-Typen gleich und faßt ungefähr 45 Liter. Er ist unter dem Kofferraumbodenblech mit einem Spannband untergeschnallt. Sein Einfüllstutzen mündet rechts hinten in der Karosserie.
Am Einfüllstutzen befindet sich ein Entlüftungsanschluß, direkt am Tank hinter dem Stutzen sind zwei Be- und Entlüftungsanschlüsse angebracht, die durch ein kreuzförmiges Verteilerstück untereinander verbunden sind. Hinter dem Tank führt diese Rohrleitung ins Freie. Die Entlüftung ist wichtig, weil bei Temperaturschwankungen ein Druckausgleich stattfinden muß. Ein vollkommen verschlossener Tank würde seinen Inhalt kaum abgeben, weil keine Luft nachdringen kann, um den entstehenden leeren Raum auszufüllen. Dennoch sollte man nie einen aufgetankten Wagen in der prallen Sonne parken, weil sich das aus dem kühlen Behälter der Tankstelle eingefüllte Benzin ausdehnt und dann über die Entlüftung nach draußen fließt.
Soll der Tank ausgebaut werden, ist zuerst die Quetschklemme am Verbindungsschlauch zwischen dem Anschluß des Tanks und der Rohrleitung nach vorn abzuklemmen. Die Schelle besitzt eine Kreuzschlitzschraube, die man losdreht und dann den Schlauch abzieht. Sodann wird der Tankverschluß abgenommen und der Einfüllstutzen von der Seitenwand des Wagens abgeschraubt (vier Schrauben). Die Tankentlüftungsschläuche sind abzuziehen, und die Anschlußrohre verstopft man mit Lappenresten oder konisch zulaufenden runden Holzstücken. Danach stützt man den Tank mit geeigneten Mitteln ab (Wagenheber und Holzbrett; oder Bausteine und mehrere Lagen Bretter, um später durch Herausziehen einzelner Bretter den Tank absenken zu können).

Nach Herausdrehen der Befestigungsschrauben an beiden Enden des Spannbandes wird der Tank mit seinem Inhalt vorsichtig heruntergelassen.

Diese Arbeit kann notwendig werden, wenn beispielsweise durch einen Auffahrunfall am Wagenheck Reparaturen auszuführen sind, oder aber, um den Tank inwendig zu reinigen. In solchem Fall entleert man den vorhandenen Kraftstoff durch den Einfüllstutzen. Fünf Sechskantschrauben halten den Deckel des Tankmeßgerätes fest, den man nach dem Abschrauben samt Saugleitung und Filter sowie mit dem Schwimmer herausziehen kann. Das Filtersieb reinigt man durch Ausspülen in Benzin, anschließend wird es vom Deckel her durchgeblasen. Der Tank selbst wird mehrfach gründlich mit Benzin ausgeschwenkt, das man immer wieder durch ein sauberes Tuch in einen anderen Behälter leert. Beim Einbau des Tankmeßgeräts sind die Dichtung des Deckels und auch die ersten Gewindegänge der fünf Schrauben mit benzinfester Dichtungsmasse zu bestreichen. Diese erhält man im Zubehörhandel oder auch bei Opel unter der Katalog-Nr. 15 04 402. Der weitere Zusammenbau erfolgt in der umgekehrten Reihenfolge wie eben beschrieben.

Der Tank sollte immer möglichst gefüllt sein, weil sich sonst an dessen Innenwänden Kondenswasser absetzen kann. Der dadurch entstehende Rost verstopft die Ventile in der Kraftstoffpumpe und die Düsen im Vergaser. Wasser kann auch im Gehäuse des Vergasers das sogenannte »Zinkblühen« – Absonderungen auf Zinkspritzguß – hervorrufen, und das führt ebenfalls zu Verstopfungen.

Der Verschlußdeckel für den Öleinfüllstutzen in der Zylinderkopfhaube paßt nach Opel-Tradition auch für den Tankverschluß. Geht letzterer verloren, z. B. wenn er nach dem Tanken nicht wieder aufgesetzt wurde, kann man ohne Gefahr für die Ventilkammer den Ölstutzen-Verschlußdeckel verwenden. Trotzdem sollte man den Ersatz des Tankdeckels nicht hinausschieben. Den Ölstutzen verschließt man derweilen mit einem festen Papierballen und nicht mit einem Lappen, da letzterer leicht fasert.

Kein rechtes Kraut ist gegen die starke Überlaufneigung bei den Manta-Modellen gewachsen. Der tiefliegende Tankstutzen läßt bei vollgetanktem Wagen praktisch schon in der ersten Kurve etwas Kraftstoff überschwappen. Im Sommer empfiehlt sich also (trotz des vorher Gesagten) Volltanken nicht, wenn der Wagen anschließend nicht gefahren und vielleicht sogar auf einem sonnenbeschienenen Parkplatz abgestellt wird.

Die Reichweite

Mit dem Verbrauch befaßten wir uns schon im Kapitel »Prüfen ohne Werkzeug«. Beim kleineren 1,2-Liter-Motor ist der Durst naturgemäß etwas geringer

Der Geberdeckel am Tank – hinter dem rechten Hinterrad zugänglich – ist mit 5 Schrauben befestigt. Von ihm zweigt auch der Kraftstoffschlauch ab, der zur Benzinpumpe führt, und außerdem ist das Kabel zur Kraftstoffanzeige auf einem Anschluß aufgesteckt. Bei Reparaturen: Zuerst dieses Kabel lösen!

als bei den Modellen mit größerem Motor, andererseits spielen Fahrweise und Betriebsumstände eine wesentliche Rolle beim Kraftstoffverbrauch. Deshalb dürfte nur die eigene Erfahrung darüber Aufschluß geben, wie weit man bei dem einheitlichen Fassungsvermögen des Tanks von 45 l im Durchschnitt fahren kann.
Die Reichweite rechnet man nach folgender Formel aus: Tankinhalt mal 100, geteilt durch mittleren Verbrauch. Beispiel: $45 \times 100 = 4500$ geteilt durch 11 ergibt runde 410 km. Dann ist aber auch die Reservemenge weg. Spätestens nach 370 km wird man sich in diesem Fall nach einer Benzinquelle umsehen müssen, zumal die Kraftstoffanzeige kein Präzisionsinstrument ist und eine gewisse Fehlanzeige nicht immer ausgeschlossen werden kann.
In jedem Fall wird man sich einen kleinen Reservekanister zulegen, da erstens die Tankanzeige einmal ausfallen könnte und zweitens eine zielstrebig angesteuerte Tankstelle womöglich gerade dann geschlossen ist, wenn die letzten Tropfen im Tank bis zur nächsten nicht mehr reichen. Außerdem ist es strafbar, auf der Autobahn wegen Benzinmangels liegen zu bleiben. Einen Reservekanister, den man im Gepäckraum unterbringen möchte, kann man zusammen mit dem Haltegurt für das Reserverad so befestigen, daß er nicht umhergeschleudert wird.

Die Kraftstoffpumpe

Eine mechanisch angetriebene Pumpe saugt das Benzin vom Tank an und drückt es hinauf zum Vergaser. Sie sitzt – in Fahrtrichtung gesehen – vorn links am Motor. Trotz des Filtersiebes im Tank kann das Benzin noch Verunreinigungen mit sich führen, die im Vergaser zu Verstopfungen der Düsen beitragen. Deshalb ist im Pumpenoberteil ein Sieb aus Kunststoff untergebracht. Obwohl nicht direkt vorgeschrieben, ist es keine sinnlose Beschäftigung, dieses Sieb gelegentlich zu reinigen.
Zu diesem Zweck zieht man wenigstens die vom Tank (von hinten) heranführende Leitung von der Pumpe ab. Durch Abknicken des Schlauchstückes mit einer Wäscheklammer oder durch Verstopfen der Schlauchöffnung mit einem runden Bleistift oder ähnlichem verhindert man, daß der Kraftstoff aus dem Tank ausläuft. Dann wird der Deckel der Pumpe abgeschraubt, indem man die zentrale 8-mm-Schraube auf seiner Oberseite herausdreht. Meistens sitzt der Deckel fest: Mit der noch nicht ganz herausgezogenen Schraube oder mit einem seitlich angesetzten Schraubenzieher läßt er sich abhebeln.
Das Sieb, das über kleine, nach oben ragende Zäpfchen verfügt, wird herausgenommen und in einem Napf mit Benzin ausgespült. Danach bläst man es sauber. Das Innere des von dem Sieb bedeckten Pumpenoberteils wird mit einem nicht fasernden Lappen ausgewischt. Das Einsetzen des Siebes bereitet keine Schwierigkeiten; man hatte sich vorher die Stellung, in der es eingelegt war, zu merken. Die Befestigungsschraube des Deckels darf nicht zu stramm angezogen werden.
Zum Ausbau der Pumpe müssen beide Kraftstoffleitungen gelöst werden. Am Flansch der Pumpe, also dort, wo sie mit dem Motor verbunden ist, sind zwei Sechskantschrauben SW 13 herauszudrehen. Beim Abnehmen der Pumpe zerreißen die beiden Papierdichtungen, die ober- und unterhalb der am Flansch angebrachten dicken Steinasbestdichtung sitzen, mit großer Wahrscheinlichkeit, was aber bedeutungslos ist, denn es sollen beim Zusammenbau stets neue Papierdichtungen verwendet werden.
Das Pumpenoberteil ist mit dem Unterteil durch sechs Schlitzschrauben verbunden. Wenn die Kraftstoffzufuhr beim Vergaser nicht ausreichend ist, kann es daran liegen, daß diese Schrauben nicht fest genug angezogen sind und

Zum Reinigen der recht gut zugänglichen Benzinpumpe braucht der Kraftstoffschlauch, der vom Tank heranführt, nicht unbedingt abgezogen zu werden. Die Deckelschraube ist mit einem 10er-Schlüssel zu lösen. Sitzt der Deckel fest, kann man die Schraube in den letzten Gewindegängen lassen und den Deckel damit abhebeln. Beim Zusammenbau auf guten Sitz der Gummidichtung und auf die richtige Lage des Siebes achten.

deswegen neben dem Benzin auch Luft zum Vergaser geschickt wird. Zur Demontage der Pumpe sind die sechs Schrauben herauszudrehen und mit ihren Federringen aufzubewahren. Durch einen gemeinsamen Ritzer über den Rand der beiden Teile hat man ihre Stellung zueinander zu markieren, damit das Oberteil beim Zusammenbau wieder richtig auf das Unterteil gesetzt wird.
Saug- und Druckventil der Pumpe überprüft man auf gute Beweglichkeit. Von ihrer Beweglichkeit hängt der wohldosierte Kraftstoffnachschub für den Vergaser ab. Das Saugventil (Einlaßventil) ist ein metallisches Plättchen, das man abschrauben kann. Mit einer schmalen Schraubenzieherklinge fährt man vorsichtig unter das freistehende Ende des Plättchens und probiert, ob es gut beweglich ist. Beim Druckventil (Auslaßventil in Richtung Vergaser), das in der runden Vertiefung eingebettet ist und aus elastischem Material besteht, nimmt man zum Überprüfen der Beweglichkeit besser einen stumpfen Gegenstand, um das Ventil nicht zu beschädigen.
Die Membran ist mit dem Stößel fest verbunden und bei defekter Membran muß dieses ganze Teil ausgewechselt werden. Dazu ist die Sicherungsscheibe am Fuß des Stößels zu entfernen, wonach das Stößel aus dem Pumpenunterteil herausgezogen werden kann. Beim Zusammenbau ist die Membrane mit ihren Teilen gegen den Druck der Membranfeder in das Gehäuseunterteil hineinzudrücken, damit der Kipphebel mit dem gabelförmigen Teil in den Stößel eingesetzt werden kann. Das Pumpenoberteil wird zunächst nur locker aufgeschraubt. Um der Membrane die erforderliche Vorspannung zu geben, ist beim endgültigen Festschrauben (über Kreuz) der Kipphebel gegen den Druck der Kipphebeldruckfeder bis zum Anschlag durchzudrücken. Beim Anbau der Pumpe an den Motor ist in die gesäuberten Gewindegänge für die Befestigungsschrauben Dichtungsmasse einzubringen.
Bei eventueller Ersatzteilbeschaffung ist der Opel-Typ anzugeben, bei dem die Reparatur ausgeführt wird.

Die Einheitspumpe

Die gute alte Benzinpumpe, die man zerlegen, reparieren und wieder hübsch zusammenbauen konnte, wurde bei Opel schon im Kadett C von einer Einheitspumpe abgelöst, an deren Innereien man nicht mehr herankommt. Seit 1971 bauen einige Autowerke eine solche einfachere Kraftstoffpumpe mit Blechoberteil ein und auch im Manta findet diese Neuerung teilweise Verwendung.

Das Arbeitsprinzip dieser »Blechpumpe« blieb das gleiche wie früher: Sie saugt das Benzin vom Tank her durch die Kraftstoffleitung an und sorgt für die wohldosierte Zufuhr zum Vergaser hin. Weil das Benzin trotz des Filtersiebes im Tank noch Verunreinigungen mit sich führen kann, die im Vergaser zu Verstopfungen der Düsen beitragen können, ist im Pumpenoberteil – wie früher auch – ein Kraftstoffsieb installiert. Weiterhin ist die Möglichkeit gegeben, dieses Sieb zu reinigen.
Da die Ventile in der Pumpe nur eingepreßt sind, kann es vorkommen, daß sie sich aus ihrem Sitz lösen. Dann ist die Arbeit der Pumpe gestört. Manchmal hilft leichtes Klopfen an das Pumpengehäuse, aber gewöhnlich muß die Pumpe ersetzt werden. Eine Ersatzpumpe im Kofferraum, besonders bei Auslandsreisen, ist eine recht gute Versicherung.

Kraftstoffilter

Nur bei dem Manta mit 19 US-Motor, bei den für den Export nach USA bestimmten Wagen, ist ein zusätzliches Kraftstoffilter eingebaut. Es befindet sich in der Kraftstoffleitung zwischen der Benzinpumpe und dem Vergaser. Das Filter ist ein Papierelement, welches alle 20 000 km ausgewechselt werden soll.

Kraftstoffleitungen kontrollieren

Pflegearbeit Nr. 51

Der Weg vom Tank bis zum Vergaser muß vom Kraftstoff störungsfrei durchflossen werden können. Normalerweise ist dies auch der Fall, aber es schadet nichts, wenn man sich gelegentlich (der Opel-Plan sieht Intervalle von 40 000 km vor) davon überzeugt, daß das kostbare Naß nicht irgendwo auf die Straße rinnt. Vordringlich sieht man sich dazu die Anschlüsse der Leitungen am Tank hinter dem rechten Hinterrad und an der Benzinpumpe vorn unten am Motor an. Bei Feuchtigkeit ermittelt man durch Geruchsprobe, ob es sich um auslaufenden Kraftstoff handelt.
Normalerweise ist es nicht erforderlich, die Schlauchschellen und Anschlüsse jedesmal fester anzuziehen. Höchstens am Anschluß der Zuleitung am Vergaser kann man mit einem Schraubenschlüssel die Verschlußschraube auf festen Sitz prüfen. Darüber hinaus kann man noch feststellen, ob die Kraftstoffleitung in ihrer gesamten Länge ohne Scheuerstellen verläuft. Abhilfe gegen Vibrationsscheuern können über die Leitung gezogene Gummiringe oder stärkere Kunststoffschläuche bieten, besser ist jedoch Austausch und scheuerfreie Verlegung einer neuen Leitung.
Bei der Ersatzteil-Beschaffung ist es von Bedeutung, daß die Kraftstoffleitungen bei den Wagen mit 12 S-Motor und 16 N-Motor einen Durchmesser von 6 mm aufweisen, dagegen bei den 16 S- und 19 S-Motoren den Durchmesser von 8 mm besitzen. Entsprechend sind auch die Anschlüsse des Tanks und der Kraftstoffpumpe ausgelegt. Damit ist sichergestellt, daß die stärkeren Motoren den unter gewissen Umständen nötigen vermehrten Kraftstoffnachschub erhalten.

Offene Tür im Gaswerk

Der Weg zu scheinbar undurchsichtigen Dingen ist mit Hemmungen gepflastert, die man bewußt hinter sich bringen muß. So existieren für viele Leute vor dem Thema »Vergaser« einige geistige Barrikaden, die wir mit diesem Kapitel hinwegräumen wollen. Sie können das Ihre dazu beitragen, wenn Sie sich zum Lesen der folgenden Seiten etwas Zeit nehmen und am Schluß werden Sie festgestellt haben, daß es Komplizierteres gibt als die Arbeitsweise eines Vergasers. Leider kommen Sie um diese Theorie nicht herum, wenn Sie in der späteren Praxis Erfolg haben wollen.

In jedem Opel Manta ist ein Vergaser mit dem Markennamen Solex anzutreffen. Diese Vergaser werden von der Pierburg GmbH & Co. KG, 4040 Neuß 13, Postfach 838 (früher DVG) hergestellt. Wer über Einzelheiten zu den Vergasern noch weiter unterrichtet werden möchte, kann dort entsprechende Unterlagen anfordern.

Welcher Vergaser ist eingebaut?

Jeweils zwei der in diesem Buch beschriebenen Opel-Modelle sind mit unterschiedlichen Vergasern bestückt. Bei Störungen und zur Ersatzteilbeschaffung muß man wissen, welcher Vergaser eingebaut ist. Hier die Aufschlüsselung:

Manta 12 S	Vergaser Solex 35 PDSI
Manta 16	Vergaser Solex 35 PDSI
Manta 16 S	Vergaser Solex 32/32 DIDTA-4
Manta 19 S	Vergaser Solex 32/32 DIDTA-4

Die Typenmarke ist seitlich am Vergaser eingeprägt.

Ersatzteile für alle Vergasertypen erhält man bei den Opel-Vertretungen und bei den Vertragswerkstätten von Solex, deren Adressen man über die DVG (Anschrift siehe oben) oder auch aus dem Telefonbuch erfahren kann.

Was sich im Vergaser tut

Die Aufgabe eines Vergasers ist es, Benzin und Luft so zu mischen, daß dieses »Gemisch« gut entflammbar ist. Das Verhältnis darf nicht zu fett (zu viel Benzin) und nicht zu mager sein. Die Menge und die Zusammensetzung des Gemischs und damit Geschwindigkeit und Leistung müssen deswegen reguliert werden können. Diesem Zweck dient die Drosselklappe im Vergaserdurchlaß, die direkt auf die Betätigung des Gaspedals anspricht. Außerdem verhindern verschiedene gesonderte Elemente im Vergaser eine Veränderung der Benzin-Luft-Menge durch äußere Einflüsse. Leerlauf und Vollast, plötzlicher Gaswechsel, Steigungen und Gefälle, niedriger Luftdruck (Gebirge) und große Hitze oder Kälte sind Faktoren, die ein Vergaser beherrschen muß.

Wichtige Vergaserbegriffe sind:

Schwimmergehäuse: In diesem »Behälter« wird die Höhe des Benzins reguliert, um jederzeit den erforderlichen Vorrat bereit zu halten. Der darin befindliche Schwimmer betätigt bei wechselndem Niveau ein Nadelventil und regelt dadurch den Zufluß des von der Kraftstoffpumpe geförderten Benzins.

Hauptdüse: Sie regelt mit genau bemessener Bohrung den Kraftstoffzufluß vor der Gemischbildung aus dem Schwimmergehäuse.

Leerlaufdüse: Sie liefert dem Leerlaufsystem eine stets gleichbleibende Kraftstoffmenge zur Aufbereitung des Leerlaufgemisches.

Luftkorrekturdüse: Der von der Hauptdüse einströmende Kraftstoff wird hier mit einer bestimmten Menge Luft vorgemischt.

Mischrohr: Es nimmt Benzin und Luft entgegen und führt diese vorgemischt in den Austrittsarm im Saugkanal.

Lufttrichter: Der Lufttrichter sitzt im Saugkanal des Vergasers und beeinflußt durch seine maßlich festgelegte Einschnürung im Zusammenhang mit der Motordrehzahl die Luftgeschwindigkeit und gleichzeitige Luftmenge, die zur Bildung des Gemischs notwendig wird.

Beschleunigungspumpe: Zur Erzielung höherer Beschleunigung wird der Anteil des Kraftstoffs am Gemisch erhöht. Dies geschieht in einer kleinen Druckpumpe am Vergaser beim Durchtreten des Gaspedals. Ohne die Pumpe würde beim plötzlichen Gasgeben das trägere Benzin nicht schnell genug abgesaugt werden können, und der Luftanteil würde sich ungünstig erhöhen.

Typenbezeichnung: Zum Beispiel Solex 32 DIDTA. Der Name Solex weist auf die Herstellerfirma. Die Zahl 32 drückt in Millimeter den Innendurchmesser des Saugrohrs aus, das mit dem Lufttrichter verbunden ist. Die Buchstaben sind interne Typenmarkierungen des Herstellers. Gelegentlich gibt eine noch angehängte Zahl den Hinweis auf Konstruktionsänderungen.

Vergaser Solex 35 PDSI

Dieser Vergaser, im Opel Manta 12 S und 16 N eingebaut, ist ein Fallstromvergaser mit einer von Hand zu betätigenden Starteinrichtung (Choke). Er besitzt ein sogenanntes Zusatzgemischsystem, das die Nachverstellung der Leerlaufdrehzahl ermöglicht, ohne daß die Gemischzusammensetzung beeinflußt wird. Dadurch wird der vom Gesetzgeber vorgeschriebene Anteil schädlicher Abgase im Leerlauf in angemessenen Grenzen gehalten.

Der Vergaser, der sich auch bei anderen Opel-Modellen mit Motoren zwischen 1,1 Liter und 1,7 Liter bewährt hat, besteht aus drei Hauptteilen: Drosselklappenteil, Vergasergehäuse und Vergaserdeckel.

Im Drosselklappenteil findet man die Drosselklappenwelle mit der Drosselklappe, die über Gelenke und einen Seilzug mit dem Gaspedal verbunden ist. An dem einen Ende der Drosselklappenwelle ist eine Rückdrehfeder und ein Übertragungshebel angebracht, in dem die Pumpenstange für die Beschleunigungspumpe eingehängt ist. Auf der anderen Seite der Welle befindet sich der Anschlaghebel, der Übertragungshebel und eine Hülse mit einer Segment-

Nachdem man den Vergaserdeckel des Vergasers 35 PDSI abgenommen hat, bietet sich ein Blick in sein Inneres. 1 – Austrittsarm des Mischrohrs im Vorzerstäuber, 2 – Aufhängung des Schwimmers, die von unten gegen das (im Deckel eingeschaubte) Schwimmernadelventil drückt, 3 – Zusatzgemisch-Regulierschraube, womit die Leerlaufdrehzahl reguliert werden kann.

scheibe. Im Drosselklappenteil sitzen ferner die verplompte Leerlaufgemisch-Regulierschraube und die Zusatzgemisch-Regulierschraube. Ein Schlauchstück stellt die Verbindung zwischen den Zusatzgemisch-Kanälen in diesem Teil zum Vergasergehäuse her.

Das Vergasergehäuse vereinigt Mischkammer und Schwimmerkammer. Am Boden der Schwimmerkammer, in der ein Schwimmer hängt, sitzt die Hauptdüse und daneben das Ventil für die Anreicherung. Außen an der Schwimmerkammer ist die Beschleunigungspumpe angebracht, die aus Hebel, Hebelachse, Deckel, Feder und Membrane besteht. In der Mischkammer ist der Lufttrichter untergebracht, außerdem der Vorzerstäuber, die Luftkorrekturdüse und die Leerlaufluftdüse.

Der Vergaserdeckel ist auf dem Vergasergehäuse festgeschraubt. Oberhalb der Schwimmerkammer sitzen das Steigrohr des Zusatzgemischsystems, der Anreicherungskolben und der Kraftstoffanschluß. Von unten in den Deckel ist das Schwimmernadelventil eingeschraubt. Im Mischkammerteil des Deckels ist das Einspritzrohr der Beschleunigungspumpe eingepreßt, ferner das Rohr für die Vollastanreicherung und das Schwimmerkammerbelüftungsrohr. Auf der Starterklappenwelle sitzt die Starterklappe.

Die Starteinrichtung

Normalerweise steht die Starterklappe offen und wird nur zum Anlassen des kalten Motors mittels Starterzug geschlossen. Bei dieser Betätigung wird zwangsläufig über verschiedene Hebel die Drosselklappe etwas geöffnet. Durch die im Motor ansaugenden Kolben entsteht ein Unterdruck, der aus dem Austrittsarm Kraftstoff saugt. Dabei vollführt die Starterklappe ein schnelles Spiel zwischen Öffnen und Schließen (sie ist freibeweglich gelagert) und ermöglicht die erforderliche Luftzufuhr. Diese »halbautomatische« Starterklappe wird, wenn der Motor angesprungen ist, so weit geöffnet (Starterknopf einschieben), daß der Motor noch sicher durchläuft. Ist der Motor erwärmt, wird der Knopf ganz zurückgeschoben. Vergißt man das, ergibt sich übermäßiger Benzinverbrauch. Bei warmem Zustand des Motors darf die Starterklappe nicht betätigt werden.

Leerlauf- und Zusatzgemischsystem

Der Kraftstoff für den Leerlauf, dem Mischrohr hinter der Hauptdüse entnommen, wird von der Leerlaufdüse dosiert und mit der durch eine Leerlaufluftdüse eintretenden Luft zu einer Emulsion vermengt, die zu den Bohrungen oberhalb und unterhalb der Luftklappe gelangt. Die Menge des Durchsatzes aus der unteren Bohrung bestimmt die (versiegelte) Leerlaufgemisch-Regulierschraube. An der Drosselklappe vorbei wird Luft angesaugt und das Ganze zum Leerlaufgemisch aufbereitet. Dieses Gemisch ist nur etwa zwei Drittel der vom Motor benötigten Menge, den Rest liefert das Zusatzgemischsystem.

Der Kraftstoff für das Zusatzgemisch wird der Schwimmerkammer entnommen und zusammen mit dosierter Luft aus der Mischkammer zu einem Kraftstoff-Luftgemisch aufbereitet. Dieses Zusatzgemisch gelangt an eine Bohrung unterhalb der geschlossenen Drosselklappe und wird von der Zusatzgemisch-Regulierschraube dosiert. Das Herausdrehen dieser Schraube bewirkt eine Vergrößerung der Durchflußmenge und somit eine Leerlaufdrehzahlerhöhung. Hereindrehen hat eine Verringerung zur Folge. Das Verhältnis Kraftstoff-Luft bleibt bei der Regulierung konstant und hat keinen Einfluß auf die Abgaswerte.

Die oberhalb der geschlossenen Drosselklappe liegenden Übergangsbohrungen (Bypass-Bohrungen) beziehen eine Kraftstoff-Luft-Emulsion aus dem Leerlaufsystem. Wird die Drosselklappe geöffnet, dienen sie der Verbesserung des Übergangs vom Leerlauf auf das Hauptdüsensystem.

Hauptdüsensystem

Im engsten Saugquerschnitt des Vergasers befindet sich neben dem Austrittsarm ein Vorzerstäuber. Der Austrittsarm steht über eine Bohrung mit dem Mischrohr und über Querbohrung mit der Luftkorrekturdüse in Verbindung. Von der Schwimmerkammer gelangt der Kraftstoff über die Hauptdüse in die Mischrohrbohrung. Der im Saugkanal entstehende Unterdruck saugt Kraftstoff durch den Austrittsarm ab. Mit steigendem Unterdruck sinkt der Kraftstoffstand in dem Mischrohr, und durch die Luftkorrekturdüse tritt Ausgleichsluft hinzu, die sich durch die kleinen Bohrungen des Mischrohrs mit dem nachfließenden Kraftstoff vermengt. Somit entspricht die Zusammensetzung des hier entstehenden Gemischs über den ganzen Drehzahlbereich den Erfordernissen des Motorlaufs.

Beschleunigung

Die Beschleunigungspumpe soll bei plötzlich geöffneter Drosselklappe genügend Kraftstoff liefern und den in solchem Fall zögernden Nachschub von dem Hauptdüsensystem überbrücken. Im Arbeitsraum der Beschleunigungspumpe befindet sich aus der Schwimmerkammer angesaugter Kraftstoff. Wird die Drosselklappe geöffnet, überträgt sich diese Bewegung auf den Pumpenhebel, der die Membrane der Pumpe nach innen drückt. Dadurch wird Kraftstoff durch das Einspritzrohr in die Mischkammer gespritzt; die Menge richtet sich nach dem Pumpenhub.
Ein Rückschlagventil verhindert, daß beim Einspritzen zugleich Benzin in die Schwimmerkammer zurückfließt. Ein weiteres Ventil am Pumpenauslaß verhindert beim Saughub das Einströmen von Luft aus der Mischkammer.

Teillast- und Vollastanreicherung

Das Anreicherungssystem besteht aus Anreicherungsventil, Unterdruckkolben mit Betätigungsstange und Feder. Es dient der zusätzlichen Kraftstoffzufuhr bei steigender Drehzahl. Zur Steuerung wird der Unterdruck am Saugrohr herangezogen, der hier mit größer werdender Drosselklappenöffnung abfällt. Bei niedrigen Drehzahlen (hoher Unterdruck) wird der Kolben gegen die Feder gezogen und das Anreicherungsventil wird verschlossen. Bei steigender Drehzahl (öffnender Drosselklappe) kann der schwächer werdende Unterdruck ab einem bestimmten Wert gegen die Feder keine Wirkung mehr ausüben: Das Anreicherungsventil öffnet.

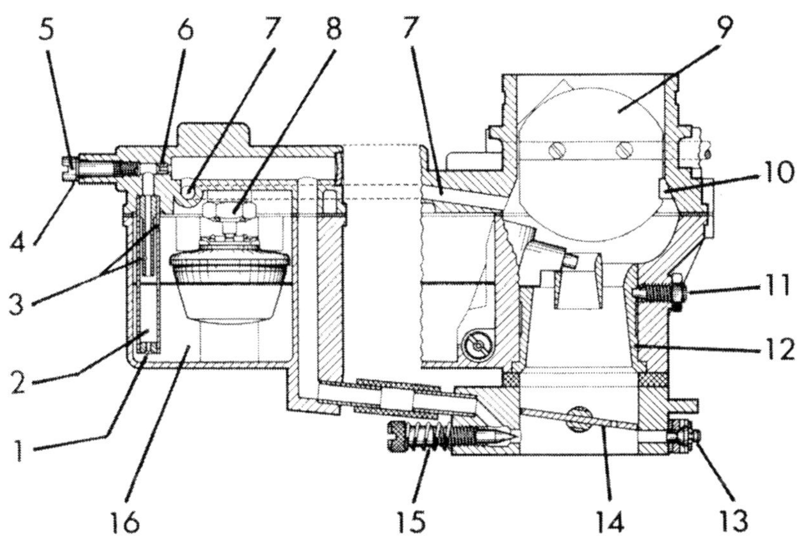

In der schematischen Darstellung des Vergasers Solex 35 PDSI erkennt man: 1 – Zusatzkraftstoffdüse, 2 – Steigrohr, 3 – Zusatzkraftstoffbohrungen, 4 – Dichtring, 5 – Verschlußschraube, 6 – Zusatzgemischdüse, 7 – Luftbohrungen für Umgemisch, 8 – Schwimmernadelventil, 9 – Starterklappe, 10 – Anschlag, 11 – Lufttrichterhalteschraube, 12 – Lufttrichter, 13 – Leerlauf-Heißluftventil, 14 – Drosselklappe, 15 – Zusatzgemisch-Regulierschraube, 16 – Schwimmerkammer.

Eine zusätzliche Vollastanreicherung für die Höchstleistung des Motors reichert das Kraftstoff-Luft-Gemisch bei hohen Drehzahlen an. Dazu ist in Höhe der Starterklappenwelle ein in den Zustrom der Hauptluft ragendes Anreicherungsrohr angebracht, durch das der Kraftstoff durch einen kalibrierten Steigkanal mit Ventil fließen kann. Die Mündung des Rohrs ragt in die Zone abgeschwächten Unterdrucks, wo dieser erst bei höheren Vollastdrehzahlen eine Stärke gewinnt, daß er den Kraftstoff auf die Höhe des Anreicherungsrohrs zu heben vermag. Bis zur Höchstdrehzahl des Motors steigert sich der Kraftstoffzusatz progressiv.

Vergaser Solex 32/32 DIDTA

Wie den eben besprochenen Vergaser, findet man diesen Fallstrom-Stufen-Vergaser auch bei einigen anderen Opel-Modellen, jedoch interessiert er hier nur im Zusammenhang mit dem Manta 16 S und 19 S. Auch die Export-Version mit 19 US-Motor besitzt diesen Vergaser-Typ.
Entsprechend der höheren Leistung dieser Motoren muß natürlich die Zylinderfüllung an Kraftstoff-Luft-Gemisch größer als bei den schwächeren Motoren der Manta-Reihe sein. Darauf ist dieser Vergaser in seiner Bauart eingerichtet. Bei ihm sind zwei Saugkanäle von je 32 mm vorhanden, deswegen die »32/32« in der Vergaserbezeichnung, die ihn auch als Registervergaser ausweist.
Die beiden Saugkanäle des Vergasers sind als 1. und 2. Stufe ausgebildet, die hintereinander durch je eine Drosselklappe geöffnet werden und gemeinsam im Saugrohr münden. Die Drosselklappe der 1. Stufe wird durch den Drosselhebel geöffnet, der über das Vergasergestänge mit dem Gaspedal in Verbindung steht und somit vom Fahrer unmittelbar betätigt wird. Dagegen hat der Fahrer auf die Drosselklappenstellung der 2. Stufe keinen direkten Einfluß: Sie öffnet sich selbsttätig durch Unterdrucksteuerung, wenn der Motor bei voll geöffneter 1. Drosselklappe etwa die halbe Höchstdrehzahl erreicht hat.
Solange der Unterdruck im Saugkanal der 1. Stufe einen bestimmten Wert nicht übersteigt, ist die Herstellung des Kraftstoff-Luft-Gemisches auf die 1. Stufe beschränkt. Wenn die Drosselklappe der 1. Stufe voll geöffnet wird und der Unterdruck eine bestimmte Größe erreicht, wird er über eine beson-

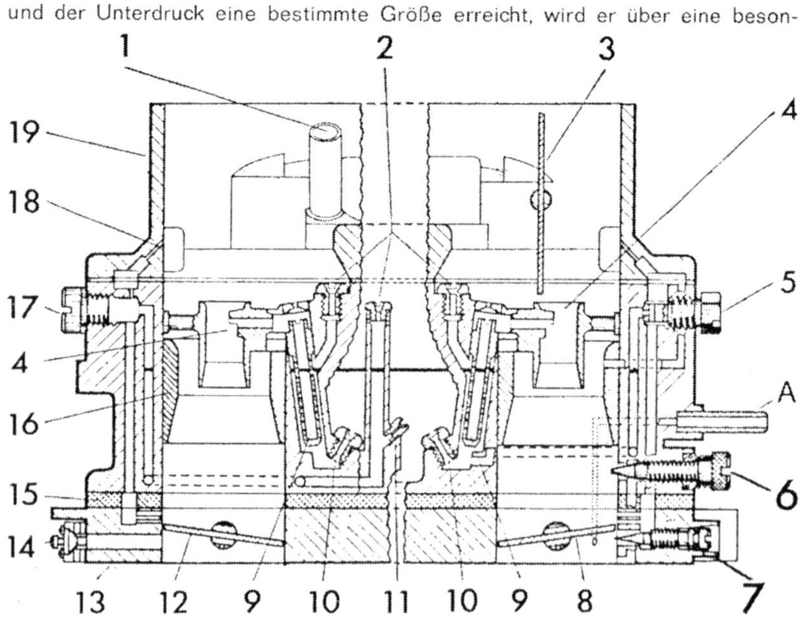

Ein Schnitt durch den Vergaser 32/32 DIDTA-4 zeigt: 1 – Belüftungsrohr für Schwimmerkammer, 2 – Luftkorrekturdüsen, 3 – Starterklappe, 4 – Austrittsarm mit Vorzerstäuber, 5 – Leerlaufdüse, 6 – Umluft-Regulierschraube (zum Verstellen der Drehzahl), 7 – Leerlaufgemisch-Regulierschraube (für die Einhaltung des CO-Wertes), 8 – Drosselklappe der 1. Stufe, 9 – Mischrohr, 10 – Hauptdüse, 11 – Übergangsdüse 2. Stufe, 12 – Drosselklappe der 2. Stufe, 13 – Drosselklappenteil, 14 – Leerlaufventil, 15 – Isolierdichtung, 16 – Lufttrichter, 17 – Verschlußschraube, 18 – Ausgleichsbohrung, 19 – Vergaserdeckel; A – Anschlußrohr für die Zündverstellung.

Dieser Anblick des Vergasers Solex 32/32 DIDTA offenbart sich, wenn man das Gehäuse des Luftfilters abgenommen hat. 1 – Unterdruckdose, 2 – Startautomatik, 3 – Anreicherungsventil, 4 – Beschleunigungspumpe, 5 – Belüftungsrohr für die Schwimmerkammer, 6 – Starterklappe (2. Stufe).

dere Unterdruckdose auf die Drosselklappe der 2. Stufe wirksam. In der Unterdruckdose wird durch den Unterdruck eine Membrane angezogen, die ihre Bewegung über eine Verbindungsstange zum Mitnehmerhebel der 2. Stufe überträgt. Die Rückwärtsbewegung der Drosselklappe der 2. Stufe wird durch eine Zugfeder erzwungen.

Die Startautomatik

Bei diesem Vergaser steht die Starterklappenwelle unter der Spannung einer spiralförmigen Bimetallfeder, die auf Temperaturunterschiede anspricht. Bei kaltem Motor ist die Starterklappe je nach Außentemperatur mehr oder weniger geschlossen. Mit Erwärmung der Feder läßt ihre Schließkraft nach, die Starterklappe öffnet sich, und bei normaler Betriebstemperatur wird der Lufteinlaß ganz freigegeben.

Die Startautomatik ist in den Kühlwasserkreislauf des Motors geschaltet und somit warmwasserbeheizt, wie schon von anderen Opel-Modellen bekannt. Verschiedene Manta-Modelle besitzen auch eine elektrisch beheizte Automatik, die nicht so wirtschaftlich wie die wasserbeheizte arbeitet, weil ihr die Speicherwärme des Kühlwassers fehlt und die Automatik deswegen bei jedem Starten des Motors – auch nach nur kurzzeitiger Unterbrechung des Motorlaufs – die Drosselklappe wieder weitgehend in die Ausgangsstellung bringt. Das Öffnen der Starterklappe wird dadurch gefördert, daß sie ungleich große Flügel hat – ihr schwererer Flügel öffnet abwärts. Wenn die Starterklappe (auch Luftklappe genannt) geschlossen ist, wird die Drosselklappe der 1. Stufe zwangsläufig etwas offen gehalten und der beim Anlassen des Motors entstehende Unterdruck kann sich bis unter die Luftklappe auswirken, wodurch Kraftstoff in ausreichender Menge angesaugt wird.

Dieser Unterdruck und die Bimetallfeder, die das Öffnen und Schließen der Luftklappe veranlassen, bringen die Luftklappe zum Flattern. Mit zunehmender Erwärmung gibt die Luftklappe einen größer werdenden Querschnitt frei, der Luftanteil des Startgemischs wird größer und das Gemisch magert sich ab. Dabei gleitet der Anschlaghebel in der Dose der Startautomatik auf der Stufenscheibe von Stufe zu Stufe, und die Drosselklappe wird weiter geschlossen, bis sie die Leerlaufstellung erreicht hat.

Da die Unterdruckmembran mit der Luftklappenwelle in Verbindung steht und der unterhalb der Drosselklappe entnommene Unterdruck zu dieser Membran geführt wird, zieht bei hohem Unterdruck (und geschlossener Drosselklappe) die Membran an, wodurch die Luftklappe etwas geöffnet wird. Diese Luftzugabe wirkt einer Überfettung des Startgemischs entgegen.

Der Vergaser Solex 32/32 DIDTA ist über Schläuche mit verschiedenen Teilen des Wagens verbunden: 1 und 2 – Wasserschläuche der warmwasserbeheizten Startautomatik, die an den Kühlmittelkreislauf angeschlossen sind, 3 – Entlüftungsschlauch, der von der Zylinderkopfhaube herangeführt ist (ein gleicher Schlauch verläuft auch zum Luftfilter), 4 – Unterdruckschlauch für die Servobremse.

Vor dem Starten des kalten Motors muß das Gaspedal einmal niedergetreten werden. Dadurch wird die Startvorrichtung ausgelöst und in Startstellung gebracht: Die Stufenscheibe nimmt die Stellung entsprechend der Ausdehnung der Bimetallfeder ein.

Leerlauf und Übergang

Beim Leerlauf wird der Kraftstoff aus der Hauptdüse entnommen, durch die Leerlaufdüse dosiert und vermengt sich mit der Luft, die durch die Leerlaufluftbohrungen im Vergaserdeckel und im Schwimmergehäuse eingetreten ist. Dieses Gemisch wird zu der unteren der drei Bohrungen an der Drosselklappe geführt, wo es mit der durch den Drosselklappenspalt eintretenden Luft zum Leerlaufgemisch aufbereitet wird.
Die Drosselklappenanschlagschraube ist mit Farbe markiert, weil die Drosselklappe der 1. Stufe vom Werk eingestellt wurde. Die herangeführten Bohrungen sind auf diese fixierte Stellung abgestimmt. Dennoch lassen sich Änderungen der Drehzahlen vornehmen, denn dieser Vergaser ist mit einem Umluftsystem versehen, weshalb er auch Umluft-Vergaser genannt wird. Hierbei ist um die Drosselklappe herum ein Luftkanal geführt, in den eine Regulierschraube eingelassen ist. Mit dieser Schraube kann der Querschnitt des Kanals, also die Luftmenge, verändert und somit die Leerlaufdrehzahl geregelt werden.
Mit zunehmendem Öffnen der Drosselklappe wird aus den übrigen, übereinanderliegenden Bohrungen des Leerlaufsystems Gemisch abgesaugt. Dadurch ist ein besserer Übergang vom Leerlauf auf das Hauptdüsensystem gewährleistet.

Die Unterseite des automatisch umschaltbaren Luftfiltergehäuses. Man erkennt die Schlauchleitung, die der Kurbelgehäuseentlüftung dient: Der von unten heranführende Schlauch kommt vom Zylinderkopfdeckel. Der dünne Schlauch ist ein Unterdruckschlauch und führt zur Unterdruckmembran (runde Dose am Lufteinlaßstutzen), die eine eingebaute Luftklappe betätigt und somit für die Zufuhr vorgewärmter Ansaugluft sorgt. Warme Luft dringt durch den Faltenbalg-Verbindungsschlauch, der am Auspuffkrümmer aufgeheizte Luft auffängt.
Wenn die Halteschraube, die das Filtergehäuse unten am Vergaser festhält, nicht genügend angezogen ist, kann durch Vibrationen der Vergaserdeckel reißen.

Hauptdüsensystem und Einsatz der 2. Stufe

Ähnlich wie bei dem vorher beschriebenen Vergaser funktioniert auch hier das Hauptdüsensystem (siehe Seite 93). Der wesentliche Unterschied besteht in dem Vorhandensein eines im Hauptlufttrichter befindlichen Nebenlufttrichters, dessen kleinerer Durchmesser einen konzentrierteren Durchzug ermöglicht. Die Kraftstoffemulsion wird in den Nebenlufttrichter geschickt und hier endgültig mit der einströmenden Luft vermischt.

Bei voll geöffneter Drosselklappe der 1. Stufe erreicht der Unterdruck, der in der Mischkammer der 1. Stufe entnommen wird und auf eine Membrandose wirkt, eine erhebliche Stärke. Dann beginnt die Mitnehmerstange der Membran über den Drosselklappenhebel die Drosselklappe der 2. Stufe zu öffnen. Dabei setzt ein Übergangssystem ein, das den Übergang nicht stoßartig erfolgen läßt. Der Kraftstoff wird durch die Übergangsdüse aus der Schwimmerkammer entnommen und vermischt sich mit Luft, die durch die Übergangsluftdüse einströmt. Das Gemisch wird der sich öffnenden Drosselklappe der 2. Stufe zugeführt. In gleicher Weise wie in der 1. Stufe erfolgt dann die Gemischaufbereitung, wenn die Drosselklappe der 2. Stufe voll geöffnet ist.

Beschleunigung und Anreicherung

Auch hierbei ist die Funktion mit der des zuerst beschriebenen Vergasers vergleichbar. Durch ein Kugelventil fließt Kraftstoff beim Saughub der Membranpumpe, weil beim Öffnen der Drosselklappe die Membran nach innen bewegt wird und auf den Kraftstoff Druck ausübt. Die Menge des Kraftstoffs und die Einspritzdauer sind exakt abgestimmt. Ebenfalls wird hier das Zurückströmen von Kraftstoff und falsches Ansaugen von Luft durch Ventile verhindert.

Im mittleren Teillastbereich wird über die Anreicherungsdüse zusätzlich Kraftstoff zum Mischrohr geleitet. Diese Anreicherung wird durch unterhalb der Drosselklappe entnommenen Unterdruck gesteuert. Im Vergaserdeckel sitzt eine weitere Membran, die auf den Abfall des Unterdrucks anspricht, wenn die Drosselklappe mehr als die Hälfte und weiter öffnet. Eine Feder drückt das Ventil auf, und die Anreicherung beginnt.

Abgas-Vorschrift

Seit Oktober 1971 wird aufgrund einer Europa-Regelung der Ausstoß von Kohlenwasserstoff- und Kohlenmonoxyd-Abgasanteilen (CH und CO) begrenzt. Die Auffassung einiger Staaten, wie z. B. USA und Schweden, über die schädlichen Bestandteile im Abgas bzw. deren prozentualen Abbau, ist unterschiedlich. Deshalb werden für das Inland und für einige Exportländer jeweils andere speziell abgestimmte Vergaser eingebaut, die sich durch geringe Abweichungen in der Kalibrierung und der Einstellung unterscheiden. Mit Hilfe dessen und in Verbindung mit Änderungen am Motor- und Zündsystem wurde ermöglicht, die gesetzlich vorgeschriebenen Abgaswerte zu erhalten. In USA werden neben den oben genannten Abgasanteilen CH und CO auch die vorhandenen Stickoxyde (NO) reduziert.

CO ist der Bestandteil unvollkommener Verbrennung, die aus zu fett eingestelltem Gemisch resultiert. CH wird bei unverbranntem Gemisch entlassen, also bei zu fettem oder auch bei zu magerem Gemisch. NO-Anteile werden in hohem Maße bei Motoren mit großen Verbrennungsdrücken frei. Deshalb wurde die Verdichtung der 19 S-Motoren für USA verringert, und die Leistung der 19 US-Motoren beträgt nur 78 PS (gegenüber 90 PS bei der nicht reduzierten Version).

Jeder Vergaser wird schon vom Hersteller mit einer fixierten Grundeinstellung für den Leerlauf geliefert. Nachträglich kann nur noch die Menge des für den Leerlauf erforderlichen Kraftstoffs, aber nicht mehr wie früher der Anteil von

Luft und Kraftstoff, geregelt werden. Durch eine Änderung im Vergaser wird das Leerlaufgemisch an der fast geschlossenen Drosselklappe vorbei in das Saugrohr geführt (»Zusatzgemischsystem«). Dadurch wird nicht nur im Leerlauf, sondern auch bei Schiebebetrieb (losgelassenes Gaspedal) der Ausstoß der genannten Giftstoffe begrenzt. Die Einstellung der Leerlaufdrehzahl kann, falls erforderlich, an einer Umluftschraube vorgenommen werden, wobei – wie gesagt – nur die Kraftstoffmenge geregelt wird.

Abgas-Kontrolle

Pflegearbeit Nr. 42

Wegen der eben erwähnten Gesetzgebung hat Opel vorgesehen, daß nach jeweils 10 000 km die Auspuffgase auf ihren CO-Gehalt gemessen werden. Hierzu bedient man sich in der Werkstatt eines CO-Testers und stellt gegebenenfalls den Vergaser ein. Natürlich muß bei dieser Prüfung auch die Leerlaufdrehzahl kontrolliert werden (siehe Seite 100), sonst ist die Messung falsch.

Da man als Privatperson normalerweise nicht über einen CO-Tester verfügt, bleibt es einem nur übrig, deswegen eine Werkstatt aufzusuchen. Spätestens bei der TÜV-Kontrolle, zu der das Auto alle zwei Jahre vorgeführt werden muß, wird der CO-Gehalt amtlicherseits geprüft. Um nicht beanstandet zu werden, empfiehlt es sich also, vor dieser Kontrolle den hier angeführten Test vornehmen zu lassen. Siehe jedoch auch den Abschnitt »Abgas-Messung durch den TÜV« im folgenden Kapitel, der dazu einige Tips enthält.

Die seit Oktober 1971 gültigen Europa-Testbedingungen treffen auch für leistungsgesteigerte Motoren zu. Für Wagen mit getunten Motoren müssen Mustergutachten erteilt werden, die vom dafür zuständigen TÜV Essen ausgefertigt werden. Diese Hürde zu nehmen ist im Einzelfall sehr schwierig und kostspielig. Wer dem Manta etwas mehr »Pfeffer« geben möchte, kann bei der Opel-Tuningfirma Irmscher in 7057 Winnenden sogenannte Tuning-Kits erwerben, für die bereits Mustergutachten eingeholt sind. Zu solchen leistungssteigernden Anlagen gehören ebenfalls Solex-Vergaser, meist vom Typ 40 DDH, oder der Weber-Vergaser 45 DCOE.

Nachlauf-Probleme

Beim Manta 16 mit 68-PS-Motor gibt es bisweilen Nachlaufschwierigkeiten selbst mit guten Normalkraftstoffen. Diese als »Nachdieseln« bezeichnete Eigenart macht sich bemerkbar, wenn der warmgefahrene Motor abgestellt werden soll: Er läuft noch eine Weile unregelmäßig weiter, verursacht durch glühende Rückstände im Brennraum eines oder mehrerer Zylinder. Zuverlässig wird solches Nachlaufen erst durch das elektromagnetische Abschaltventil beseitigt, das seit März 1971 eingebaut wird; beim Abstellen der Zündung wird der zum Nachdieseln neigende Motor praktisch abgewürgt (Bild Seite 106).

Auch bei den 80-PS- und 90-PS-Motoren gibt es vereinzelte Exemplare, die – auch beim vorgeschriebenen Superkraftstoff – nicht sofort stehenbleiben, wenn der Zündschlüssel zurückgedreht wird. Diese generelle Nachlaufneigung rührt in erster Linie von der Brennraumgestaltung her (beim 60-PS-Motor des Typs 12 S, der aus der Kadett-Reihe abstammt, gibt es keine Nachlaufneigung). Abhilfe bringt beim Manta 16 S und 19 S erstens ganz sorgfältige Zündeinstellung und zweitens der Einbau eines Wärmeabweisbleches am Vergaserflansch.

Ein solches Abschirmblech schützt den Vergaser vor übermäßiger Erwärmung vom Auspuffkrümmer her. Zum Einbau dieses Bleches muß der Vergaser abgenommen werden, es sitzt zwischen Dichtung und Isolierflansch (zwischen Vergaser und Saugrohr). Bei den Motoren 16 S und 19 S wird das Abschirmblech ab Motor-Nr. 0 010 552 bzw. 0 588 414 bereits vom Werk aus eingebaut.

Wie ist Ihre Einstellung ?

Nach dem Studium der vorangegangenen Beschreibung haben Sie hoffentlich so viel Zuversicht gewonnen, daß wir jetzt daran gehen können, uns etwas näher mit dem Vergaser zu befassen. In diesem Kapitel erhalten Sie die praktische Hilfestellung, die Ihnen im Laufe des Besitzes Ihres Wagens bestimmt einmal gelegen kommt oder Sie sogar in die Lage versetzt, bei einem anderen Auto den »richtigen Dreh« zu finden.

Damit Sie den Vergaser etwas respektloser betrachten, fassen Sie sich bitte ein Herz, opfern Sie ein paar Minuten und befolgen Sie einmal diese Übungs-Anleitung:

Motor starten und warmlaufen lassen (sofern er nicht schon warm ist), Motorhaube öffnen und Schraubenzieher bereit legen. Vergewissern Sie sich, welcher der beiden möglichen Vergaser in Ihrem Auto eingebaut ist und vergleichen Sie auf den Abbildungen, wo die Zusatzgemisch-Regulierschraube (beim Vergaser PDSI) oder die Umluft-Regulierschraube (beim Vergaser DIDTA) sitzt. Haben Sie diese bei Ihrem Opel gefunden?

Setzen Sie nun den Schraubenzieher auf die Schraube und drehen diese links herum (entgegen dem Uhrzeigersinn) und merken Sie sich dabei, wieviel und wie oft Sie die Schraube drehen. Sie hören, der Motor läuft schneller, je weiter Sie drehen. Danach drehen Sie die Regulierschraube wieder in die alte Position zurück – der Motor läuft wieder im ursprünglich eingestellten Leerlauf. Nur Routiniers verlassen sich bei diesem Handgriff auf ihr Gehör, wobei keineswegs die Gewißheit besteht, daß der Motor die vom Werk vorgeschriebene Leerlauf-Drehzahl erhält.

Tun Sie gleich einen weiteren Schritt. Hinter dem Vergaser (entgegen der Fahrtrichtung) sitzt der Drosselklappenhebel, der die Drosselklappe bewegt. Sollten Sie noch etwas unsicher sein, bitten Sie jemanden, im Wagen auf das Gaspedal zu treten. Sehen Sie sich dabei an, was sich am Vergaser bewegt.

Was bei allen Vergasern möglich ist, wird hier am Vergaser Solex 32/32 DIDTA demonstriert. Greift man bei laufendem Motor unter das Segment, an dem der Gaszug vom Gaspedal endet, und dreht die Seilaufhängung mit der Hand etwas in Pfeilrichtung nach oben, gibt man auf diese Weise Gas – und der Motor läuft schneller. Ähnlich kann man beim Vergaser Solex 35 PDSI verfahren.

Das gleiche können Sie machen, wenn Sie den Hebel mit der Hand in dieselbe Richtung drücken, in die er sich eben bei der Fußbetätigung drehte. Dabei läuft der Motor schneller – Sie haben mit der Hand Gas gegeben. Die Drosselklappe wird beim Loslassen von einer Rückzugfeder wieder in ihre Ausgangsstellung zurückgeholt. Bei Störungen läßt sich auf die beschriebene Weise der Motorlauf prüfen, aber man soll den Motor im Stand nicht zu hoch drehen lassen, also nur mäßig Gas geben.
Hatten Sie angenommen, ein Vergaser ist für Sie »unnahbar«? Wir glauben, durch diese beiden Handgriffe ist die Festung bereits sturmreif.
Ehe Sie aber weitere Einstellungsarbeiten vornehmen, müssen Sie sicher sein, daß die Zündanlage in Ordnung ist: Zündzeitpunkt und der Elektrodenabstand der Zündkerzen müssen stimmen, wenn man mit dem Vergaser Verbesserungen erreichen möchte.
Gleichermaßen muß das Ventilspiel den Vorschriften entsprechen. Die Gemischmenge, die von den einzelnen Zylindern angesaugt wird, wird ja von Öffnungshub und -dauer wenigstens der Einlaßventile mitbestimmt, und daher ist es auch erklärlich, wenn bei allen Einstellungsarbeiten, die man am Vergaser vornimmt, der Motor seine Betriebstemperatur besitzen muß. Ein kalter Motor arbeitet unter ungünstigen Bedingungen und die mit ihm verbundenen Aggregate liefern dabei kein deutliches Bild ihrer tatsächlichen Einsatzbereitschaft. Deshalb: Einstellarbeiten bei aufgebautem Luftfilter.

Leerlauf einstellen Vergaser Solex PDSI

Manta 12 S und 16

Man unterscheidet eigentlich zwei getrennte Arbeitsvorgänge als Einstellen des Leerlaufs, und diese Arbeitsweisen müssen nicht unbedingt etwas miteinander zu tun haben. Übliche Drehzahlabweichungen treten im Laufe der Zeit bei jedem Auto auf und sind völlig normal. Wenn der Leerlauf auch richtig eingestellt wurde, bleibt er trotzdem selten konstant. Er ändert sich mit den Jahreszeiten, mit Außentemperatur und Luftfeuchtigkeit, er verstellt sich durch Vibrationen des Motors und durch mechanische Einflüsse am Vergaser. Diese Abweichungen vom Sollwert der Drehzahlen können grundsätzlich durch eine Leerlaufkorrektur aufgefangen werden, wobei ein Verändern der Stellung von Drosselklappen-Anschlagschraube und Gemischregulierschraube nicht nötig ist. Eine andere Art der Einstellung hat nach einer Vergaserüberholung zu erfolgen, wenn der Vergaser zerlegt und wieder zusammengebaut wurde oder in dem selteneren Fall, wenn durch die übliche Leerlaufkorrektur die Sollwerte nicht erreicht wurden. Das bis hier in diesem Abschnitt Gesagte ist auch für den anderen, anschließend behandelten Vergaser zutreffend.
Der Vergaser PDSI verfügt über eine Zusatzgemisch-Regulierschraube, die in

Noch einmal Einzelheiten am Vergaser Solex PDSI: 1 – Leerlaufdüse, 2 – Pumpendeckel der Beschleunigungspumpe mit nach unten ragenden Pumpenhebel, 3 – Leerlaufgemisch-Regulierschraube, Pfeil – Zusatzgemisch-Regulierschraube. Nur letztere darf zum Verändern der Leerlaufdrehzahl verdreht werden. Beim Hineindrehen dieser Schraube bleibt der CO-Gehalt nahezu konstant.

den Abbildungen Seite 91 und 100 zu sehen ist. Dreht man diese Schraube heraus – also links herum, vergrößert sich die Menge des hindurchfließenden Zusatzgemischs, wodurch die Leerlaufdrehzahl ansteigt. Durch Hineindrehen der Zusatzgemisch-Regulierschraube wird die Leerlaufdrehzahl vermindert. Die Sollwerte der Leerlaufdrehzahl belaufen sich auf 750–800 U/min, was man natürlich nur mit einem Drehzahlmesser ermitteln kann. Wagen mit eingebautem Drehzahlmesser werden in Opel-Werkstätten auch mit einem gesonderten Drehzahlmesser überprüft.
Wenn sich die angegebene Leerlaufdrehzahl durch Verstellen der Zusatzgemisch-Regulierschraube nicht erreichen läßt, muß – bei angeschlossenem Drehzahlmesser – die sogenannte Leerlaufgrundeinstellung vorgenommen werden. Dazu ist die Anschlagschraube für den Verbindungshebel an der Starterklappe so weit zu lösen, daß zwischen Schraube und Hebel etwas Spiel vorhanden ist (siehe Bild Seite 104! Diese Verbindungshebel-Anschlagschraube nicht mit der Drosselklappen-Anschlagschraube verwechseln!). Danach wird die Zusatzgemisch-Regulierschraube vollständig geschlossen. Jetzt ist die Drosselklappen-Anschlagschraube so zu verdrehen, daß sich die Drehzahl des Motors auf 650–700 U/min einpendelt. Durch gleichzeitiges Drehen der Gemisch-Regulierschraube, die links von der Zusatzgemisch-Regulierschraube am Fuße des Vergasers sitzt, ist der Motorlauf bei gleichbleibender Drehzahl von 650–700 U/min abzurunden, und dann wird die Zusatzgemisch-Regulierschraube wieder langsam geöffnet, bis die Drehzahl von 780–830 U/min erreicht wird.
Im Anschluß daran wird in der Werkstatt das CO-Meßgerät angeschlossen, womit der CO-Wert im Abgas überprüft werden kann. Man reguliert den CO-Gehalt auf 3,0 ± 0,5 Vol. %, indem die Gemisch-Regulierschraube entsprechend verstellt wird. Dieser Wert läßt sich auch annähernd richtig erreichen, wenn man nicht im Besitze eines CO-Testers ist, und zwar ist dann die Leerlaufgemisch-Regulierschraube im Uhrzeigersinn (zur mageren Seite) vorsichtig so zu drehen, bis ein Drehzahlabfall von 20–30 U/min festzustellen ist. Mit einer der beiden Methoden sind die Solldrehzahl von 750–800 U/min und zugleich die CO-Konzentration von 3,0 ± 0,5 Vol. % erreicht. Zum Abschluß dieser Leerlaufgrundeinstellung ist die am Anfang gelockerte Anschlagschraube für den Verbindungshebel an der Starterklappe spielfrei beizudrehen, so daß die Schraube gerade den Hebel berührt.

Leerlauf einstellen Vergaser Solex DIDTA

Manta 16 S und 19 S

Bei diesem Vergaser gilt das gleiche wie für den eben besprochenen Vergaser, es gibt hier eine Leerlaufkorrektur und eine Leerlaufgrundeinstellung. Der Luftfilter darf nicht abgenommen sein, und das Heißleerlaufventil ist zu verschließen. Bei Wagen mit automatischem Getriebe hat die Wählhebelstellung sich in »N« zu befinden.
Zur Ermittlung, ob der Leerlauf (und somit der CO-Gehalt) zu korrigieren sind, werden ein Drehzahlmesser und das CO-Meßgerät angeschlossen. Mit Schaltgetriebe soll die Leerlaufdrehzahl 800–850 U/min und mit automatischem Getriebe 750–800 U/min betragen, und dabei soll der CO-Wert 2,0 ± 0,5 Vol. % ausmachen. Bei Abweichungen von diesen Sollwerten ist durch Drehen der Umluft-Regulierschraube die Drehzahl auf die obere Grenze des beanstandeten Sollwertes zu bringen. Das ist die einleitende Maßnahme des gesamten Arbeitsvorganges, der sich in anschließendem Justieren der Gemisch-Regulierschraube (links unterhalb der eben bewegten Umluft-Regulierschraube) fortsetzt, wobei die CO-Anzeige beobachtet werden muß.
Ist kein CO-Meßgerät vorhanden, kann das gleiche Resultat erreicht werden, wenn die Gemisch-Regulierschraube verdreht wird. Sie ist zuerst so zu ver-

stellen, daß sich die optimale Drehzahl ergibt. Von diesem Punkt aus wird die Gemisch-Regulierschraube so weit rechts herum gedreht (abgemagert), bis ein Drehzahlabfall von 20–30 U/min eintritt. Werden mit den bis hierher vorgenommenen Maßnahmen die Sollwerte nicht erreicht, muß die Leerlaufgrundeinstellung vorgenommen werden, zu der die Voraussetzungen die gleichen wie bei der eben beschriebenen Leerlaufkorrektur sein müssen.
Allerdings braucht man jetzt noch ein Unterdruckmanometer, weshalb sich der Zwang, wegen dieser Arbeiten eine Werkstatt aufsuchen zu müssen, immer weiter steigert. Dieses Manometer wird am Vergaser-Anschluß für den Zündunterdruck angeschlossen.
Als erster Handgriff wird die Umluft-Regulierschraube ganz geschlossen. Danach wird die Drosselklappen-Anschlagschraube so verdreht, daß sich die Leerlaufdrehzahl auf 700–750 U/min bei eingebautem Schaltgetriebe und auf 650–700 U/min bei automatischem Getriebe in Stellung »N« einstellt, also jeweils um 100 U/min weniger als die Sollwerte ausmachen. Der Unterdruck darf dabei nicht mehr als 1–15 mm Hg betragen. Sind die genannten Angaben erreicht, wird jetzt die Drehzahl angehoben, indem man die Umluft-Regulierschraube öffnet, und zwar bei Schaltgetriebe bis auf 830–880 U/min und bei automatischem Getriebe auf 780–820 U/min. Durch Drehen der Gemisch-Regulierschraube wird nun versucht, die optimale Drehzahl einzustellen. Erst jetzt wird in der Werkstatt das CO-Meßgerät angeschlossen und an der Gemisch-Regulierschraube wird so weit abgemagert (rechts herum drehen), bis das Gerät den CO-Anteil von 2,0 ± 0,5 Vol. % anzeigt.
Sollte kein CO-Meßgerät verfügbar sein, muß die Leerlauf-Gemisch-Regulierschraube im Uhrzeigersinn gedreht werden, bis die Drehzahl um 20–30 U/min abgefallen ist. Auch auf diese Weise ist die Soll-Drehzahl bei 2,0 ± 0,5 Vol. % erreicht. Sie soll jedenfalls, hoffentlich, erreicht sein.
Denn die Leerlaufeinstellung ist nicht nur für einen einwandfreien Standlauf wichtig, sondern auch wegen des Einflusses auf den Gesamtverbrauch. Liegt der Leerlauf zu hoch, so kann sich daraus ein Mehrverbrauch bis zu einem Liter auf 100 km Fahrstrecke ergeben. Aber auch andere Nachteile bringt ein zu hoher Leerlauf: Die Motorbremswirkung sinkt und mehr giftige Auspuffgase werden produziert.

Abgasmessung durch den TÜV

Die Anforderungen des TÜV bezüglich der Emissionswerte sind nicht so streng, wie sie bei den hier voran beschriebenen Einstellarbeiten sicherlich erreicht werden. Deshalb braucht man vor der CO-Messung, die den Anteil von Kohlenmonoxyd aufzeigt, keine Angst zu haben. Die geforderten Werte, nämlich 4,5 plus maximal 1,0 Vol. Prozent CO, können bei den von Opel eingebauten Vergasern weitgehend eingehalten werden.
Folgendes ist vor der Messung zu beachten: Der Motor soll möglichst eine halbe Stunde warmgefahren werden. Ein Wagen, der viel im Stadtverkehr verwendet wird, ist zur Reinigung seines innerlich verschmutzten Motors 100 bis 150 km weit zügig zu bewegen. Beim TÜV soll man den Motor dann aber nicht im Leerlauf tuckern lassen, sonst waren die Vorbereitungen umsonst. Mit diesen Maßnahmen hat man schon viel gewonnen.
Werden trotzdem die vorgeschriebenen Werte nicht erreicht, sind Ventilspiel, Schließwinkel (wird im Zündungskapitel erklärt), Zündzeitpunkt und Elektrodenabstand der Zündkerzen zu prüfen. Fällt danach der CO-Test immer noch negativ aus, ist danach die Vergasereinstellung zu kontrollieren. Die Reihenfolge der hier aufgezeigten Vorkehrungen muß unbedingt befolgt werden, weil der Erfolg sonst zweifelhaft bleibt.

Ändern der Vergasereinstellung

Die vom Herstellerwerk festgelegten Vergasereinstellungen sind in Zusammenarbeit mit Opel erst nach langwieriger Feinarbeit gefunden worden. Wie bei jedem anderen Vergaser gilt es auch hier, den günstigsten Kompromiß zwischen bester Leistung und geringstem Verbrauch zu finden. Hinzu kommt, daß es zur Erfüllung der geltenden Abgas-Bestimmungen erforderlich war, die Vergaserabstimmung umweltschützend zu gestalten und danach zu fixieren. Demnach ist es überhaupt untersagt, am Vergaser herumzuexperimentieren, und bei entsprechenden Feststellungen bei der TÜV-Prüfung gibt es kein Pardon.

Trotzdem ein paar allgemein gültige Überlegungen. Bei Übergang von Normal- auf Superkraftstoff wird von einer Änderung der Düsen abgeraten. Ein nicht fachgerechtes Auswechseln der Düsen kann in jedem Fall Gefahren bergen. Es hat Leute gegeben, die unbedingt durch eine kleinere Hauptdüse weniger verbrauchen wollten. Das solcherart abgemagerte Gemisch führte prompt wegen zu überhitztem Motor (bei zu magerem Gemisch weniger »Innenkühlung«) zu einem hübschen Kolbenfresser oder durchgebrannten Ventilen.

Als grundsätzliches Schema für Veränderungen am Vergaser kann gelten:

Kleinere Hauptdüse:	geringerer Verbrauch, weniger Leistung
Größere Hauptdüse:	höherer Verbrauch, evtl. verbesserte Beschleunigung aus mittlerem Drehzahlbereich
Kleinere Luftkorrekturdüse:	Verbrauch größer
Größere Luftkorrekturdüse:	geringerer Verbrauch, weniger Leistung
Größerer Lufttrichter:	mehr Leistung nur bei höherer Drehzahl
Kleinerer Lufttrichter:	besserer Anzug bei niedriger Drehzahl, verringerte Höchstgeschwindigkeit

Die Hoffnungen, die sich manch einer hinsichtlich der Benzinersparnis vor seiner zeitraubenden Vergaserbastelei machte, wären sofort verblaßt, wenn er eins berücksichtigt (oder gewußt) hätte: Der günstigste Verbrauch stellt sich bei gleichmäßigem Fahrstil ein, worunter keineswegs zu verstehen ist, daß ein ausgeglichener Fahrer mit seinem Auto schleicht und den Verkehr behindert.

Die Daten für die Vergaserbestückung sind in den Technischen Daten am Schluß des Buches zu finden.

Wer auf Grund ausreichender eigener Erfahrung – etwa zum Zweck sportlicher Betätigung – mit veränderter Vergaserbestückung experimentieren möchte, weiß sicher, daß es besser ist, immer nur jeweils eine Änderung vorzunehmen, damit man die Übersicht über das neue Leistungsbild nicht verliert. Außerdem gehört dazu eine sorgfältige Beobachtung im Fahrbetrieb, wobei man sich selbst nichts vormachen darf.

Auch beim Vergaser 32/32 DIDTA darf nur noch die Umluft-Regulierschraube gedreht werden, wenn man den Leerlauf verändern will. Sie ist durch den großen Pfeil gekennzeichnet. Dreht man diese Schraube hinein, steigt der CO-Gehalt. Der offene Pfeil unten weist auf die plombierte Leerlaufgemisch-Regulierschraube. Mit dem Pfeil oben im Bild wird die Leerlaufdüse angezeigt.

Die mechanische Beeinflussung des Vergasers PDSI geschieht über zwei Seilzüge. Der im Bild von links herangeführte Bowdenzug stellt den Gaszug dar, der beim Niedertreten des Gaspedals betätigt wird. Der rechte Zug bedient die Starterklappe und wird mit der Hand über den Starterknopf bewegt. In beide Züge soll man gelegentlich etwas Öl einträufeln, damit vor allem die Rückstellung stets einwandfrei verläuft.

Luftfilter auswechseln

Pflegearbeit Nr. 55

Alle in der Luft enthaltenen Schmutzteile müssen daran gehindert werden, zusammen mit der angesaugten Verbrennungsluft in den Motor zu gelangen. Straßenstaub wirkt in den Zylindern wie Schmirgel und verursacht frühzeitigen Verschleiß von Zylinderwänden und Kolben. Das Luftfilter sorgt für einen entsprechenden Schutz und dämpft gleichzeitig die Ansauggeräusche. Fahren ohne Luftfilter bedeutet also Abkürzung der Motorlebensdauer, und außerdem gerät durch die Vergrößerung der Ansaugluftmenge die Vergaserabstimmung aus dem richtigen Verhältnis und das Kraftstoff-Luft-Gemisch wird zu mager. Das kann zu Überhitzungen des Motors führen. Der nur wenig gesteigerten Zugkraft steht ein verringertes Leistungsverhalten im unteren Drehzahlbereich gegenüber, und schließlich sind die lauten Ansauggeräusche nicht erlaubt.

Bis Ende 1970 verwendete man bei Opel sogenannte Naßluftfilter, ab Januar 1971 werden nur noch Papierelementfilter eingebaut. Die Reinigung des Naßluftfilters nimmt man am besten mit Benzin vor, indem man den Kraftstoff in das abgenommene Filtergehäuse gießt, kräftig umherschwenkt und dabei den Ansaugstutzen mit einer Hand verschließt. Die schmutzige Brühe läßt man danach in ein Gefäß ablaufen, das man beim nächsten Besuch bei einer bekannten Tankstelle abliefern kann. Das Filter muß man gut abtropfen lassen und es sollte ganz trocken sein, bevor man den Einsatz gleichmäßig mit Motoröl benetzt, wozu man einen Pinsel benutzt. Diese Reinigungsarbeit sollte man etwa alle 10 000 km vornehmen.

Das Trockenfilterelement der jüngeren Manta-Baureihe soll alle 40 000 km ausgewechselt werden. Dieses Papierfilter darf nicht mit Feuchtigkeit oder Öl in Berührung kommen. Bei grober Verschmutzung – vor allem, wenn man oft über staubige Landstraßen fahren muß – ist der Filtereinsatz etwa alle halbe Jahre einmal zu reinigen. Dazu wird er durch leichtes Klopfen auf harter Unterlage von gröberen Schmutzteilchen befreit. Der feinere Staub muß mit Preßluft ausgeblasen werden. Dazu läßt man den Luftstrahl seitlich an den Filterlamellen vorbeistreichen, was besser ist, als den Luftstrahl von innen nach außen zu richten, wobei ein Teil des Staubes in die Poren des Filters gedrückt würde.

Die 16 S- und 19 S-Motoren besitzen automatisch umschaltbare Filter, die dafür sorgen, daß bei kaltem Motor vom Auspuffkrümmer vorgewärmte Luft über einen Verbindungsschlauch dem Luftfilter zugeführt wird. Dies besorgt eine im Ansaugschnorchel angeordnete, von einer Membran betätigte Luftklappe. Geöffnet wird die Luftklappe durch Unterdruck, der am Ansaugrohr entnommen und über die Unterdruckmembran (kleine runde Dose unterhalb

des Ansaugschnorchels) die Öffnung für die vorgewärmte Luft freigibt. Ein Ventil mit einer Bimetallfeder, das am Boden des Filtergehäuses sitzt und mit der Unterdruckleitung (zwei dünne Schläuche) verbunden ist, unterbricht bei ausreichender Temperatur die Unterdruckleitung.
Das Luftfilter wird nach Lösen des Spannbandes, welches das Filter auf dem Vergaser festhält (Schlitzschraube, von linker Wagenseite aus erreichbar) und nach Abziehen des Kurbelgehäuseentlüftungsschlauches, des Vorwärmschlauches und der Unterdruckschläuche abgenommen. Bei den Luftfiltern ab 16 S-Motor-Nr. 0 010 552 und 19 S-Motor-Nr. 0 588 414 ist das Filter zusätzlich von einer Stütze zu lösen. Beim Einbau darf der Abstandring zwischen Stütze und Luftfilter nicht vergessen werden, damit das Filtergehäuse nicht an die Motorhaube anschlägt. Ab Fahrgestell-Nr. 2 433 760 ist ein in der Bauhöhe geändertes Filtergehäuse, das keine Stütze mehr besitzt, eingebaut.

Vergaser und Düsen reinigen

Gewöhnlich braucht man sich um den Vergaser nicht besonders zu kümmern. Störungen rühren, wenn sie vorkommen, meistens von Verschmutzungen in seinem Inneren her, die sich schon dann auswirken können, wenn sie noch recht minimal erscheinen. Sogar bei neuen Vergasern treten bisweilen Unstimmigkeiten auf, die auf nicht entfernte Fremdkörper bei der Produktion zurückzuführen sind oder auch in Konservierungsfett ihre Ursache haben. Derartige Rückstände verklemmen die Schwimmernadel, und andere Fremdstoffe setzen im Laufe des Betriebes Düsen und Bohrungen zu. Ferner hat Wasser im Benzin die Eigenschaft, Absonderungen von dem Zinkguß des Vergasergehäuses zu erzeugen, und dieses Zinkkarbonat setzt sich in der Schwimmerkammer ab.
Öldämpfe, die über die Kurbelgehäuseentlüftung in den Luftfilter und damit in den Vergaser geleitet werden, bereiten ebenfalls Verunreinigungen, insbesondere, wenn man aus vermeintlichem Sicherheitsbedürfnis zu viel Öl in den Motor füllte. Die Summe der hier aufgezählten Einflüsse kann zu merklichen Einbußen in der Leistung des Motors führen. In diesem Fall kann eine Reinigung des Vergasers nötig werden.
Wir raten aber nicht unbedingt dazu, den Vergaser komplett zu zerlegen, um ihn zu säubern. Die Demontage verlangt viel Aufmerksamkeit und der Zusammenbau müßte womöglich mit Hilfe eines herbeigeholten Fachmannes erfolgen. Man kann aber das Filtergehäuse abbauen und sich ansehen, was man sich getraut, vom Vergaser abzuschrauben. Auf den Bildern dieser beiden Kapitel sieht man, welche Düsen verhältnismäßig leicht zugänglich sind und

Bei der Unterseite des Vergaserdeckels PDSI erkennt man folgende Teile: 1 – Schwimmernadelventil, 2 – Verschlußschraube der im Deckel eingegossenen Zusatzgemisch-Bohrungen, 3 – Einspritzrohr, 4 – Starterklappe, 5 – Befestigungsschraube für den Starterklappenzug, 6 – Verschlußschraube des Beschleunigungspumpensystems, 7 – Unterdruckkolben.

Anstelle der Leerlaufdüse kann beim Vergaser 32/32 DIDTA ein elektrisches Abschaltventil eingeschraubt sein. Es hat die Aufgabe, die Kraftstoffzufuhr in dem Augenblick zu unterbinden, wenn die Zündung ausgeschaltet wird. Dadurch wird das sogenannte »Nachdieseln« verhindert, womit ein bisweilen vorkommendes Nachlaufen des Motors trotz abgeschalteter Zündung gemeint ist.

Hier wurde am Vergaser Solex 32/32 DIDTA der Deckel der elektrischen Startautomatik (drei Schrauben) abgenommen: Seine Innenseite ist zu sehen. Darin befindet sich die elektrisch aufheizbare Spirale, die sich bei Wärme ausdehnt und die hier im Deckel nach links oben weisende Zunge weiterbewegt. Diese Zunge drückt auf den in der Mitte im Automatikgehäuse angebrachten Hebel, dessen Welle über einen weiteren Hebel mit der Starterklappe verbunden ist. Am Gehäuserand sind oben Einkerbungen angebracht, die mit entsprechenden Markierungen am Deckelrand übereinstimmen sollen. Es ist durchaus möglich, die Startautomatik totzulegen und beim Starten des Motors durch mehrmalige Gaspedalbetätigung Kraftstoff über die Beschleunigungspumpe einzuspritzen. Das funktioniert vor allem im Sommer bei häufigen Kurzfahrten in der Stadt recht gut. Mit dieser Methode verbraucht man etwas weniger Kraftstoff als mit Startautomatik, weil dann der Motor zunächst mit magerem Gemisch versorgt wird. Bei kühler Witterung läuft man dann aber Gefahr, daß der Motor bei einem Halt an Kreuzungen stehen bleibt. Dann soll man nicht etwa auch noch die Leerlaufdrehzahl erhöhen, um den schon vorher nicht völlig korrekten Eingriff »auszugleichen«.

welche Vergaserteile ohne spätere Komplikationen gelöst werden können. Zu beachten ist, daß kein Teil verloren geht, keine Dichtung beschädigt wird (sofern man keine neue zur Hand hat), und daß bei der ganzen Prozedur nichts in den Vergaser hineinfällt, was dann an der Drosselklappe vorbei im Ansaugkrümmer verschwindet und somit beim Lauf des Motors in den Verbrennungsraum geraten würde.

Weiter läßt sich – unabhängig vom Vergasertyp – generell sagen:

■ Ausgebaute Vergaserteile in Kraftstoff oder Spiritus reinigen. Die Teile auf sauberes Tuch legen. Genau merken, wohin sie und in welcher Reihenfolge sie zusammengehören. Besonders auf Dichtungen, Sicherungen und Federringe achten.

■ Düsen, Bohrungen und Schwimmerkammer mit mäßigem Preßluftdruck ausblasen, auch Handluftpumpe ist geeignet. Düsen können notfalls auch mit dem Mund durchgeblasen werden (aber möglichst ohne Spucke). Auf keinen Fall mit hartem Draht reinigen, geeignet ist jedoch eine Borste aus einer Bürste. Düsen sind aus weichem Metall (Messing), daher nicht zu fest schrauben. Gut eignet sich zum Durchblasen einer verstopften Vergaserdüse das Ventil am (sauberen) Reserverad. Drückt man die herausgeschraubte Düse in das Ventil, pustet die aus dem Reifen entweichende Luft alle Fremdkörper fort.

■ Drosselklappenwelle auf zu großes Spiel an den Lagerungen untersuchen. Dort könnte Nebenluft eindringen und Start und Leerlauf verschlechtern.

■ Die Spitze der Leerlaufgemisch-Regulierschraube darf keine Druckstellen aufweisen. Sonst auswechseln.

■ Den Schwimmer kontrolliert man, ob er dicht ist (schütteln und gegen das Ohr halten). Eventuell in heißes Wasser legen und auf Blasen achten. Auch muß die Schwimmerachse gut gängig sein.

■ Im Vergaserdeckel, von unten eingeschraubt, findet sich das Schwimmernadelventil. Ist es nicht locker? Die Ventilnadel muß einwandfrei beweglich sein. Gegen sie drückt von unten der Hebel des Schwimmers. Undichtes oder hängendes Schwimmernadelventil liefert dem Vergaser zu viel Kraftstoff: Erhöhter Verbrauch, Vergaser läuft über. Ventil austauschen.

Was man beim Reinigen der Kurbelgehäuseentlüftung beachten muß, die ja auch mit der Vergaseranlage in Verbindung steht, ist auf Seite 75 dargelegt.

Vergaserbefestigung prüfen

Pflegearbeit Nr. 2

Nach den ersten 5000 km schreibt der Opel-Inspektionsplan eine Überprüfung der Befestigungsschrauben des Vergasers am Ansaugkrümmer vor. Auch später sollte man sie hin und wieder kontrollieren, obgleich dies nicht besonders vorgeschrieben ist. Allerdings muß man die Muttern nicht jedesmal noch fester »anknallen«, aber mit einem angesetzten Schraubenschlüssel stellt man leicht fest, ob da etwas locker ist. Ohne den Luftfilter abzunehmen, wird man an diese Befestigungsschrauben freilich nicht herankommen.

Bei dieser Gelegenheit kann man auch prüfen, ob die Vergaserdeckelschrauben locker sind. Dies ist leicht zu ermitteln, wenn man vorsichtig am noch montierten Luftfilter wackelt und dabei seitlich beobachtet, ob sich diese Bewegung auf den Vergaserdeckel überträgt. Wenn ja, Luftfilter abnehmen und die Schlitzschrauben mit einem Schraubenzieher festdrehen.

Die Startautomatik

Die Vergaser am 16 S- und 19 S-Motor besitzen eine warmwasserbeheizte, z. T. auch eine elektrisch beheizte Startautomatik. Dagegen kommen die anderen beiden Manta-Motoren mit einer Starterklappe aus, die man mittels Zugknopf über einen Drahtzug zu betätigen hat. Wirkungsweise siehe Seite 95.

Automatisch ist an dieser Startvorrichtung nur, daß sich die im Vergasereinlaß befindliche Starterklappe, die bekanntlich in geschlossenem Zustand für fetteres Gemisch sorgt, von allein wieder öffnet. Statt von Hand eine Starthilfe zu ziehen, muß man aber vor dem Start mit dem Fuß das Gaspedal einmal durchtreten, damit die Klappe ausrastet und sich schließt. Hat man den Verdacht, daß der Motor auf Grund einer Störung der Automatik schlecht anspringt oder mit zu fettem Gemisch läuft, dann kann es sein, daß die Klappe hängt, also nicht mehr einwandfrei gängig ist und nicht ganz schließt oder öffnet. Zur Prüfung das Luftfilter abnehmen. Gasgestänge so einstellen, daß es etwa Halbgas entspricht und vorsichtig von Hand probieren, ob die Klappe gut beweglich ist (nur in bestimmten Stellungen des Gaspedals ist die Klappe nicht gesperrt). Es kann sein, daß sich auf der Klappe bzw. an ihrer Welle Ablagerungen aus der in das Luftfilter geführten Kurbelgehäuse-Entlüftung gebildet haben. Diese mit Spiritus entfernen.

Wer es ganz genau wissen möchte: Vor dem Kaltstart Luftfilter abnehmen, Stellung der Starterklappe beobachten. Sie wird jetzt noch senkrecht stehen, wenn das Gaspedal noch nicht berührt wurde. Dann Gaspedal einmal durchtreten. Nun wieder die Stellung der Klappe ansehen. Sie muß den Vergasereinlaß geschlossen haben.

Wesentliche Teile der Automatik sind das Automatikgehäuse und das mit drei Schlitzschrauben darauf aufgesetzte trommelförmige Federgehäuse. Eine Markierung oben auf beiden Teilen soll übereinstimmen (Mittelstellung). Wenn die Startautomatik aber zu früh oder zu spät öffnet, kann auf Grund einer Überprüfung (möglichst Werkstatt) ein Abweichen von dieser Stellung notwendig werden. Beim DIDTA-Vergaser bedeutet Drehen im Uhrzeigersinn: Die Starterklappe wird später geöffnet, entgegengesetzte Drehung: Klappe öffnet früher. Beim Vergaser PDSI ist es umgekehrt.

Es bietet sich zudem eine weitere Korrekturmöglichkeit. Unterhalb des Automatikgehäuses befindet sich die Starterverbindungsstange mit zwei Muttern SW 7. Ist die Drehzahl des Motors zu hoch (Drosselklappenspalt zu groß), muß das Gestänge gekürzt werden: Die untere (hintere) Mutter wird gelöst und die obere nachgezogen. Bei zu niedriger Drehzahl wird durch Lösen der oberen Mutter und Nachziehen der unteren das Gestänge verlängert.

Manchmal kommt es vor, daß die Startautomatik hängen bleibt. Bevor man sich aber näher damit befaßt, soll man kontrollieren, ob der Kühlwasserdurchlauf gesichert ist. Die Wasserschläuche und das Gehäuse müssen bei warmem Motor gleichfalls warm sein.

Startautomatik außer Betrieb setzen: Siehe Bild Seite 106 unten.

Störungs-beistand

Vergaser

In der folgenden Tabelle sind die Möglichkeiten aufgeführt, die zu Störungen am Vergaser Ihres Manta Anlaß geben können. Dem Zusammenspiel der aufeinander abgestimmten Vergaserteile können unterschiedliche Ursachen entgegenwirken – die verwirrend erscheinende Theorie zeigt sich in der Praxis aber meist freundlicher. Störungen an der Zündanlage sind (bei allen Autos) häufiger. Geben Sie nicht eher dem Vergaser die Schuld, bis Sie nicht überzeugt sind, daß Zündzeitpunkt, Unterbrecherkontakte, Zündkerzen und Kabelanschlüsse in Ordnung sind. Wegen der Abgas-Bestimmungen (siehe Seite 97) darf man am Vergaser ohnehin nur Änderungen in begrenztem Umfang vornehmen.

Die Störung	— ihre Ursache	— ihre Abhilfe
A Motor springt nicht an (siehe auch vordere Buchklappe	1 Zündung nicht einwandfrei	Kontrollieren (siehe Kapitel Zündanlage und vordere Buchklappe)
	2 Tank leer	Auftanken
	3 a) Kraftstoffweg im Vergaser nicht in Ordnung	Prüfung: Zuleitung am Vergaser abziehen. Verteilerfinger entfernen, Motor stromlos starten. Kein Kraftstoff: Siehe unter Kraftstoffpumpe
	b) Leerlaufdüse verschmutzt	Herausschrauben, reinigen
	c) Bohrungen im Vergaser verstopft	Vergaser zerlegen, reinigen
	d) Vergaser läuft über (Motor ersoffen durch zuviel Gasgeben oder Schwimmer klemmt oder undicht)	Gegen Schwimmergehäuse klopfen. Evtl. Vergaserdeckel abnehmen. Schwimmer überprüfen. Beim Starten Vollgas.
	e) Stufen-Vergaser: Schwimmerkammerbelüftung schaltet im Stand nicht ein	Prüfen ob Mitnehmerhebel für Belüftungsventil Feder auf Gestänge bei geschlossener Drosselklappe etwas anhebt. Mitnehmerhebel einstellen
	f) Startautomatik versagt (Klappe schließt nicht):	Vor dem Start Gaspedal zwei- bis dreimal durchtreten

Die Störung	— ihre Ursache	— ihre Abhilfe
B Kraftstoffverbrauch zu hoch	1 Fehlerhafte Flanschdichtungen	Nachprüfen Eventuell auswechseln
	2 Undichter Schwimmer	Auswechseln
	3 Schwimmernadelventil schließt nicht	Säubern Eventuell auswechseln
	4 Düsen stimmen nicht	Auswechseln (siehe Technische Daten)
	5 Leerlaufgemisch zu fett (bei Vergaser Solex DIDTA)	Gemisch-Regulierschraube etwas eindrehen (Leerlauf muß sauber bleiben)
	6 Leerlaufdüse locker	Kontrollieren, eventuell anziehen
	7 Leerlauf zu hoch	Einstellen
	8 Startautomatik: Starterklappe hängt	Luftfilter abnehmen: Funktion der Klappe prüfen
C Leerlauf ungleichmäßig, Motor bleibt stehen	1 Leerlauf zu fett oder zu mager	Richtig einstellen
	2 Leerlaufsystem verstopft (Verstellen der Gemischschraube ohne Einfluß auf Drehzahl)	Leerlaufdüse herausnehmen, reinigen. Anschließend Leerlauf einstellen
	3 Stufen-Vergaser:	
	a) Schwimmerkammerbelüftung schaltet zu spät auf Innenbelüftung um oder	Mitnehmerbügel nachbiegen
	b) Heißleerlaufventil öffnet falsch	Auswechseln
D Motor bleibt bei höheren Drehzahlen stehen, wenn langsam Gas gegeben wird	1 Hauptdüse verstopft	Herausschrauben, reinigen
E Ungleichmäßiger Lauf und Auspuffrußen bei niedriger Leerlaufdrehzahl, stärkeres Rußen bei höherem Leerlauf	1 Zu hoher Druck auf Schwimmernadelventil	Kraftstoffpumpendruck prüfen lassen
	2 Schwimmernadelventil schließt nicht	Ventil prüfen, evtl. erneuern
	3 Schwimmer undicht	Auswechseln
F Ungleichmäßiger Lauf bei Vollgas Aussetzer, Patschen, Leistung fällt ab	Nicht ausreichende Kraftstoffzufuhr	Hauptdüse reinigen, Kraftstoffpumpensieb und Schwimmerventil reinigen, Druck der Kraftstoffpumpe kontrollieren lassen
G Schlechte Übergänge beim Gasgeben	1 Beschleunigungssystem arbeitet nicht	Luftfilter abnehmen; prüfen, ob eingespritzt wird, wenn Gasgestänge betätigt wird
	■ Pumpenkanal oder Einspritzrohr verstopft	Reinigen
	■ Membrane defekt	Auswechseln
	2 Falscher Leerlauf	Richtig einstellen
H Vergaser patscht	Leerlauf zu mager eingestellt	Regulierschraube etwas herausdrehen. Aber Leerlauf muß einwandfrei sein

Konservierte Elektrizität

Wir wollen es nicht verniedlichen: Die Auto-Elektrik erscheint vielen Autofahrern als ein Buch mit sieben Siegeln. Das ist verständlich, denn nicht nur der Motor wird mit Hilfe von Elektrizität in Gang gesetzt und im Laufen gehalten, sondern auch die Instrumente und verschiedenste Geräte funktionieren nicht ohne Strom, und das alles ist mit einem »undurchschaubaren« Gewirr von Kabeln verbunden.
Vorurteilslos besehen, gehorcht die Elektrizität verhältnismäßig simplen Regeln und erfüllt auch in Ihrem Opel Aufgaben, die – einzeln betrachtet – leicht zu verfolgen sind. Rätsel bleiben nur so lange solche, wenn man sich nicht mit ihnen befaßt. Erkenntnisse, die ein jeder über die Elektrik im Haushalt gewonnen hat, lassen sich auch im weitesten Sinne auf die Stromversorgung im Auto anwenden, und umgekehrt kann manches, was man beim Umgang mit der elektrischen Anlage seines Wagens lernt, im täglichen Leben von Nutzen sein. Dieses und die daran folgenden Kapitel, die der Elektrizität gewidmet sind, sollen Ihnen eine Hilfe sein.

Elektrik ohne Geheimnisse

Der Strom kann nur in bestimmten, »eingeschalteten« Leitungen fließen und er kommt immer nur von dort her, wo er erzeugt oder gespeichert wird. Zum besseren Verständnis dient hierzu der Schaltplan in der hinteren Buchklappe, bei dem man wie auf einer Landkarte den Start, die Wege und Abzweigungen sowie die verschiedenen Zielorte des elektrischen Stroms verfolgen kann.
Gewissermaßen »fließt« der »Strom« wie Wasser durch die Leitungen. Bei diesem Vergleich läßt sich die Batterie als Stausee vorstellen, dessen abfließender Vorrat über allerlei Rohrleitungen eine Reihe von Maschinen antreibt. Und wie kommt neues Wasser in den See? Das besorgt eine Pumpe, in unserem Fall die Lichtmaschine, die demnach ein Stromerzeuger ist. Mit ihrer Hilfe werden neue Reserven in die Batterie gepumpt.

Was die Batterie leistet

In Ihrem Manta sitzt die Batterie im Motorraum links hinten. Sie verfügt über sechs Zellen, von denen jede ungefähr 2 Volt Spannung hat, was 12 Volt Batteriespannung ergibt. Alle Verbraucher, vom Anlasser bis zum Schlußlicht, sind auf diese Spannung ausgelegt. Zu den in manchen Wagen anderen Fabrikats noch eingebauten 6-Volt-Batterien bietet die 12-Volt-Anlage den Vorteil des leichteren Startens bei großer Kälte, eines kräftigeren Zündfunkens bei hohen Drehzahlen und eines geringeren Spannungsabfalls.
Außer Markennamen und fabrikinterner Typenbezeichnung finden Sie auf der Batterie noch ihre wesentlichen Eigenschaften vermerkt: 12 V/44 Ah. Nach der Spannung (12 Volt) ist hinter dem Schrägstrich die Stromstärke, die in Ampere gemessen wird, in ihrer »Menge« angegeben. Das sind Ampere-Stunden (= Ah), die auf die Batteriekapazität hinweisen. Die im Manta (Ausnahme siehe nächsten Absatz) eingebaute Batterie kann also theoretisch 44 Stunden

lang 1 Ampere oder 1 Stunde lang 44 Ampere abgeben, sofern sie vollgeladen ist. Selten, höchstens im Sommer nach langer Autobahnfahrt, ist sie ganz aufgeladen, so daß man praktisch nur mit zwei Dritteln oder der Hälfte ihrer Nenn-Kapazität rechnen kann. Wie lange die Batterie in der Lage ist, die einzelnen Stromverbraucher im Opel zu speisen, ist in nachstehender Tabelle vermerkt.

Verbraucher	Leistungsbedarf (Watt)	Stromstärke (Ampere) bei 12 Volt	Betriebsdauer volle Kapazität (theoretisch)	Betriebsdauer etwa ⅔ Kapazität (praktisch)
Fernlicht, Standlicht, Schlußlicht, Kennzeichenleuchte, Instrumentenbeleuchtung zusammen	125 W	10,9 A	4 Std.	2 Std. 20 Min.
Abblendlicht und übrige Beleuchtung wie oben	115 W	9,7 A	4 Std. 30 Min.	3 Std.
Standlicht und mitbrennende Lampen zusammen	35 W	3,1 A	14 Std. 15 Min.	9 Std. 30 Min.
Parklicht	9 W	0,8 A	58 Std.	39 Std.
Scheibenwischer-Motor	36–275 W	3–23 A		
Gebläse-Motor	36 W	3 A	14 Std. 40 Min.	9 Std. 45 Min.
Zündspule	15 W	1,2 A	35 Std.	24 Std.
Transistor-Radio	12 W	1,0 A	44 Std.	29 Std.
Anlasser	480–2400 W	40–200 A	—	—

Anmerkung: Leistungsbedarf für Transistor-Radio nur als Beispielwert angegeben.

Alle mit den 16-, 16 S- und 19 S-Motoren ausgerüsteten Manta-Modelle besitzen normalerweise eine Batterie mit der Kapazität von 44 Ah; nur die 12 S-Typen werden mit einer 36 Ah-Batterie ausgeliefert, wodurch sich obige Tabelle ungünstig ändert. Natürlich reicht diese Batterie für den normalen Bedarf aus. Trotzdem empfehlen wir, bei der eines Tages notwendigen Neuanschaffung einer Batterie den Kauf einer 44 Ah-Batterie ins Auge zu fassen, wenngleich diese teurer ist. Besonders in den Wintermonaten tritt immer einmal die Situation ein, daß durch viele eingeschaltete Stromverbraucher die Batterie kurz vor dem Ende ihrer Puste ist.

Der Besitz einer Drehstrom-Lichtmaschine macht den Opel nicht mehr derart von den Motordrehzahlen abhängig, wie es bei einer Gleichstrom-Lichtmaschine vorkommen kann. Nächtliche Verkehrsstauungen auf der Autobahn haben im Hinblick auf das Laden der Batterie ihren Schrecken verloren, wie im Kapitel über die Lichtmaschine noch näher erläutert ist. Fahrer, die den Umgang mit einer Gleichstrom-Lichtmaschine gewöhnt sind, wissen, daß bei Stauungen und bei mehreren gleichzeitig eingeschalteten Stromverbrauchern die rote Ladekontrolleuchte aufleuchten kann, weil die niedrigere Ladeleistung jenes Lichtmaschinentyps für solche Beanspruchung nicht ausreicht. Bei der Drehstrom-Lichtmaschine braucht man solche Sorgen nicht zu haben. Leuchtet die Ladekontrolle unter den genannten Umständen dennoch auf, sind sofort die Kontrollen vorzunehmen, die auf Seite 124 beschrieben sind.

Die Batterie wird am meisten vom Anlasser belastet, denn dieser leistet – je nach Größe – 0,5 bis 0,8 PS, und durch Reibungsverluste kommt er auf die genannten hohen Bedarfswerte, besonders im Augenblick des Einschaltens. Bei warmem Motor ist der Strombedarf des Anlassers geringer, weil er sich leichter durchdrehen läßt (Zähflüssigkeit des Öls verringert). Je tiefer die

Temperatur sinkt, um so zäher sind die Schmierstoffe und um so mehr muß der Anlasser leisten. Die Betriebsspannung der Batterie sinkt sehr schnell auf etwa 9 und im Winter sogar auf 7,5 Volt ab. Denn zu allem Unglück ist die Batterie sehr temperaturabhängig, ihre Kapazität verringert sich im Winter erheblich – gerade dann, wenn am meisten von ihr erwartet wird.
Der Anlasser sollte jeweils nicht länger als 3–5 Sekunden betätigt werden. Dann muß der Batterie und dem Anlasser eine kleine Erholungspause gegönnt werden. Theoretisch könnte man bei einer zu zwei Drittel geladenen Batterie den Anlasser etwa 100 mal je 5 Sekunden lang betätigen. In Wirklichkeit sieht es aber ungünstiger aus, da die Spannung schnell abfällt und dadurch den für den Anlasser notwendigen Strom nicht mehr zustande bringt. In der Praxis reicht es also oft nur zu 20 Startversuchen.
Auch am Ende einer langen Winternacht werden die am vorangegangenen Abend eingeschalteten Standlichter – nebst den gleichgeschlossenen Leuchten – kaum noch brennen, wenn man berücksichtigt, daß die Batterie zu dieser Jahreszeit an Unterernährung leidet. Es empfiehlt sich die Anschaffung einer kleinen Klemm-Parkleuchte mit sparsamer 2,5-Watt-Birne, sofern nicht die zur Sonderausstattung gehörenden Parkleuchten eingebaut sind. Dazu benötigt man eine Steckdose, die man sich selbst am Armaturenbrett anbringen kann. Derartige Steckdosen, die auch für andere Geräte nützlich sind, schließt man mit dem Plus-Kabel an Klemme 30, damit auch bei ausgeschalteter Zündung Strom vorhanden ist. Diese Parkleuchte wird auf die Fensterscheibenoberkante der linken Tür geklemmt, und dann kurbelt man die Scheibe hoch. Böse ist es natürlich, wenn bei Nebel mit Abblendlicht geparkt werden muß. Dann sucht man doch lieber einen Abstellplatz, wo man kein Licht eingeschaltet haben muß.

Fingerzeige: *In kalten Nächten ist es von Vorteil, die Batterie auszubauen (wegen der Enge allerdings teilweise etwas problematisch), um sie in der Wohnung in Heizungsnähe aufzustellen. Der Wagen springt am nächsten Morgen mit einer warmen Batterie überraschend schnell an.*
Der Ausbau der Batterie bei scharfem Frost hat einen weiteren Grund: Eine tief entladene Batterie (versehentlich nicht ausgeschaltete Scheinwerfer) kann schon bei –10° C gefrieren; bei einer halb geladenen Batterie reicht es allerdings für –27° C Frost. Eine gefrorene Batterie kann platzen und wird wertlos.

Säurestand der Batterie prüfen

Pflegearbeit Nr. 27

Schon im Kapitel »Wartung – wann und wo?« wurde darauf hingewiesen, daß der Säurestand in der Batterie alle 10 000 km geprüft werden soll. Wenn beim Starten der Motor nur noch träge dreht, liegt dies meist am zu niedrigen Säurestand, viel seltener an einer Störung der Zündanlage. Wenn man Zündung und Scheinwerfer einschaltet und letztere nur schwach brennen, mangelt es der Batterie an Kraft. Ihr flüssiger Inhalt verdunstet – besonders im Sommer. Hauptsächlich aber verringert er sich wegen Selbstentladung.
Zum Nachfüllen darf nur destilliertes Wasser, nie Batteriesäure, nachgefüllt werden, wobei auf völlige Reinheit der Nachfüllung zu achten ist. Leider bekommt man an einigen Tankstellen alles andere als saubere Nachfüllungen in die Zellen der Batterie, darum macht sich ein eigener Vorrat an destilliertem Wasser bezahlt (aus der Drogerie, kostet nicht viel).

Fingerzeige: *Zum Messen des Batterie-Säurestandes dürfen Sie auf keinen Fall einen Schraubenzieher oder sonst etwas Metallisches nehmen. Das könnte durch winzige Metallabriebe bereits Kurzschluß in der Batterie geben. Das destillierte Wasser – am billigsten in der Apotheke oder Drogerie –*

hebt man sich am besten in einer Glas- oder Plastikflasche auf, die vorher gründlich gereinigt und mit destilliertem Wasser zuletzt ausgeschwenkt wurde. Auf keinen Fall darf dazu eine Blechbüchse genommen werden, denn auch hierdurch würden unvermeidbar kleine Metallteilchen in die Batterie gelangen und sie schwer schädigen.

Ladezustand prüfen

Sofern die Batterie den Anlasser flott durchdreht und die Scheinwerfer beim plötzlichen Gasgeben nicht wesentlich heller aufstrahlen – das ist ein Zeichen, daß die Batterie irgendwie »müde« ist –, braucht man außer dem Säurestand den Ladezustand der Batterie nicht unbedingt zu prüfen. Es regelmäßig bei der 10 000-km-Wartung zu tun, ist jedoch kein Fehler. Wenn sich aber Müdigkeit zeigt oder sich die vorschriftsmäßig mit destilliertem Wasser aufgefüllte Batterie gar nicht erholen will, auch ihr Dienstalter von 2 bis 3 Jahren schon überschritten ist, muß die Säuredichte jeder einzelnen Batteriezelle zur Kontrolle des Ladezustandes nachgemessen werden. Da in diesem Falle zumeist ein Nachladen der Batterie in der Werkstatt oder bei einem Autoelektrik-Dienst notwendig ist (ein Garagen-Kleinladegerät reicht dazu meist nicht aus), kann man den Ladezustand gleich dort prüfen lassen. Mit einem Hebesäuremesser läßt sich der Batteriezustand messen. Die Meßergebnisse bedeuten:

Batterie voll geladen	spez. Gewicht 1,285 kg/l	Anm.: Die Messung ist auf +20° C bezogen. Je 14° C Temperaturunterschied ändern das spez. Gewicht um 0,01 kg/l.
Batterie halb geladen	spez. Gewicht 1,21 kg/l	
Batterie entladen	spez. Gewicht 1,14 kg/l	

Es muß noch kein schlimmes Zeichen sein, wenn alle sechs Zellen eine gleichmäßig niedrige Säuredichte zeigen. Dann kann es, wenn die Batterie noch nicht zu alt ist, mit Nachladen getan sein. Bedenklich wird es jedoch, wenn eine einzelne Zelle entladen ist: In der Fachwerkstatt nachprüfen lassen, ob die Batterie noch brauchbar ist oder ersetzt werden muß. Eine stark verbrauchte Batterie erkennen Sie übrigens auch daran, wenn bei plötzlichem Gasgeben aus dem Leerlauf die Scheinwerfer merklich heller strahlen.

Batterie sauber halten

Lose und oxydierte Polanschlüsse oder Batteriepole schaden der Batterie. Von Zeit zu Zeit muß man die Oxydationskristalle und den Schmutz entfernen, wozu man warmes Wasser und eine alte Bürste benutzt. Die weißen Kristalle kann man an manchen Tankstellen auch mit Neutralon von Varta entfernen lassen, das der Tankwart auf den »Schnee« an den Batteriepolen sprüht. Nach Trocknen mit einem Lappen fettet man die Polköpfe nach dem Anschrauben der Anschlußklemmen mit Säureschutzfett ein (z. B. von Bosch: Ft 40 v 1).

Durch längere ungehinderte Oxydation können die Kabelklemmen so fest auf den Polköpfen verankert sein, daß man sie nur mit Gewalt abbekäme. Es ist aber grundverkehrt, jetzt mit irgendeinem Zwangsmittel vorzugehen, da die Polköpfe abbrechen oder das Batteriegehäuse springen würde. Kochendheißes Wasser oder besser Sodalösung rettet diese »verklemmte« Situation.

Dem Ausbau der Batterie hat stets das Abschrauben des Minus-Kabels vorauszugehen (Gabelschlüssel SW 10), um Kurzschlußfunken beim versehentlichen Berühren des Plus-Pols mit Metallteilen zu vermeiden. Umgekehrt wird beim Einbau das Minus-Kabel zuletzt angeschlossen.

Den SW 10-Schlüssel sollte man eigentlich immer griffbereit – im Handschuhfach – halten. Dann kann man bei Kurzschluß in der elektrischen Anlage oder bei einem Kabelbrand sofort die Stromversorgung von der Batterie ausschalten, d. h. man muß dann kaltblütig das Minus-Kabel abschrauben.

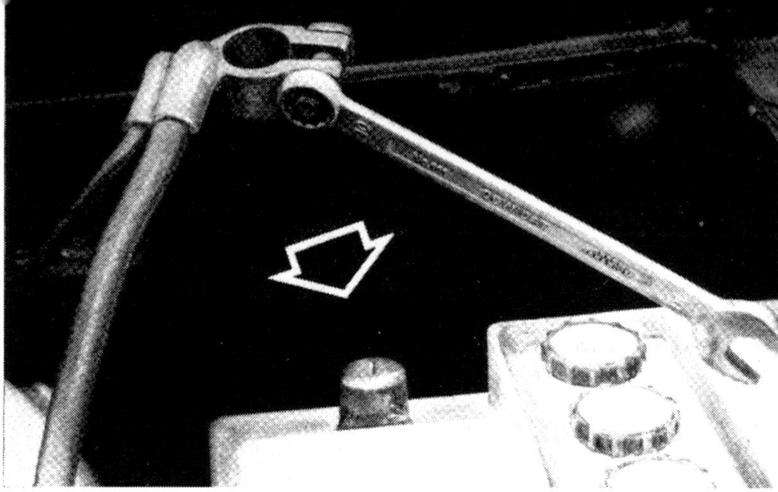

Bei allen Arbeiten an der elektrischen Anlage ist das Massekabel, das von der Batterie zur Karosserie führt, zu lösen und nur zu Kontrollzwecken zwischendurch aufzustecken. Auch bei Kurzschlüssen und eventuellen Kabelbränden soll man mit ruhiger Überlegung zuerst dieses Kabel abschrauben. Deshalb: Griffbereit einen Schraubenschlüssel SW 10 im Handschuhfach oder an einer anderen sofort zugänglichen Stelle halten!

So wird geladen

Auch wenn die Batterie nicht benutzt wird, findet eine allmähliche Entladung statt, die im Winter etwas langsamer als im Sommer vor sich geht. Man kann rechnen, daß eine vollgeladene Batterie in rund 100 Tagen leer ist, da die Selbstentladung pro Tag ½ bis 1 Prozent der Nenn-Kapazität beträgt. Im entladenen Zustand leidet die Batterie Schaden. Batterien stillgelegter Wagen müssen ausgebaut und etwa jeden Monat nachgeladen werden. Günstig ist es, wenn man sie zu anderweitigem, ständigen Gebrauch verleihen kann. Autoelektrik-Werkstätten nehmen solche Batterien auch in Pension und hängen sie an ein Frischhaltegerät mit schwachem Ladestrom.

Bei tiefer Entladung oder gründlicher Batterieüberholung muß die Batterie an ein leistungsstarkes Ladegerät angeschlossen werden. Das besitzen nur Werkstätten. Vor dem Laden – und das gilt grundsätzlich – darf destilliertes Wasser nur bis zur Bedeckung der inwendigen Platten eingefüllt werden, damit die Säure bei der Aufladung nicht »überkocht«. Der Anfangs-Ladestrom soll nicht mehr als 10 Prozent der Ah-Kapazität einer Batterie betragen, bei der Batterie im Opel demnach knapp 5 Ampere. Mit zunehmender Batteriespannung wird die Ladestromstärke verringert, was automatische Ladegeräte gewöhnlich selbst regulieren, sonst bekommt man eine überladene und geschädigte Batterie zurück. Eigentlich ist es richtig, wenn die Werkstatt die Batterie zuvor völlig entlädt. Der Gesamtvorgang dauert 10 bis 15 Stunden.

Während der ganzen Zeit bilden sich Gasblasen, darum müssen die Verschlußstopfen der Batteriezellen geöffnet sein. Das Gas besteht aus Wasserstoff und Sauerstoff, ist also gefährliches Knallgas, in dessen Nähe man nicht mit Feuer hantieren darf. Auch können diese Gasblasen einen feinen Sprühnebel verursachen, der sich in der Nähe der Batterie niederschlägt. Deshalb sollte man beim Laden der eingebauten Batterie deren Umgebung mit Plastikfolie oder alten Zeitungen abdecken. Die Batterie ist geladen, wenn eine Zellenspannung von 2,6 bis 2,7 Volt erreicht ist und innerhalb von 2 Stunden die Säuredichte nicht mehr ansteigt. Beim Nachmessen der Säuredichte nach 2 Stunden muß noch einmal der Säurestand überprüft werden.

Man kann auch einen Transformator für Modelleisenbahnen zum Aufladen der Batterie benutzen. Dabei muß es sich um einen wenigstens 1 Ampere liefernden Gleichstrom-Transformator handeln. Die rote Klemme am Transformator wird mit dem Plus-Pol der Batterie und die blaue mit dem Minus-Pol verbunden, wozu man üblichen isolierten Draht benutzen kann. Bei der 12-Volt-Batterie muß der Reglerknopf bis zur höchsten Stufe eingestellt werden, sonst ist die Wirkung zu gering.

Stundenlang das Laden der Batterie abzuwarten kann einen in arge Bedrängnis bringen. Schnelladen dauert nur den Bruchteil dieser Zeit. Aber es ist eine Roßkur, die nur ganz gesunde Batterien ohne weiteres überstehen, denn es wird mit fast 40 Ampere dabei geladen. Wenn sich eine einwandfreie Batterie beispielsweise über Nacht durch einen versehentlich eingeschalteten Stromverbraucher entladen hat, darf man sie ohne weiteres an einem Schnelladegerät wieder aufputschen lassen, damit man mit seinem Auto wieder davonfahren kann. Aber zur Regel soll man das nicht machen. Bei älteren Batterien heben sich beispielsweise die Plattenblöcke, und die Batterie ist hinüber. Fabrikneue Batterien dürfen auf gar keinen Fall an ein Schnelladegerät gehängt werden. Viele Batteriehersteller laden heute ihre Batterien trocken vor. Bei der Inbetriebnahme wird noch Säure eingefüllt und nach kurzer Wartezeit kann der Motor mit dieser Batterie gestartet werden. Allerdings muß sich sogleich eine längere Fahrt anschließen, damit die Lichtmaschine die neue Batterie langsam aufladen kann.

Schadet die Schnelladung?

Bei der Drehstrom-Lichtmaschine im Opel, die gegen Stromstöße äußerst empfindlich ist, und wegen des eventuell vorhandenen Transistoren-Radios müssen vor der Schnelladung die Batteriekabel gelöst werden. Spannungsspitzen würden sonst die Dioden bzw. die Transistoren zerstören. Weitere wichtige Hinweise über die Drehstrom-Lichtmaschine im Kapitel »Lichtmaschine und Anlasser«.

Fingerzeig: *Batteriesäure und auch die Oxydationskristalle zerfressen Kleider und Polster. Nur sofortiges Auswaschen der Spritzer mit Sodalösung rettet Ihren Anzug!*

Starten mit leerer Batterie

Es passiert immer wieder: Man will starten, doch die Batterie ist leer. Vermutlich war irgendein Stromverbraucher eingeschaltet, der von der Kapazität der Batterie zehrte (und dies hoffentlich nicht tage- oder wochenlang!). Da Ihr Opel nun nicht, wie es bei solchen Fällen früher einmal recht praktisch war, mit der Andrehkurbel in Schwung gebracht werden kann, müssen etwas umständlichere Maßnahmen getroffen werden. Man kommt aber bestimmt vom Fleck, wenn die Batterie an sich noch gesund ist.

Anschleppen oder Anschieben

Wenn man nicht gerade das Glück hat, von einem Berg herunterrollen zu können, um dadurch den Motor in Gang zu setzen, wird man sich – wenn man keine Starthilfekabel hat – anschleppen lassen müssen. Befestigen Sie Ihr Seil, wie im Kapitel »Schleppen und Abschleppen« beschrieben und achten Sie beim

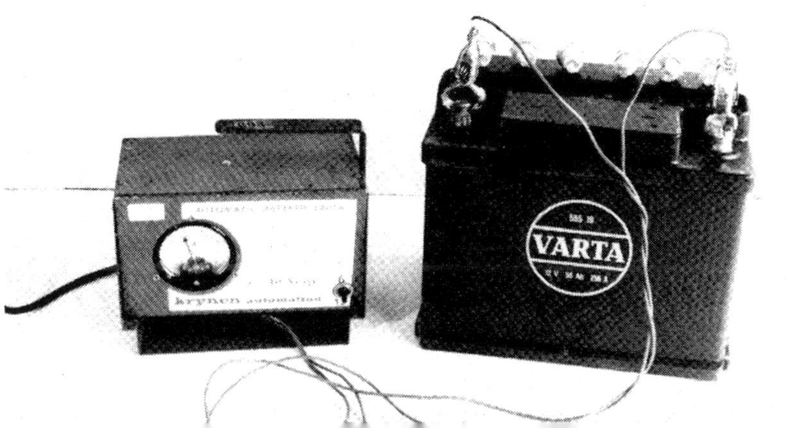

Zum Aufladen der Batterie gibt es einfache Garagengeräte, die für 12-Volt-Batterien etwa ab 60 Mark kosten. Beim Laden, das mehrere Stunden in Anspruch nimmt, sollen die Verschlußstopfen der Batteriezellen geöffnet werden.

Trotz leerer Batterie läßt sich mit einem Satz Starthilfekabel der Motor anwerfen. Bitten Sie einen Autofahrer, dessen Motor läuft, so dicht an Ihren Opel heranzufahren, daß mit den mindestens 2,5 m langen Kabeln eine direkte Verbindung von Batterie zu Batterie hergestellt werden kann. Dabei werden die Kabel an den Batteriepolen – Plus an Plus und Minus an Minus – angeklemmt. Dann startet der hilfsbereite Autofahrer seinen Wagen und gibt kräftig Gas, damit seine Lichtmaschine kräftig Strom spendet, während Sie Ihren müden Opel-Motor zu munterem Leben erwecken. Das funktioniert auch bei eingebauter Drehstrom-Lichtmaschine. Ebenso können Sie mit Ihrer 12-Volt-Anlage sogar einem Auto mit 6-Volt-Anlage wieder auf die Sprünge helfen.

Schleppen auf Hindernisse, die Ihren hilfreichen Vordermann zu plötzlichem Bremsen zwingen.

Ist alles startklar, tun Sie folgendes: Zündung einschalten, Kupplung treten, 2. Gang einlegen. Während der Schleppwagen das Seil straffzieht und Ihr Auto zu rollen beginnt, treten Sie im Wagen mit Startautomatik (Typen 16 S und 19 S) einmal das Gaspedal nieder oder Sie ziehen den Starterknopf (Choke), wenn es sich um den Typ 12 S oder 16 mit Luftklappenbetätigung handelt. Bei genügend Fahrt – etwa von doppelter Schrittgeschwindigkeit an aufwärts –: Kupplung langsam kommen lassen, rechte Hand an der Handbremse, Fuß aufs Gaspedal lehnen. Springt der Motor an, sofort Kupplung treten und Gas geben, Handbremse sanft ziehen (sie haben nur zwei Beine und können nicht auch noch auf die Fußbremse treten), damit Sie dem Vordermann nicht ins Hinterteil fahren, und dem Schleppfahrer Hupsignal geben. Jetzt den Gang heraus und Kupplung loslassen, immer noch etwas Gas geben (damit der Motor nicht stehenbleibt und Sie von vorne anfangen müssen), und zusammen mit dem Schleppwagen langsam abbremsen.

Man kann den Opel auch mit Hilfe von zwei kräftigen Leuten (ein Mann alleine wird das kaum schaffen) durch Anschieben bei leerer Batterie ohne große Schwierigkeiten in Gang setzen. Dazu muß allerdings die Zündanlage in guter Verfassung sein, sonst wird es schwierig. Weil man die notwendige Drehzahl durch Anschieben im 3. Gang – im allgemeinen auch nicht im 2. Gang – erreiecht, wendet man einen Trick an: 1. Gang einlegen, Kupplung durchgetreten halten, Wagen anschieben lassen, bis er in Schwung ist, dann Kupplung schnell kommen lassen. Der Wagen macht einen Hopser, bei dem der Motor plötzlich schnell genug durchgedreht wird, um in der Lichtmaschine genügend Strom für den Zündfunken zu erzeugen. Springt der Wagen an, sofort Kupplung treten und Gas geben. Wagen mit der Handbremse anhalten, denn die Füße braucht man, wie schon gesagt, für Kupplung und Gaspedal.

Was in diesem Abschnitt über das Anschleppen und Anschieben gesagt wurde, trifft natürlich nicht zu, falls Sie einen Opel mit automatischem Getriebe besitzen. Siehe die Kapitel »Getriebe bis Achsantrieb« und »Schleppen und Abschleppen«.

Fahren ohne Batterie nicht möglich

Wegen der schon genannten Empfindlichkeit der Drehstrom-Lichtmaschine ist es nicht möglich, gänzlich ohne Batterie zu fahren. Bei Wagen mit einer herkömmlichen Lichtmaschine läßt sich das ohne weiteres unternehmen. Der mit Drehstrom-Lichtmaschine ausgerüstete Opel läßt es daher auch nicht zu, daß

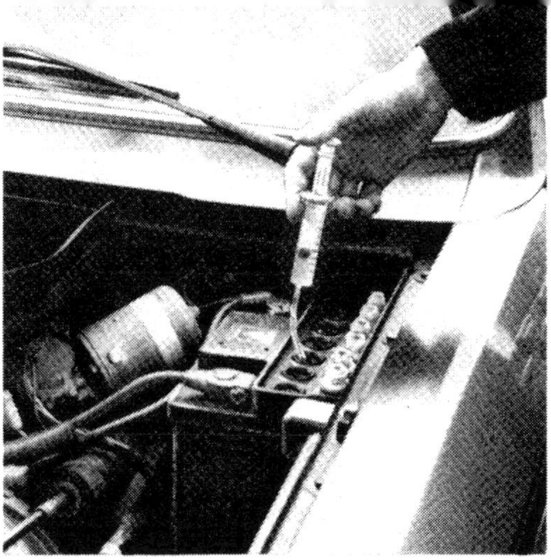

Mit einem Hebesäuremesser, wie er von der im letzten Abschnitt dieser Seite genannten Firma Neuber dem Mittel gegen Batterie-Korrosion beigefügt wird, läßt sich der Ladezustand bequem überprüfen. Wenn die rote Kugel in dem Säureheber oben schwimmt, ist die Batterie in Ordnung. Schwebt die Kugel etwa in der Mitte, ist der Ladezustand mäßig, und sinkt sie nach unten, muß Abhilfe geschaffen werden.

man sich anschleppen läßt, wenn keine Batterie eingebaut und angeschlossen ist.
Ebenfalls darf eine defekte Batterie mit innerem Kurzschluß in den Manta nicht eingebaut werden. Die Lichtmaschine kann in ihr keinen Strom speichern. Die deshalb überlastete Lichtmaschine und der Reglerschalter schmoren in kürzester Zeit durch und die Stromversorgung bricht endgültig zusammen. Abschleppen lassen und teure Instandsetzungsarbeiten wären die Folge.

Kauf einer neuen Batterie

Müdigkeitserscheinungen bei den Stromverbrauchern künden es dem aufmerksamen Fahrer an, wenn eine neue Batterie fällig wird (bei einer handelsüblichen Batterie meist nach 3 Jahren). Das ist eine bittere Pille, denn die 44 Ah-Batterie für den Opel kostet rund 150 DM, gefüllt und geladen. Wir möchten raten, in jedem Fall eine 44 Ah-Batterie zu kaufen, denn sie verfügt über eine ausreichende Kapazität, wie man aus den ersten beiden Seiten dieses Kapitels entnehmen kann.
Wenn Nachladen nichts mehr hilft und die Scheinwerfer beim Gasgeben wesentlich heller werden, dann ist es soweit. Zumeist ereignet sich das jährlich zu beobachtende Batteriesterben bei den ersten Nachtfrösten.
Die Entwicklungsarbeit an den Autobatterien macht nur zögernde Fortschritte. Aber allmählich verschwinden die dickwandigen Hartgummiumhüllungen und machen dem leichteren Polypropylen Platz. In diesen Batterien sind die Platten und die Separatoren zu einem festen Satz verspannt. Somit ergaben sich neue DIN-Maße mit geringerer Höhe und Länge unter Beibehaltung der für die Bodenbefestigung genormten Breite.
Wundermittel zum Aufputschen einer Batterie gibt es nicht. Wir haben jedoch ein Mittel gefunden, mit dem eine chemisch defekte, also sulfatierte Batterie wieder aufgemuntert werden kann. Es heißt »Cobalt-MG«, ist über die Firma Krynen-Neuber, 5810 Witten, Jahnstraße 13, im Fachhandel und in den Auto-Abteilungen der Kaufhäuser erhältlich und kostet um 13 DM. Damit kann man die Lebensdauer einer altersschwachen Batterie verlängern; es wird jedoch geraten, das Mittel nach Vorschrift sofort in neue Batterien hineinzugeben (ausgenommen ATSA-Batterien, die bereits mit Cobalt angereichert wurden).

Geballte Kraft in zwei Paketen

Wie ein Fahrraddynamo Licht erzeugt, so dient auch die Lichtmaschine im Auto dieser erleuchtenden Aufgabe. Aber das ist nur eine Nebenbeschäftigung. In der Hauptsache muß sie den Zündstrom erzeugen, der für die Verbrennung des Kraftstoff-Luft-Gemischs zu sorgen hat. Außerdem muß sie für Gleichstrom sorgen, um der Batterie wieder Strom zuzuführen, denn Wechselstrom kann nicht gespeichert werden. Jenem Elektrizitätsspeicher wird der Strom beim Anlassen und im geringeren Maße durch andere Stromverbraucher entzogen. Weil eine Lichtmaschine im Auto sehr viel leisten muß, wird sie in zunehmendem Maß »Generator« genannt.

Die in diesem Buch beschriebenen Opel-Typen sind mit einer Drehstrom-Lichtmaschine ausgerüstet. Nur noch einige andere Fabrikate sind – wie früher üblich – mit einer Gleichstrom-Lichtmaschine bestückt, die zwar in ihrem Aufbau relativ einfach ist, aber eine niedrigere Leistungsgrenze besitzt. Ihr Drehzahlbereich ist nach oben beschränkt, und bei niedrigen Drehzahlen vermag sie nicht genügend Strom zu erzeugen. Die ihr angeschlossenen Verbraucher sind zwangsläufig von dieser Einengung im Betrieb abhängig.

Bei der Drehstrom-Lichtmaschine erfolgt die Gleichrichtung des erzeugten Drehstroms durch Halbleiter-Dioden; es wird also Gleichstrom daraus gemacht, denn nur diesen kann die Batterie spreichern. Die Drehstrom-Lichtmaschine hat keinen geriffelten Kollektor mehr, sondern nur noch glatte Schleifringe, auf denen die Kohlebürsten laufen. Diese verschleißen deshalb längst nicht so schnell wie bei der Gleichstrom-Lichtmaschine (Lebensdauer ca. 100 000 km).

Die Lichtmaschine

Am Kurbelwellengehäuse links unten (nur beim 12 S-Motor: rechts unten) ragt die Lichtmaschine weit genug nach vorn, daß sie über einen Keilriemen von der Riemenscheibe angetrieben werden kann, die auf dem Kurbelwellenende sitzt. Der Keilriemen bewegt zugleich den Ventilator.

Wahlweise kommen verschiedene Typen von Bosch zum Einbau, und zwar G 1 14 V 28 A 22 oder K 1 (R) 14 V 28 A 22 oder K 1 (R) 14 V 35 A 20 oder K 1 (R) 14 V 55 A 20. Aus diesen Typenbezeichnungen ist ersichtlich, daß die Lichtmaschinen eine Nennspannung von 14 Volt haben und dauernd 28 (oder 35 oder 55) Ampere Strom abgeben können. Angegebene Amperezahl mit der 14-Volt-Betriebsspannung multipliziert ergibt den Wert der Dauerleistung, nämlich 392 (oder 490 oder 770) Watt. Das ist mehr als das Doppelte bei einer üblichen Gleichstrom-Lichtmaschine. Kurzzeitig kann eine solche Drehstrom-Lichtmaschine sogar noch mehr Leistung abgeben, da die typgebundene Ampere-Leistung bereits bei der Lichtmaschinen-Drehzahl von etwa 6000 U/min erfolgt.

Die letzte Zahl in der Typenbezeichnung gibt die Nenndrehzahl an (mit 100 multipliziert), bei der die Ampere-Leistung erreicht wird. Eine Leistung von 10 Ampere wird von der stärksten der genannten drei Lichtmaschinen bereits

bei 1200 U/min abgegeben (die beiden schwächeren Typen benötigen dazu 1300 bzw. 1500 U/min). Das besagt, daß schon bei einer sehr mäßigen Leerlaufdrehzahl des Motors von etwa 600 U/min die Drehstrom-Lichtmaschine in Funktion versetzt wird. Dennoch sind die Reserven besonders der schwächsten der drei Typen nicht üppig: Bei allen eingeschalteten Verbrauchern wird fast ihre volle Leistung aufgebraucht.
Der dreiphasige Wechselstrom (Drehstrom), den diese Lichtmaschine erzeugt, wird durch dauerhafte Dioden (Halbleiter-Elemente) in den für Batterie und Zündanlage notwendigen Gleichstrom umgewandelt. Diese Dioden unterliegen zwar keinem mechanischen Verschleiß, aber sie sind gegen Spannungsspitzen, d. h. gegen hochgespannte Stromstöße, empfindlich. Sie können durch diese Spannungsspitzen, die sich beispielsweise beim Einschalten von Stromverbrauchern ergeben, zerstört werden. Deshalb hat bei der Drehstrom-Lichtmaschine die Batterie die Aufgabe, als Spannungsbegrenzer zu fungieren und ist darum mit der Lichtmaschine direkt durch Kabel über den Anlasser verbunden. Diese Kabelverbindungen zwischen Lichtmaschine und Batterie dürfen niemals bei laufendem Motor voneinander getrennt werden, was bei einer Gleichstrom-Lichtmaschine völlig harmlos ist. Batterie und Lichtmaschine (zusammen mit dem Regler) bilden in diesem Falle also eine fest zusammengehörende Einheit. Darum ist auch der Reglerschalter der Drehstrom-Lichtmaschine von einem anderen Typ als er bei Gleichstrom-Lichtmaschinen zur Verwendung kommt.

Fingerzeig: *Da nahezu 90 % aller Modelle mit der stärkeren Drehstrom-Lichtmaschine mit 490 Watt (statt 392 Watt) schon ab Werk geliefert werden, kann man auch bei Gebrauchtwagen in der Regel damit rechnen. Sie ist in jedem Fall beim Manta SR serienmäßig (wegen der Halogen-Doppelscheinwerfer), und dann sollte man auch die Möglichkeit der Ausrüstung mit heizbarer Heckscheibe und/oder mit Halogen-Nebelleuchten ausnutzen.*

Nicht nur Vorteile

Die Vorzüge der Drehstrom-Lichtmaschine wurden bereits vermerkt. Und wenn man durch Aufleuchten der Ladekontrollampe vermuten muß, daß an der Lichtmaschine oder am Regler etwas nicht in Ordnung ist, kann man die Lichtmaschine auch noch stillegen. Dieser Notbehelf zum Weiterkommen darf aber nicht bei laufendem Motor vorgenommen werden, sonst handelt man sich unweigerlich noch weitere Schäden ein:
Ziehen Sie einmal probeweise den weißen Stecker von der Lichtmaschine ab. Der Motor läßt sich trotzdem in Gang setzen und man kann notfalls fahren, um eine Elektrowerkstatt mit eigener Kraft anzulaufen. Die Batterie wird dabei von der Lichtmaschine nicht geladen (der gesamte Strom wird der Batterie entnommen) und die rote Kontrolleuchte glimmt. Dieser Dreifachstecker muß übrigens fest in seinen Sitz gedrückt werden, und eventuell zu kurze Kabel sollte man durch längere ersetzen, um Brüche der Kabel zu verhindern.
Wenn die Batterie leer ist, darf man sich aber vom Nachbarn keine andere ausleihen, um sie kurzzeitig zum Starten einzubauen und sie nach Anspringen des Motors wieder herauszunehmen. Das funktioniert nur bei eingebauter Gleichstrom-Lichtmaschine richtig, denn den Batteriewechsel übersteht die Drehstrom-Lichtmaschine wegen der beim Kabellösen auftretenden Stromstöße nicht.
Bei leerer Batterie muß man sich also anschieben oder anschleppen lassen, wie es ab Seite 115 beschrieben ist. Dort wurde auch gesagt, daß man sich ganz ohne Batterie im Opel mit der Drehstrom-Lichtmaschine überhaupt nicht anschleppen lassen darf.

Wartung der Drehstrom-Lichtmaschine

Die normale Gleichstrom-Lichtmaschine übersteht auch ungeschickte Bastelübungen eines neugierigen Heimwerkers. Bei der Drehstrom-Lichtmaschine möchten wir jedoch davon abraten, denn die Lager sind nur mit entsprechenden Abziehvorrichtungen zu lösen und vor allem sind etliche Bauteile sehr empfindlich gegen Hitze (beim unvermeidlichen Löten), gegen Verdrehen, ungenauen Zusammenbau und gegen das Berühren mit nicht zusammengehörenden Kontakten. Da kann der Heimwerker-Instandsetzungsversuch teuer werden. Also besser: Drehstrom-Lichtmaschine Werkstattsache.

Sollte einmal die Batterie im eingebauten Zustand am Schnelladegerät aufgeladen werden, muß der Ladestromkreis von der Batterie abgeschlossen werden. Das bedeutet, daß zumindest die Kabelklemme am Plus-Pol der Batterie abgenommen wird.

Da die Drehstrom-Lichtmaschine kaum der Wartung bedarf, hat man mit ihr auch kaum Ärger. Eventuell vorkommende Arbeiten kann man beruhigt einer Fachwerkstatt überlassen, denn – wie schon gesagt – dieser Stromerzeuger ist eine empfindliche Maschine. Bei der Kontrolle müssen die Schleifringe gereinigt werden und man hat zu kontrollieren, wie weit die Bürsten abgenutzt sind; gewöhnlich wird man sie bei dieser Gelegenheit ersetzen müssen.

Vor dem Ausbau der Lichtmaschine muß die Batterie abgeklemmt werden. Anschließend löst man den Stecker mit den drei Kabeln der Farbe schwarz, rot und braun und schraubt ferner den Anschluß des dicken roten Kabels (SW 10) ab. Oben wird der Generator an einem Schwenkbügel festgehalten, hier ist eine SW 13-Schraube zu lösen. Dieser Arm läßt sich erst nach oben bzw. unten schwenken, wenn man dessen Lagerung gelockert hat (vorn Schraubenkopf SW 27, hinten Mutter SW 13). Nach Lösen des unteren Schwenkbolzens SW 13 läßt sich nun die Lichtmaschine in Richtung Motor drücken, so daß der Keilriemen und anschließend die Lichtmaschine abgenommen werden können.

Das Kabel D + zwischen Regler und Lichtmaschine ist manchmal etwas kurz geraten. Dann neigt es wegen der gespannten Installation dazu, durch die Vibrationen des Motors zu brechen. Ein neues, etwas längeres Kabel schaltet diesen Störungsfaktor aus.

Selbsthilfe an der Drehstrom-Lichtmaschine

Die Zerlegung und Pflege der Drehstrom-Lichtmaschine sollte man nur dann durchführen, wenn man schon Erfahrungen mit der Auto-Elektrik gesammelt hat. Dann allerdings gibt es keine zu großen Probleme.

Nach Abklemmen der Batterie und Lösen aller Zuleitungen wird die Lichtmaschine ausgebaut. An der hinteren Seite die Halterung der Lichtmaschinenkohlen abschrauben und herausnehmen. Unter der Kohle sitzt eine Feder, beide werden von der angelöteten Kohlelitze gegen die Schleifringe gedrückt. Springt eine Kohle heraus, muß die komplette Kohlenhalterung mit Kohlen erneuert werden. Die Kohlen müssen 9 bis 10 mm aus der Halterung herausragen, sonst neue Kohlen einsetzen. Nach Abnahme der Riemenscheibe und des Lüfterrades an der Vorderseite der Lichtmaschine können die vier langen Zugschrauben gelöst werden, die beide Hälften der Lichtmaschine zusammenhalten.

Arbeiten an den Dioden sollten Sie unbedingt der Elektrowerkstatt überlassen. Ist eine Diode defekt, muß die jeweilige Diodenplatte komplett ausgetauscht werden. Reparaturen sind daran nicht möglich.

Die nachfolgende Tabelle soll Ihnen dabei helfen, Störungen einzukreisen, zu erkennen und abzustellen.

Die Störung	— ihre Ursache	— ihre Abhilfe
Rote Ladekontrollampe brennt nicht bei Motorstillstand und eingeschalteter Zündung	Anzeigelampe durchgebrannt Batterie entladen Batteriekabel gebrochen Kabelklemmen lose oder oxydiert	Neue Lampe einsetzen Batterie aufladen Batteriekabel kontrollieren
	Batteriekabel und -klemmen kontrollieren	Behelfskabel zwischen Batterie und Zündspule ziehen
	Kabel zwischen Klemme D + der Lichtmaschine und Lampe unterbrochen	Leitung überprüfen und instandsetzen
	Reglerschalter defekt	Austauschen
	Kurzschluß einer Plusdiode	Sofort Ladeleitung B + abklemmen, sonst Entladung im Stand, mit Batteriestrom zur Werkstatt
	Kohlebürsten abgenutzt	Austauschen
	Oxydschicht auf Schleifringen, Unterbrechung der Läuferwicklung	Lichtmaschine instandsetzen lassen
Ladekontrollampe brennt nach Ausschaltung der Zündung weiter	Reglerschalter defekt oder Kurzschluß in der Lichtmaschine	Kabel B + lösen und mit Batteriestrom zur Werkstatt
Ladekontrollampe erlischt bei höherer Drehzahl nicht	Keilriemen gerissen	Erneuern
	Leitung D +/61 hat Masseschluß	Leitung überprüfen und instandsetzen
	Reglerschalter defekt	Austauschen
	Gleichrichter schadhaft, Schleifringe verschmutzt, Masseschluß in Leitung DF oder Läuferwicklung	Lichtmaschine instandsetzen lassen
Ladekontrollampe brennt im Stand richtig, aber glimmt bei Motorlauf	Übergangswiderstände im Ladestromkreis oder in der Leitung zur Anzeigelampe	Leitung ersetzen, Anschlüsse festziehen
	Reglerschalter defekt	Austauschen
	Lichtmaschinendiode defekt	Kabelstecker an Regler sofort abziehen und mit Batteriestrom zur Werkstatt
Ladekontrollampe flackert bei mittlerer und hoher Drehzahl	Keilriemen locker	Nachspannen
	Klemmen gelockert oder Kabel defekt	Kabel und Anschlüsse zwischen Lichtmaschine, Regler und Batterie prüfen
	Bei Kontaktreglern Einstellung falsch (Flattern) oder Reglerwiderstand durchgebrannt	Reglerschalter austauschen
	Batterie defekt	Gegenprobe mit zuverlässiger Batterie
	Kurzschluß in der Lichtmaschine	Instandsetzen lassen
Ladekontrollampe verlischt erst bei hoher Drehzahl	Lichtmaschine nicht in Ordnung	Prüfen lassen
	Reglerschalter arbeitet falsch	Austauschen
Ladekontrollampe erlischt, leuchtet aber wieder schwach auf	Oxydierte oder verschmutzte Kontakte bewirken Spannungsabfall	Kontakte der Kabel säubern Reglerschalter überprüfen lassen
Batterie wird überladen (Säurekristalle an der Batterieoberseite)	Spannungsregelung in Lichtmaschine oder Reglerschalter funktioniert nicht	In Fachwerkstatt prüfen lassen

Dieses Bild veranschaulicht die Anbringung der Drehstrom-Lichtmaschine am 12 S-Motor. Wenn der Keilriemen gespannt werden soll, sind die Bolzen 1–3 etwas zu lockern. Sodann wird die Lichtmaschine nach außen gedrückt, bis die Keilriemenspannung, wie auf Seite 125 beschrieben, hergestellt ist. In diesem Zustand dreht man die Schraube Nr. 2 wieder fest an, um den Halt der Lichtmaschine zu sichern, und dann werden die beiden anderen Befestigungsschrauben auch wieder gut festgezogen.

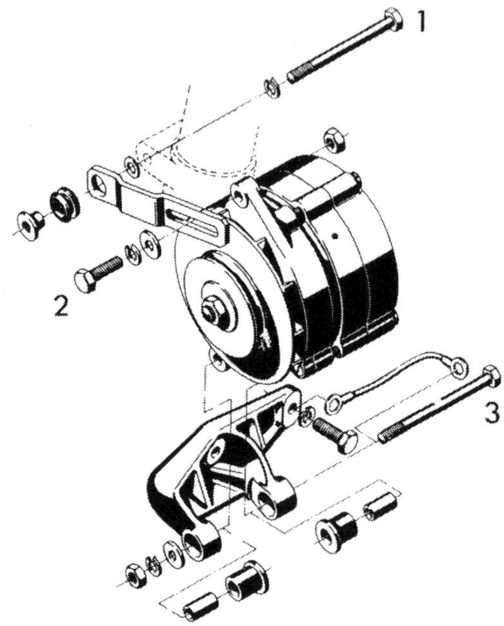

Der Reglerschalter

Bei schnelleren Umdrehungen liefert die Lichtmaschine auch mehr Strom. Das führt zu Stromschwankungen, womit weder Batterie noch Stromverbraucher fertig werden können. Besonders die Batterie muß gegen Überladen geschützt werden, und das Licht der Scheinwerfer wäre je nach Fahrgeschwindigkeit einmal hell und einmal schwach. Zur Maßhaltung des Lichtmaschinenstroms ist ein auf die jeweilige Lichtmaschine abgestimmter Reglerschalter (Spannungsregler) an den Generator angeschlossen. Bei dem Manta übernimmt diese Aufgabe entweder der Regler AD 1/14 V oder der entstörte Regler ADN 1/14 V. Einer von beiden kann an jeder der vier Lichtmaschinentypen angeschlossen sein.

Der Reglerschalter ist, sofern der Wagen nicht eine Lichtmaschine mit eingebautem Regler hat, im Motorraum links am Karosserieblech angeschraubt. Er verbindet die Lichtmaschine nach Erreichen ihrer Einschaltdrehzahl, wobei als Bestätigung die Ladekontrollampe erlischt. Bei der Einschaltdrehzahl ist die Lichtmaschinenspannung der Batteriespannung angeglichen, und ab diesem Moment kann die Lichtmaschine die Stromlieferung für Zündanlage, Stromverbraucher und Laden der Batterie aufnehmen. Der Reglerschalter veranlaßt, daß die Dioden in der Lichtmaschine diese von der Batterie trennen, wenn die Einschaltdrehzahl unterschritten wird. Dadurch wird verhindert, daß sich die Batterie über die dann schwächerwirkende Lichtmaschine entlädt. Schließlich sorgt der Regler bei schnell laufender Lichtmaschine dafür, daß die Batterie nicht überladen wird und die Stromverbraucher keine zu hohe Spannung erhalten.

Reparaturmöglichkeiten am Reglerschalter?

Wenn ein Reglerschalter schadhaft ist, kann man ihn nicht reparieren. Versuche, etwa durch Abschleifen der Kontakte oder Andrücken der Schaltfedern machen die Sache zumeist noch schlimmer, denn bereits kleine Federspannungsänderungen verändern seine Schalterei vollkommen. Defekte im Reglerschalter sind in krassen Fällen an »überkochender« oder ständig entladener

Batterie, am Nichterlöschen oder Durchbrennen der Ladekontrollampe und grellem Aufleuchten der Scheinwerfer bei schnellem Gasgeben erkennbar. Leichtere Unstimmigkeiten des Reglerschalters sind mit elektrotechnischen Meßgeräten, wie sie gut ausgestattete Opel-Werkstätten, vor allem die Reparaturwerke der Opel-Niederlassungen, zur Verfügung haben, feststellbar.
Üblicherweise besitzt der Regler drei Anschlüsse, nämlich die von der Lichtmaschine heranführenden Kabel. Bei Wagen mit heizbarer Heckscheibe ist an der Plus-Klemme (rotes Kabel) noch ein blau-weißes Kabel angeschlossen, das zum Heizscheibenrelais führt.

Rotes Ladekontrollicht

Die rote Ladestromkontrolleuchte, die im linken Instrument für die Kontrollleuchten sitzt, ist nur bedingt verläßlich. Ihr Verlöschen trügt insofern, als man glaubt, daß nun die Batterie aufgeladen wird, aber es kündet lediglich an, daß die Spannung jene der Batterie erreicht und der Reglerschalter umgeschaltet hat. Ob jetzt schon die Leistung der Lichtmaschine zum Laden der Batterie ausreicht oder ob diese noch für weitere Stromverbraucher (Licht, Radio, Scheibenwischer, Heizgebläse usw.) Strom aus eigenem Vorrat hinzuliefern muß, ist nicht zu ersehen. Man kann sich darüber nur durch den nachträglichen Einbau eines Amperemeters informieren. Dessen Skala muß auf der Minus-Seite ebenso weit wie auf der Plus-Seite reichen, denn ein solches Instrument nur mit Plus-Anzeige hat wenig Wert.
Wenn Sie einmal den Schaltplan in der hinteren Buchklappe prüfen, können Sie erkennen, daß die Ladekontrolleuchte im Anzeigeinstrument einerseits am allgemeinen Plus-Anschluß für die Instrumente und andererseits am Kabel zum Regler, unter eventuellem Kontakt zum nicht immer vorhandenen Heizscheibenrelais, hängt. Steht die Lichtmaschine oder läuft sie nur wenig, dann hat dieses Plus-Kabel der Lichtmaschine keinen oder nur wenig »Plus«-Strom, ist praktisch also »Minus«; so daß die rote Lampe brennt, weil sie über den allgemeinen Armaturenbrett-Anschluß von der Batterie her Plus-Strom erhält. Liefert die Lichtmaschine jedoch genügend Strom, liegt an beiden Kabelenden der Ladekontrolleuchte »Plus«, sie kann also nicht mehr leuchten. Ob es aber soviel Strom ist, daß die Batterie geladen werden kann, ist keineswegs damit erwiesen. So kann es vorkommen, daß bei nächtlichen Verkehrsstockungen trotz gemächlich laufendem Motor die Autobatterie plötzlich leer ist, obwohl die Ladekontrolle niemals brannte. Diese »Überraschung« kann man eher beim Betrieb mit einer Gleichstrom-Lichtmaschine erleben; gerade die Drehstrom-Lichtmaschine bietet ja den Vorteil, auch bei niedrigen Drehzahlen die Batterie zu laden.

Links: In der Unterseite des Reglerschalters befinden sich rechts die drei Zungen für den Steckanschluß. Der Deckelrand ist gegen eindringende Feuchtigkeit durch Klebband geschützt.

Rechts: Ausgebaute Drehstrom-Lichtmaschine. Links und rechts sieht man die Haltelager.

Wenn das rote Licht aufleuchtet

Wenn unterwegs plötzlich die rote Ladekontrolleuchte beginnt zu brennen, halten Sie unbedingt sofort an! Öffnen Sie die Motorhaube und prüfen Sie

- ob der Keilriemen überhaupt noch vorhanden ist (er kann zerrissen und weggeflogen sein) oder
- ob der Keilriemen eventuell zerfranst ist oder nur noch lose über den Riemenscheiben herumrutscht.

Die Lösung beider Probleme finden Sie in den folgenden zwei Abschnitten beschrieben.

Sollte sich am Keilriemen kein Mangel feststellen lassen, prüfen Sie,

- ob die Kabelverbindungen zwischen Lichtmaschine, Regler und Batterie in Ordnung sind – siehe Seite 120.
- Lichtmaschine oder Regler können ausgefallen sein.

Die beiden letzten Möglichkeiten lassen es zu, mit eigener Kraft bis zur nächsten Autoelektrik-Werkstatt weiterzufahren (siehe Seite 119).

Kurioserweise kann die Ladekontrolle beim Manta A auch aufleuchten, wenn Sicherung 1 oder 2 wegen eines Kurzschlusses bei einem der dort angeschlossenen Verbraucher (z. B. Kennzeichenleuchte) durchbrennt. Über Umwege, die auf dem Schaltplan in der hinteren Buchklappe nachzuvollziehen sind, tritt während der Fahrt in diesem Fall von der Kurzschlußseite her Minus an die Lampe.

Keilriemen-Probleme

Kaufen Sie sich einen Ersatzkeilriemen! Den verstecken Sie so lange im Kofferraum, bis Sie ihn – vielleicht – einmal brauchen. Der Keilriemen hat das Maß 9,5 x 950 mm beim 12 S und 9,5 x 900 mm bei den anderen Typen. Er ist bei Opel-Händlern, Ersatzteilgeschäften, manchmal bei Tankstellen zu haben.

Man muß es nicht unbedingt hören, wenn der Keilriemen abfliegt. Aber man sieht es beim Opel am Aufleuchten der Ladekontrollampe bei laufendem Motor sofort (weil die Lichtmaschine nicht mehr angetrieben wird). Ebenso kann die Lampe brennen, wenn der Keilriemen nicht die nötige Spannung hat und auf den Riemenscheiben durchrutscht. Der gleiche Verdacht auf einen gerissenen oder nicht genügend stramm sitzenden Keilriemen besteht, wenn plötzlich das Fernthermometer zu hohe Temperatur der Kühlflüssigkeit anzeigt.

Halten Sie sofort an, wenn die besagten Lampen plötzlich brennen! Schäden, die durch unbedachte Weiterfahrt entstehen, wenn der Keilriemen nur noch wenig oder überhaupt nicht seine Aufgabe erfüllt, treten unweigerlich am Motor auf. Der Umlauf des Kühlwassers wird unterbrochen, weil die Wasserpumpe nicht mehr fördert, und durch die Hitzeausdehnung im Motor kommt es zu Kolbenklemmern, die unreparierbare Zerstörungen zur Folge haben können

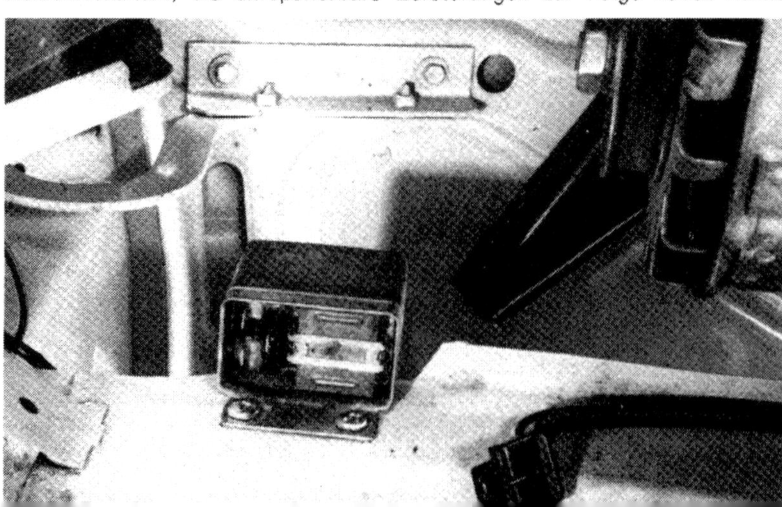

Diesen Anblick gewinnt man, wenn man in den Motorraum des Manta 12 S aus der Froschperspektive schaut. Im Bild rechts oben die Drehstrom-Lichtmaschine, darüber der Ansaugstutzen des Luftfilters. Der kleine Kasten am Längsträger ist der auf der vorangegangenen Seite abgebildete Reglerschalter, das dreipolige Kabel wurde abgezogen.

Ein richtig gespannter Keilriemen muß sich unter Daumendruck etwa 10–15 mm durchbiegen lassen. Geübte Leute haben das im »Gefühl«. Die Schrauben von Schwenkarm (Bild Seite 122) und Schwenklager werden etwas gelockert, wenn der Keilriemen nachgespannt werden muß. Dann Lichtmaschine nach außen drücken und Schrauben bei richtiger Keilriemenspannung wieder festziehen.

(z. B. Abreißen der Pleuel). Im günstigsten Fall, wenn der Keilriemen gerade noch »mitnimmt«, ladet die Lichtmaschine zu wenig.
Andererseits, wenn zu stramm gespannt, beansprucht der Keilriemen die Lager der Wasserpumpenwelle und der Lichtmaschine zu sehr. Vorzeitiger Verschleiß oder Zerstörung der Lager ist die Folge.

Keilriemenspannung prüfen

Pflegearbeit Nr. 8

Am Opel ist es verhältnismäßig einfach, die Spannung des Keilriemens zu regulieren. Die bei diesem Vorgang zu lösenden Schrauben sind gut zugänglich. Man lockert die obere Befestigungsschraube der Lichtmaschine am Spannbügel sowie dessen Lagerung (beide SW 13) und dazu die untere Halterung (ebenfalls SW 13) und drückt dann die Lichtmaschine nach außen. Dadurch spannt man den Keilriemen. Zwischen Ventilator und Lichtmaschine soll sich der Keilriemen unter mäßigem Daumendruck (10 kg) ungefähr 10 bis 15 mm durchbiegen lassen. Bei dieser Gelegenheit: Geraten Sie bei laufendem Motor nie mit der Hand in die Nähe des Keilriemens, der ebenso blitzartig Rockärmel oder Krawatte ergreifen kann!
In Ermangelung eines Reserveriemens kann auch ein Damenstrumpf weiterhelfen. Der hält wenigstens bis zum nächsten Ersatzteillager, wenn er stramm genug aufgezogen wird. Vorher ist der Strumpf in die Länge zu ziehen und kräftig zu verdrillen, weil er sich sonst im Betrieb weitet und abfliegt. Möglichst zweimal über alle drei Riemenscheiben ziehen und bei jeder Wicklung so fest wie möglich anzurren, zum Schluß gut verknoten und die Enden nicht zu kurz abschneiden, sonst löst sich der Knoten. Selbstverständlich muß man nach der Montage sowohl die Ladekontrolle wie auch die Warnlampe für die Kühlwassertemperaturanzeige scharf im Auge behalten.
Fehlen aber Ersatzkeilriemen oder die besagten strumpftragenden Damenbeine, bleibt nichts anderes übrig, als sich abschleppen zu lassen. Und das sollte man im Interesse seines Motors doch ohne Zögern tun.

Der Anlasser

Der zum Starten dienende Elektromotor, der Anlasser, sitzt am Motor links hinten. Er ist derartig kräftig, daß man mit seiner Hilfe das Auto auch notfalls von der Stelle bringen kann. Es ist nämlich schon vorgekommen, daß durch irgendeinen unglücklichen Umstand der Motor ausgerechnet auf einem Bahnübergang abstirbt und in der Ferne schon der Zug herandonnert. Ruhig Blut, eingelegter Gang und betätigter Anlasser retten aus solcher Situation. Aber für eine weiterreichende Reise eignet sich der Anlasser natürlich nicht, denn seine Wicklungen schmoren bei zu langanhaltender Belastung durch.

Die Manta-Modelle mit 1,2-Liter-Motor besitzen einen Bosch-Anlasser mit der Typenbezeichnung DF(R) 12 V 0,5 PS, und die drei anderen Motorvarianten sind mit dem Bosch-Anlasser EF(R) 12 V 0,8 PS verbunden. Trotz der angegebenen PS-Leistung sind diese Anlasser recht klein. Die kompakte Bauweise läßt es nicht zu, den Anlasser übermäßig anzustrengen. Wenn der Motor nicht sogleich anspringt, müssen bei den Anlaßversuchen kleine Pausen eingelegt werden, damit der Anlasser sich abkühlen kann.
Bei den genannten Anlassern handelt es sich um Schubschraubtrieb-Anlasser. Das bedeutet, daß solch ein Anlasser beim Schließen des Stromkreises sein Antriebsritzel (Zahnrad) auf den Zahnkranz des Schwungrades vom Motor schiebt und dieses erst dann – rechts herum – zu drehen beginnt. Ein Freilauf am Ritzel verhindert Belastungen des Anlassers, wenn der schnell startende Motor das Ritzel noch nicht gleich freigegeben hat, also auf dem Schwungrad noch mitdreht. Natürlich schiebt sich das Anlaßritzel selbsttätig zurück, sowie der Zündschlüssel aus der Stellung »Starten« zurückgedreht wird. Der Anlasser hat Dauerschmierung, Störungen kommen selten vor.
Der Aufbau des Anlassers ist dem einer Gleichstrom-Lichtmaschine sehr ähnlich. Er stellt also kaum höhere Ansprüche, wird aber wegen der zum Überprüfen erforderlichen Demontage besser von der Werkstatt kontrolliert. Die Kohlebürsten und der Kollektor sind dem Verschleiß unterworfen und müßten eigentlich nach zwei bis drei Jahren einmal überprüft werden, aber wer tut das schon? Bei Bedarf müssen sie eben ersetzt oder nachgearbeitet werden. Nach langer Betriebszeit haben sich die Kohlebürsten derart abgeschliffen, daß ihre Metallsockel Rillen in den Kollektor graben und ein Abdrehen des Kollektors unvermeidbar wird. (In einer Bosch-Werkstatt ist das billiger, als womöglich einen neuen Anlasser einbauen zu lassen. Aber Ihr Wagen steht dann ein paar Tage still.) Bei Opel heißt es, daß die Mindestlänge der Kohlebürsten beim 0,5-PS-Anlasser 1,1 mm und beim 0,8-PS-Anlasser 1,5 mm betragen soll.

Prüfen des Anlassers

Sollte sich der Anlasser beim Startversuch nicht drehen und die Ladekontrolllampe brennt nur schwach, dann ist zuerst eine schwache Batterie zu vermuten. Auch die Kabelverbindungen muß man, bevor dem Anlasser zu Leibe gerückt wird, auf guten, korrosionsfreien Sitz überprüfen.
Nach Ausschalten dieser möglichen Störungsursachen wird der immer noch nicht funktionierende Anlasser einen Kurzschluß in seinen »Eingeweiden« oder in dem oben darauf sitzenden Magnetschalter haben. Der Wagen muß angeschoben oder angeschleppt werden. Bisweilen hilft es auch – besonders bei heißgefahrenem Motor – gegen den Magnetschalter oben auf dem Anlasser zu klopfen. Dieser Schalter kann hängen bleiben und durch Gegenklopfen gelöst werden.
Fehlende Zähne am Antriebsritzel und am Zahnkranz des Schwungrades machen sich durch krachende Geräusche und ruckweises Durchdrehen bemerkbar. Abhilfe ist nur durch Austausch der defekten Teile in einer Werkstatt möglich. Zu langsames Durchdrehen des Anlassers bei einwandfreier Batterie weist auf abgenutzte Kohlen oder verschmorte Drahtwicklungen hin, ebenso kann es sich dabei um korrodierte oder lose Kabelanschlüsse, um einen verschmierten Kollektor oder um einen defekten Anker handeln. Ein durch Rillen zerfurchter Kollektor kann abgeschliffen werden, der Mindestdurchmesser beträgt beim 0,5-PS-Anlasser 31,2 mm und bei dem 0,8-PS-Anlasser 32,8 mm. Reparaturen am Anlasser führen Bosch-Dienste und namhafte Autoelektrik-Werkstätten schnell und sachgemäß aus.

Straße der Elektronen

Strom kann nur fließen, wenn ihm Wege für den Fluß zum Verbraucher und zurück geboten werden. Wenn Sie es zu Hause fertigbrächten, nur einen der beiden Kontakte vom Stecker der Stehlampe in die Steckdose einzuführen, könnten Sie vergeblich auf das Aufflammen der Lampe warten. Der notwendige Kreislauf wird nur durch die Verbindung beider Kontakte erreicht.
Beim Auto konnte man sich die zweifache Verlegung von Kabeln ersparen, was natürlich den Kosten-Jägern in den Autowerken sehr sympathisch ist. Hier sind nur für den »Hinweg« des Stroms einfache Kabel vorhanden, während für den »Rückweg« leitende Metallteile wie Motor und Karosserie zur Verfügung stehen. Praktisch bieten sich alle miteinander verbundenen Teile des Autos, die metallen sind, für diesen Rückweg an, weshalb auch der Minus-Pol der Batterie mit dem Karosserieblech verbunden ist. Er hat »Masse«.

Die »Masse-Kur«

Mit der Zeit können die verschiedenen Masseverbindungen zwischen Motor, Fahrgestell und Karosserie den rechten Kontakt verlieren, sei es durch Lockerung oder durch Korrosion. Wesentlicher und nachteiliger sind die Ursachen, die zu Spannungsabfall in den Leitungen führen. Derartige Schwäche (im wahrsten Sinne des Wortes) macht sich bei steigendem Alter des Wagens mit immer müder leuchtenden Lampen bemerkbar. Schuld daran sind die Steckverbindungen der Kabel, Anschlußkontakte einzelner Aggregate und Schalterkontakte. Sie werden mit der Zeit locker oder sie oxydieren.
Kabelklemmen und Anschlüsse schabt man mit Feile, Sandpapier oder mit dem Taschenmesser blank. Auch die Umgebung der Klemme muß gereinigt werden. Zum Schluß sind die Kontaktstellen mit Isoliersprühmittel einzusprühen, das eine Isolierschicht über die blanken Stellen legt und besonders Kurzschlüsse durch Wasser verhindert. Ein bösartiger Feind ist zudem das Streusalz im Winter, das – wenn angetrocknet – eine weißliche Schicht hinterläßt. Solche Salzrückstände sind elektrisch leitend und können die Zündanlage so verwirren, daß sie nur noch stotternd arbeitet.
Falls man Verdacht auf oxydierte Schalterkontakte hat, die in dem betreffenden Schaltergehäuse nicht erreichbar sind, hilft eine einfache Probe: Verbraucher mit dem betreffenden Schalter einschalten und anschließend Stromaus- und -eingang des Schalters direkt mit einem kurzen, dicken Kabelstück überbrücken. Zeigt sich beim Antippen der beiden Schalterklemmen eine bessere Leistung des Verbrauchers, liegt die Schuld eindeutig im korridierten Schalter. Dann müssen Sie einen neuen Schalter montieren.

Normung der Anschlüsse

Die vielen bunten Kabel in Ihrem Auto jagen Ihnen womöglich einen Schrecken ein. Sie werden aber sehen, daß es halb so schlimm ist, wie sie im ersten Augenblick dachten. Nicht nur die Farben der Kabel sind »Wegweiser«, sondern die meisten Kabel sitzen an numerierten Anschlüssen. So trägt das stromführende Kabel von der Batterie zum Zündschloß immer die Anschlußklemmen 30, und Klemme 56 beispielsweise sorgt für das Licht in den Scheinwerfern. Die genaue Aufstellung der Kabelbezifferung, soweit sie im Opel zu finden sind, ersehen Sie aus der letzten Textseite vor dem Schaltplan in der hinteren Buchklappe.

Der Stromverbrauch ist von der Stärke (Querschnitt) des zuführenden Kabels, aber auch von dessen Länge abhängig. Zu der Scheinwerferlampe mit 45 Watt Aufnahmemöglichkeit läuft ein Kabel mit größerem Querschnitt als zur 10-Watt-Kofferraumleuchte. Wie eine Dorfstraße nicht den Rückflutverkehr vom Fußballstadion verkraften kann, zwängt sich der elektrische Strom nur ungern durch dünne Drähte, wenn er am anderen Ende etwas leisten soll. Dies führt zu Spannungsabfall, und statt der planmäßigen 12 Volt kommen dort nur 11 oder gar 10 Volt an, und außerdem heizt sich ein schwaches Kabel auf, es kann zu einem Kabelbrand kommen. Bei selbständiger Elektrobastelei ist zu beachten, daß der Querschnitt (nach deutschen Norm-Vorschriften) für 4,5 bis 5,5 Ampere Dauerstrom je 1 mm^2 zu betragen hat.

Einziehen neuer Kabel

Um eine elektrische Leitung im Auto zu ersetzen, darf man in keinem Fall zum Haushaltskabel greifen, das man daheim vielleicht für die Stehlampe benutzt. Denn die für die Autoelektrik verwendeten Kabel müssen benzin- und ölfest, scheuer- und weitaus hitzebeständiger sein. Am besten kauft man Kabel in der Opel-Werkstatt oder im Zubehörhandel und verlangt auch gleich die genormte Farbe, um späteren Ratespielen vorzubeugen. Die passenden Flachstecker, Endverbinder, Kabelschuhe usw. bekommt man dort gleichfalls, damit entfällt deren Festlötung, wenn man die abisolierten und blankgeschabten Kabelenden in die entsprechenden Verbindungsstücke einführt und mehrmals kurz nebeneinander mit einer Kombizange festklemmt. Mit dem Schneideteil dieser Zange kann man vorsichtig solche Verbindungen zusammenquetschen, ohne sie natürlich zu zertrennen. Fachwerkstätten besitzen eigens dafür vorgesehene Quetschzangen.

Müssen ganze Kabelsätze erneuert werden, weil etwa die bisherigen durch Brand oder Kurzschluß völlig verschmort sind, kann man diese Kabelsätze als fix und fertig montierbare Ersatzteile bei Opel erhalten.

Die Sicherungen

Die meisten der Stromverbraucher – aber nicht alle! – des Opel Manta hängen an einer der Sicherungen, mit denen die verschiedenen Kabel gegen Überlastung gesichert sind. Wahrscheinlich werden Sie eine Sicherung für die Hauptscheinwerfer vermissen, wie man sie in den meisten Wagen kennt. Fern- und Abblendlicht sind ohne zwischengeschaltete Sicherung direkt mit dem Signalschalter verbunden, so ist es bei Opel üblich.

Auch bei Zündstörungen kann keine defekte Sicherung Schuldursache sein (das ist auch bei anderen Automarken so), aber in allen anderen Fällen ist es empfehlenswert, bei Störungen erst einmal nach der zuständigen Sicherung zu schauen. Ist eine Sicherung durchgebrannt, gilt dies als Alarmzeichen, denn sie wurde offensichtlich überlastet. Das Einsetzen einer neuen Sicherung nützt dann unter Umständen wenig; sie brennt ebenfalls sofort wieder durch. Deshalb nach der Ursache forschen, wobei eine Prüflampe recht nützliche Dienste leisten kann, weil mit ihrer Hilfe unschwer festzustellen ist, ob in einer Leitung Strom fließt oder nicht. Einer der an der Sicherung hängenden Stromverbraucher oder das dorthin führende Kabel muß ja die Ursache der Überlastung sein.

Das beste Prüfgerät ist in diesem Falle allerdings ein Amperemeter – wenn

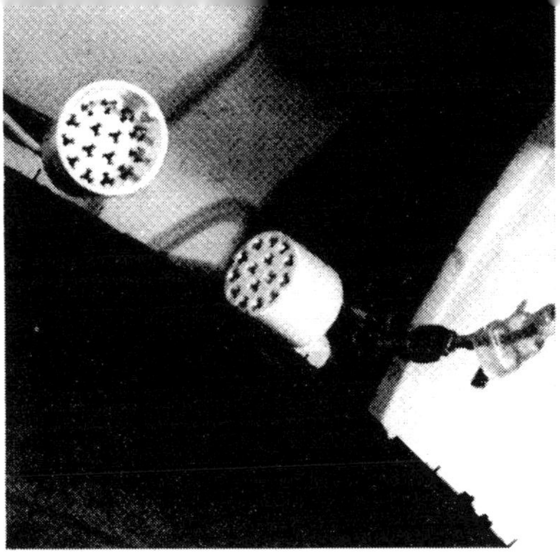

Eine bei Opel übliche mehrpolige Steckverbindung, wie man sie z. B. im Kofferraum links findet. Sie stellt den Anschluß zu den an der Rückfront des Wagens befindlichen Leuchten her. Die beiden Teile des Steckers können nicht verkehrt zusammengedrückt werden, weil sie nur in einer bestimmten Position ineinanderpassen.

man eines hat. Das wird anstelle der Sicherung zwischen die Kontakte geschaltet, dann nacheinander die daran hängenden Stromverbraucher einschalten und ablesen, wieviel Ampere da beansprucht werden. So läßt sich der Übeltäter einkreisen. Ein hundertprozentiges Verfahren ist das aber auch nicht, wenn die Ursache in einem nur während der Fahrt zum Kurzschluß führenden Wackelkontakt liegt.

Natürlich soll man immer einige Reserve-Sicherungen im Wagen mitführen. In Ihrem Opel brauchen Sie 5-Ampere- und 8-Ampere-Sicherungen, wie Sie aus der nachfolgenden Tabelle entnehmen können. Stecken Sie sich auch für den Notfall eine 16-Ampere-Sicherung in das Reservekästchen. Die kann dann einmal von von Nutzen sein, wenn eine schwächere Sicherung immer wieder durchbrennt, weil die entsprechende Leitung aus irgendeinem Grund überlastet ist. Auf diese Weise kommen Sie wenigstens noch bis zur nächsten Werkstatt, wo man den Fehler finden und beseitigen wird.

Beim Blick auf den Schaltplan stellt man fest, daß verschiedene Verbraucher nicht direkt mit ihrer Sicherung verbunden sind, sondern daß das zuführende Kabel dazwischen noch an andere Teile der elektrischen Anlage angeschlossen ist. Bei nicht sofort zu klärenden Störungen ist es möglich, daß jene zwischengeschalteten Geräte bzw. deren Anschlüsse die Ursache der Störung sind. Wenn man bei der Fehlersuche Grund zur Annahme hat, daß ein solches vorgeschaltetes Teil die Störungsquelle bildet, läßt sich die Funktion des Endverbrauchers wieder notdürftig herstellen, indem man den Störenfried abklemmt oder ihn durch ein zusätzliches Kabel überbrückt.

Links neben der Lenksäule, vom Innenraum erreichbar, befindet sich der Sicherungskasten. Welche Verbraucher im einzelnen abgesichert sind, zeigt die Tabelle der nächsten Seite. Ersatzsicherungen von 5 und 8 Ampere sollte man immer mitführen. Auch eine 16 Ampere-Sicherung kann in der Not weiterhelfen, wenn eine schwächere Sicherung immer wieder durchbrennt, weil die entsprechende Leitung aus irgendeinem Grund überlastet ist; so kommt man bis zur nächsten Werkstatt. Aber keine Sicherung flicken! Stromausfall trotz intakter Sicherung kann an oxydierten Halteklammern der Sicherung liegen: Sicherung mehrmals drehen, damit sich die Berührungsflächen gegeneinander blank reiben.

Sicherungstabelle

Sicherung Nr.	erhält Strom von	Kabelfarbe	angeschlossene Stromverbraucher	Kabelfarbe
1 5 Amp.	Lichtschalter	grau-rot	linke Standleuchte	grau-schwarz
			linke Schlußleuchte	grau-schwarz
2 5 Amp.	Lichtschalter (über Anschluß Sicherung Nr. 1)	grau-rot	rechte Standleuchte, rechte Schlußleuchte, Kennzeichenbeleuchtg.	grau-grün
			Motorraumleuchte	grau-grün/grau-rot/rot
			Instrumentenleuchten	grau-rot/grau
			Nebelscheinwerfer und Nebelschlußleuchte	grau-rot/schwarz-blau
			Handschuhfachleuchte	rot
			Zigarrenanzünderlcht., Wählhebelleuchte	grau
3 8 Amp.	Zündschalter Klemme 30	rot	Radio	gelb
			Kofferraumleuchte, Warnblinker, Lichthupe, Zeituhr, Innenraumleuchte,	rot
4 8 Amp.	Zündschalter (über Anschluß Sicherung Nr. 6)	schwarz	Gebläse	weiß-schwarz/schwarz
			Wählhebelschalter, Rückfahrleuchtenschalter	weiß-schwarz
			Zigarrenanzünder	schwarz
5 8 Amp.	Zündschalter (über Anschluß Sicherung Nr. 6)	schwarz	Scheibenwischer	lila
			Signalhorn	lila
			Kontaktfußpumpe Scheibenwascher	lila
6 5 Amp.	Zündschalter Klemme 15	schwarz	Blinker	schwarz/blau
			Drehzahlmesser Öldruckmesser	schwarz/schwarz-rot
			Ladekontrolleuchte, Warnblinkkontrolleuchte, Öldruckkontrolleuchte, Handbrems- und Kupplungskontrolleuchte	schwarz
			Bremslicht	schwarz/schwarz-rot

Funkenregen auf Kommando

Am besten ist es, wenn sich jemand die Zündanlage seines Autos vorurteilslos anschaut. Man darf sich durch fremdes Gerede nicht konfus machen lassen, denn auch diese elektrische Anlage ist nur Menschenwerk und keineswegs unverständliches Hexenwerk. Weil sie aber von Menschen geschaffen wurde, muß man auch bei ihr einmal auf Störungen gefaßt sein. Wollen Sie dann ratlos vor dem streikenden Auto stehen, obwohl vielleicht nur ein lockerer Kontakt oder ein gerissenes Drähtchen die Ursache Ihres Ärgers ist?

Warum Zündanlage?

Das Benzin-Luft-Gemisch, das der Vergaser produziert und von den Kolben in die Zylinder gesogen wird, muß von der Zündanlage im geeigneten Moment entflammt werden. Dazu hat diese elektrische Einrichtung immer dann einen Funken zu liefern, wenn die sich durch die Verbrennung entwickelnde Kraft am vollständigsten ausgenutzt werden kann. Es liegt auf der Hand, daß bei den schnellen Umdrehungen des Motors eine äußerst präzise Funkenerzeugung stattfinden muß.
Die Zündkerzen sorgen für die Entflammung des Gemischs. An ihren Elektroden (Drahtstifte) springt der Funke über. Beim Start wird der Funken von der Batterie und während der Fahrt wird er von der Lichtmaschine geliefert. Die 12 Volt der Batterie reichen aber bei weitem nicht, um gegen den Druck des im Zylinder zusammengepreßten Gemischs einen derart kräftigen Zündfunken überspringen zu lassen, wie es erforderlich ist. Das läßt sich nur mit Hochspannung, mit mehr als 10 000 Volt, erreichen. Diese Stromspannung hat schlagartig und zur rechten Zeit an jeder Zündkerze vorhanden zu sein.

Wie entsteht der Zündfunke?

Nur wenn der Stromkreis geschlossen ist, kann elektrischer Strom fließen. Im Auto fließt der Strom vom Plus-Pol der Batterie oder Lichtmaschine zum Stromverbraucher und durch diesen zur »Masse« (siehe Seite 127), von wo er wieder zum Minus-Pol der Batterie gelangt.
In der Zündanlage gibt es einen doppelten Stromkreis, zwei Stromkreise sind gewissermaßen ineinander verschlungen. Im ersten, dem Primärstromkreis, fließen die 12 Volt Spannung von Batterie und Lichtmaschine und im zweiten, dem Sekundärstromkreis, der hochgespannte Strom für den kräftigen Zündfunken. Fangen wir mit dem Primärstromkreis an. Der Strom fließt vom Plus-Pol der Batterie über das Zündschloß zur Zündspule, darin durch ein Wicklung aus dickem Draht – die Primärwicklung – weiter von der Zündspule zum »Untergeschoß« des Verteilers, der den Primärstrom über den Unterbrecher, solange dieser geschlossen ist, wieder an »Masse« leitet. Damit wäre der Primärstromkreis geschlossen und es entsteht dabei ein magnetisches Feld, das durch einen Eisenkern in der Mitte noch verstärkt wird.
Wenn nun der Unterbrecher im »Untergeschoß« des Verteilers den Primärstromkreis unterbricht, fällt das Magnetfeld um die Primärwicklung der Zünd-

spule schlagartig zusammen. Dabei entsteht in einer zweiten Drahtwicklung der Zündspule, der Sekundärwicklung, die aus vielen Lagen dünnen Drahtes gewickelt ist, ein plötzlicher Stromstoß von weit über 10 000 Volt für den Zündfunken. Diese Erzeugung elektrischer Spannungen wird auch Induktion genannt (Induktion = Entwicklung elektrischer Spannung durch Änderung des Magnetfeldes).

Das Lenk-Anlaß-Schloß

Pflegearbeit Nr. 4

Batterie und Lichtmaschine sind die Stromquellen für die Zündanlage, und der Strom muß, um zum Motor zu gelangen, über das Lenk-Anlaß-Schloß, auch Zündschloß genannt, fließen. Dieses Schloß ist ein möglicher Störungsherd, will Ihr Opel einmal nicht anspringen. Die Anleitung des Störungsfahrplans in der vorderen Buchklappe gibt Ihnen die Möglichkeit, einen Fehler einzukreisen. Der Fall, daß Sie das Zündschloß als Ursache entdeckt haben, soll zunächst hier untersucht werden.
Prüfen Sie zuerst die Kabelverbindungen. Stecker an der Lichtmaschine, am Regler und Verteiler und die Anschlüsse am Anlasser müssen fest sitzen. Um festzustellen, ob überhaupt Strom – bei eingeschalteter Zündung – vorhanden ist, schalten Sie das Standlicht ein. Denn der Batteriestrom fließt über die Anlasser-Klemme 30 zur Lichtmaschine Klemme B und trifft unterwegs auf eine Abzweigung, die zum Zünd-Anlaß-Schalter Klemme 30 führt. Von diesem Schalter geht der Anschluß Klemme P über den Abblendschalter zum Standlicht. Brennt das Licht, dann ist zur weiteren Überprüfung das schwarz-rote Kabel an der Klemme 50 am Anlasser zu lösen, ein Helfer dreht den Zündschlüssel auf Start, und das blanke Kabelende wird zugleich an Masse getippt. Es muß funken. Funkt es nicht, liegt der Fehler am Zündschloß.
Leider kann man beim Opel nicht ohne weiteres an dieses Zünd-Anlaß-Schloß herankommen (um die Verkleidung abzunehmen, muß das Lenkrad abgezogen werden, und das sollte man einer Werkstatt überlassen). Deswegen muß man auf dem eben beschriebenen, etwas umständlichen Weg auf Fehlersuche gehen.
Bei defektem Zündschloß können Sie Ihren Opel aber dennoch in Gang setzen, wenn eine Zündspule ohne Vorwiderstand eingebaut ist. Voraussetzung ist allerdings, daß das Lenkschloß nicht blockiert ist, denn ein laufender Motor nutzt wenig, wenn man nicht lenken kann. Überzeugen Sie sich ruhig einmal davon, daß man den Anlasser auf ganz einfache Art drehen lassen kann, und halten Sie – ohne Hemmungen zu haben – einen Schraubenzieher zur Überbrückung der Klemmen 30 und 50 an diese Anschlüsse. Vergessen Sie dazu nicht, den Ganghebel in Leerlaufstellung zu bringen.
Nun soll aber, wie bei eingeschalteter Zündung, der nötige Zündstrom zur Zündspule, zum Verteiler und zu den Zündkerzen fließen. Das funktioniert, wenn man an der Plus-Klemme des Reglerschalters (rotes Kabel) ein Überbrückungskabel zur Klemme 15 an der Zündspule zieht. Bei diesem Vorgang sollte man, so lange gearbeitet wird, das Minus-Kabel der Batterie lösen, um Kurzschlüsse zu vermeiden. Um keinerlei Risiko einzugehen, zieht man vorher noch den weißen Stecker von der Lichtmaschine ab (probieren Sie es: Das Auto fährt auch ohne Lichtmaschine, aber natürlich nur so lange, bis die Ladung der Batterie aufgezehrt ist). Zur eben genannten Überbrückung braucht man ein Kabel, und in der Not kann man das von der Kofferraumleuchte nehmen. Das originale Kabel, das von der Zündspule Klemme 15 zum Anlaßschalter Klemme 16 führt, wird sicherheitshalber – um den eventuellen Kurzschluß nicht wieder aufzunehmen – abgeklemmt, das Kabel zum Anlasser natürlich mit festgeschraubt.

Die wahlweise zum Einbau kommende Delco Remy-Zündspule, die hier abgeschraubt auf einer Unterlage zur Demonstration liegt. Klemme 1 führt zum Verteiler, das schwarzweiße Kabel an Klemme 15 zum Anlasser und das andere daran angeschlossene Kabel zum Zünd-Anlaß-Schalter. Das erstgenannte Kabel an Klemme 15 ist beim Opel ein Widerstandskabel, das vor der Zündspule den Spulenstrom begrenzt. Während des Betriebes kann es sich erwärmen. Durch dieses Widerstandskabel wird erreicht, daß beim Starten und während der Fahrt immer die volle Spulenleistung zur Verfügung steht.

Auf diese Weise hat man das Zündschloß übergangen, der Anlasser wird, wie erwähnt, in Tätigkeit gesetzt, und man kommt vom Fleck. Das defekte Zündschloß muß in der Werkstatt ausgewechselt werden. Das Glimmen der roten Ladekontrolle ist in diesem Fall bedeutungslos, weil sie jetzt ohne Gegenstrom bleibt, der sie verlöschen läßt. Auch die Funktion der anderen Instrumente ist nicht gewährleistet.

Das Zündschloß selbst ist ein elektrischer Schalter, der die von außen herangeführten Kabel durch Drehung des Zündschlüssels über entsprechende Kontakte in seinem Innern verbindet. Mit dem Schloß ist eine Diebstahlsicherung kombiniert, die bei Nullstellung die Lenksäule blockiert. Daher darf während der Fahrt niemals der Zündschlüssel linksherum bis zum Anschlag gedreht werden (z. B. beim bergab rollen lassen, um die letzten Tropfen Benzin zu sparen), weil der Wagen sich dann wegen des eingerasteten Verriegelungsbolzens nicht lenken läßt. In solchem Fall den Schlüssel bis zur vorletzten Stellung (»Garage«) drehen.

Am Schluß dieses Kapitels wird noch auf die Sicherung gegen Diebstahl eingegangen.

Die Zündspule

Zu warten oder zu reparieren gibt es an der Zündspule nichts. Wenn sie defekt ist, muß sie ausgetauscht werden. Man sollte sie immer sauber und trocken halten, damit Kurzschlüsse, Kriechströme und überspringende Funken vermieden werden. Folgende Zündspulen werden verwendet: Bosch Typ KW 12 V oder Delco Remy 12 V DR 502. Jede kostet rund 25 Mark. Auf dem Bild oben ist erkenntlich, daß sich die Delco Remy-Spule äußerlich von einer konventionellen Zündspule unterscheidet (siehe auch Bild Seite 35).

Zündspule prüfen

■ Zuerst prüfen, ob überhaupt hochgespannter Zündstrom aus der Zündspule herauskommt. Dazu das von der Zündspule kommende dicke Zündkabel aus dem Verteiler herausziehen und mit einer Wäscheklammer in etwa 10 mm Abstand gegen ein blankes Teil des Motors halten. Ein Helfer betätigt den Anlasser. Dabei müssen kräftige Funken zwischen Masse und Kabelende überspringen.

War diese Hochspannungsprüfung unbefriedigend, müssen Sie feststellen, ob an den Kontakten der Zündspule überhaupt Strom anliegt. Dazu eignet sich am besten eine aus einer alten Scheinwerferbirne selbstgebastelte Behelfsprüflampe (zwei ausreichend lange Kabel andrillen oder festlöten, daß ein Lichtfaden brennt). Der Eigenverbrauch der Scheinwerferbirne gibt durch unterschiedliches helles Leuchten auch Aufschluß darüber, ob der Eigenwiderstand der Zündspule noch groß genug ist oder ob sich ein Kurzschluß eingeschlichen hat. Noch genauer ist ein parallel zur Behelfsprüflampe geschaltetes Voltmeter. Weniger geeignet ist eine gewöhnliche Elektrik-Prüflampe, denn deren geringer Eigenverbrauch zeigt nur, ob überhaupt Strom da ist, sagt aber nichts über die Widerstandswirkung.

Als Vorbereitung zur nächsten Prüfung lösen Sie an Klemme 1 der Zündspule das Kabel zum Unterbrecher (siehe Bild Seite 133), damit der Stromweg über die Unterbrecherkontakte unterbrochen ist und durch die Behelfsprüflampe fließen muß.

■ Zündung einschalten: Lade- und Öldruckkontrolle müssen brennen.

■ Ein Prüflampenkabel (und Pluskabel des Voltmeters) an Klemme 15 der Zündspule drücken, das andere Ende (und Minuskabel des Voltmeters) an Masse: Die Lampe muß brennen, das Voltmeter zeigt etwa 8,5 Volt. Tut sich nichts, liegt der Fehler in der Zuleitung.

■ Gleiche Prüfung an Klemme 1 der Zündspule: Die Behelfsprüflampe brennt sehr trübe (Voltmeter zeigt etwa 5 Volt). Brennt nichts, ist die Primärwicklung der Zündspule unterbrochen. Brennt sie recht hell, liegt Kurzschlußüberbrückung in der Zündspule vor. In beiden Fällen: Zündspule ersetzen.

■ Sind die Leucht- und Meßergebnisse gut, gibt es aber trotzdem keinen guten Zündfunken (evtl. auch nur bei hohen Drehzahlen), kann die Hochspannungswicklung der Spule defekt sein. Oder es liegt am Kondensator.

Der Kondensator

Der Kondensator, der an der Seite am Verteilergehäuse sitzt, speichert Strom und hat die Aufgabe, Funkenbildung am Unterbrecher, der im folgenden Abschnitt besprochen wird, zu unterdrücken. Er hemmt den Abbrand der Unterbrecherkontakte und fördert das schlagartige Zusammenbrechen des Magnetfeldes in der Zündspule (je schneller das Magnetfeld zusammenbricht, um so höher wird die Spannung im Sekundärstromkreis und um so besser ist der Zündfunke).

Ein schwacher Zündfunke, dessen Ursache man in erster Linie in einem Fehler der Zündspule sucht, kann auch an einem defekten Kondensator liegen, der ja mit dieser durch Kabel über Klemme 1 der Zündspule verbunden ist. Auch bei stark verschmorten Unterbrecherknotakten, die noch nicht lange in Betrieb sind, besteht der Verdacht, daß der Kondensator defekt ist.

Eine genaue Prüfung des Kondensators auf »Durchschlag«, also Kurzschluß, Isolationsverlust und ausreichende Kapazität, ist nur der Fachwerkstatt möglich, doch es lohnt sich nicht. Wenn er verdächtig ist: austauschen. Er kostet nur ein paar Mark.

Der Unterbrecher

In der Längsachse des Verteilers dreht sich die Verteilerwelle und mit ihr der Unterbrechernocken, der den Unterbrecherhebel abhebt. Man kann das bei abgenommener Verteilerkappe beobachten, wenn ein Helfer den Anlasser betätigt. Der Unterbrecher bestimmt den Zündzeitpunkt. Er muß den Primärstrom in der Zündanlage unterbrechen, damit in der Sekundärwicklung der Zündspule hohe Spannungen entstehen (durch »induzieren«). Vom Überspringen des Zündfunkens im richtigen Augenblick – der Zündzeitpunkt – ist die Leistung des Motors abhängig.

Die beste Leistung hat der Motor, wenn der Druck des brennenden Benzin-Luft-Gemischs unmittelbar nach Beginn der Abwärtsbewegung des Kolbens am größten ist. Zum vollen Entflammen des Gemischs wird stets eine gleichbleibende Zeit benötigt, die zwar nur rund $^1/_{3000}$ Sekunde beträgt, bei der

rasenden Geschwindigkeit des Kolbens aber eine nicht unwesentliche Rolle spielt. Deshalb muß bei steigender Drehzahl der Zündzeitpunkt immer früher gelegt werden.
Wird der Zündzeitpunkt allerdings zu früh gelegt, schlägt das bereits entflammte Kraftstoff-Luft-Gemisch dem noch aufwärts strebenden Kolben entgegen: Der Motor klopft. Gibt man zu wenig Frühzündung, wird die Energie des Kraftstoffes nicht vollständig ausgenutzt und der Motor hat nur eine ungenügende Leistung. Statt der früher einmal manuell einzustellenden Zündverstellung arbeitet diese heutzutage automatisch.

Automatische Zündverstellung

Mit steigender Motordrehzahl muß der Zündfunke früher überspringen, weil weniger Zeit zur Verbrennung des Gemisches bleibt. Die Verstellung des Zündzeitpunktes wird durch einen Fliehkraftregler besorgt, der im Verteiler sitzt. Der Verteiler ist mit der Verteilerwelle verbunden und wird von der Nebenwelle über ein Zahnrad mit halber Drehzahl des Motors angetrieben.
Bei zunehmender Drehzahl verschieben sich die Fliehgewichte auf der Scheibe der Fliehkraft-Zündverstellung durch ihr Eigengewicht und entgegen der Spannkraft ihrer Haltefedern nach außen. Bei dieser Ausdehnung wird durch eine kleine Übersetzung die Nockenwelle des Verteilers in ihrer Umlaufrichtung (rechtsdrehend) bis zu folgenden Werten vorgestellt: Beim 1,2-Liter-Motor bis 30° und bei den übrigen Motoren bis 28°; bei den – uns nicht interessierenden – 19 US-Motoren beträgt die Verstellung bis zu 33°. Verteiler-Nockenwelle und Verteiler-Antriebswelle sind nicht starr verbunden, sondern bis zu den erwähnten Grad-Angaben drehbar gelagert. Bei einer Reparatur des Verteilers müssen die aufeinander gleitenden Teile der Fliehkraftverstellung mit Kugellagerfett eingerieben werden.
Durch diese Verstellungsmöglichkeit der Nockenwelle in ihrer Drehrichtung werden die Unterbrecherkontakte mit zunehmender Drehzahl früher geöffnet und damit zunehmende Frühzündung erreicht. Bei abnehmender Drehzahl wird durch die kleinen Schraubenfedern die Frühzündung wieder vermindert. Die Fliehgewichte und deren Rückholfedern sind genau aufeinander abgestimmt. Eine fehlerhafte Veränderung oder eine Störung kann nur die Fachwerkstatt feststellen. Eine Störung kann man vermuten, wenn der Motor bei sonst einwandfreier Zündanlage in höheren Drehzahlbereichen nicht auf Leistung kommt, trotz einwandfreiem Zündzeitpunkt bei stillstehendem Motor.

Die Unterdruckdose

Die Frühzündung bei Teillast besorgt die zusätzliche Unterdruckverstellung am Zündverteiler. Die Unterdruckverstellung bewirkt eine seitlich am Zündverteiler angebrachte Blechdose, die durch eine dünne Saugleitung mit der Ansaugleitung des Motors kurz vor der Drosselklappe im Vergaser verbunden ist. Wenn die Drosselklappe im Leerlauf vollkommen geschlossen oder bei Vollgas ganz geöffnet ist, herrscht an dieser Stelle kein nennenswerter Unterdruck. Ist jedoch bei halb durchgetretenem Gaspedal die Drosselklappe nur teilweise geöffnet, entsteht in der Ansaugleitung ein mehr oder weniger kräftiger Unterdruck, der über die Saugleitung in der Unterdruckdose eine Membrane anzieht, von der eine kleine Zugstange in den Verteiler hineinreicht und dort die drehbare Unterbrecherplatte anzieht. Dabei wird die Unterbrecherplatte entgegen der Drehrichtung des Verteilernockens gezogen, so daß die Unterbrecherkontakte früher geöffnet werden. Die Unterdruckverstellung muß allein von 12,5° bis 17,5° beim Manta 12 S, von 10,5° bis 15,5° beim Typ 16 und von 18,5° bis 23,5° bei den Typen 16 S und 19 S Verstellung in Richtung Frühzündung bewirken.

Die Unterdruckdose kann durch äußere Einwirkung oder Korrosion undicht geworden sein; es ist aber auch möglich, daß die Membrane gerissen ist, wenn eine Fehlzündung in den Vergaser zurückgeschlagen hat. Dann muß die Unterdruckdose ersetzt werden, da sich sonst der Kraftstoffverbrauch erhöht und die Leistung des Motors im Teillast-Bereich abfällt. Eine Reparatur der Unterdruckdose ist nicht möglich.

Die Unterbrecherkontakte

An den Kontakten des Unterbrechers, am Hammer und am Amboß, die eine sehr dünne Auflage von Wolfram-Metall haben, bewirkt das ständige Öffnen und Schließen des Stromkreises einen unvermeidbaren Verschleiß durch Abbrand, Verschmoren oder Metallwanderung, obgleich gerade Wolfram hierin sehr widerstandsfähig ist. Durch den Gleichstrom bilden sich am Hammer kleine Krater und am Amboß kleine Höcker, die sich in den Krater einfügen. Das stört zu Anfang nicht weiter, macht aber eine genaue Messung des Kontaktabstandes mit der Fühlerlehre unmöglich. Früher nahm man dann die speziell dafür geschaffene Kontaktfeile und feilte die Kontakte wieder flach. Das ist aber heute nicht mehr empfehlenswert, denn erstens können die abgefeilten Metallspäne Kurzschlüsse verursachen und zweitens ist der feine Wolfram-Belag zu dünn zum Feilen. Deshalb werden nach Verschleiß die Kontakte einfach ausgetauscht. Sie kosten mit allem Zubehör nur rund 3 DM.

Unterbrecherkontakte prüfen

Pflegearbeit Nr. 44

Eine Überprüfung der Unterbrecherkontakte soll (zusammen mit der Zündeinstellung) alle 20 000 km vorgenommen werden, und nötigenfalls sind sie durch neue zu ersetzen. Es ist aber auch keine zwingende Vorschrift, sie jedesmal bei der 20 000-km-Inspektion herauszuwerfen, wie das in manchen Werkstätten vorkommt. Ist die Zündanlage einwandfrei in Ordnung, müssen sie mehr als diese Distanz und können auch die zwei- oder dreifache Laufzeit aushalten.

Zum Prüfen der Kontakte ist die Verteilerkappe nach Lösen der beiden Halteklammern (beim Bosch-Verteiler) oder der beiden Schrauben (beim Delco Remy-Verteiler) abzuheben und der Verteilerläufer von der Verteilerwelle zu ziehen. Das Aussehen der Kontakte bedeutet:

- Kontakte silberartig, wie hell poliert: Zündanlage in Ordnung
- grauer Überzug durch Oxydation: zu kleiner Kontaktabstand oder zu geringer Kontaktdruck
- verbrannt, blau angelaufen: Kondensator oder Zündspule nicht einwandfrei
- verkrustet: Öl, Fett oder Schmutz zwischen die Kontakte geraten.

Sind die Kontakte verkrustet und verschmutzt, mit einem scharfkantigen

Beim Verteiler von Delco Remy, dem hier die Kappe abgenommen wurde, sind die folgend angezeigten Teile von Bedeutung: 1 – Kondensator, 2 – Unterbrecherkontakte, 3 – Stellschraube zum Verändern des Kontaktabstandes, 4 – Unterbrecherhebel, 5 – Schmierfilz, 6 – Antriebswelle mit Unterbrechernocken, 7 – Unterdruckdose, 8 – Hebel der Unterdruckverstellung.

Schraubenzieher oder Taschenmesser den Schmutz abschaben (keine Feile oder Schmirgelleinen dazu verwenden). Anschließend ein Läppchen um einen dünnen Holzstab wickeln und mit Tetrachlorkohlenstoff (als Fleckenreinigungsmittel in Drogerien bekannt) tränken. Damit die Kontakte abwischen. Benzin nicht dazu verwenden, da die Kontakte gegen Benzin empfindlich sind.
Das Wiederaufsetzen der Verteilerkappe, die beim Bosch-Verteiler mit federnden Spannklemmen versehen ist, kann beim Verteiler von Delco Remy zu Komplikationen führen, wenn man den Deckel nicht ganz genau aufsetzt und darauf bedacht ist, daß sich die Halteschrauben leichtgängig eindrehen lassen. Auch bei versetzt aufgebrachtem Deckel lassen sich die Schrauben festziehen, nur bricht dann die Feder auf dem Verteilerläufer ab. Es ist deshalb nicht verkehrt, wenn man immer einen Ersatz-Verteilerläufer für den Delco Remy-Verteiler mitführt.

Unterbrecherkontakte austauschen
Pflegearbeit Nr. 49

Wenn die Kontakte verbraucht sind, müssen sie durch neue ersetzt werden. Das soll nun nach Opel-Vorschrift spätestens nach 40 000 km geschehen. Es sind dabei beide Teile, also Hammer und Amboß, gleichzeitig zu ersetzen. Sind die alten Kontakte verschmort oder blau angelaufen, genügt allerdings das Austauschen allein nicht, es muß auch nach dem verursachenden Fehler in der Zündanlage (Kondensator oder Zündspule) gesucht werden.
Zum Auswechseln der Kontakte die Sicherungsklammer auf der Unterbrecherwelle abziehen, Kabelschuh des Verbindungskabels zum Unterbrecherhebel innen im Verteilergehäuse abziehen. Unterbrecherhammer mit Blattfeder und Verbindungskabel herausheben. Dann Feststellschraube für Amboß und Schraube für Massekabel lösen und Amboß herausheben.
Vor dem Einbau der neuen Unterbrecherkontakte wird die Nockenbahn der Verteilerwelle sauber gerieben und mit der Fingerspitze sparsam eingefettet (Bosch-Fett Ft 1 v 4), und ebenso ist das Lager des Unterbrecherhebels zu fetten. Beim Einbau darauf achten, daß Hammer und Amboß in gleiche Höhe zu liegen kommen, notfalls müssen Ausgleichsscheibchen auf der Unterbrecherwelle unter den Unterbrecherhebel gelegt werden. Beim Anschrauben des Massekabels muß darauf geachtet werden, daß dieses nicht die Unterdruckverstellung behindern kann. Abschließend sind Kontaktabstand und Zündzeitpunkt neu einzustellen.

Kontaktabstand prüfen

Das Werk schreibt vor, daß der Abstand zwischen Unterbrecherhammer und Unterbrecheramboß bei voller Öffnung 0,4 mm betragen muß, und zwar bei allen Manta-Modellen. Vor dem Messen des Kontaktabstandes wird bei geöffnetem Verteiler und eingelegtem 3. oder 4. Gang (Zündung nicht eingeschaltet) der Wagen so lange hin- und hergerückt, bis der Verteilernocken die Kontakte auf größte Öffnung gebracht hat.
Eine genaue Prüfung mittels Fühlerblattlehre ist jedoch nur bei neuen und daher ebenen Kontakten einwandfrei möglich. Wie schon erwähnt ist es nur ein Behelf, wenn man die Oberfläche der Kontakte mit einer Kontaktfeile glättet. Bei älteren Kontakten bietet sich eine notdürftige Kontrolle, indem man die Lehre nur am Rand zwischen die Kontakte hält.

Schließwinkel prüfen
Pflegearbeit Nr. 45

Den Kontaktabstand mit der Fühlerblattlehre zu messen ist eine inzwischen veraltete Maßnahme. Bei Opel- und Autoelektrik-Werkstätten stellt man statt dessen den Schließwinkel ein. Unebene Kontakte, die das Messen mit der Fühlerblattlehre negativ beeinflussen, stören dabei nicht. Der Schließwinkel besagt, um wieviel Winkelgrad sich die Verteilerwelle vom Schließen der

Unterbrecherkontakte bis zu ihrem Öffnen weiterdreht. Je näher man die Kontakte aneinander bringt, um so größer muß der Schließwinkel werden, weil die dicht beieinander liegenden Kontakte länger geschlossen bleiben. Dagegen ist der Schließwinkel bei größerem Kontaktabstand kleiner.
Neuerdings erhält man in Kaufhäusern und Autozubehörgeschäften kleine handliche Schließwinkelmeßgeräte für den »Hausgebrauch«. Ihnen liegen Bedienungsanleitungen bei, die es dem Heimwerker gestatten, den Schließwinkel in eigener Regie zu ermitteln. Am einfachsten mißt man bei Leerlaufdrehzahl; einstellen kann man bei offenem Verteiler und bei Anlasserdrehzahl. Der Schließwinkel muß bei allen Manta-Motoren 50° (Toleranz ± 3°) = 55,5 % Umdrehung der Verteilerwelle betragen.

Zündeinstellung prüfen

Pflegearbeit Nr. 32

Jeweils nach 10 000 km Fahrtstrecke muß der Zündzeitpunkt überprüft und/oder neu eingestellt werden. Das hat selbstverständlich auch beim Neueinstellen oder Auswechseln der Unterbrecherkontakte, nach dem Zusammenbau des Motors oder dem Wiedereinbau des Zündverteilers zu geschehen.
Die Zündeinstellung kann man selbst prüfen und nachstellen. Dazu braucht man eine kleine Prüflampe für 12 Volt Spannung. Das Einstellverfahren erfolgt am stehenden Motor.
Für die beste Motorleistung ist eine genaue Zündeinstellung unerläßlich. Durch ihre Überwachung behütet man den Motor vor Schäden: Zu viel Frühzündung läßt den Motor zu heiß werden, läßt ihn »klingeln« (siehe Seite 19) und führt in krassen Fällen sogar zu Lagerschäden; zu späte Zündeinstellung vermindert die Leistung, erhöht den Benzinverbrauch und der Motor wird zu heiß.

Der obere Totpunkt

Zum Einstellen des Zündzeitpunktes muß der Kolben im ersten Zylinder (das ist der vorderste Zylinder direkt hinter dem Kühler) ganz oben stehen. Das ist der Punkt, in welchem der Kolben von der Auftwärtsbewegung in die Abwärtsbewegung übergeht. Man nennt ihn den »Oberen Totpunkt« (Kurzzeichen: OT). Um den Kolben des ersten Zylinders in diesen Oberen Totpunkt zu bringen, muß zur »Grobeinstellung« die Verteilerkappe abgenommen werden. Auf dem Rand des Bosch-Verteilergehäuses findet sich eine Kerbe, auf welche die Mittelkerbe des Verteilerfingers zeigt, wenn der Zündfunke zum ersten Zylinder geleitet wird, mithin also der Kolben darin oben »steht«. Beim Delco Remy-Verteiler soll der Verteilerfinger auf die Befestigungsschraube der Kontaktplatte (an der Seite der Unterdruckdose) zeigen.

Die Feineinstellung

Nachdem man die »Grobeinstellung« auf den Oberen Totpunkt vorgenommen hat, muß noch eine »Feineinstellung« erfolgen. Zu einer Sichtkontrolle bei den 1,6- und 1,9-Liter-Motoren verhilft einem dabei ein Schauloch, das auf der Vergaserseite des Motors ganz hinten im Schwungradgehäuse ist, wo Motor und Getriebe zusammenstoßen. Am Schauloch ist ein kleiner Zeiger befestigt, und durch das Loch kann man das Drehen des Schwungrades beobachten, wenn der Wagen geschoben wird, wobei der dritte oder vierte Gang eingelegt ist. Das Schwungrad besitzt eine eingepreßte glänzende Kugel, und wenn diese sich mit dem Zeiger deckt, dann steht der erste Zylinder des Motors genau im Oberen Totpunkt. Beim 1,2-Liter-Motor muß statt dessen die Kerbe auf der Keilriemenscheibe mit der kleinen Wulst auf dem Steuergehäusedeckel des Motors in einer Flucht liegen.
Da die Grundeinstellung des Zündzeitpunktes bei allen Motoren genau im OT erfolgt (und nicht wie bei früheren Opel-Typen um einige Grad vor oder nach OT), ist diese Arbeit nicht besonders schwierig. Allerdings kann man diese

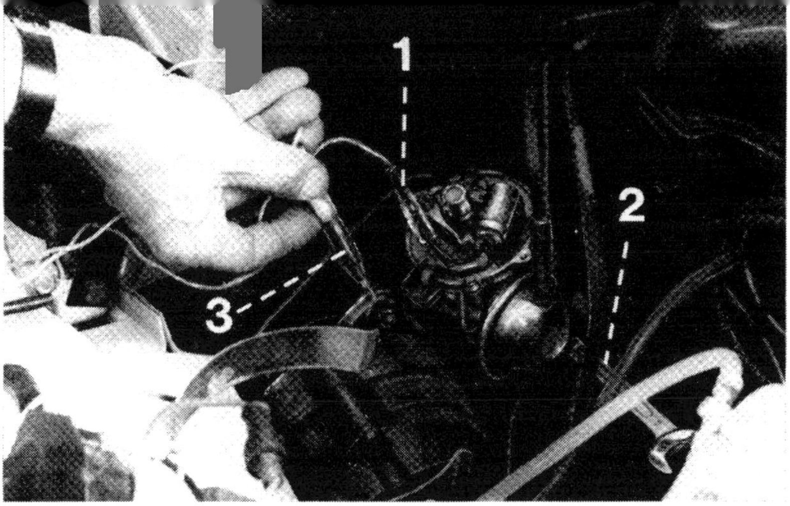

Um den Zündzeitpunkt zu verändern, wird zuerst mit einem Schraubenschlüssel SW 13 die Sockelschraube (2) am Verteiler leicht gelokkert. Die Krokodilklemme der Prüflampe (3) ist an das blanke Ende des angeschlossenen, von der Zündspule kommenden dünnen Kabels oder an dessen Befestigungsmutter anzuklemmen (1). Dann wird die Prüflampennadel gegen »Masse« gedrückt. Nun ist der Verteiler, wie auf dieser Seite beschrieben, zu verstellen.

Einstellung kaum durch Schieben des Wagens mit eingelegtem Gang erreichen, es sei denn, man schraubt alle Zündkerzen heraus, um die Kompression in den Zylindern auszuschalten, und man hat eventuell noch Gelegenheit, das Auto auf leicht abschüssigem Gelände besser rollen zu lassen. Stehen Zeiger und Kugel im Schwungrad (oder Kerbe und Wulst) genau übereinander, was ein zweiter Mann exakt beobachten muß, ist der Wagen sofort abzubremsen.

Eine andere Methode ist es, den Motor an der Keilriemenscheibe zu drehen. Das geschieht mit einem Ringschlüssel SW 19, der allerdings am besten von einem Helfer unter dem Wagen bedient wird. Die Riemenscheibe wird rechts herum gedreht.

Ist man durch ruckartiges Nachgeben des Motors beim Drehen der Riemenscheibe oder Schieben des Wagens schon über die zuständige Markierung hinausgerutscht, muß die Kurbelwellen-Keilriemenscheibe noch einmal etwa ein Viertel nach links gedreht und dann wieder mit Vorsicht nach rechts gedreht werden, bis die Einstellung stimmt.

Nun müßte, wenn der Motor drehen würde, genau im vorgeschriebenen Einstellungsmoment der Zündfunke überspringen, was durch das Abheben der Unterbrecherkontakte genau in diesem Moment bewirkt würde. Um dies zu gewährleisten, muß das ganze Zündverteilergehäuse (wenn die Zündeinstellung nicht stimmt) gelockert und so verdreht werden (es geht dabei nur um Millimeter!), daß die Nocken der jetzt feststehenden Verteilerwelle entsprechend früher oder später die Unterbrecherkontakte trennen. Dazu wird mit einem Schraubenschlüssel SW 13 unten hinter dem Verteiler (schräg unterhalb der Unterdruckdose) eine Schraube gelockert, welche eine Klemmlasche gegen den Verteilerfuß preßt, so daß sich der Verteiler normalerweise nicht um seine Achse verdrehen kann. Den Verteiler im Uhrzeigersinn verdrehen ergibt Spätzündung und links herum drehen heißt in Richtung Frühzündung stellen.

Nun Zündung einschalten, Prüflampe mit einem Pol an Klemme 1 der Zündspule oder des Verteilers (jedenfalls an einen blanken Kontakt des grünen Kabels) anklemmen, wobei das grüne Kabel ebenfalls an seinen Klemmen verbleibt. Den anderen Pol der Prüflampe, zumeist eine Nadelspitze, fest an Masse drücken. Nun muß die Prüflampe brennen, wenn die Unterbrecherkontakte bereits geöffnet sind, da der Primärstrom nicht über die Kontakte zur Masse fließen kann, sondern die Prüflampe dazu benutzen muß. Sind die Kontakte dagegen geschlossen, verlöscht die Prüflampe, weil der Weg über die Kontakte zur Masse für den Primärstrom leichter ist. Verteilergehäuse nach rechts drehen, bis Kontakte schließen und Prüflampe verlöscht.

Anfangs bestehende Ärgernisse wegen feuchtigkeitsempfindlicher Elektrik, speziell des leicht feucht werdenden Zündverteilers, wurden durch eine bessere Abdichtung behoben. Hier im Bild der Delco Remy-Verteiler, auf der rechten Seite der Bosch-Verteiler. Einen sehr guten Schutz bietet auch eine Kunststoffkappe, die über den gesamten Verteiler gestülpt werden kann.

Um das Zahnflankenspiel zwischen Verteilerritzel und Nockenwelle des Motors auszuschalten, Verteilerwelle am Verteilerfinger nach links bis zum Anschlag drücken und loslassen. Dadurch werden auch die Fliehgewichte der Fliehkraftverstellung auf Null gestellt. Nun das Verteilergehäuse langsam nach links, im Gegenuhrzeigersinn, drehen, bis Prüflampe gerade aufleuchtet. Das ist der Öffnungsbeginn der Unterbrecherkontakte. In dieser Stellung des Verteilergehäuses Klemmlaschenmutter wieder fest anziehen, Zündung ausschalten, Prüflampe abziehen und Verteilerkappe wieder sorgfältig aufsetzen.
Die Werkstatt stellt den Zündzeitpunkt meistens mit einer sogenannten »Stroboskop-Blitzlampe« ein. Das ist ein Einstellverfahren, bei dem der Motor durch den Anlasser angetrieben wird, aber nicht selbst zündet.

Der Zündverteiler

Zwei verschiedene Verteilertypen können im Opel eingebaut sein, entweder ein Verteiler von Bosch oder einer von Delco Remy. Im Aufbau unterscheiden sie sich kaum, aber die differierende Befestigung des Verteilerdeckels ist von Bedeutung (siehe Abschnitt »Unterbrecherkontakte prüfen«!).
Im Grunde besteht der Verteiler nur aus dem Verteilerläufer und dem Verteilerdeckel. Dennoch bezeichnet man das ganze Aggregat, also auch den Unterbrecher und den Fliehkraftversteller, als Verteiler. Sein Antrieb geschieht über eine Welle mit Zahnrad, das mit einem solchen der Nebenantriebswelle in Eingriff steht. Die Verlängerung der Verteilerwelle treibt die in der Ölwanne befindliche Ölpumpe an. Auf dem oberen Ende der Welle sitzt der Verteilerläufer, dessen Metallzunge in geringem Abstand an den Kohlekontakten der Hochspannungsanschlüsse im Verteilerdeckel vorbeidreht. Der Läufer hat also die Aufgabe, den im richtigen Zündzeitpunkt produzierten hochgespannten Stromstoß an die Zündkerzen weiterzuleiten.
Diesen Stromstoß bekommt er über den Mittelanschluß im Verteilerdeckel von der Zündspule, und von der Metallzunge fließt der Strom zu dem in Drehrichtung des Läufers nächsten Kerzen-Hochspannungsanschluß. Bei einem Viertaktmotor leistet jeder Zylinder auf zwei Kurbelwellenumdrehungen nur einen Arbeitstakt, auf zwei Kurbelwellenumdrehungen entfallen also vier Zündungen, eine für jeden der vier Zylinder. Daraus geht hervor, daß die Drehzahl der Verteilerwelle und der sie antreibenden Nockenwelle gleich der halben Drehzahl der Kurbelwelle ist.
Alle 10 000 km sollen einige Tropfen Motoröl auf den Docht im Zentrum der Verteilerwelle geträufelt werden. Dieser Docht ist (nach Abnehmen des Verteilerdeckels) zugänglich, wenn man den Verteilerläufer abgezogen hat. Außer-

Die offen liegenden Innereien des Bosch-Verteilers werden noch von einem ringförmigen Deckel geschützt, den man abheben kann. Oben auf der Verteilerwelle sitzt der Läufer (Verteilerfinger), der hier abgenommen und dessen Unterseite zu sehen ist. Er paßt nur in einer Stellung auf die Welle. Ein herausgenommener Läufer schützt vor Diebstahl des Autos.

dem kann gelegentliches Säubern der Deckelinnenseiten nicht schaden. Wenn man dort Kratzer oder gar Risse entdeckt, muß der Deckel ausgewechselt werden. Die Kohle, die in der Mitte durch Federkraft gegen die Metallzunge gepreßt wird, soll in ihrer Führung leichtgängig sitzen.
Es ist besonders lobenswert, daß Opel für den Zündverteiler eine Schutzkappe liefert, die von dem sonst empfindlich reagierenden elektrischen Gerät nahezu alle Nässe abhält. Dennoch sollte man bei einer Motorwäsche vorsichtig sein, zumal wenn der Motor noch warm ist, da der sich entwickelnde Wasserdampf durch alle Ritzen kriecht und Zündstörungen verursachen kann.

Fingerzeige: *Um Kriechströme und Strombrücken zu vermeiden, muß man alle Teile der Zündanlage trocken und sauber halten. Besonders nach der Wagenwäsche achte man darauf. Vorhandene Feuchtigkeit, die auch bei starkem Regen zu Zündaussetzern führen kann, läßt sich heutzutage mit Hilfsmitteln »aus der Dose« auf einfachste Weise verdrängen (Kontakt-Spray, Zubehörhandel), indem man das Innere des Verteilers, elektrische Kontakte und andere Stellen der elektrischen Anlage kurz einsprüht.*
Poröse, undichte oder durch Öl gequollene Gummikappen auf dem Verteilerdeckel müssen gegen neue ausgetauscht werden.
Es gibt Zündstörungen, die ihre Ursache in feinsten Haarrissen oder strichartigen Schmutzansammlungen im Verteilerdeckel haben. Das kann Stromüberschläge ergeben. Abhilfe schafft meist nur ein Austausch des Verteilerdeckels. Notbehelf: Risse mit Fingernagellack überpinseln.

Die Zündkabel

Am gescheitesten ist ein Zündkabel dann, wenn es eine schöne dicke Kupferlitze besitzt. Wegen der vorgeschriebenen Funkentstörung müssen sich die Autohersteller aber etwas einfallen lassen, das zugleich nicht viel kosten darf. So kam man sogar auf die Idee, Zündkabel mit einer Nylonseele anstelle von Metallfäden einzusetzen. In Ihrem Opel finden Sie solche Kabel, die nur Verdruß bereiten, glücklicherweise nicht.
Vielfach werden jedoch sogenannte Reaktanz-Zündkabel eingebaut, die zwar in der Mitte einen Metalldraht haben, bei dem es sich aber um einen eng gewickelten Wendeldraht handelt. Solche Kabel erfüllen durch ihren inneren Widerstand die Grundforderung der Funkentstörung. Das Nachprüfen des richtigen Widerstandes ist allerdings kompliziert und wird nicht von jedem Mechaniker beherrscht, deshalb empfehlen wir, bei Zündstörungen diese zu den Zündkerzen führenden Kabel zuerst herauszuwerfen. Aufschneiden von weni-

gen Millimetern am Ende eines Kabels gibt Aufschluß, ob Drahtwendel oder gedrilltes Drahtlitzenbündel vorhanden ist; bei letzterem kann das Kabel weiterhin benutzt werden.

Zuverlässiges Kupferlitzenkabel (Bosch-Neoprene) kostet pro Meter etwa eine Mark. Dazu gehören Widerstandsstecker mit 1 Kilo-Ohm; zusammen verfügen Sie dann über eine Kabelgarnitur, an der nichts auszusetzen ist.

Nach eigenen Erfahrungen eignen sich sogar die gelben Kabel der Fassaden- und Neonreklame als Zündkabel (Abfälle davon sieht man oft an Baustellen und dort, wo Neonschrift montiert oder repariert wird). Sowohl der Querschnitt der Isolierung als auch der Metallseele ist der gleiche wie bei normalen Kerzenkabeln, wobei die Metallitze natürlich aus Kupfer bestehen sollte. Doch selbst, wenn es statt Kupfer andere Metallfäden sind, ist die Lebensdauer den Nylonkabeln überlegen. Lediglich das Festlöten der Kabelklemmen an der Litze dieser gelben Kabel erfordert etwas Routine, da die Isolierung aus Kunststoff besteht und schnell abschmilzt, also rasch und zielstrebig löten.

Entstörung bei Radio-Einbau

Mit den üblichen Entstörsteckern, die am Ende der Zündkabel auf den Zündkerzen sitzen, ist einem selbst nicht gedient. Sie sind, wie schon gesagt, vorgeschrieben, um anderer Leute Radios oder Fernseher durch den Funkenregen an den Zündkerzen nicht knattern zu lassen, das Radio im eigenen Auto wird weiterhin gestört. Ähnlich verhält es sich bei Zwischenstücken zur Funkentstörung für die Kerzenkabel (die so dicht wie möglich am Verteilerkopf sitzen sollen). Für den Betrieb eines Radios muß also noch ein Entstörsatz eingebaut werden, der für den Opel unter Beachtung einer stets mitgelieferten Anleitung installiert wird. Falls sich ein etwa eingebautes Radio durch Störgeräusche unbeliebt macht oder ein Radio eingebaut werden soll, kann man sich sowohl von der Kundendienstabteilung der Robert Bosch GmbH, 7016 Gerlingen-Schillerhöhe, Robert-Bosch-Platz 1, wie auch von der Blaupunkt Werke GmbH, 32 Hildesheim, Robert-Bosch-Straße 200, eine Liste mit den zum Opel passenden Radio-Entstörmitteln schicken lassen.

Von der einschlägigen Industrie werden Entstörmittel in der ersten Stufe für Mittel- und Langwelle, in der zweiten Stufe auch für UKW angeboten. Vernünftigerweise wird man gleich die UKW-Entstörung vornehmen. Wenn Sie solche kaufen, müssen Sie jedoch vorher unbedingt in der sogenannten Typenliste des Herstellers sorgfältig überprüfen, ob und welche Entstörsätze gerade für Ihren Wagen berechnet sind.

Vom Werk als entstört ausgelieferte Wagen besitzen ein Massekabel zum Schloß der Haubenverriegelung. Deshalb ist der Radioempfang im Stand bei geöffneter Haube und laufendem Motor nicht störungsfrei.

Zündkerzen ersetzen

Pflegearbeit Nr. 50

Obwohl die Zündkerzen an sich die größten Leistungen innerhalb der Zündanlage vollbringen müssen, hat man mit ihnen normalerweise den wenigsten Ärger. Natürlich kommt es vor, daß eine fehlerhafte Zündkerze jede noch so gute Funktion der Zündanlage in Frage stellt, auch dann, wenn sie den richtigen Wärmewert besitzt. Daher empfehlen die Kerzenhersteller, ihre Produkte alle 15 000 km zu wechseln, obwohl das in den meisten Fällen nicht notwendig ist. Oft genügt das Nachprüfen des Elektrodenabstandes, der 0,7 bis 0,8 mm betragen soll.

Beim 16 S-Motor finden die Zündkerzen AC 41.2 XLS oder Bosch W 6 D (früher W 200 T 30) Verwendung, bei allen anderen Manta-Motoren die Zündkerzen AC 42 FS oder Bosch W 6 B (früher W 200 T 35) eingebaut. Daneben können auch die im Kapitel »Technische Daten« aufgezählten Fabrikate gute Dienste leisten.

Bei der Opel-Inspektion werden die ersten Zündkerzen nach 20 000 km Laufstrecke, die nächsten jeweils nach 40 000 km ersetzt. Es hängt von den hier nachfolgend beschriebenen Faktoren ab, ob sie jedoch tatsächlich ausgetauscht werden müssen. Es kann sich bei vorwiegendem Stadtverkehr aber empfehlen, die Kerzen schon alle 10 000 bis 12 000 km zu wechseln.
Bei 16 S-Motoren, die ab Januar 1975 gebaut sind, dürfen nur Zündkerzen mit kurzem Gewinde verwendet werden. Als Merkmal dieser Motoren dient die Motornummer am Zylinderblock, die anstelle des früheren Bindestrichs zwischen der Typenbezeichnung 16 S und der Nummer einen Stern (✱) trägt.
Da man zum Eindrehen der Kerze kaum einen Drehmomentschlüssel zur Verfügung hat, hilft folgende Empfehlung: Kerze von Hand ohne Kraftanstrengung eindrehen, bis der Dichtring anliegt. Dann mit dem Kerzenschlüssel etwa eine Vierteldrehung weiterdrehen, das entspricht dann etwa einem Anzugsmoment von 3 mkp.
Zündkerzen sind in Kaufhäusern oft preisgünstiger als in der Werkstatt, wo zudem noch das Auswechseln berechnet wird. Bei einem Werkstattbesuch muß man besonders darauf hinweisen, wenn man die Kerzen nicht erneuert haben will.

Richtiger Wärmewert

Mit dem Wärmewert hat es folgende Bewandtnis: Da die verschiedenen Benzinmotoren sehr unterschiedliche Temperaturen in ihren Verbrennungsräumen entwickeln (es leuchtet ein, daß Motoren mit hoher Verdichtung und hoher Leistung mehr Hitze erzeugen als gemütliche Durchschnittsmotoren), kann man nicht jede Zündkerze in jeden Motor einsetzen. Sie muß auf die vom Motor erzeugte Hitze abgestimmt sein. Diese Eigenschaft wird durch den sogenannten Wärmewert gekennzeichnet. Bekannt sind die älteren Wärmewertangaben von Beru und Bosch, wie 145, 175 oder 200, während andere Kerzenhersteller schon früher den Wärmewert verschlüsselt angaben. Doch auch Beru und Bosch sind zwischenzeitlich zu einer neuen Kenzeichnung übergegangen. Die Kennzahl 8 steht für Wärmewert 145, 7 für 175 und 6 für 200. Eine hohe Wärmewert- oder niedrige Kennzahl besagt, daß diese Zündkerze viel Hitze ertragen, d. h. ableiten kann, ohne selbst zu heiß zu werden. Leitet die Kerze zu viel Wärme ab, erreicht sie nicht ihre »Selbstreinigungstemperatur«. Die liegt bei 500–800° C und besagt, daß sich die heißen Zündkerzenelektroden selbst von Rußansatz freibrennen können.

Zündkerzen prüfen

Pflegearbeit Nr. 46

Die Zündkerze schraubt man mit einem Sechskant-Steckschlüssel SW 21 aus dem Motor. Werkstätten und manche Tankstellen besitzen ein Zündkerzenprüfgerät, das sich zum Reinigen und Kontrollieren der Zündkerzen am ehesten eignet. Diese Geräte sind zumeist mit einem Sandstrahlgebläse zur Zündkerzenreinigung kombiniert. Das ist unter den Reinigungsverfahren das kleinste Übel, weil der scharfe Sandstrahl den Speckstein, das Isoliermaterial der Zündkerze, angreift und dadurch späterer Verschmutzung mit Strombrückenbildung Vorschub leistet.
Noch unvorteilhafter sind Reinigungsversuche mit dem Taschenmesser oder der Drahtbürste. Man sollte sie nur vorsichtig anwenden, wenn sich durch Verbrennungsrückstände, beispielsweise bei hochverbleitem Benzin, zwischen den Elektroden der Zündkerze eine Strombrücke mit Kurzschlußwirkung gebildet hat, die unterwegs beseitigt werden muß. Durch natürlichen Verschleiß, durch Abbrand, erweitert sich der Elektrodenabstand, so daß es dem Zündfunken schließlich nicht immer möglich ist, unter dem Kompressionsdruck von der Mittelelektrode zur Masseelektrode überzuspringen.
Mit einer Zündkerzenlehre, wie sie beispielsweise von Champion im Handel

Wenn der Motor nicht anspringen will, ist dies die erste wichtige Prüfung: Liefert das Hauptzündkabel Zündstrom an den Verteiler? Dazu Hauptzündkabel aus der Mittelbuchse des Verteilers ziehen (anderes Kabelende muß fest in der Mittelbuchse der Zündspule sitzen) und blankes Kabelende (Gummi-Regenschutzkappe zurückstreifen) auf etwa 10 mm Abstand gegen Motorblock oder an eine Befestigungsschraube der nahesitzenden Hupe halten. Durch Helfer Motor – ohne Gasgeben – starten lassen. Bei jedem Abheben der Unterbrecherkontakte (kann man bei abgenommenem Verteilerkopf beobachten) muß ein kräftiger Funke zwischen Kabelende und Motorblock überspringen. Kein Zündfunke bedeutet: Zündspule oder Unterbrecher defekt.

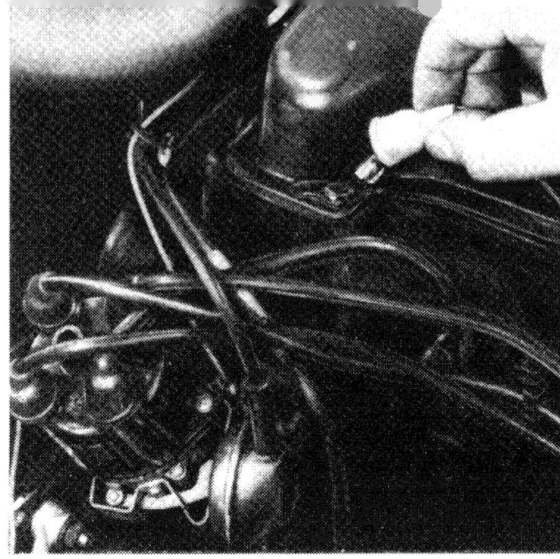

ist, kann man den Elektrodenabstand sehr genau nachmessen. Die keilförmige, sich verdickende Kante der Lehre wird zwischen die Elektroden der Kerze geschoben und an der Stelle, wo sie sich nicht weiter verschieben läßt, ist das Maß abzulesen. Bei Abweichungen wird die hakenförmige äußere Elektrode entsprechend nachgebogen (zu enger Abstand: vorsichtig mit Schraubenzieher oder Taschenmesser abwinkeln; zu weiter Abstand: mit dem Griff dieses Werkzeugs leicht gegenklopfen).

Die einwandfreie Funktion einer Zündkerze läßt sich nur im Zündkerzenprüfgerät mit ziemlicher Gewißheit prüfen. In diesem Gerät wird die Zündkerze unter etwa 8 bar Druck geprüft, denn die Funkenbildung ist in der freien Luft wesentlich leichter als bei dem Druck, der im Zylinder bei Beendigung des Kompressionstaktes herrscht. Deshalb sagt eine zur »Prüfung« herausgeschraubte und am Zündkabel auf den Motorblock gelegte Zündkerze gar nichts darüber aus, ob sie den dann gezeigten schönen Zündfunken auch im Zylinder zustandebringt. Im Zündkerzenprüfgerät läßt sich dagegen durch kleine Sichtfenster die Funkenbildung unter Druck beobachten.

Aussehen und Färbung der Kerzenelektroden geben Rückschlüsse über Vergasereinstellung, Wärmewert der verwendeten Kerze sowie Einsatzbedingungen des Wagens (Fahrweise). So urteilt man über das »Kerzengesicht«:

- mittelbraun oder mittelgrau = gute Vergasereinstellung, Zündkerzen und Motor arbeiten richtig
- schwarz = Vergaser zu fett eingestellt oder Zündkerze ist im Betrieb durch vorwiegende Kurzstreckenfahrten zu kalt. Zündkerze mit nächstniedrigem Wärmewert probieren, wenn Vergasereinstellung stimmt
- hellgrau = Vergaser zu mager eingestellt
- silbrig = Zündkerze wird zu heiß, eventuell durch scharfe Langstreckenfahrten; Zündkerze mit nächsthöherem Wärmewert probieren. Oder Zündung zu früh gestellt
- verölt = Zündkerze setzt aus oder Kolbenringe undicht; wenn bei allen Zündkerzen, Fehler in der Zündanlage.

Diese Zusammenstellung läßt erkennen, daß man unter Umständen den Wärmewert der Zündkerzen für Ihren Opel nach der vorherrschenden persönlichen Fahrweise abändern kann. Wer immer sehr verhalten fährt, wird vielleicht eine verrußte Zündkerze vorfinden und sollte es einmal mit dem nächstniedrigen Wärmewert versuchen. Und umgekehrt kann dem gleichen Motor bei hochsommerlicher Urlaubsfahrt – mit vollem Wagen – ein höherer

Wärmewert besser tun. Es kommt auf den Versuch an, aber man sollte immer daran denken, daß die Autowerke – und so auch Opel – die Zündkerzen nicht zum Scherz vorschreiben. Am besten ist es doch, Sie richten sich nach den zu Anfang dieses Zündkerzenabschnitts gemachten Angaben.

Fingerzeige: *Ist das Kerzengewinde im Zylinderkopf zerstört, hilft auf keinen Fall ein Umwickeln des Zündkerzengewindes mit dünnem Draht. Eine so eingeschraubte Zündkerze kann wie eine Gewehrkugel aus dem Zündkerzenloch schießen. Aber es muß auch kein neuer Zylinderkopf gekauft werden, sondern es läßt sich durch eine erfahrene Fachwerkstatt ein sogenannter »Heli-Coil«-Gewindeeinsatz in das ausgebohrte Zündkerzenloch montieren. Das kostet für ein Zündkerzenloch nach unseren Erfahrungen etwa 15 DM. Wenn Ihre Opel-Werkstatt diese Heli-Coil-Gewindeeinsätze nicht kennt, kann die Hersteller-Firma Böllhoff & Co., 4812 Brackwede, Bunsenstraße 1, eine erfahrene Fachwerkstatt in der Nähe nachweisen.*
Bei heißem Motorblock niemals kalte Zündkerzen zu fest einschrauben. Nach Erwärmung der Zündkerzen sitzt diese wie eingenietet fest.
Das Zündkerzengewinde darf vor dem Einbau keinesfalls geölt werden, um es besser gängig zu machen. Öl würde verkohlen, und die Zündkerze im Gewinde festbacken. Statt dessen mit einem Bleistift Graphit auf das Gewinde schaben. Zündkerze läßt sich später spielend leicht herausschrauben.

Ist Ihr Auto diebstahlsicher?

Der serienmäßige Einbau einer Diebstahlsicherung, mit dem die Automobilhersteller den Paragraphen 38 a der Straßenverkehrszulassungsordnung befolgen, bezieht sich nur auf den – nicht vollkommenen – Schutz vor unbefugtem Benutzen des Wagens durch dritte Personen. Die mit dem Zündschloß gekoppelte Anti-Klau-Apparatur hat – so zeigt manche trübe Erfahrung – auch schon ihre »Meister« gefunden. Aber es geht ja nicht nur um das Stehlen des ganzen Autos, sondern auch um die Bewahrung darin befindlicher Sachen.
Je länger ein Ganove braucht, ein Fahrzeug zu öffnen (um daraus Gegenstände zu stehlen oder um den Motor in Gang zu setzen), um so wirkungsvoller ist die Sicherung. Das gleiche gilt für die Zusatzsicherungen, von denen nur die mechanischen (Punktschloß für Türen mit 3 cm-Riegel) und die seismischen Sicherungen (bewegliche Pendel schließen bei Erschütterung Kontakt zur Alarmanlage) genannt seien. Es gibt auch Kontaktsicherungen für aufklappbare Karosserieteile.
Bosch vertreibt gepanzerte Zündspulen mit Panzerschlauch zum Zündschloß, womit ein Kurzschließen der installierten Zündanlage nicht möglich ist. Der Selvamat dagegen ist ein elektronisches Steuergerät, bei dem nach Öffnen der Türen nach einer bestimmten Zeit der richtige Zündschlüssel bedient werden muß, sonst schaltet sich der Alarm an.
Eine einfache, aber wirkungsvolle Sicherung ist es, den Verteilerläufer aus dem Verteiler herauszunehmen.

Worte der Erleuchtung

Wem ist es nicht schon so ergangen: Man fährt auf nächtlicher Straße, blendet bei Auftauchen eines entgegenkommenden Wagens rechtzeitig ab und erwartet von diesem dasselbe – aber nichts dergleichen geschieht. Geblendet, fast blind, rollt man der Ungewißheit entgegen und übrig bleibt nichts weiter, als das Tempo stark zu drosseln. Waren die Scheinwerfer des anderen Autos falsch eingestellt? Oder hat dessen Fahrer aus Egoismus nicht abgeblendet?

Sicherheit durch Licht

Eines ist so schlimm wie das andere. Die Scheinwerfer sollen zwar die eigene Fahrbahn so gut wie nur irgend möglich ausleuchten, dürfen aber den Gegenverkehr nicht blenden. Überdies haben alle Scheinwerfer, Lampen und Leuchten weitere Funktionen als Sicherheits- und Nachrichtenmittel: Klare Erkennbarkeit, daß sich da ein Auto bewegt und Nachricht an andere – besonders durch Blinker und Bremsleuchten –, was der betreffende Autofahrer beabsichtigt.
Fällt eine Leuchte aus, ist deshalb vor allem die Sicherheit gefährdet. Schlimmster Fall: Wenn das Abblendlicht eines Scheinwerfers seinen Geist aufgibt, kann das »einäugige« Auto auf größere Entfernung ein Motorrad vortäuschen, und der entgegenkommende Autofahrer fühlt sich nicht veranlaßt, dem „Schmalspurfahrzeug" genügend Platz zu machen oder einen Überholvorgang abzubrechen. Ist dabei sogar der linksseitige Abblendscheinwerfer (oder das linke Schlußlicht) ausgefallen und keine Ersatzbirne zur Hand, dann hilft nur eins: Die intakte Glühlampe des rechtsseitigen Scheinwerfers (bzw. Schlußlichts) herausnehmen und links einsetzen. Dadurch ist wenigstens die dem Gegenverkehr zugewendete Fahrzeugseite etwas gesichert.
Gelegentlich kontrolliert die Polizei die Fahrzeugbeleuchtungen. Wird eine defekte Glühlampe entdeckt, dann kommen Sie nur dann ohne Verwarn- oder Bußgeld davon, wenn Sie mit Hilfe einer griffbereiten Ersatzlampe den Schaden sofort an Ort und Stelle beheben können. Einem so vorsorglichen Autofahrer glauben Gericht und Polizei, daß die Glühlampe »gerade eben« durchgebrannt ist. Und dafür kann niemand etwas.
Übrigens müssen alle an einem Auto montierten Lampen und Leuchten brennen und nicht nur die amtlich vorgeschriebenen. Die Ausrede, Nebelscheinwerfer und Nebelschlußleuchte müsse man ja nicht am Auto haben und deswegen brauchten sie auch nicht unbedingt einschaltbar sein, gilt nicht! Da hilft notfalls nur schnelles Abmontieren.

Ersatzlampen auf Vorrat

Billiger als Bußgeld oder gar wegen mangelhafter Beleuchtung verschuldeter Unfallschaden ist jedenfalls ein griffbereiter Ersatzlampenkasten. In manchen Ländern, z. B. in der Tschechoslowakei, ist er sogar Pflicht wie das Warndreieck.
Im Zubehörhandel erhält man praktische Ersatzlampenkästchen von Osram und Philips, aber man kann sich genau so gut auch selbst ein passendes Kästchen

mit Schaumstoff, Watte oder Papiertaschentüchern zur Aufnahme der Ersatzbirnen – von jeder Sorte mindestens eine – auslegen. Die Lampenzusammenstellung müssen Sie sowieso selbst vornehmen, denn die ist für jedes Automodell etwas anders. Hier die Zusammenstellung für Ihren Opel Manta:

- Abblend- und Fernscheinwerfer:
  Manta/L: Asymmetrische Zweifadenlampe, Sockel P 45 t, 45/40 Watt
  Manta SR und GT/E: Halogenlampe H 1, 55 Watt
- Standlicht und Kennzeichenleuchte: Röhrenlampe, Sockel BA 9 s, 4 Watt
- Blinker: Kugellampe, Sockel BA 15 s, 21 Watt
- Brems- und Schlußlicht: Zweifaden-Kugellampe, Sockel BAY 15 d, 21/5 Watt
- Rückfahrleuchte: Kugellampe, Sockel BA 15 s, 15 Watt

In die Rückfahrleuchten darf auch die 21 Watt starke Kugellampe mit gleichem Sockel wie für die Blinker eingesetzt werden.
Nebelscheinwerfer haben je nach Bauart 55-Watt-Halogenlampen mit Sockel H 1 (wie für Hauptscheinwerfer) oder Sockel H 3.

Prüfen der Beleuchtungsanlage

Pflegearbeit Nr. 28

Ein ordentlicher Autofahrer kontrolliert bei jedem Fahrtbeginn die Beleuchtung. Es ist nicht schwierig: Schon in der Garage oder in der Parkreihe mal eben alles durchschalten und schon zeigen die Reflexe auf den Garagenwänden oder auf den umherstehenden geparkten Fahrzeugen, ob alles leuchtet, was leuchten soll.
Sollte eine Leuchte ausfallen, so muß nicht unbedingt die betreffende Glühlampe daran schuld sein, es kann auch an Lampenfassung, Kabelverbindung oder Sicherung liegen! Deshalb die Birne erst prüfen, ob der Glühfaden auch eindeutig durchgebrannt ist. Andernfalls Birne bei eingeschaltetem Strom in ihrer Fassung hin- und herdrehen: Flackert sie auf, Strom ausschalten, Lampenfassung und inwendige Kontaktzungen mit Taschenmesser blank schaben und zusammendrücken. Gleiches Verfahren bei der »zuständigen« Sicherung (Tabelle Seite 130). Bleiben beide Versuche erfolglos, kann die Kabelverbindung lose, gebrochen oder oxydiert sein. Nachprüfen.

Scheinwerferausstattung

Unsere Manta-Modelle sind mit den international genormten 5¾-Zoll-Scheinwerfern ausgestattet, wie viele andere Fahrzeuge mit Vierscheinwerfersystem ebenfalls. Nachteil dieses äußerlich so attraktiven Vierscheinwerfersystems: Aus Platzgründen sind die 4 Scheinwerferchen mit ihren 135 mm Lichtaustritt kümmerlich klein und die Ausleuchtwirkung – besonders des Normal-Abblendlichtes – ist enttäuschend dürftig. Etwas wirksamer ist da schon der für den SR und GT/E serienmäßige Halogen-Abblendscheinwerfer und noch besser das Abblendlicht des als Austausch montierbaren Halogen-H4-Scheinwerfers. Da auch die Halterungen der 3 verschiedenen Lichteinsätze international genormt sind, sind diese untereinander ohne große Schwierigkeiten (allenfalls andere Lampenstecker und ein Zusatz-Relais) austauschbar, beispielsweise nach einem Frontalunfall.
Austauschgrundsätze, die zwingend sind: Außen müssen die Abblendscheinwerfer sitzen, innen die Fernscheinwerfer! Bei Abblendlicht dürfen nur die beiden Außenscheinwerfer brennen und nicht auch noch die inneren! Es ist verboten, in die inneren (Fern-)Scheinwerfer Abblendschaltung zusätzlich einzubauen! Die Scheinwerfer müssen symmetrisch gleichartig sein, also nicht links etwa Halogen und rechts Bilux-Lampe, das ist verboten!

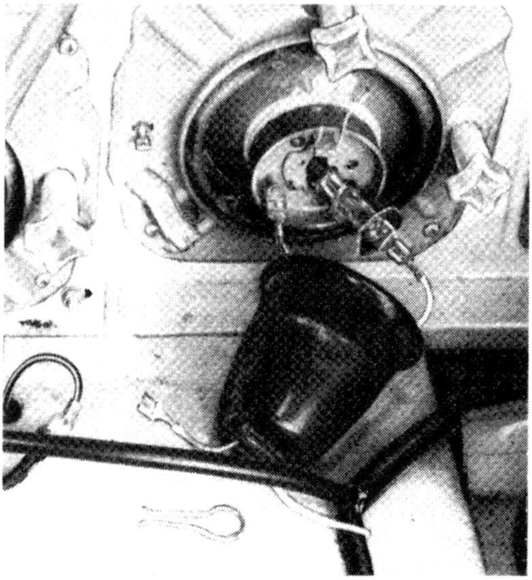 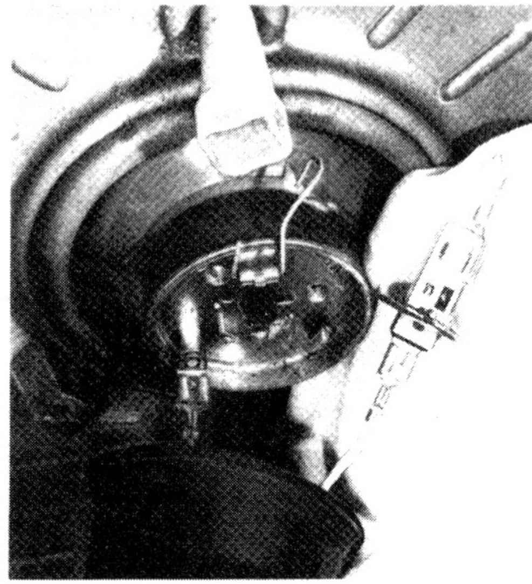

Links: Um an die Scheinwerferlampen heranzukommen, löst man zuerst die Klammer, die an der Rückseite der elastischen Schutzkappe über den Schlitzrand der Kabelzuführung geschoben ist. Danach läßt sich die Kappe vom Scheinwerfer abziehen (zur Erleichterung auch Massekabel vom Anschluß ziehen).

Rechts: Die Halogen-Lampe besitzt einen tellerförmigen Sockel mit einer Aussparung, der von einer Bügelfeder (im Bild hochgeklappt) arretiert wird. Eine neue Lampe darf nicht am Glaskolben angefaßt werden.

■ Scheinwerfer mit Normal-Glühlampen: In beiden Scheinwerferpaaren sitzt die gleiche Zweifaden-(Bilux-)Glühlampe, wobei in den Fernscheinwerfern der Abblendfaden nicht gebraucht wird. Deshalb kann dort eine Glühlampe eingesetzt werden, bei der vorher im Abblendscheinwerfer der Abblendfaden durchbrannte, der Fernlichtfaden aber noch intakt ist.

■ Scheinwerfer mit H1-Halogenlampen: Diese serienmäßige Ausstattung der Modelle SR und GT/E kann auch nachträglich anstelle der Scheinwerfer mit Normal-Glühlampen eingesetzt werden. Das ist vor allem wegen des besseren Abblendlichtes für die Abblendscheinwerfer interessant. Die alten Fernscheinwerfer kann man trotzdem am Manta belassen. Zu ändern ist dabei das Anschlußkabel mit Stecker für die H1-Glühlampe.

■ Scheinwerfer mit H4-Halogenlampen: Gab es seinerzeit noch nicht serienmäßig und auch noch nicht als Zusatzausstattung. Das Abblendlicht der H4-Lampe ist besser als das der H1-Lampe. Auszutauschen sind deshalb nur die außen liegenden Abblendscheinwerfer, die Fernscheinwerfer mit H1-Halogenlampen bleiben dran. Diesen genormten 5¾-Zoll-Scheinwerfer mit Halogen-Fern- und Abblendlicht gibt es nach unserer Kenntnis nur bei Bosch unter Bestell-Nr. 0 301 302 102 (mit Standlichtlämpchen!). Dazu muß der Lampenstecker (Dreifachstecker) ans Anschlußkabel und eventuell ein Abschaltrelais eingebaut werden, damit beim Einschalten des Fernlichts der Abblendfaden in den Außenscheinwerfern verlöscht und auch dort der Fernlichtfaden brennt.

Scheinwerferlampen auswechseln

Die Glühlampen der Hauptscheinwerfer sind beim Manta vom Motorraum aus zugängig. Den Austausch der H1-Halogenlampen zeigen die Bilder. Bei den Zweifadenlampen zieht man zuerst den Kabelstecker am betreffenden Scheinwerfer ab. Danach dunkle Abdeckkappe abnehmen, Klemmring der Glühlampenhalterung gegen den Scheinwerferreflektor drücken, nach links drehen, ausrasten und mit der Glühlampe abziehen. Beim Einsetzen der neuen Glühlampe auf die am Rand des Lampensockels angebrachten Aussparungen bzw. Paßzungen achten, die genau in den Reflektorrand einrasten müssen. Hilfsbeobachtung: Die 3 Kontaktzungen der Glühlampen müssen ein genau senkrecht auf den Kopf gestelltes »U« bilden.

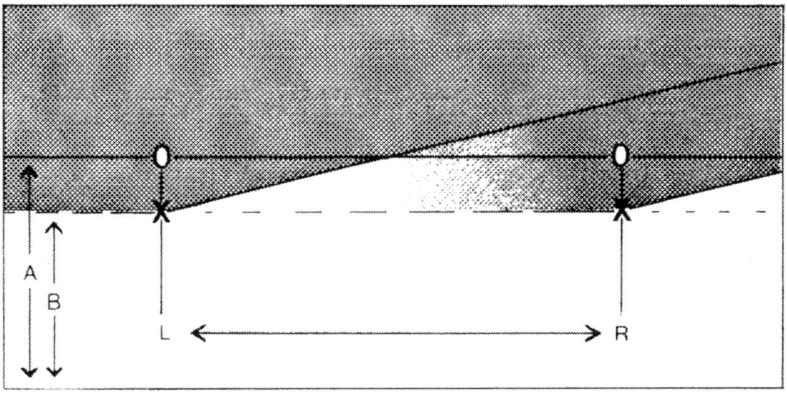

Vor der Wand, auf der Sie die im Text beschriebenen Markierungen zum Einstellen der Scheinwerfer anbringen, müssen Sie etwas über 9 m ebene Fläche haben, damit auch die Hinterräder des Wagens noch darauf stehen, wenn das Auto 5 m zurückgerollt wird. Die beiden senkrechten Linien L und R zeigen die Entfernung der beiden Abblendscheinwerfer voneinander, die bei O in einer Waagerechten in der Höhe A zu markieren sind. Danach rollt man das Auto 5 m von dieser Wand zurück, wo jetzt das Abblendlicht in der Höhe B erscheinen soll. An den Knickpunkten X verläuft die Hell-Dunkel-Grenze des asymmetrischen Lichtes.
Die Fernlicht-Scheinwerfer müssen separat eingestellt werden. Dabei dient die vorher benutzte Linie O – O als Basis: Die Zentren der beiden Lichtbündel müssen sich auf dieser Linie befinden.

Die Standlichtlampe sitzt unten in den Abblendscheinwerfern. Um an sie heranzukommen, müssen ebenfalls Kabelstecker, Abdeckkappe und Haltering abgenommen werden. Dann kann man die kleine Röhrenlampe nach unten aus dem Reflektor herausziehen. Die neue Lampe wird so eingesetzt, daß sich die beiden Nasen am Lampensockel in die Aussparungen im Reflektorrand einfügen.
Beim Glühlampenwechsel dürfen die beiden Einstellschrauben mit den vierflügeligen Griffen, die an jedem Einsatz oben und innen angebracht sind, nicht verdreht werden. Sie dienen nur der Scheinwerfereinstellung, die allerdings nach dem Einsetzen einer neuen Scheinwerfer-Glühlampe überprüft werden muß.

Fingerzeige: *Die neue Scheinwerferlampe faßt man nicht mit bloßen Händen an, denn auf dem Glaskolben bleiben auch bei sauberen Händen Fingerabdrücke – das sind Schweißabsonderungen – zurück, die bei Einschalten der Lampe durch die Hitze verdampfen und den Scheinwerferspiegel trüben. Ein verschmutzter Glaskolben muß mit einem unbenutzten Taschentuch saubergerieben werden.*
Ebenso darf die Spiegelfläche des Reflektors nicht berührt werden, was durch die zentrale Öffnung für die Zweifadenbirne oder die Halogen-Lampe möglich ist.

Scheinwerfer einstellen

Pflegearbeit Nr. 29

Schon eingangs dieses Kapitels haben wir die Blendwirkung falsch eingestellter Scheinwerfer hervorgehoben. Trotz gerade noch richtiger Scheinwerferstellung kann aber auch ein im Heck überladenes Auto sein Licht in die Baumwipfel schicken. Die Scheinwerfer müssen also so eingestellt sein, daß sie auch noch bei extremer Belastung des Wagens im vorschriftsmäßigen Winkel auf die Straße strahlen. Bei etwas Übung kann man jedoch auch selbst während der Fahrt beurteilen, ob die Fahrbahn nicht mehr richtig ausgeleuchtet wird. Spätestens merkt man es dann, wenn man von entgegenkommenden Verkehrsteilnehmern angeblinkt wird. Zudem achtet die Polizei auf Fahrzeuge mit falsch eingestellten Scheinwerfern.
Opel-Vertretungen, Bosch-Dienste, andere Autoelektrik-Werkstätten und viele Tankstellen verfügen über Scheinwerfer-Einstellgeräte, so daß man jederzeit eine Kontrolle oder Neueinstellung vornehmen lassen kann. Will man die Einstellung selbst ausführen, muß zuvor folgendes beachtet werden: Vorgeschriebener Reifenluftdruck, völlig ebener Boden. Ferner benötigt man eine senkrechte glatte Wand, die man sich in einer Garage mit beispielsweise ausgefüllten Regalwänden durch ein davorgespanntes Bettuch herstellen kann.

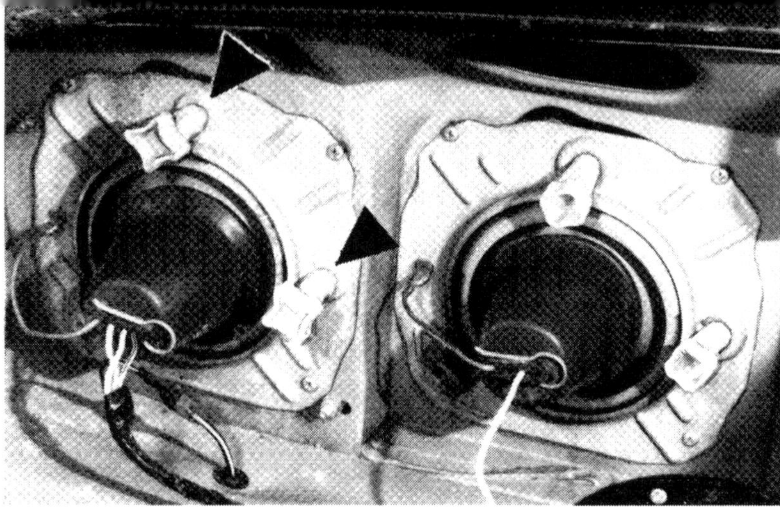

Die Pfeile zeigen auf die Stellschrauben zum Einstellen der Scheinwerfer. Bei beiden Scheinwerfern auf jeder Seite dient die obere Schraube zum Verstellen der Höheneinstellung und die seitliche zum Ändern der Seiteneinstellung. Beim Birnenwechsel ist zu beachten, daß man diese Griffschrauben nicht verdreht. Die Einstellung soll nur so erfolgen, wie es auf diesen Seiten beschrieben ist.

Außerdem muß der Sitzplatz hinten mit einer Person oder mit 70 kg belastet werden. Zugleich hat man sicherzustellen, daß sich die Federung »gesetzt« hat; dazu rollt man den Wagen etwas hin und her, oder man schaukelt den Aufbau.

Man rollt den Wagen bis dicht vor die Wand und kennzeichnet auf dieser die Mittelpunkte aller vier Scheinwerfer. Werden die Punkte durch eine Linie verbunden, muß dieselbe waagerecht sein. Danach schiebt man das Auto 5 m zurück, wobei es auf dem neuen Platz auch noch exakt waagerecht stehen muß. Nun wird das Abblendlicht eingeschaltet. 5 cm unterhalb der vorher eingezeichneten Markierungspunkte sollen sich jetzt die Knickpunkte der durch das asymmetrische Licht erzeugten Hell-Dunkel-Grenze befinden, wie aus der Zeichnung ersichtlich ist. Dabei hat der von den beiden Mittelpunkten nach rechts ansteigende Lichtwinkel etwa 15 Grad zu betragen.

Eigentlich soll man zwischen Scheinwerfern und Reflektionsfläche mit den Markierungspunkten eine Entfernung von 10 m einhalten, wobei dann die Hell-Dunkel-Grenze 10 cm unter der Verbindungslinie zwischen den eingezeichneten Punkten erscheinen soll. Es ist aber nicht immer so viel Raum zur Verfügung, und bei sorgfältiger Arbeit läßt sich auch ein geringerer Abstand einhalten, bei dem sich die Hell-Dunkel-Grenze entsprechend weniger nach unten verlagert.

Stimmen die Lichtgrenzen nicht, ist die Stellung der Scheinwerfer entsprechend zu verändern. Das geschieht mittels der hellfarbenen Stellschrauben am äußeren Scheinwerfergehäuse vom Motorraum aus. Die obere Griffschraube dient

Die vorderen Blinker sitzen unter der Stoßstange, ihre Lichtscheibe wird von zwei Kreuzschlitzschrauben gehalten. Bei älteren Wagen kann die Gummidichtung am Rande der Leuchte brüchig werden, wodurch sich bei Eintritt von Feuchtigkeit Korrosionsgefahr ergibt. Wenn die Lampe ausgefallen ist, zunächst prüfen, ob sie überhaupt über guten Kontakt verfügt.

Die Parkleuchte gehört nicht zur Serienausstattung. Die kleine Birne unter der von zwei Schrauben festgehaltenen, zweifarbigen und lichtdurchlässigen Abdeckung kann durch leichtes Andrücken und Linksdrehen entnommen werden. Am Rande des Leuchtengehäuses schützt eine Gummidichtung vor dem Eindringen von Feuchtigkeit. Diese Dichtung soll ersetzt werden, wenn sie porös oder spröde geworden ist. Das gilt auch für alle anderen Leuchten mit Dichtgummi.

zur Regulierung der Höheneinstellung, die seitlich sitzende reguliert die Seiteneinstellung.

Zum Einstellen des Fernlichts der inneren Scheinwerfer sowie des Abblendlichts und des Fernlichts bei den Halogen-Scheinwerfern des Manta SR muß gesagt werden, daß diese Arbeit in eigener Regie und mit der eben beschriebenen Methode nicht völlig exakt ausgeführt werden kann. Man handelt verantwortungsbewußter, wenn man die Überprüfung einer Werkstatt mit Scheinwerfer-Einstellgerät überläßt. Theoretisch soll nämlich der Lichtschein waagerecht auf die Einstellwand auftreffen, und zwar so, daß die Mitte des Lichtbündels genau auf die Markierungskreuze trifft. Könnten Sie für die Genauigkeit der Einstellung garantieren, wenn die Scheinwerfer eine Wand anstrahlen und kein Meßgerät vorhanden ist?

Lampenwechsel

Blinkleuchten

Die vorderen Blinker sitzen beim Manta unter der Stoßstange, und ihre Lichtscheibe wird von zwei Kreuzschlitzschrauben festgehalten. Nach Lösen derselben kann die Birne aus der Fassung (durch Eindrücken und Drehen nach links) entnommen werden. Beim Einsetzen der neuen Birne verfährt man in umgekehrter Reihenfolge.

Die hinteren Blinkleuchten befinden sich gemeinsam mit den Brems- und Schlußleuchten unter einer zusammengefaßten Lichtscheibe im äußeren Lampengehäuse. Oben und unten ist je eine Kreuzschlitzschraube herauszuschrauben. Die obere Lampe ist die Blinkleuchte; die Birne wird ebenfalls durch Eindrücken und Linksdrehen herausgenommen.

Der Manta besitzt hinten auf jeder Seite zwei getrennte Leuchteinheiten, die Rückfahrleuchten (1) und in einem anderen Gehäuse jeweils oben die Blinkleuchte (2) und unten die Brems- und Schlußleuchte (3). Die Lichtscheiben sind oben und unten von Schrauben festgehalten. Durch Hineindrücken und Linksdrehen lassen sich die Lampen herausnehmen.

Das Gehäuse einer Kennzeichenleuchte ist von unten nach oben aus der Stoßstange zu drücken. An den Seiten des durchscheinenden Gehäusedeckels sitzen lose Halteklammern, von denen eine den Massekontakt zwischen Stoßstange und Kontaktzunge am Gehäuseboden herstellt. Verschmutzung kann hier zu Störungen führen.

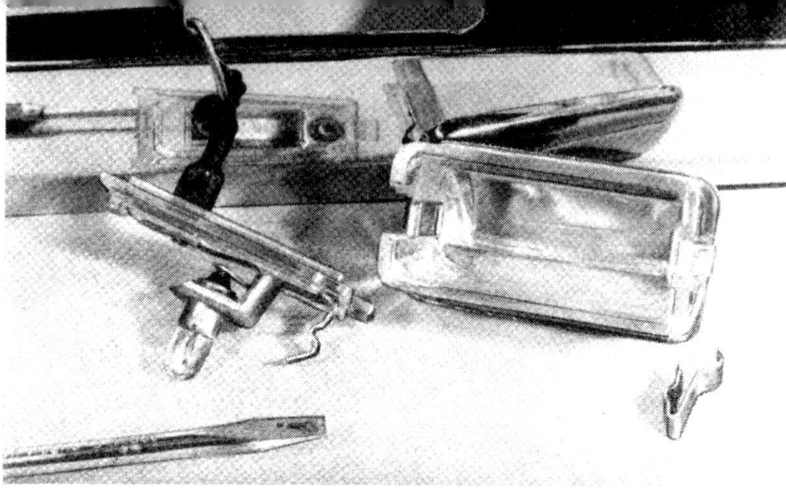

Unter dem Rand jeder Lichtscheibe ist eine Dichtung angebracht, die nicht beschädigt werden darf. Beim Anschrauben des Deckglases ist auf ihre richtige Lage zu achten, damit in das Lampengehäuse keine Feuchtigkeit eindringt.

Brems- und Schlußleuchte

Wie eben beschrieben, wird die äußere Lichtscheibe am Wagen abgenommen. Die Zweifadenlampe, die in der unteren Hälfte des Gehäuses sitzt, hat in der Höhe verschieden angeordnete Nasen am Birnensockel, die dafür sorgen, daß die Birne nicht verkehrt eingesetzt wird. Man darf diese Birne also nicht mit Gewalt in die Fassung drücken, sondern man muß sich zuvor überzeugen, wie sie eingesetzt wird.
Bei vielbrennenden Birnen, wie es die Schlußleuchten sind, sinkt die Leuchtkraft – durch Schwärzung des Glases von innen – in zwei Jahren etwa um die Hälfte. Deshalb ist ein Birnenwechsel auch ohne Ausfall der Birne nach längerem Gebrauch vernünftig.

Rückfahrleuchte

Die Lampen für die Rückfahrleuchten sind in den inneren Heckleuchten untergebracht. Nach dem eben Gesagten bedarf es zum Auswechseln dieser Birne keiner weiteren Erklärung. Der Schalter für die Rückfahrleuchte sitzt hinten am Getriebe und läßt sich abschrauben. Er ist über die Sicherung Nr. 4 abgesichert.

Kennzeichenleuchte

Das hintere polizeiliche Kennzeichen wird von zwei Lampen beleuchtet, die jeweils in einem eigenen Gehäuse auf der Stoßstange sitzen. Ein solches Ge-

Im Bild ist der Weitstrahler-Scheinwerfereinsatz auf eine Unterlage gelehnt; dabei muß man aber aufpassen, daß er – während man die Birne wechselt – nicht herunterrutscht: Er hängt dann nur an dem Masse-Kabel, das abbrechen könnte. Halogen-Scheinwerfer müssen bei schlechtem Wetter öfter gereinigt werden. Aufgewirbelter Schmutz brennt sich an den Gläsern fest und kann nur naß abgewischt werden.

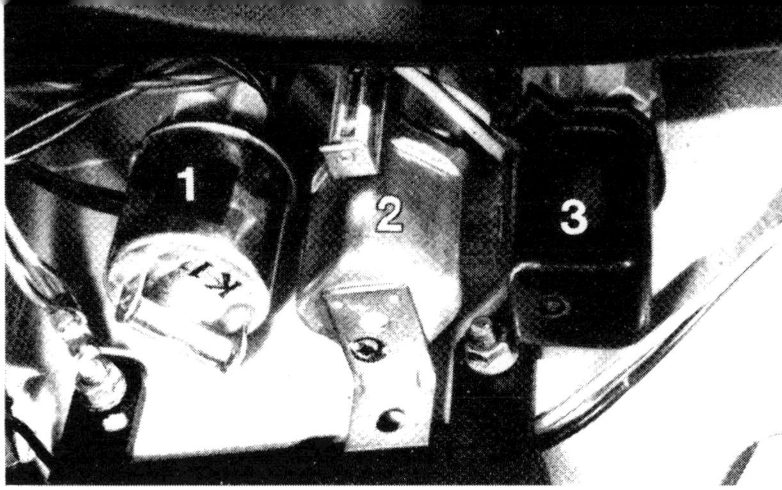

Oberhalb des Sicherungskastens sind – je nach Ausstattung – bis zu drei Schaltelemente untergebracht: 1 – Heizscheiben-Relais, 2 – Nebelscheinwerfer-Relais, 3 – Weitstrahler-Relais. Ihre Schaltung ist aus dem Schaltplan in der hinteren Buchklappe ersichtlich.

häuse läßt sich – sofern nicht stark verschmutzt – von unten nach oben drücken, indem man hinter die Stoßstange greift. Mit Schraubenzieher oder Taschenmesser kann man gegebenenfalls am Gehäuserand nachhelfen. Der Gehäuseboden ist zugleich Lampensockel, den man herausklappen kann. Nach Wechsel der Birne muß man dafür sorgen, daß beim Einsetzen des Lampensockels in das Gehäuse die seitlichen Klemmen an den Kontaktzungen richtig anliegen. Diese Zungen, die am Gehäuse wiederum als Halterung dienen, sorgen nämlich für den Massekontakt. Bei nicht brennender Birne ist also hier zuerst zu kontrollieren, ob sich durch entsprechendes Biegen (oder Blankschaben) der eventuell verlorengegangene Kontakt wieder herstellen läßt.

Halogen-Nebelscheinwerfer

Die auf Wunsch angebauten runden Nebelscheinwerfer sind unterhalb der vorderen Stoßstange angebracht. Am unteren Scheinwerferring hält eine Kreuzschlitzschraube den Reflektor mit der Streuscheibe mit dem Gehäuse verbunden. Nachdem man die Schraube losgedreht und den Einsatz abgehoben hat, rastet man die Federklemme der Lampenfassung aus ihrer Halterung und schwenkt die Feder in die andere Richtung. Jetzt läßt sich die Halogen-Lampe herausnehmen, und ihr Kabel wird abgezogen. Die neue Halogen-Lampe kann nicht verkehrt eingesetzt werden, da ihr Sockel nur in einer Stellung auf die Fassung paßt.

Nebelschlußleuchte

Diese von Opel nur als Sonderausstattung gelieferte Leuchte sitzt hinten links unterhalb der Stoßstange. Ihr Deckglas wird von zwei Kreuzschlitzschrauben gehalten. Die Kugelbirne wird durch leichtes Andrücken aus der Fassung herausgedreht. Beim Anschrauben des Reflektors ist der korrekte Sitz der Rahmendichtung zu beachten, um zu verhindern, daß Feuchtigkeit eindringt.

Innenraumleuchte

Die gesamte Leuchte wird mit einem Schraubenzieher aus ihrem Sitz herausgehebelt. In Abweichung zu den bisher beschriebenen Birnen kommt hier eine Soffittenlampe zur Verwendung, und zwar eine solche mit 10 Watt. Diese Lampe ist links und rechts in Kontaktzungen festgeklemmt. Vor dem Einsetzen einer neuen Birne ist es angebracht, diese Zungen etwas gegeneinanderzudrücken, damit die Lampe guten Halt und Kontakt hat. Abbildungen von Leuchte und Schalter siehe Seite 166.

Nachrichtenübermittlung

Man hat schon Autofahrer erlebt, die biegen ab, ohne zu blinken, und andere, die hupen bei jeder unpassenden Gelegenheit wild drauf los, und noch andere, bei denen das Bremslicht nicht funktioniert. Bei ihnen vermißt man die Verständigungsbereitschaft, die im Verkehr auf den Straßen unerläßlich ist. Nicht umsonst schreibt der Gesetzgeber vor, daß die Signaleinrichtungen am Auto stets einsatzbereit sein müssen und nach festgelegten Regeln zu bedienen sind.

Das (akustische) Horn und die (optische) Lichthupe sollen nur sparsam bedient werden. Letztere ist nicht vorgeschrieben. Sie »hupt« nur, wenn man den Bedienungshebel für das Fernlicht links an der Lenksäule in Richtung zu sich selbst antippt. Mit dem gleichen Signalschalter, wie er bei Opel heißt, werden die Blinker betätigt.

Der Fahrer hat also direkten Einfluß auf die Funktion von Hupe und Blinkern, während der Einfluß auf das Aufleuchten der Bremslichter nur indirekt besteht. Ihre Einschaltung hängt von der Betätigung des Bremspedals ab und sie leuchten nur auf, wenn tatsächlich gebremst wird.

Die Blinkanlage

Pflegearbeit Nr. 30

Mit der Sicherung Nr. 6, die rechts außen sitzt, ist die Blinkanlage abgesichert. Stromführend zwischen Sicherung und Blinkgeber ist zuerst das schwarze Kabel nach Klemme 15 am Signalschalter, und von der dortigen Klemme 49 weiterlaufend das blaue Kabel.

Der Blinkgeber ist hinter dem Instrumentengehäuse oberhalb des Lenkstützrohrs aufgesteckt und kann aus seiner Mehrfachsteckdose nach oben herausgezogen werden. Der Klemme 49 a an diesem Blinkgeber stehen die Klemmen L und R am Signalschalter gegenüber, wo je nach Schalterstellung der Strom zu den linken oder den rechten Blinkern geleitet wird. So schließt sich über die Blinkerlampen, deren zweiter Kontakt an Masse liegt, der Stromkreis.

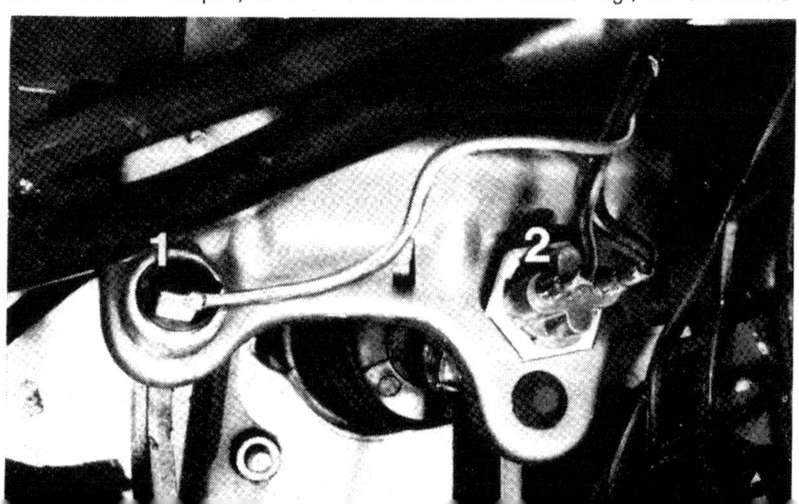

Der Bremslichtschalter (2) sitzt beim Opel über dem auf dem Bild nach unten ragenden Bremspedalhebel. Zum Fahrer hin sind am Bremslichtschalter die Kabel aufgesteckt.
Links auf der Platte sitzt der Schalter für die Kupplungskontrolllampe (1), die dann aufleuchtet, wenn die Kupplung nachgestellt werden muß (s. S. 170).

Sofort danach beginnt die Bimetallfeder im Relais den Strom ein- und auszuschalten.
Links sind die Blinker durch schwarz-weiße und rechts durch schwarz-grüne Kabel an den Blinkerschalter angeschlossen. Jeweils ein Kabel gleicher Farbe liefert die Stromimpulse an die Blinkerkontrolleuchte im Armaturenbrett. Da die Minus-Leitung der Blinkerkontrolle jeweils durch das nicht unter Strom stehende zweite Kabel dargestellt wird, hat man beim Ausfall der Blinkerkontrollampe diese beiden Anschlußkabel zu überprüfen, vorausgesetzt, das Glühlämpchen selbst ist in Ordnung.
Aus dem Schaltplan in Ihrer Betriebsanleitung geht nicht eindeutig hervor, auf welche Weise die Blinker einerseits und der Signalschalter, die Blinkerkontrolle und der Blinkgeber andererseits miteinander verbunden sind. Dazwischen befindet sich ein Kompaktstecker mit lösbaren Kabelverbindungen, der oberhalb der Sicherungsdose sitzt. In diesem Stecker zweigen die sich auf dem Schaltplan scheinbar kreuzenden Kabel ab.
Schäden am Signalschalter sind im Do-it-yourself-Verfahren nicht zu beheben, da hierzu das Lenkrad ausgebaut werden muß.
Beim Aussetzen eines Blinkers, das sich durch wesentlich schnelleres Aufleuchten des Kontrollichts als üblich bemerkbar macht, ist zuerst der Ausfall einer Blinkerlampe zu vermuten. Eine derartige Verkehrsgefährdung ist durch Einsetzen einer neuen Birne sofort abzustellen. Es kann aber auch sein, daß die betreffende Birne nur locker in ihrer Fassung sitzt oder einen oxydierten Sockel hat oder daß korrodierte Kabelanschlüsse den Stromfluß hemmen.

Das Warnlicht

Direkt hinter dem Lenkrad, auf der Lenksäulenverkleidung, befindet sich der rote Knopf zur Betätigung der Warnblinkanlage. Sie besitzt eine eigene Kontrollampe im Kontrolleuchteninstrument und steht an der Klemme K des Signalschalters mit den vorher beschriebenen Blinkeranschlüssen mit den Zahlen 49 in Verbindung. Für den Heimwerker ist ihr weiterer Anschluß innerhalb des Instrumentengehäuses nicht verfolgbar, und auch bei Opel werden die einzelnen Instrumente bei Ausfall nur ausgetauscht, aber nicht repariert. Wenn das Warnlicht trotz funktionierender Blinkanlage nicht arbeitet, sollte man eine Werkstatt aufsuchen.
Die Warnblinkanlage ist jedoch auch noch eigens abgesichert, und zwar über die Sicherung Nr. 3, an der alle die Geräte hängen, die auch bei ausgeschalteter Zündung arbeiten. Diese Sicherung empfängt direkten Batteriestrom an der Abzweigung des roten Kabels zum Zünd-Anlaß-Schalter Klemme 30.

Das Bremslicht

Die Funktion beider Bremslichter ist regelmäßig zu kontrollieren. Mit Absicht enthält der Inspektionsplan hier eine Lücke, weil keine noch so sorgfältige Pflegearbeit sicherstellen kann, daß eine Bremslichtlampe unterwegs nicht ausfällt.
Als Wiederholung aus dem Kapitel über die Lichtanlage sei hier gesagt, daß man eine Kontrolle über die Funktion der Bremslichter hat, wenn sich hinter dem Auto reflektierende Flächen (Garagenwand, anderer Wagen in der Parkreihe) befinden, die beim Betätigen des Bremspedals den Lichtschein spiegeln. Brennen die Bremslichter trotz einwandfreier Birnen nicht, muß die Sicherung überprüft werden, die im Sicherungskasten links unter der Instrumententafel untergebracht ist. Es handelt sich um die Sicherung ganz rechts, die gleiche, die auch die Blinkanlage absichert. Da außerdem eine Reihe von Kontrolllampen an diese Sicherung angeschlossen ist, ist bei erneutem Durchbrennen der Sicherung eine Überprüfung aller angeschlossenen Verbraucher notwendig.

Dies übernimmt ein Autoelektrikdienst, wenn man das nicht selbst machen kann.

Weil das Bremslicht bzw. die entsprechende Sicherung den Strom von Klemme 15 am Zünd-Anlaß-Schalter erhält, kann es nur bei eingeschalteter Zündung brennen. Dies ist auch wichtig zu wissen, wenn man sich abschleppen läßt.

Eine weitere Störungsursache kann der Bremslichtschalter sein. Er sitzt im Fußraum direkt über dem Bremspedal und er hat zwei Kabelanschlüsse. Zu dem einen Anschluß führt das schwarz-rote Kabel von der Sicherung, und vom anderen Anschluß wird der Strom zu den Bremsleuchten gelenkt. Lockere Kabelstecker können hier vom Übel sein.

Möglicherweise muß der Schalter eingehender geprüft werden. Sein Schalterstift drückt auf den Bremspedalhebel und schließt (überbrückt) beim Niedertreten des Pedals den Stromkreis der beiden außen angebrachten Kabelanschlüsse, indem der Schalterstift – durch Federkraft – dem Pedalhebel folgt. Dieser Schalterstift sitzt in einem Gummipuffer und man kann bei niedergedrücktem Pedalhebel mit einem Finger probieren, ob der Schalterstift ein- und ausfedert. Wenn nicht, muß der Schalter ausgebaut und ausgetauscht werden. Dazu löst man die an der Trägerplatte anliegende Befestigungsmutter des Schalters und zieht diesen (nach Abnahme der Kabel) heraus.

Es läßt sich jedoch auch bei ausgebautem Schalter (und bei aufgesteckten Kabeln, Massekontakt ist zu seiner Funktion nicht nötig) prüfen, ob der Schalterstift vielleicht klemmt. Dabei ist es egal, welche Kabel an welchen Anschlüssen sitzen. Etwas Graphitöl kann einen schwergängigen Schalterstift wieder beweglicher machen.

Nach etwa 2 cm Pedalweg sollen die Bremslichter aufleuchten. Weil die Länge des Schalterstiftes für das Ansprechen der Bremslichter mit von Bedeutung ist, kann es auch vorkommen, daß die Bremslichter ständig brennen oder im umgekehrten Fall nur bei völlig durchgetretenem Pedal aufleuchten. Dann muß man den Schalter ausbauen und unter oder über das Halteblech Ausgleichscheiben beilegen, damit der Schalter höher oder tiefer sitzt und somit das rechtzeitige Aufleuchten der Bremslichter garantiert.

Das Signalhorn

Pflegearbeit Nr. 31

Alle Manta-Modelle verfügen über eine einzelne Hupe, die im Motorraum verhältnismäßig gut zu erreichen ist. Diese Hupe ist mit einer Mutter SW 13 an einer Halterung angeschraubt.

Wenn die Hupe tonlos ist, soll man zuerst die Sicherung prüfen. Es ist die Sicherung Nr. 5, die zweite von rechts im Sicherungskasten. Sie steht nur bei eingeschalteter Zündung unter Strom, und wie der Blick auf den Schaltplan in der hinteren Buchklappe zeigt, erfolgt die Stromverbindung Sicherung/Hupe über das lila Kabel und Klemme 53 a an der Fußkontaktpumpe. Der andere Anschluß der Hupe ist über das braun-weiße Kabel mit dem Signalschalter verbunden, wo auch ein Masseanschluß besteht, weswegen jenem Kabel die Massefunktion zukommt. Beide Anschlüsse der Hupe können trotz Gummikappen oxydieren.

Man kann auch die Tonhöhe einer Hupe regulieren. Auf ihrer flachen Rückseite befindet sich seitlich eine Schlitzschraube, die mit einem Farbklecks verdeckt und gleichzeitig fixiert ist. Durch Drehen der Tonstellschraube rechts herum nimmt der erzeugte Ton zu (wird heller), Drehen links herum läßt den Ton abfallen. In gleicher Weise kann ein Horn, das nur noch krächzt, wieder zu einer vernünftigen Tonlage gestimmt werden. Voraussetzung ist natürlich, daß die Hupe nicht durch übergroße Verschmutzung derart gelitten hat, daß

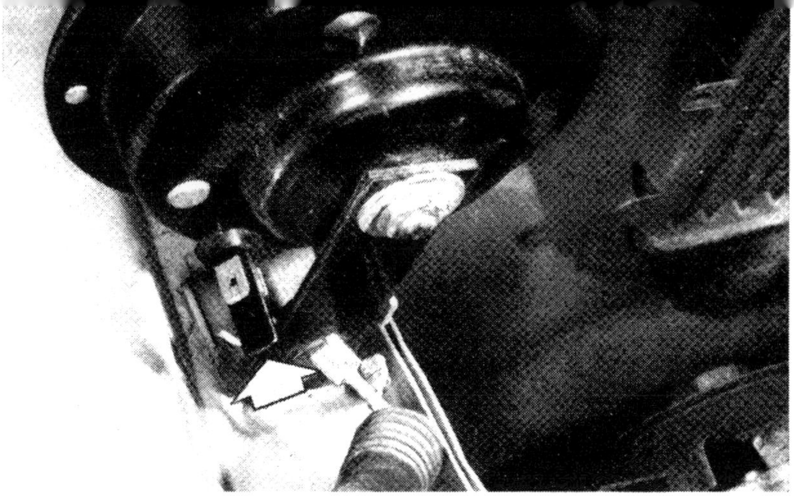

Das elektrische Horn ist im Motorraum links bequem zugänglich untergebracht. Für den Anschluß der beiden Kabel sind zwei Kontaktzungen bestimmt, auf die man die Steckanschlüsse der Kabel schiebt. Damit sich die beiden Kontakte nicht berühren können, sind sie durch eine Isolierscheibe (Pfeil) voneinander getrennt. Zum Auswechseln dieser Hupe brauchen nur die Kabel abgezogen und die Mutter an der Rückseite des Hupengehäuses (Bildmitte) gelöst zu werden.

ihre Membrane nicht mehr richtig arbeitet. Reparaturversuche lohnen sich meist nicht und eine defekte Hupe ist auszutauschen.
Die Hupenbetätigung auf den beiden Lenkradspeichen bietet kaum Anlaß zu Mängeln. Vorsichtig ist die Hupenplatte mit einem großen Schraubenzieher abzuhebeln: Sie sitzt mit drei Kunststoffstopfen in der darunter befindlichen Metallplatte. Diese eigentliche Hupenplatte ist federnd angebracht und wird von zwei großen Schlitzschrauben gehalten, wobei Schraubenfedern die Platte nach außen drücken. Aber auch zwischen der äußeren Abdeckung und der Hupenplatte sind zwei Schraubenfedern angeordnet, die beim Auseinandernehmen sofort herunterfallen können und später beim Zusammensetzen nur mit Fingerspitzengefühl, eventuell unter Zuhilfenahme einer Pinzette, in ihren vorgesehenen Aussparungen bleiben. Ebenso muß man beim Abschrauben der beiden Halteschrauben die Federn und Scheiben auffangen.
Die Blechplatte besitzt Kontaktzungen, die beim Niederdrücken die darunter befindlichen Gegenkontakte berühren, sie schließen (bei eingeschalteter Zündung) den Stromkreis zur Hupe. Überbrückt man diese Kontakte mit einem Schraubenzieher und es hupt jetzt, dann sind alle Metallteile, wo sie sich berühren, auf Oxydation zu überprüfen und blankzukratzen. Hupt es nicht, dann ist die weitere Kontrolle der Stromzuführung einer Werkstatt zu überlassen, denn das Lenkrad muß hierzu abgezogen werden.
Beim Sportlenkrad mit der runden Hupenplatte ist die Anlage ähnlich, aber einfacher und leicht durchschaubar ausgeführt worden. Der Signalknopf ist durch eine Steckverbindung mit dem Kontaktkabel verbunden. Bei nicht erkennbarem Defekt ist auch hier die Werkstatt aufzusuchen.

Die Lichthupe

Zu Beginn des Kapitels wurde schon erwähnt, daß der Signalhebel links am Lenkrad angezogen werden muß, wenn man Lichtzeichen geben will, was mittels des Fernlichts geschieht. Aus dem Schaltplan der hinteren Buchklappe geht hervor, daß am Signalschalter ein stets stromführendes rotes Kabel zur Klemme 30 führt. An der Klemme 56 liegt nur Strom, wenn der Lichtschalter entsprechend eingeschaltet ist, und wegführend zum Abblendlicht (Klemme 56 B) und zum Fernlicht (Klemme 56 a) können die genannten Kontakte innerhalb des Schalters miteinander verbunden werden. Unabhängig davon ist es jedoch möglich, durch Anziehen des Abblendhebels auf die Klemme 56 a am Signalschalter direkt Strom von der Klemme 30 zu geben, die über die Sicherung Nr. 3 den Batteriestrom erhält.

Gute Geister für unterwegs

Es wäre recht umständlich, mit einem Stab im Kraftstofftank herumstochern zu müssen, wenn man wissen will, wie weit der Vorrat noch reicht. Vergleichbar verhält es sich etwa mit der Kühlwasseranzeige, bei deren Fehlen die aufsteigenden Dampfwolken unter der Motorhaube voraussichtlich schon das Ende der Reise ankünden würden.
Damit soll gesagt sein, daß alle Instrumente und Apparaturen eine sinnvolle Bedeutung haben, die in erster Linie zur Sicherheit für das Auto und dessen Einsatzbereitschaft vorhanden sind, aber auch dem Wohlbefinden der Wageninsassen zugute kommen. Bei den heutigen Verkehrsverhältnissen wäre es unzumutbar, wenn sich der Fahrer neben der Konzentration auf seine Tätigkeit auch noch auf sein Gefühl verlassen müßte, ob bei dem Auto alles zum Guten steht.

Die Instrumentenplatte

Links in der Armaturentafel ist ein Kombi-Instrument mit der Kraftstoffanzeige, dem Fernthermometer und mit sechs Kontrolleuchten angebracht. In der Mitte befindet sich das Tachometer mit dem Kilometerzähler, und rechts davon sitzt die elektrische Zeituhr. Statt letzterer kann dort – als Sonderausstattung – ein Drehzahlmesser untergebracht sein, und ebenso können neben der erwähnten Grundausstattung noch zusätzliche Geräte auf einer separaten Konsole unterhalb der Mitte des Armaturenbretts angeordnet sein, wie sie der Manta in der SR-Ausführung besitzt. Es handelt sich hierbei um Amperemeter, Zeituhr und Öldruckmesser.

Instrumentengehäuse ausbauen

Zum Abheben der Instrumente aus dem Armaturenbrett ist es ratsam, die hier geschilderte Reihenfolge im Arbeitsvorgang einzuhalten. Zuerst wird der Lichtschalter demontiert, indem man die Haltefeder an dem Fuß des Knopfes mit einem schmalen Schraubenzieher niederdrückt und den Knopf gleichzeitig von der Welle abzieht. Bei Wagen ohne Startautomatik ist der Bowdenzug auszubauen. Danach werden die beiden Blindstopfen, die am oberen Rand der Instrumentenabdeckung eingelassen sind, mit dem Schraubenzieher herausgehebelt und die darunter sitzenden Blechschrauben dreht man heraus. Die Bedienungsknöpfe der Heizung werden nach vorn abgezogen. Danach kann die Instrumentenabdeckung in Richtung Lenkrad abgenommen werden, wozu man sie zuerst oben etwas nach vorne winkelt.
Nun werden die beiden unten am Gehäuserand angebrachten Blechschrauben losgedreht. Vom Tachometer ist die Tachometerwelle abzunehmen; die Verbindung besteht aus einem Renkverschluß, den man notfalls – wenn er mit der Hand nicht zu erreichen ist – mit einer Rohrzange lösen kann. Das Gehäuse läßt sich jetzt weiter herausziehen, und man kann das rote Kabel der Zeituhr und den Mehrfachstecker von der Leiterplatte abziehen. Falls Nebelscheinwerfer-, Nebelschlußleuchten- und Heizscheibenschalter vorhanden sind, sind nach

Um die Instrumentenplatte vollkommen ausbauen zu können, sind nach Herausdrehen der vier Blechschrauben am Gehäuserand folgende Anschlüsse zu lösen: 1 – Renkverschluß der Tachowelle, 2 – Mehrfachstecker, 3 – rotes Kabel für Zeituhr bzw. Drehzahlmesser, 4 – Kabel für heizbare Heckscheibe, 5 – Kabelverbindung für Instrumentenbeleuchtung, 6 – Kabel für Nebelscheinwerfer.

Herausziehen derselben ihre Stecker zu lösen. Wenn jetzt noch die Steckverbindung der Instrumentenbeleuchtung abgezogen wird, kann man das Instrumentengehäuse herausnehmen.

Diese ganze Prozedur ist leider nötig, wenn man eine der Anzeigeleuchten ersetzen muß. Die sechs Kontrolleuchten sitzen auf der Rückseite des Anzeigeinstruments und verfügen über einen kleinen Griff. Diese Leuchtenfassung ist niederzudrücken, um etwa 90° zu drehen und kann dann samt 1,2-Volt-Birne herausgenommen werden.

Die Beleuchtung der Instrumente geschieht durch vier weitere Lampen, die am Rande der Instrumentenplatte verteilt sitzen und durch Kabel miteinander verbunden sind. Die Glühlampen sitzen in einer Fassung und diese wiederum in einer Leuchtenfassung. Der Austausch ist problemlos.

Die drei Anzeigeinstrumente lassen sich ebenfalls im einzelnen aus der Grundplatte herausnehmen. Aber eigenhändige Reparaturversuche daran sind nahezu zwecklos. Sollte eins der Instrumente ausgefallen sein, dann empfiehlt sich eine Rücksprache bei der nächsten Opel-Werkstatt. Den Austausch eines Instruments kann man eventuell beschleunigen, wenn man sich vorher anmeldet, das ausgebaute Instrumentenbrett hinbringt und sich dort ein neues Instrument einsetzen läßt.

Das gemeinsame Glas der Instrumente läßt sich entfernen, indem man auf der Rückseite des Instrumentengehäuses vier Blechschrauben löst.

Die Öldruck-Kontrolle

Das Motoröl soll ständig mit notwendigem Druck zu allen Schmierstellen gefördert werden, und um das überprüfen zu können, ist in den Motorkreislauf ein Öldruckschalter eingebaut. Mit diesem ist die rote Öldruck-Kontrollampe im Anzeigegerät des Armaturenbrettes durch ein blau-grünes Kabel verbunden. Strom erhält die Öldruck-Kontrollampe über ein schwarzes Kabel von Sicherung Nr. 6 wie alle übrigen Kontrolleuchten.

Der Öldruck ist bei kaltem und daher zähem Motoröl höher, so daß die Lampe schon bei geringen Motordrehzahlen erlöscht. Beim Wiederstarten eines im Hochsommer heißgefahrenen Motors mit dementsprechend dünnflüssigem Motoröl ist der Öldruck geringer und die Öldruck-Kontrollampe erlischt erst bei höheren Drehzahlen.

Brennt die rote Lampe während der Fahrt, so ist das ein Alarmzeichen. Natürlich kann es auch ganz harmlos sein, weil der Öldruckschalter defekt ist oder weil das hellblau-grüne Kabel zwischen Kontrollampe und Druckschalter irgendwo Kurzschluß zur Masse hat. Aber in der Regel zeigt die Lampe, daß der notwendige Öldruck zur Schmierung aller Motorteile aus irgendeinem Grund nicht aufgebaut wird, manche Teile demnach ohne Schmierung laufen und bei sorgloser Weiterfahrt schwere Schäden am Motor auftreten können. Zuerst soll deshalb beim Aufleuchten der Kontrollampe der Ölstand geprüft werden. Es ist immerhin möglich, daß das Motoröl aus irgendeinem Grund auf den letzten Kilometern Straße verteilt liegt, weil sich beispielsweise die Ölablaß-Schraube lockerte. Ebenso kann eine Schmierstelle defekt sein, so daß das Motoröl ohne Widerstand aus dem defekten Lager läuft. Der Fehler kann auch an einer schadhaften Ölpumpe liegen, was allerdings ein seltener Fall wäre. Wenn sich der Fehler nicht unterwegs als harmlos herausstellt, ist unter Umständen ein Abschleppen zur nächsten Werkstatt unvermeidbar, falls kein größerer Motorschaden riskiert werden soll.

Der Öldruckschalter sitzt an der rechten Seite des Motorblocks hinten unten. Der Ausbau hat in Heimwerkerei wenig Sinn, weil an dem Öldruckschalter doch nichts zu reparieren ist. Ein neuer Schalter ist mit 2,5 mkg festzuziehen. Der Öldruckmesser des Manta SR und GT/E gibt über die Druckverhältnisse bessere Auskunft. Bei betriebswarmem Motor soll der Öldruck im Leerlauf nicht unter 0,8 atü, während der Fahrt keinesfalls unter 3,0 atü absinken.

Störungsbeistand

Öldruckanzeige

Die Störung	— ihre Ursache	— ihre Abhilfe
Lampe leuchtet beim Einschalten der Zündung nicht auf	Steckkontakte locker?	Kabelsteckverbindungen überprüfen
	Kontrollampe defekt?	Lampe austauschen
	Öldruckschalter defekt?	Austauschen
Lampe leuchtet während der Fahrt auf	Ölmangel?	Motoröl auffüllen
	Kurzschluß am Kabel zwischen Lampe und Druckschalter?	Kabel auf Scheuerstellen untersuchen. Anderes Kabel zwischenschalten
	Ölkreislauf unterbrochen?	Zur nächsten Werkstatt. Motor wird nicht mehr geschmiert
	Öldruckschalter undicht?	Schalter auswechseln
Lampe verlischt erst bei Vollgas	Öldruck zu niedrig?	Zur nächsten Werkstatt.
	Ölpumpe schadhaft?	Untersuchen lassen
Lampe leuchtet bei heißem Motor im Leerlauf auf	Ansprechdruck des Öldruckschalters zu hoch?	Heißes, dünnflüssiges Motoröl bringt weniger Druck als kaltes Öl. Kein Grund zur Sorge.

Der Öldruckschalter sitzt an der rechten Seite des Motors hinten. Im Bild der Schalter des Manta SR bzw. GT/E, von dem das eine blau-grüne Kabel zur Öldruckkontrolleuchte und das andere blau-grüne Kabel mit stärkerem Querschnitt zum Öldruckmanometer führt. Bei den Normal-Modellen besteht nur eine Kabelverbindung zur Kontrolleuchte.

Die Kraftstoffanzeige

Die Kraftstoffanzeige besteht aus dem Geber im Tank und dem Anzeigegerät im Instrumentengehäuse, und beide Teile sind durch ein blau-schwarzes Kabel verbunden. Innerhalb des Instrumentengehäuses erhält die Meßuhr den Strom über den Spannungsstabilisator, der auf der +-Seite mit den über Sicherung Nr. 6 geschützten Kontrollampen verbunden ist. Der Geber im Tank hat Verbindung zur Masse. Er sitzt auf einer demontierbaren kleinen Platte am Tank (siehe Abschnitt »Der Tank« auf Seite 85).

Im Geber der Kraftstoffanzeige befindet sich ein elektrischer Widerstand, über dessen Wicklungen ein mit dem Schwimmer des Gebers verbundener Schleifkontakt läuft. Am anderen Ende sitzt als Anzeigegerät ein elektrisch aufgeheiztes Bimetall-Thermogerät. Wenn der Tank leer ist, schaltet der Schwimmer und mit ihm der Schleifkontakt den ganzen Widerstand des Gebers ein: Es kann nur wenig Strom durch die Anlage fließen, das Bimetall wird nicht oder nur wenig aufgeheizt, so daß der Zeiger keinen oder nur einen geringen Ausschlag hat. Je mehr der Tank gefüllt ist, um so kleiner hält der höher stehende Schwimmer den eingeschalteten Widerstand. Dadurch kann mehr Strom durch die Anlage fließen, das Bimetall wird stärker aufgeheizt und gibt dementsprechend dem Zeiger einen stärkeren Ausschlag. Da zum Aufheizen des Bimetalles etwas Zeit notwendig ist, bringt der im Tank schwappende Kraftstoff den Zeiger nicht zum ständigen Hin- und Herpendeln.

Falsche Kraftstoffanzeige

Nur bei leerem oder vollem Tank kann man am Zeigerausschlag mit ziemlicher Sicherheit erkennen, ob Kraftstoffmeßuhr und Geber richtig arbeiten. Im Zwischenbereich ist die Kraftstoffanzeige aber nicht genau zu »eichen«, man kann die Zwischenwerte nur »über den Daumen peilen«. Stimmt jedoch die Angabe bei leerem oder vollem Tank nicht oder zeigt die Meßuhr gar nichts an, so kann der Fehler sowohl im Anzeigegerät wie auch im Geber (oder in den zwischenliegenden Kabeln) stecken. Zuerst sollten deshalb einmal die Kabelverbindungen überprüft werden. Ist nichts daran zu entdecken, müßten Anzeigegerät und Geber ausgebaut werden. Das hat aber in Heimwerkerei nur Sinn, wenn gleichartige Geräte zum Vergleich zur Verfügung stehen. Allenfalls ist eine Falschanzeige am Geber zu justieren.

Der Geber muß dazu ausgebaut werden: Fahrzeug sicher aufbocken und Tank entleeren. Kraftstoffleitung nach Lösen der Klemme und Anzeige-Kabel an der Geberplatte abziehen, die fünf Sechskantschrauben der Geberplatte herausdrehen und Geberplatte mit Saugrohr und Schwimmer aus dem Tank ziehen (beim Wiedereinbau muß eine neue Dichtung verwendet werden, sonst tritt Kraftstoff aus).

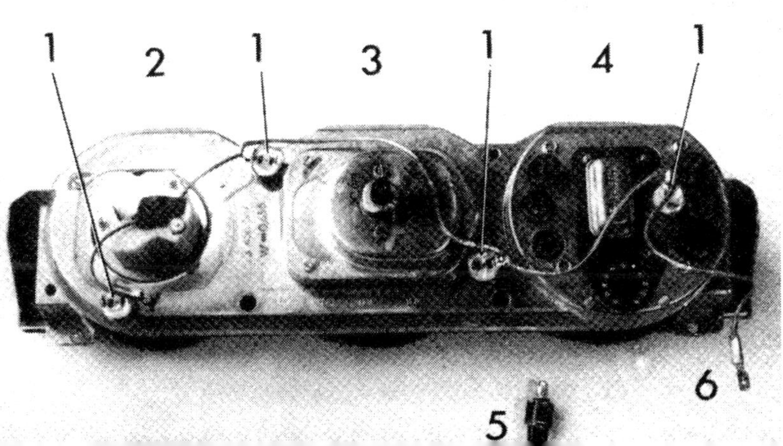

Die Rückseite der Instrumentenplatte offenbart folgende Teile: 1 – Instrumentenleuchten, 2 – Zeituhr (bzw. Drehzahlmesser, 3 – Tachometer, 4 – Kontrollinstrument mit elfpoligem Steckanschluß und mit sechs Kontrollampen, 5 – herausgenommene Kontrollampe, 6 – graues Kabel zum Lichtschalter.

Am ausgebauten Geber zuerst prüfen, ob der Schwimmer – falls es ein Hohl-Schwimmer ist – ein Loch hat und ganz oder teilweise mit Kraftstoff vollgelaufen ist (schwappt beim Schütteln Kraftstoff darin?). Ist der Schwimmer in Ordnung, kann man zur Justierung den langen Schwimmerarm zweckentsprechend biegen. Das hilft vor allem, wenn die Tankwand verbogen ist und die Geberplatte schief sitzt. Wird der Schwimmerarm etwas nach oben durchgebogen, zeigt die Meßuhr im Armaturenbrett mehr an. Oder der Schwimmerarm wird entsprechend nach unten durchgebogen, wenn der Zeiger bei völlig leerem Tank noch nicht ganz nach unten steht. Von seiner tiefsten bis zur höchsten Stellung soll der Schwimmer einen Weg von 117 mm beschreiben.
Diese Heimwerkerei ist allerdings nur sinnvoll, wenn man sorgfältig arbeitet und Ersatzteile, besonders eine neue Dichtung für die Geberplatte, zur Hand hat. Zweifellos kann sie aber billiger sein als ein voreiliger Austausch des Gebers oder sogar des Anzeigeinstruments, den die Werkstatt vorschlägt.

Die Kühlwasseranzeige

Im Unterteil des Thermostatgehäuses, nur beim 1,2-Liter-Motor vorn oben auf dem Motor, sitzt ein Wärmefühler zur Aufnahme der Kühlwassertemperatur. Zum Herausschrauben aus dem Thermostatgehäuse ist es nötig, das Kühlwasser teilweise abzulassen. Dieser Temperaturfühler gibt seine Meldung über ein blaues Kabel dem Anzeigeinstrument weiter. Siehe auch Bild auf Seite 80.
Zeigt die Kühlwasserkontrolle des elektrisch betriebenen Systems falsche Werte an, läßt es sich mit Heimwerkermitteln nicht prüfen, woran der Fehler liegt. Natürlich ist zuerst das blaue Kabel zu untersuchen und ebenso kann an der Nicht-Anzeige auch die defekte Sicherung Nr. 6 schuld sein. Im übrigen ist es aber Werkstattsache, dem Übel auf den Grund zu gehen.
Ein neuer, auch Geber bezeichneter Fühler darf nur nach Einstreichen seines Gewindes mit Dichtungsmasse eingebaut werden.

Das Tachometer

Im Tachometer sind Geschwindigkeitsmesser und Kilometerzähler vereinigt. Das Gerät wird zwar nicht elektrisch betrieben, doch beruht die Wirkung des Geschwindigkeitsmessers auf einem ringförmigen Magneten, der durch die biegsame Antriebswelle Wirbelströme erzeugt, die ihrerseits wieder eine darüber gestülpte Metallglocke mit sich zu ziehen versuchen. An dieser ist der Zeiger befestigt, der auf der Skala die jeweilige Geschwindigkeit anzeigt.
Die Tachometerwelle bedarf keiner besonderen Pflege. Ist sie gebrochen oder macht sie durch eine zitternde Tachonadel darauf aufmerksam, daß sie bereits einen Knick hat und bald brechen wird (Ursache für die zitternde Tachonadel kann aber auch eine verschlissene Antriebsschnecke am Getriebe sein), muß die Welle baldmöglichst ausgetauscht werden. Das sollte man der Werkstatt überlassen, denn bei ungeübtem Einbau wird sie leicht geknickt, was bereits der Anfang zu einem zweiten Bruch der Welle ist. Sie darf beim Einbau auch nicht gezerrt oder in zu engem Radius verlegt werden.
Wenn außer der Tachometernadel auch der Kilometerzähler ausfällt, liegt die Schuld sicher an der Tachowelle. Es ist dann zu kontrollieren, ob der Renkverschluß am Gerät richtig verschlossen ist oder ob sich eventuell die Welle am Getriebe gelöst hat.
Weil die Kilometerangabe auf dem Tacho beim Verkauf des Wagens als Dokument gewertet wird – es soll ja über die gehabte Beanspruchung des Wagens aussagen –, darf man natürlich nicht mit gelöster Tachowelle fahren. Auch den Umtausch eines eventuell defekten Tachometers läßt man sich mit den entsprechenden Kilometerangaben von der Werkstatt bestätigen.

Wer das Tachometer selbst ausbauen will, muß, wie bereits in diesem Kapitel beschrieben, die Instrumentenplatte ausbauen und danach das Tachometer davon losschrauben (drei Querschlitzschrauben). Auf die gleiche Art werden die anderen beiden Geräte von der Instrumentenplatte abgebaut.

Der Drehzahlmesser

Dieses in der SR- und GT/E-Serie eingebaute Instrument sitzt an dem Ort, wo bei der Normalausführung die Zeituhr zu finden ist. Während letztere ihren Strom direkt über die Sicherung Nr. 3 erhält, ist der Drehzahlmesser (über den Bremslichtschalter) an Sicherung Nr. 6 angeschlossen und erhält seine Impulse von der Zündspule. In den Kapiteln »Prüfen ohne Werkzeug« und »Des Motors Innenleben« wurde dargelegt, weshalb es ratsam sein kann, die Motordrehzahlen zu überwachen.
Beim Opel-Drehzahlmesser gilt, was Ausbau und Reparatur betrifft, das gleiche wie für die vorher beschriebenen Instrumente.
Wenn man seinen Wagen häufig hochtourig fährt, lohnt sich der nachträgliche Einbau eines solchen elektronischen Gerätes als Zusatzinstrument, und man kann dazu auch ein Instrument eines anderen Fabrikates wählen. Man sollte sich jedoch nur für ein Rundinstrument entschließen (von VDO, Moto Meter, Hartmann & Braun; mit Montage-Erläuterung) und auf ausreichende Größe achten, die gutes Ablesen ermöglicht. Anbringen des Instruments in der Nähe des vielleicht vorhandenen Radios ist wegen eventueller Empfangsstörungen zu vermeiden. Drehzahlmesser zur Selbstmontage gibt es ab rund 60 Mark.

Das Amperemeter

Mit diesem Instrument erhält man Auskunft über den Ladezustand der Batterie. Wenn der Zeiger während des Startens nicht unter 10 Volt absinkt, ist die Batterie noch in Ordnung. Während der Fahrt sollte sich der Zeiger in der rechten Hälfte der Anzeige bewegen. Je mehr Verbraucher eingeschaltet sind, desto geringer ist der Anzeigewert. Bei dauernder Minus-Aussage des Gerätes liefert die Lichtmaschine nicht genügend Strom oder der Regler arbeitet nicht richtig. Es kann dann auch ein Kurzschluß vorliegen; er läßt sich eventuell mit Hilfe des Instruments einkreisen, wenn man einzeln die Verbraucher abschaltet und beobachtet, wann der Zeiger zur Plus-Seite springt.
In einer Elektrowerkstatt kann dieses zur Sonderausstattung gehörende Gerät überprüft, normalerweise aber nicht repariert werden. Zum Ausbau muß das eventuell vorhandene Radio ebenfalls herausgenommen werden. Dazu sind dessen Bedienungsknöpfe und die Zierblende abzunehmen, die beiden Sechskantmuttern hinter der Zierblende abzuschrauben, und anschließend schraubt

Um die Kabelanschlüsse der Zusatzinstrumente – Amperemeter, Zeituhr und Öldruckanzeigegerät – am einfachsten überprüfen zu können, bedient man sich eines Spiegels. Die Instrumentenplatte kann bei vorhandenem Radio nur abgeschraubt werden, wenn man das Radio vorher ausgebaut hat. Die einzelnen Instrumente sind in der Instrumentenplatte jeweils oben und unten mit einer Mutter befestigt.

man an der Rückseite des Radios den Haltebügel ab. Jetzt läßt sich der Instrumententräger von der Instrumententafel abschrauben, und die Anschlüsse und Befestigungsschrauben des Amperemeters sind zugänglich.

Wer in seinem Opel ein solches Instrument nicht besitzt und dennoch gerne den Stromhaushalt überwachen will, kann sich zusätzlich ein Amperemeter am Armaturenbrett anbauen. Die VDO-Tachometer-Werke, Frankfurt 90, Gräfstraße 113, wie auch Moto Meter, 725 Leonberg, Daimlerstraße 6, liefern verschiedene Amperemeter zusammen mit einem leicht verständlichen Schaltplan.

Schalter, Instrumente und Kontrollampen überprüfen

Pflegearbeit Nr. 5

Bei der Inspektion Ihres Wagens wird vom Opel-Dienst das ordnungsgemäße Arbeiten der bis hier in diesem Kapitel beschriebenen Instrumente alle 10 000 km überprüft. Bei einiger Übung ist das aber auch dem gewissenhaften Kraftfahrer während der Fahrt möglich. Man sollte sich angewöhnen, diese Geräte so weitgehend wie möglich zu überwachen, weil sie der Aufsicht über das Wohlbefinden des Motors dienen und den Fahrer über wichtige Dinge informieren.

Die Einsatzbereitschaft der Kontrollampen muß natürlich auch gewährleistet sein. Um sich zu vergewissern, ob z. B. die Öldruck-Kontrollampe noch funktioniert, wird niemand so einfältig sein, den Ölvorrat im Motor bis zur Neige aufzubrauchen – vielleicht ist die Birne tatsächlich durchgebrannt und das Kind ist in den Brunnen gefallen. Man kann aber – bei eingeschalteter Zündung – das Kabel vom Öldruckschalter abziehen und an Masse tippen. Brennt die Lampe, ist man ihrer Funktion sicher. Wie die übrigen Kontrollampen arbeiten, das ist in dem jeweiligen Abschnitt in diesem oder in den beiden vorangegangenen Kapiteln gesagt, und im Kapitel »Lichtmaschine und Anlasser« wurde die Ladestrom-Kontrolleuchte beschrieben.

So bleiben nur noch die Schalter der elektrischen Anlage übrig. Passiert beim Betätigen eines Schalters nichts, dann ist entweder der Verbraucher defekt oder seine Zuleitung nicht in Ordnung oder aber, es hapert irgendwie im Schalter. Darum wollen wir die im Opel eingebauten Schalter einmal unter die Lupe nehmen.

Elektrische Schalter

Im Abschnitt »Instrumentengehäuse ausbauen« wurde bereits erklärt, wie der Lichtschalterknopf abgenommen und die Instrumentenabdeckung ausgebaut wird. Am Rand des danach freigelegten Schalters befinden sich zwei sich gegenüberliegende Haltefedern, die man etwas zusammendrücken muß, um das Gehäuse des Licht-, Instrumentenleuchten- und Parklichtschalters aus der Instrumententafel herausziehen zu können. An seiner Rückseite ist ein Mehrfachstecker ausgesetzt, den man zum Auswechseln des Schalters abziehen muß. Eine Reparatur dieses Schalters ist nicht möglich.

Der Scheibenwischerschalter, der sich rechts dieses Lichtschalters befindet, ist gleichermaßen befestigt. Seitlich der Kippschalterwelle sitzen zwei Haltefedern und unter Zusammendrücken derselben kann der Schalter herausgezogen werden.

Auch zum Ausbau der Nebelscheinwerfer- und Nebelschlußleuchtenschalter muß die Instrumentenabdeckung ausgebaut werden. Ein solcher Kippschalter kann nach Herunterdrücken der oberen Klemmfeder aus seinem Sitz herausgezogen werden. In dem Mehrfachstecker ist die Kontrollampe für die Nebelschlußleuchte eingesteckt. Vergleichbar damit verläuft der Ausbau des Schalters für die heizbare Heckscheibe, der rechts von der Zeituhr (bzw. des Drehzahlmessers) untergebracht ist.

Von Interesse kann noch das Wissen um die Lage der Heizscheiben-, Nebel-

scheinwerfer- und Weitstrahlerrelais sein. In der Reihenfolge wie hier aufgezählt, von links nach rechts geordnet, findet man jedes Relais oberhalb des Sicherungskastens hängend angeordnet. Ein Relais kann aus seiner Mehrfachsteckdose nach unten herausgezogen werden. (Siehe Bild Seite 153.)
Wenn man die eventuelle Störung eines der an die Schalter oder Relais angeschlossenen Verbraucher so weit eingekreist hat, daß der Fehler nur noch im Schalter oder Relais liegen kann, spart man bei der Werkstatt Wartezeit und Geld, wenn man das defekte, ausgebaute Teil einfach vorlegt und ein neues kauft, um es daheim einzubauen.

Der Scheibenwischer

Pflegearbeit Nr. 26

Ein wirklich einwandfreies und sauberes Sichtbild bringen die Wischerblätter nicht immer zustande. Das liegt einmal an der schlecht gereinigten Windschutzscheibe, die mit einem verfetteten Fensterleder beim Tanken oder bei der Wagenwäsche »blank« gerieben wurde. Meist sind aber die Wischerblätter schuld, denen man des öfteren eine kleine Aufmerksamkeit schenken sollte.
Die Sommersonne macht den Scheibenwischergummi porös, und gerade bei Nachtfahrten im regnerischen Herbst ist eine schlecht gewischte Windschutzscheibe besonders unangenehm und gefährlich. Schließlich sollen die Wischerblätter selbst auch von Zeit zu Zeit gereinigt werden, denn an ihnen setzen sich ja die Fettrückstände von der Windschutzscheibe ab. Man reibt die Wischerblätter am besten mit einer festen Nylonbürste (Nagelbürste) und einer starken Waschmittellösung oder auch Brennspiritus ab. Dagegen ist Benzin völlig ungeeignet als Reinigungsmittel für Gummi, denn dieser wird durch Benzineinwirkung nur verhärtet. Geschickte Leute machen ihre Wischerblätter wieder jugendfrisch, indem sie deren Gummi in schräger Richtung über sehr feinkörniges Sandpapier wischen, etwa so, wie man ein Messer wetzt. Für ein neues Wischerblatt sind rund 8 Mark zu bezahlen.
Das Scheibenwischerlager ist gelegentlich für einen Tropfen Öl dankbar, der bei zurückgeklapptem Wischerarm und laufendem Wischermotor an die Scheibenwischerwelle gegeben wird. Dazu muß man die Staubkappe mit einem Schraubenzieher abhebeln.
Auf dem Schaltplan in der hinteren Buchklappe können Sie erkennen, daß zwischen Wischerschalter und Wischermotor eine Reihe von Kabelverbindungen bestehen, die z. T. noch über das Scheibenwaschrelais und über die Fußkontaktpumpe laufen. Die Anlage hat eine Zweistufen-Schaltung, die zwei verschiedene Geschwindigkeiten ermöglicht. Zum anderen wird dadurch bewirkt, daß nach dem Ausschalten des Wischermotors die Wischerblätter nicht sofort stehen bleiben, sondern in ihre Ausgangsstellung zurücklaufen. Das wird also

Links: Der Lichtschalterknopf wird demontiert, indem man die Haltefeder im Schalterknopf mit einem schmalen Schraubenzieher niederdrückt und gleichzeitig den Knopf von der Schalterwelle abzieht. Nach Entfernen der Instrumentenabdeckung ist dann der Schalter zugänglich.

Rechts: Den runden Lichtschalter kann man herausziehen, wenn die beiden Klemmfedern an seinem Rand zusammengedrückt werden. Ähnliche Haltefedern besitzt der Scheibenwischerschalter, die man zum Herausziehen des Schalters gleichzeitig gegeneinander drücken muß.

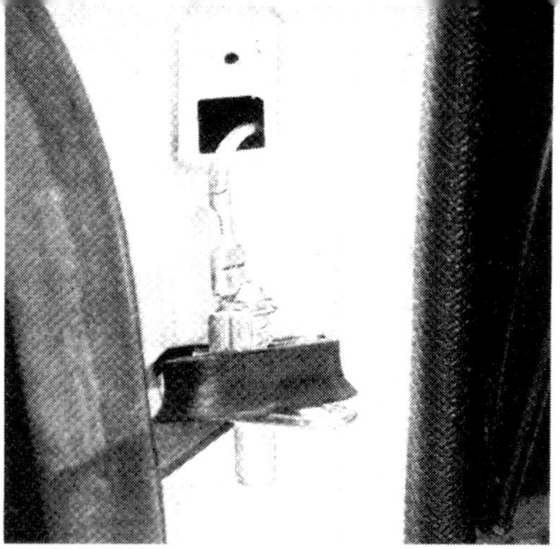

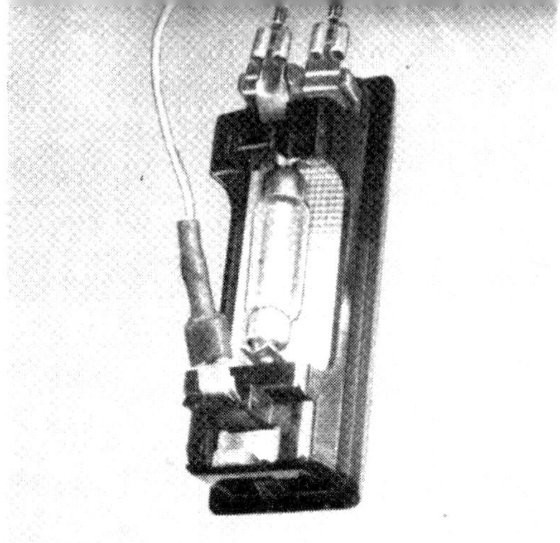

Links: Einen Türkontaktschalter kann man nach Herausdrehen der Blechschraube abnehmen. Vorsicht, daß bei eventuellem Auswechseln des Schalters nicht das Kabel in die Karosserie zurückrutscht.
Rechts: Die Innenbeleuchtung, deren gesamtes Gehäuse aus ihrem Sitz oberhalb der Tür herausgehebelt werden kann, läßt sich wahlweise auf Dauerlicht oder nur für die Einschaltung bei geöffneter Tür einstellen. Beiden Schaltungen dienen die im Bild oben heranführenden Kabel; unteres Kabel: Masseanschluß.

nicht durch eine Feder veranlaßt, sondern dies ist ein besonderer Schalteffekt im Wischermotor, durch den der Motor noch so lange Strom erhält, bis die Wischerblätter in Ruhelage stehen.
Abgesichert ist der Scheibenwischer durch die 8-Ampere-Sicherung Nr. 5 im Sicherungskasten. Bleibt der Scheibenwischermotor nach dem Ausschalten nicht stehen, dann hat sich an irgendeinem Aggregat dieser Anlage ein Massekontakt eingeschlichen und man kann als erste Abhilfe die Sicherung herausnehmen, bis man den Schaden beheben läßt. Sollte es zwischenzeitlich wieder beginnen zu regnen, setzt man die Sicherung einfach wieder ein.
Bleiben jedoch die Wischerblätter, etwa durch Schneetreiben, Frost oder trockene Reibung außerhalb ihrer Ruhestellung stehen, während die Zündung eingeschaltet ist, wird die Ankerwicklung des Wischermotors durchbrennen, auch wenn der Wischerschalter ausgeschaltet wurde. Denn durch den Endstellungs-Schalteffekt bleibt der Wischermotor trotzdem unter Strom, kann sich aber nicht drehen. Abhilfe: Wischerblätter sofort von der Windschutzscheibe abheben, wenn sie »unterwegs« stecken bleiben oder angefroren sind, damit sie in Ruhestellung laufen können.

Der Scheibenwischermotor

Links vor der Windschutzscheibe, vom Motorraum aus zugänglich, sitzt der Motor für den Scheibenwischer. Soll er ausgebaut werden, muß vom Wageninneren aus die Sechskantmutter der Kurbelbefestigung abgeschraubt werden. Durch Abschrauben der drei Haltemuttern ist der Motor von seinem Träger zu trennen. Der Mehrfachstecker wird abgezogen und der Motor kann heraus-

Als Sonderausstattung gibt es bei Opel eine elektrische Scheibenwaschanlage, deren Pumpe auf dem Waschbehälter sitzt. Das angeschlossene lila Kabel führt über das Scheibenwascherrelais zum Wischermotor, das braune Massekabel ebenfalls zum Relais und von dort zum Scheibenwischerschalter.
Beim Manta GT/E ist diese Anlage allerdings serienmäßig.

genommen werden. Der Einbau erfolgt in umgekehrter Reihenfolge; dabei hat der Motor in Parkstellung zu stehen, wenn der Kurbelarm angeschraubt wird, und die Wischerarme müssen sich in Ruhestellung befinden.
Drei verschiedene Motortypen kommen zum Einbau: von Bosch, SWF oder Siemens. Sie unterscheiden sich nur gering voneinander. Allerdings muß man beim Siemens-Motor besonders auf den festen Sitz der Kurbel-Befestigungsmutter achten, beim Andrehen ist die Kurbel gegenzuhalten.
Da man zum Ausbau der Scheibenwischeranlage ein Demontage-Werkzeug für die Wischerarme benötigt und weil dann auch der Gebläsemotor ausgebaut werden muß, sollte diese Arbeit einer Opel-Werkstatt vorbehalten bleiben.

Der Scheibenwascher

Im Kapitel »Der Winterschutz« ist unter der Pflegearbeit Nr. 25 die Füllung der Scheibenwaschanlage beschrieben. Diese Anlage besteht aus der Wascherpumpe, dem Wasserbehälter, den Verbindungsschläuchen und den Spritzdüsen. In der Standardausführung wird die Pumpe, die ganz links im Fußraum sitzt, durch Niedertreten betätigt, oder bei montierter Fußkontaktpumpe treten die Scheibenwischer gleichzeitig zum Waschen ihre Arbeit an. Als Sonderausstattung gibt es noch eine elektrische Scheibenwaschanlage, die – an gleicher Stelle wie die Pumpe angebracht – Waschen und Wischen veranlaßt.
Wenn die Sprühdüse vor der Windschutzscheibe durch unsauberes Scheibenwaschwasser oder eine ungeeignete Beimischung verstopft ist, nimmt man am besten einen dünnen Draht, wie er beispielsweise zum Befestigen der Ölwechselanhänger im Motorraum dient. Mit einer harten Nadel kann dagegen die Sprühdüse beschädigt werden. Eine Stecknadel wird nur dann vorsichtig in eine Sprühdüse gesteckt, wenn diese in falscher Richtung spritzt und der Kopf der Düse gedreht werden soll.
Die Scheibenwaschanlage ist nicht direkt als ideal zu bezeichnen, weil die eine Scheibenwascherdüse auch bei sorgfältiger Einstellung nicht ausreicht, um genügend Waschwasser auf die Frontscheibe zu befördern. Meistens bleibt nur die Wahl, die Düse so einzustellen, daß vor allem das Fahrersichtfeld reichlich mit Wasser versorgt wird – auf der Beifahrerseite schmiert dann das Wischerblatt deutlich schlechter (und ist auch schneller verschlissen). In der Regel empfiehlt sich ein Austausch der Wischerblätter etwa alle 20 000 km.
Nach dem Einbau einer neuen Fußpumpe müssen die Befestigungsschrauben von der Motorraumseite aus abgedichtet werden. Ferner ist zu beachten, daß die dünnen Wasserschläuche – auch unterhalb der Windschutzscheibe – nicht in einem Knick verlegt sind. Ebenfalls kann es vorkommen, daß diese Schläuche beim Hantieren im Motorraum aus ihren Verbindungen rutschen, wodurch der Wasserfluß unterbrochen wird.
Die Fußkontaktpumpe wie auch die eventuell eingebaute elektrische Scheibenwaschanlage sind zugleich mit dem Scheibenwischermotor an der Sicherung Nr. 5 angeschlossen. Bei Kurzschluß oder Ausfall der Pumpe oder des elektrischen Scheibenwaschers kann man die Anschlüsse zu diesen Geräten abklemmen oder überbrücken, um die Funktion des Scheibenwischermotors aufrecht zu erhalten.

Lichtwischer für Scheinwerfer

Ab Ende 1973 liefert Opel auch für den Manta eine Scheinwerferwisch- und -waschanlage. Dabei sitzt die Spritzdüse inmitten des sich hin und her bewegenden Wischerarms. Die Anlage ist mit einem elektrischen Scheibenwascher verbunden. Nachträglicher Einbau ist möglich; die Kosten der Anlage betragen rund 150 DM, der Einbau dauert vier bis fünf Stunden und kostet rund 400 Mark.

Verbindung und Trennung

Unbeachtet tut die Kupplung ihren Dienst, und das sogar beim Schlangefahren auf der Autobahn oder während der Stoßzeit in der Großstadt mit vielem Schalten. Eigentlich ist sie auch noch wartungsfrei. Wenn sie richtig eingestellt ist und vernünftig behandelt wird, dann dankt sie dies mit langanhaltender Einsatzbereitschaft.

Wie groß und wie stark eine Kupplung ist, richtet sich nach der Kraft, die der Motor entfalten kann. Bei den Motoren der Manta-Modelle sind die Leistungsunterschiede nicht gravierend, weshalb man bei Opel guten Gewissens in alle Typen die gleiche Kupplung einbauen konnte. Aufbau und Behandlung dieser Kupplung sollen hier besprochen werden, was der Besitzer eines Opel mit Getriebeautomatik allerdings auch überschlagen kann.

Was die Kupplung tut

Warum braucht ein Auto eigentlich eine Kupplung? Sie hat die Aufgabe, den beim Start laufenden Motor mit den noch stehenden Teilen der Kraftübertragung sanft zu verbinden, und während der Fahrt soll sie beim Schalten der Gänge die Verbindung zwischen Motor und Getriebe unterbrechen und die unterschiedlichen Drehzahlen zur Kraftübertragung angleichen. Sie ist also eine ausschaltbare Verbindung des vom Motor ausgehenden Kraftflusses.

Die Kupplung sitzt in Verlängerung der Kurbelwelle zwischen Motor und Getriebe, sie wird durch die Kupplungsglocke (ein Deckel des Getriebegehäuses) und ein Abdeckblech vor Verschmutzung geschützt. Sie besteht aus dem Motorschwungrad, das am Umfang eine Verzahnung trägt, in die das Anlasserritzel beim Starten des Motors eingreift, dem an das Schwungrad angeschraubten Kupplungsträger mit Kupplungsdruckplatte und Scheibenfeder, der Kupplungsscheibe (Mitnehmerscheibe) und dem Ausrücker Kupplungslager). Die

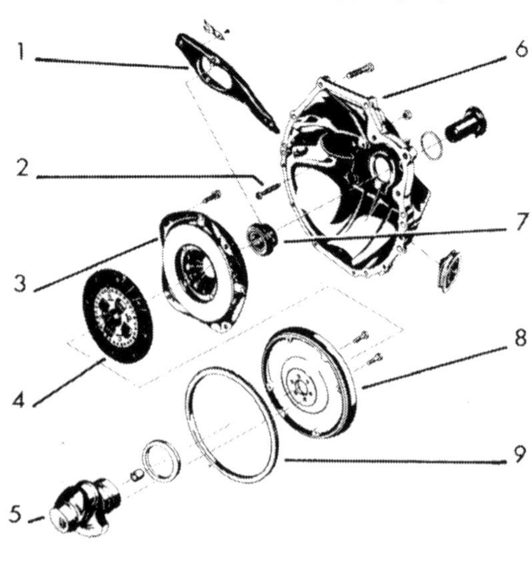

Die Kupplung besteht im wesentlichen aus folgenden Teilen: 1 – Ausrückhebel, 2 – Nachstellbolzen, 3 – Druckplatte mit Anpreßfeder, 4 – Kupplungsscheibe, 5 – Kurbelwelle, 6 – Kupplungsgehäuse, 7 – Ausrücklager, 8 – Schwungrad, 9 – Zahnkranz des Schwungrades.

Kraft des Motors (genauer das Drehmoment) wird durch die Reibung zwischen der Mitnehmerscheibe und den Reibflächen von Druckplatte und Schwungrad von der Nabe der Mitnehmerscheibe auf die Getriebewelle übertragen.
Die Bewegung der Druckplatte geschieht durch das wartungsfreie Ausrück- oder Drucklager. Dieses ist ein Kugellager, dessen eine Hälfte gegen die umlaufende Druckplatte gepreßt wird, gegen die andere Hälfte wird der Ausrückhebel gedrückt (siehe Zeichnung auf Seite 168).
Als einer der wenigen Personenwagen-Hersteller baut Opel die Kupplungen selbst. Eine Eigenart der Opel-Kupplung ist die Scheibenfeder. Mit ihrer Hilfe wird die Druckplatte gegen die eigentliche Kupplungsscheibe – die den Kupplungsbelag trägt – gepreßt. Gewöhnlich werden dafür mehrere kleine Schraubenfedern verwendet. Die Scheibenfeder ist eine Metallscheibe, die sektorenförmig wie eine Torte eingeschnitten ist. Dadurch bilden sich einzelne Zungen mit federnder Wirkung. Die zum Auskuppeln erforderliche Fußkraft nimmt wieder ab, wenn diese progressiv wirkende Kupplung ganz durchgetreten wird.

Kein Kupplungspedalspiel beim 1,6- und 1,9-Liter-Motor

Entgegen dem Usus bei anderen Automobilen und beim Manta 12 S setzt die Kupplungsbetätigung bei den drei größeren Manta-Typen ohne Pedalspiel ein. Mit Abnutzung der Kupplungsbeläge wandert das Pedal aus der eingestellten Grundstellung nach oben zum Fahrer hin. Wenn das Pedal so weit versetzt ist, daß es einen dafür vorgesehenen Kontakt einer Kontrollampe berührt (die dann aufleuchtet), soll diese Pedalstellung korrigiert werden. Der Abnutzungsgrad der Kupplungseinstellung läßt sich in etwa an der Pedalhöhe beurteilen. Näheres finden Sie ab nächster Seite unten.

Kupplungsspiel beim 12 S-Typ prüfen

Pflegearbeit Nr. 10

Spiel bedeutet soviel wie Luft oder Zwischenraum, bei der Kupplung also ist der Abstand zwischen den Teilen der Kupplungsübertragung bei nicht betätigtem Kupplungspedal gemeint. Ist dieses Spiel nicht vorhanden, steht das Ausrücklager der Kupplung ständig unter einem gewissen Druck, der den Verschleiß fördert. Zugleich kann sich der Anpreßdruck der Kupplungsscheibe so weit vermindern, daß die Kupplung rutscht. Ist das Spiel zu groß, geht etwas vom normalen Kupplungsweg verloren und die Kupplung wird beim Niederdrücken des Pedals nicht ganz getrennt, was die Synchronisation im Getriebe übelnimmt.
Bei fortschreitender Abnutzung des Kupplungsbelags wird das Spiel kleiner. Durch die dünner werdende Kupplungsscheibe wandert auch die federbelastete Druckplatte nach. Das Ausrücklager wird aber durch die Feder entgegengesetzt gedrückt, was das Spiel verkleinert.
Das Kupplungsspiel wird an der Trittplatte des Kupplungspedals gemessen. Es soll an der Mitte der Trittplatte etwa 20 bis 25 mm betragen. Dazu wird das Pedal von Hand gedrückt, wobei erst nach dem eben genannten Maß Widerstand fühlbar werden darf, wenn also die Kupplung anfängt zu trennen. Bei Abweichungen von dem Maß muß nachgestellt werden.
Die Nachstellmuttern findet man links unten am Wagen, wo der Kupplungsseilzug mit dem Kupplungsausrückhebel verbunden ist. Letzterer führt links aus dem Kupplungsgehäuse heraus. Zu der Arbeit muß man den Wagen demnach links hochbocken und gut absichern oder über eine Grube oder auf die Hebebühne fahren. Kontermutter an dem nach hinten ragenden Gewindestück lösen und die Stellmutter, die am Ausrückhebel anliegt, entsprechend verstellen. Dabei bedeutet Linksdrehen = Spiel vergrößern und Rechtsdrehen = Spiel verkleinern. Zum Schluß ist die Kontermutter wieder gegen die Stellmutter festzudrehen, wobei man letztere mit dem Gabelschlüssel festhält.

Kupplungs-unarten

Im Laufe ihrer Betriebszeit kann sich eine Kupplung zwei Unarten angewöhnen: Sie fängt an durchzurutschen oder sie trennt nicht mehr richtig (»sie bleibt nicht stehen«). In den einfach gelagerten Fällen liegt es an nicht einwandfreier Stellung des Kupplungspedals. Das kann man selbst überprüfen und auch berichtigen. Vor der Erklärung dieser Arbeit noch einige Worte zu den Ursachen der beiden Erscheinungen.

Rutschende Kupplung

Durchrutschen bedeutet, daß die Kupplung nicht mehr die volle Motorkraft übertragen kann, also nicht mehr einwandfrei verbindet. In schlimmen Fällen liegt die Ursache darin, daß durch Motoren- oder Getriebeöl die Reibflächen des Kupplungsbelages verschmutzt sind, oder daß durch übermäßige Hitzeentwicklung – z. B. durch häufige Rennstarts – der Belag verbrannt ist. Dann vermag auch die größte Anpreßkraft nicht genügend Reibung zum Übertragen des Drehmoments erzeugen. Aber auch eine sorgsam behandelte Kupplung kann durch allmählichen Verschleiß so abmagern, daß die Reibpartner einfach nichts mehr zu fassen bekommen – wo keine Anpreßkraft hinkommt, kann auch keine Reibungskraft erzeugt werden. In diesen Fällen wird man die Unarten der Kupplung meist erst bemerken, wenn beim Fahren im schnellsten Gang (in dem die dem Motor abverlangte Leistung am größten ist) der Motor bei Belastung »durchdreht«, d. h. auffallend schneller dreht, als es der Fahrgeschwindigkeit entspricht.

In diesen schlimmen Fällen muß die Werkstatt helfen. Sie muß schnell helfen, weil »durchgehende« Kupplungen so viel Wärme erzeugen, daß die Schwungscheibe und die Druckplatte Wärmerisse bekommen und dann beim Auswechseln der Kupplungsscheibe auch erneuert werden müssen. Beim Auswechseln einer Mitnehmerscheibe soll auch die Ölabdichtung vom Motor und Getriebeblock zur Kupplung überprüft werden.

Kupplung trennt nicht

Wenn es beim Schalten kratzt oder kracht, dann trennt die Kupplung nicht mehr richtig. Um die Ursache dieser Begleitmusik zu ermitteln (es könnte in Ausnahmefällen auch am Getriebe liegen), muß man die Probe mit einem nicht synchronisierten Gang machen. Das ist beim Opel nur der Rückwärtsgang. Lassen Sie den Motor laufen, kuppeln Sie ganz aus, warten Sie etwa eine Sekunde lang und legen Sie dann den Rückwärtsgang ein. Kratzt es, dann trennt die Kupplung nicht sauber. Ursache ist meistens zu großes Kupplungsspiel. Böser ist es, wenn der Kupplungsbelag an der Druckplatte oder an der Schwungscheibe klebt, und in schlimmen Fällen ist die Mitnehmerscheibe durch Hitze verzogen.

Sollte sich die Sache nicht durch Korrigieren der Pedalstellung bessern, muß die Kupplung neu eingestellt werden.

Kupplung nachstellen

Wie bereits angedeutet, meldet Ihr Opel (außer mit 12 S-Motor) selbständig, wenn unabhängig von den bisher geschilderten Anzeichen die Kupplung nachgestellt werden muß. Dann leuchtet eine rote Kontrollampe im Tachometer auf, die allerdings auch in dem Fall brennt, wenn die Handbremse angezogen ist. Brennt sie jedoch bei gelöster Handbremse, kann die Kupplung nachgestellt werden, sofern die Abnutzung des Belags nicht so weit fortgeschritten ist, daß die Werkstatt einen neuen Kupplungsbelag einbauen muß.

Mit dem Einstellen der Kupplung bezeichnet man bei dieser Opel-Generation also das Erreichen der Grundstellung, und die Nachstellung erfolgt dann im Laufe der Abnutzung automatisch. Bei jedem Auswechseln der Kupplungsbeläge muß die Grundeinstellung neu einreguliert werden.

Zum Einstellen der Kupplung befindet sich am Kupplungsgehäuse gegenüber dem seitlich austretenden Kupplungshebel eine Einstellschraube SW 8 mit Kontermutter SW 19, die über einen Kugelbolzen auf den Ausrückhebel wirkt. Durch Verstellen dieses Bolzens erreicht man ein Verschieben des Kupplungsausrückhebels in der Zugrichtung. Eine korrekt eingestellte Kupplung muß zwischen der Anlagefläche des Kupplungsgehäuses und der zum Wagenheck gerichteten Seite des Ausrückhebels (in Seilzug-Mittelachse) ein Maß von 109 mm aufweisen.
Ist dieses Maß erreicht, muß die Kontermutter auf dem verstellten Bolzen wieder angezogen werden. Danach wird der Seilzug aus der Stirnwand so weit herausgezogen, daß das Kupplungspedal am Schalter für die Kontrolllampe anliegt und die Lampe brennt. In dieser Stellung muß die Sicherungsscheibe am oberen Anschlag des Seilzugs um drei Nuten nach vorn versetzt werden. Auf diese Weise ist die Einstellung der Kupplungsbetätigung fixiert.
Man wird jetzt feststellen, daß Kupplungspedal und Bremspedal etwa in einer Höhe stehen; allenfalls kann das Kupplungspedal wenige Millimeter über der Höhe des Bremspedals ausgerichtet sein. Dieser Vergleich mit dem Bremspedal bietet auch später ein ständige Kontrolle.

Neue Kupplungsbeläge

Ebenso wie der Bremsbelag ist auch der aus ganz ähnlichem Material bestehende Kupplungsbelag dem Verschleiß unterworfen. Je nach Fahrweise – für »Kupplungsfahrer« recht bald! – kommt der Zeitpunkt, daß die Kupplung wegen Abnutzung nicht mehr nachgestellt werden kann. Dann ist der neue Kupplungsbelag fällig.
Die Kupplungsscheibe kann neu belegt werden, d. h. es wird nur der Reibbelag erneuert. Im allgemeinen wird aber gleich die ganze Mitnehmerscheibe ausgetauscht. Das empfiehlt sich ohnehin, weil die vier Dämpfungsfedern ermüdet sein können. Diese um die Nabe gruppierten Federn haben die Aufgabe, bei zu heftigem Einkuppeln dämpfend zwischen Motor und Getriebe zu wirken und die Torsionsschwingungen (Drehschwingungen der Kurbelwelle) nicht in das Getriebe weiterzuleiten. Der eventuell nötige Ausbau der Kupplung ist Werkstattsache, weil dazu das Getriebe ausgebaut werden muß.

Zumut- und unzumutbare Behandlung

Wie man ein Kind keine Kohlensäcke schleppen läßt, so sollte man auch die Kupplung seines Autos nicht strapazieren. Manchmal kann man es im heutigen Verkehr zwar nicht umgehen, »mit der Kupplung zu fahren«, was bedeuten soll, daß man sie beim etwaigen Schlangefahren ein wenig schleifen läßt, weil das Fahrtempo noch im unteren Bereich des 1. Gangs liegt. Aber grundsätzlich sollte man sonst darauf bedacht sein, die Kupplung nur kurz zum Ein- und Auskuppeln zu betätigen.

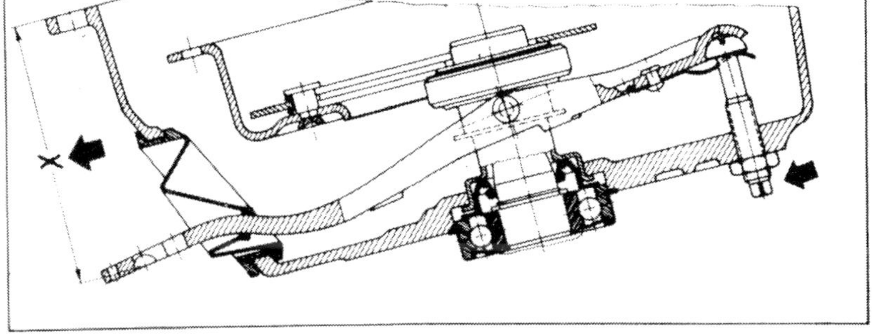

Die Einstellung der Kupplung geschieht an dem am Kupplungsgehäuse befindlichen Kugelbolzen (Pfeil rechts). Zwischen Auflagefläche Kupplungsgehäuse und Ausrückhebel hinten hat das Maß 109 mm zu betragen (Pfeil links). Die Sechskantmutter des Kugelbolzens muß stets festgezogen sein. Zum Nachstellen der Kupplung siehe Text auf dieser Seite.

Zum Nachstellen der Kupplung beim 12 S-Motor, das auf Seite 169 beschrieben ist, braucht man eigentlich drei Maulschlüssel. Einen, um die Kontermutter zu lösen (und danach wieder festzudrehen), einen, mit dem man die Stellschraube dreht, und den dritten, der zum Festhalten der sich sonst mitdrehenden Seilzughülse dienen muß.

Kavalierstart

Eine recht wirksame Methode, die Beläge frühzeitig zu verschleißen, ist das Anfahren im 2. Gang oder mit zu hoher Motordrehzahl, landläufig als Kavalierstart bekannt. Technisch gesehen bekommt man tatsächlich vom Halt weg eine größere Anfangsbeschleunigung, wenn man mit höherer Drehzahl und länger schleifender Kupplung anfährt. Sinnvoll ist das aber in keiner Weise, allenfalls bei sportlicher Betätigung.

Auskuppeln beim Halten?

Die Angewohnheit, vor der roten Ampel mit durchgetretenem Kupplungspedal und 1. Gang zu warten, haben viele Fahrer. Die unbegründete Sorge, bei umspringendem Ampellicht den 1. Gang nicht einlegen zu können, und der von der Tellerfeder ermöglichte geringe Pedaldruck, verleiten viele Autofahrer zu dieser Unart. Zwar entsteht kein direkter oder sofort meßbarer Schaden, aber das Auskuppeln beansprucht das Ausrücklager, was notwendigerweise Verschleiß ergibt.

Störungsbeistand
Kupplung

Die Störung	— ihre Ursache	— ihre Abhilfe
A Kupplung rupft	1 Druckplatte oder Schwungscheibe zu stark abgenützt (Riefenbildung) oder angerissen	Nachschleifen oder auswechseln
	2 Kupplungsscheibe hat Schlag	Korrigieren, besser auswechseln
	3 Verschmierte Kupplungsscheibe	Auswechseln, Dichtungen überprüfen
B Kupplung trennt nicht	1 Zu großes Kupplungsspiel	Korrigieren
	2 Kupplungsscheibe hat Schlag	Richten oder auswechseln
	3 Beläge gerissen	Scheibe auswechseln
	4 Nabe der Kupplungsscheibe zu stramm auf Welle	Gängigmachen oder auswechseln
C Kupplung rutscht	1 Kupplungsspiel zu gering (Beläge zu stark abgenutzt)	Korrigieren, evtl. Scheibe auswechseln.
	2 Kupplungsscheibe verschmiert	Scheibe auswechseln, Dichtungen prüfen
	3 Kupplungsseil geht nicht zurück	Gängigmachen, Rückholfeder prüfen

Zahnklempnerei

Wer sich darüber ärgert, dauernd das Getriebe schalten zu müssen, der kann sich einen Wagen mit automatischem Getriebe zulegen. Das war nicht immer so, und ganz früher mußte man sich sogar mit unsynchronisierten Getrieben abfinden, bei denen es oft von Gefühl und Kunstfertigkeit abhing, ob die Kraftübertragung des Schnauferls gewisse Fahrsituationen schadlos überstand. Ein Auto mit Verbrennungsmotor braucht ein Getriebe, weil die Leistung des Motors nur ab einer bestimmten Drehzahl wirksam wird. Die Drehzahlen des Motors müssen zu denen der Antriebsräder abgestimmt werden, was vor allem bei unterschiedlichen Fahrbedingungen (Beschleunigen, Bergfahren usw.) nötig ist und weil die Durchzugskraft des Motors – vom Drehmoment abhängig – je nach Drehzahl verschieden ist. Die individuelle Beeinflussung auf die jeweils günstigste Übersetzungsstufe ist allerdings auch beim automatischen Getriebe erhalten geblieben, denn man kann ja auch hierbei die Gangstufen beliebig wählen.
Arbeiten am Getriebe, an der Übertragungswelle, am Ausgleichsgetriebe und am Achsantrieb soll man der Werkstatt überlassen, weil diese Bauteile mit sehr genauen Maßen zusammengesetzt sind. Nur Ölstand-Kontrolle und Wechsel des Getriebeöls (siehe Kapitel »Schmieren aller Teile«) sind mögliche Eigenpfleger-Wartungsarbeiten.

Das Schaltgetriebe

Die Kraft des Motors wird über Kupplung und eine kurze Welle zum Schaltgetriebe geleitet. In diesem Wechselgetriebe greifen verschiedene Zahnradpaare ineinander, die zwischen Motor und den Antriebrädern für die richtige Übersetzung sorgen. Der Fahrer bestimmt durch Einlegen des betreffenden Ganges, welche Zahnradpaare (Übersetzungen) gerade in Funktion sein sollen.
Das Vierganggetriebe besitzt – wie heutzutage üblich – geräuschlose (synchronisierte) Vorwärtsgänge und einen geradverzahnten (nicht synchronisierten) Rückwärtsgang. Das bedeutet Schalten ohne Zwischengas und Zwischenkuppeln. Die Zahnräder in Synchrongetrieben sind nicht mehr in Längsnuten verschiebbar, vielmehr sitzen sie frei drehbar auf der Getriebeausgangs-(Antriebs-)welle und befinden sich in ständigem Eingriff mit den auf der Eingangswelle festsitzenden Gegenrädern. Zum Schalten werden sie über kleine, seitlich mit ihnen verbundenen Kupplungen mit der Welle verbunden oder gelöst. Synchronisiert wird – vereinfacht ausgedrückt – mit kleinen Reibungskupplungen (Konus und Gegenkonus). Je mehr die Drehzahlen der Antriebswelle von denen der Welle zu den Antriebsrädern voneinander abweichen, umso mehr Reibungsarbeit wird den Synchronisierkupplungen aufgebürdet. Das braucht seine Zeit. Deshalb gilt es, exakt zu schalten, um die Langlebigkeit der Synchronisation zu sichern. Gewaltsames Durchreißen des Schalthebels beansprucht die Synchronisation über Gebühr und schadet. Defekte Synchronringe melden sich beim Schalten durch Kratzgeräusche.

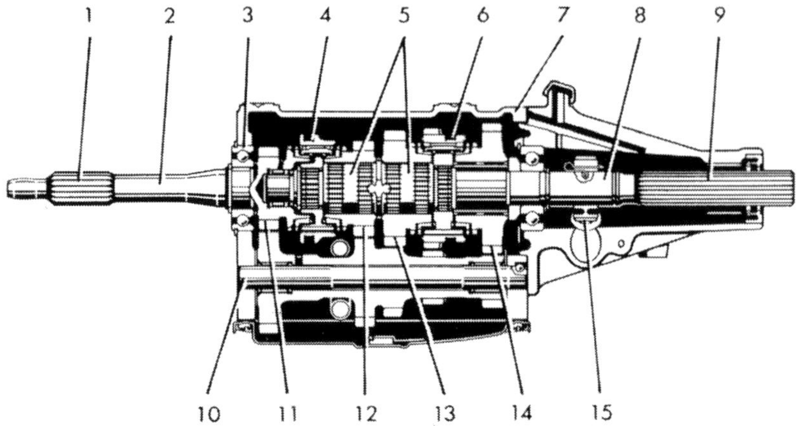

Beim konventionellen Opel-Schaltgetriebe sind in der Zeichnung folgende Teile zu erkennen: 1 – Verzahnung für die Kupplungsscheibe, 2 – Antriebswelle, 3 – Hauptwellenlager, 4 – Schiebemuffe zum Einschalten und Synchronisieren des 3. und 4. Gangs, 5 – Synchronkörper, 6 – Schiebemuffe zum Einschalten und Synchronisieren des 1. und 2. Gangs, 7 – Getriebegehäuse, 8 – Ausgangswelle, 9 – Mitnehmerverzahnung für die Kardanwelle, 10 – Getriebe-Nebenwelle, 11 – Zahnradpaar 4. Gang, 12 – Zahnradpaar 3. Gang, 13 – Zahnradpaar 2. Gang, 14 – Zahnradpaar 1. Gang, 15 – Antriebsrad für Tachometer.

Mit Ausnahme des Schalthebelmaßes ist das Getriebe beim Manta mit dem des Rekord D identisch, und es kommt nur mit Mittelschaltung zum Einbau. Der Rückwärtsgang kann nur nach Lösen einer Sperre (durch Anheben des Zugringe unterhalb des Hebelknopfes) eingelegt werden. Nach Reparaturen am Getriebe muß diese Sperre neu eingestellt werden.

An der linken Seite der Getriebegehäuseverlängerung sitzt der Tachometerantrieb, dessen beide Treibräder aus Kunststoff bestehen. Ferner ist hinten am Getriebe, vor der Schaltstange für den Rückwärtsgang, noch der Schalter für die Rückfahrleuchten eingeschraubt.

Die Getriebeautomatik

Beim Manta mit 16 S- und 19 S-Motor kann man wahlweise auch ein automatisches Getriebe erhalten. Es hat sich schon millionenfach bewährt. Gebaut wird es bei General Motors in Strasbourg.

Zur Funktion der Getriebeautomatik sei gesagt, daß zwischen das Planetengetriebe und den Motor der hydraulische Drehmomentwandler geschaltet ist, in dem die Leistung des Motors durch Schaufelräder übertragen wird. Gekuppelt mit dem Motor ist das Pumpenrad, das die Wandlerflüssigkeit bei laufendem Motor in Rotation versetzt und nach außen gegen das Wandlergehäuse schleudert. Dabei trifft die Flüssigkeit auf das sogenannte Leitrad, welches für eine Umlenkung in die Drehrichtung der Kurbelwelle sorgt. Dadurch wird auch das Turbinenrad in Drehung versetzt, das mit dem nachgeschalteten Getriebe fest verbunden ist. Da die Zahnräder des Getriebes dauernd in Eingriff stehen und die Wandlerflüssigkeit bei laufendem Motor immer versucht – durch das Pumpenrad in Bewegung versetzt –, das Getriebe und damit auch die Antriebsräder in Bewegung zu versetzen, »kriecht« der Wagen auch im Leerlauf, muß also mit Fuß- oder Handbremse festgehalten werden.

Bei Fahrzeugen mit automatischem Getriebe ist im unteren Wasserkasten des Kühlers ein Wärmetauscher eingebaut, in dem das Getriebeöl, das bei Beginn einer Fahrt langsamer warm wird als das Kühlmittel, zunächst erwärmt wird. Später kehrt sich der Prozeß um und das heiße Getriebeöl wird dort gekühlt. Siehe auch Abschnitt »Kühler ausbauen« auf Seite 78.

Die Beeinflussung des automatischen Getriebes kann auf dreierlei Art geschehen: Durch Schalten per Hand in gewohnter Weise (aber ohne Kuppeln), durch Sperren des oberen oder der beiden oberen Gänge (Fahrstufen), und durch »Kickdown«, also volles Durchtreten des Gaspedals. Sowohl beim Kickdown als auch beim langsamen Gasgeben (oder Gaswegnehmen) verändern sich die Unterdruckverhältnisse im Ansaugrohr des Vergasers, was zu ent-

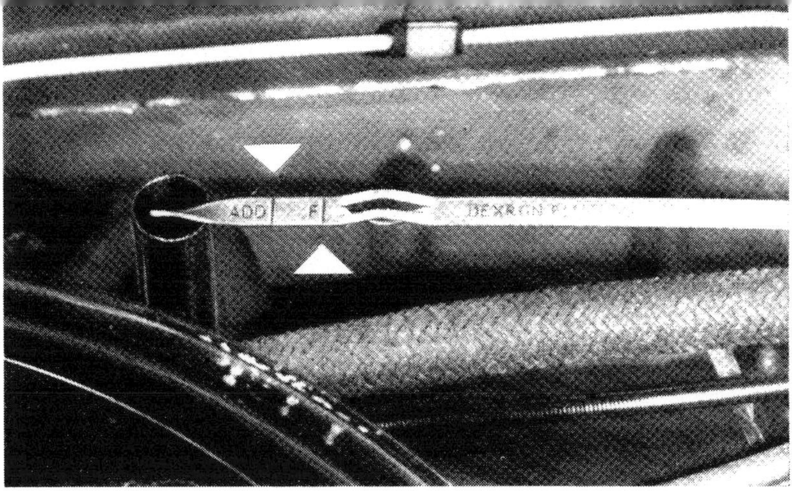

Hinten im Motorraum ragt der Öleinfüllstutzen mit dem Meßstab für das automatische Getriebe senkrecht nach oben. Bei der Ölstandskontrolle muß der Wagen eben stehen, der Motor im Leerlauf laufen und das Öl seine normale Betriebstemperatur haben. Dabei muß der Wahlhebel auf »P« oder »N« stehen. Die Höchstgrenze, durch die obere Markierung auf dem Meßstab angegeben, darf beim Nachfüllen des Öls nie überschritten werden. Auf peinlichste Sauberkeit ist zu achten, und zum Abwischen des Meßstabs nur faserfreie Lappen verwenden! Die Pfeile im Bild zeigen die im Text beschriebenen Marken »ADD« und »F«.

sprechenden Reaktionen im Getriebe führt. Durch Bandbremsen werden hier bestimmte Zahnradsätze abgebremst, andere freigegeben, wodurch gewissermaßen der »Gangwechsel«, und damit verschiedene Übersetzungen hergestellt werden. Die aufwendige Mechanik mit ihrem kompliziert erscheinenden Aufbau zeichnet sich durch geringe Störanfälligkeit aus.

Die automatischen Getriebe tragen folgende Kennzeichnungen: 16 S-Motor = OH, 19 S-Motor = OG, 19 US-Motor = OJ. Sie unterscheiden sich durch wenige Merkmale. Beim Getriebe für den 1,6-Liter Manta beträgt das Verhältnis der Drehmomentwandlung 2,4 : 1, bei den übrigen 2,1 : 1. Nur der Leerlauf des betriebswarmen US-Motors soll bei »N«-Stellung 800–850 U/min betragen, während die anderen – in Deutschland üblichen – Motoren 750 bis 800 U/min drehen sollen; dies ist für die Werkstatt bei der Einstellung des Gestängedämpfers wichtig zu wissen.

Ölkontrolle bei der Getriebeautomatik

Pflegearbeit Nr. 11

Eine Ölstandskontrolle soll beim automatischen Getriebe wenigstens alle 10 000 km vorgenommen werden. Der entsprechende Ölpeilstab befindet sich an der Rückfront des Motors. Bei dieser Prüfung ist streng darauf zu achten, daß nicht eine Faser vom Wischlappen an dem Peilstab zurückbleibt.

Die Kontrolle hat bei laufendem Motor – in Wählhebelstellung P oder N – zu erfolgen, ebenso das Nachfüllen von Öl. Bei kaltem Motor soll der Ölstand am Peilstab zwischen den Markierungen »ADD« und »F« abzulesen sein, bei betriebswarmem Motor kann »F« erreicht sein. Das Automatik-Getriebe darf nur mit der Wandlerflüssigkeit (Spezialöl) 1940690 oder Öl des Typs Dexron B gefüllt sein. Und niemals Zusatzmittel verwenden!

Ölwechsel im automatischen Getriebe

Pflegearbeit Nr. 56

Alle 40 000 km oder innerhalb 24 Monaten soll das Öl in der Opel-Automatic gewechselt werden, wobei auch das Ölsieb ersetzt werden muß. Da bei dieser Arbeit auch die Ölwanne und der Bremsband-Servodeckel abgeschraubt werden muß, kann sie nur einer Opel-Werkstatt überlassen bleiben. Dazu sind noch verschiedene neue Dichtungen nötig, und zum Einstellen und Anziehen verschiedener Schrauben benötigt man einen Drehmomentschlüssel und besonderes Werkzeug. Also besser die Finger davon lassen!

Störungsbeistand Automatik

Im Selbstverfahren ist nichts zu reparieren. Als reine Sichtkontrolle ist es aber möglich, zu beobachten, daß bei stehendem Motor und voll durchgetretenem Gaspedal die Drosselklappe der ersten Vergaserstufe voll geöffnet haben muß. Überhaupt muß man sich bei Verdacht auf Störungen der Aufmerksamkeit befleißigen. Es gibt z. B. eine Geruchsprobe: Verbrannte Kupplungslamellen oder Bremsbänder rufen eine Art Brandgeruch hervor. Dazu Peilstab ziehen und am Öl in Richtung Peilstab riechen.

Wenn die Schaltübergänge unnormal ausfallen, kann es dazu folgende Erklärungen geben: Durchrutschende Kraftübertragung = Öldruck zu niedrig; harter Schaltübergang = Öldruck zu hoch; harte Kickdown-Rückschaltung = Rückschlagventil klemmt; überdies können noch andere Ursachen Anlaß zu den genannten Beanstandungen sein. Wenn die Bremswirkung in Fahrstufe »L« oder »S« ausfällt, kann auf eine Verstellung des Wählhebelgestänges geschlossen werden. Auch ungewöhnliche Geräusche, etwa Kreischen oder Klirren und Zischen im Getriebe sind Alarmzeichen.

Ölstandskontrolle ist immer die erste Maßnahme vor jeder Funktionsprüfung. Man muß auch wissen, daß kaltes Öl die hydraulischen Funktionen im Getriebe verlangsamt, daher ist jede Prüfung bei betriebswarmem Motor und nicht nur alle 10 000 km vorzunehmen.

Wird keine Motorkraft auf die Antriebsräder übertragen, kann die Ursache folgende sein:

- Zu niedriger Ölstand
- Verstopftes Ölsieb
- Defektes Druckreglerventil
- Drehmomentwandler defekt
- Schadhafte Ölpumpe
- Antriebswelle gebrochen
- Entlüfterventil klemmt
- Parksperre rastet nicht aus

Eine durchrutschende Kraftübertragung beim Anfahren dürfte durch abgenutzten Bremsbandbelag verursacht sein. Zu hohe Leerlaufdrehzahl des Motors kann rauhe Schaltübergänge beim Abwärtsschalten im Schub zur Folge haben, und ebenfalls wird man starkes Kriechen bemerken. Bei jeder Abweichung von der normal gewohnten Funktion der Getriebeautomatik sollte man sehr bald um Abhilfe bemüht sein, damit man weiterreichende Schäden vermeidet.

Die Kardanwelle

Der Kraftübertragung vom Getriebe zur Hinterachse dient eine »einteilige Rohrgelenkwelle«. Diese bei Opel übliche Bezeichnung erscheint bei näherem Hinsehen nicht ganz deutlich: Vom Getriebe kommend endet ein Wellenstück in einem Kreuzgelenk, dem sich die eigentliche Gelenkwelle anschließt. An deren hinterem Ende sitzt das sogenannte Zentralgelenk, das unter Zwischenschaltung eines profilierten Gummiringes in einem Kugellager elastisch geführt wird. Das Lagergehäuse dieses Gelenks ist mit einem Querträger verschweißt, der zur Geräuschdämpfung mit Gummibuchsen an die Längsträger

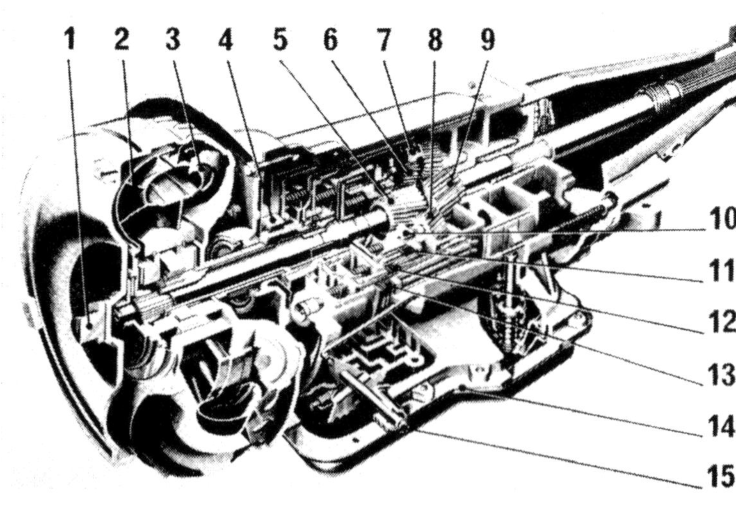

Das automatische Dreiganggetriebe, aufgeschnitten. Es bedeuten: 1 – Verbindung zur Kurbelwelle des Motors, 2 – Pumpenrad und 3 – Turbinenrad stellen zusammen den hydrodynamischen Drehmomentwandler dar, 4 – Ölzahnradpumpe mit exzentrischen Zahnrädern, 5 – Antriebs-Sonnenrad, 6 – Planetenrad, lange Übersetzung, 7 – Zahnkranz, 8 – Planetenrad, kurze Übersetzung, 9 – Antriebs-Sonnenrad, 10 – Freilauf, 11 – Kupplung 3. Gang, 12 – Kupplung 2. Gang, 13 – Kupplung Rückwärtsgang, 14 – Gehäuse für automatische Regelung, 15 – Anschluß für Wählhebel.

des Wagenunterbaus angeschraubt ist. Dem schließt sich über eine Verzahnung eine weitere Welle in einem Rohr an, das mit dem Differentialgehäuse fest verbunden ist. Die genannten Gelenke sind notwendig, um Torsionsbelastungen (Drehbelastungen) aufzunehmen und die Federbewegungen der Hinterachse auszuschalten.

Der Hinterachsantrieb

Die vom Motor über die Kardanwelle verlaufende Drehbewegung, die in Wagenlängsachse verläuft, muß in der Hinterachse rechtwinklig »um die Ecke« geführt werden. Über Teller- und Kegelrad (ein Zahnradsatz) und links und rechts über je eine Achswelle wird die Antriebskraft zu den Hinterrädern geführt. Durch seine Übersetzung gleicht der Antrieb die höhere Getriebeausgangszahl der kleinsten Drehzahl an. Unterschiedliche Radwege bei Kurvenfahrt zwischen innerem und äußerem Hinterrad gleicht das Kegelradgetriebe (Differential) aus. Um den Gelenkwellentunnel im Wagenboden niedrig zu halten, wird die Gelenkwelle so tief an das Hinterradgetriebe herangeführt, daß die Achse des kleinen Kegelrades (Ritzel) unterhalb der Drehachse des Tellerrades liegt. Dieser Antrieb – ein »Hypoidantrieb« – verursacht hohe Zahnflankendrücke zwischen Teller- und Kegelrad, deshalb sind die Schmiermittelvorschriften genau einzuhalten.
Bei den 1,6-Liter- und 1,9-Liter-Typen ist bis zur Fahrgestell-Nr. 2 355 525 ein Ausgleichsgehäuse ohne Tellerfedern und ab Nr. 2 355 526 ein solches mit Tellerfedern eingebaut. Bei Fahrzeugen mit 16 N-Motoren wird ab Fahrgestell-Nr. 2 453 081 (ohne 2 454 356 bis 2 454 768) eine Hinterachse eingebaut, die dem Prinzip der Opel 1,1-Liter Kadett-Hinterachse entspricht.
Bei allen Typen – außer mit 1,9-Liter-Motor – befindet sich nach der 1000 km-Einlaufperiode das Hypoidöl M 12, und bei Einbau neuer Ausgleichsgetriebeteile oder einer Ersatzhinterachse wird als Erstfüllung bis 1000 km das Höchstdruckschmieröl M 66 verwendet. Dagegen dient als Neu- und Nachfüllung bei allen 1,9-Liter-Modellen und bei Wagen mit Sperrausgleichgetriebe das Opel-Spezialöl Katalog-Nr. 19 42 380 als Schmiermittel im Ausgleichgetriebe.
Bei Opel besteht die Hinterachse aus einem tragenden Achsrohr, direkt mit den Hinterrädern verbunden, in dem beidseitig je eine Achswelle gelagert ist. Dadurch ist sie dem Gewicht des Wagens und dessen Schwingungen, aber auch den Verwindungsbeanspruchungen der Kraftübertragung ausgesetzt. Innerhalb des Achsgehäuses werden die Achswellen von Rollen- und Kugellägern getragen und enden in den Radnaben.
Das Kegelrad ist in seiner Höhe variabel einstellbar, und auch das Zahnflankenspiel zwischen diesem und dem Kegelrad kann mittels Ausgleichscheiben reguliert werden. Einstellarbeiten nur in einer Opel-Werkstatt!

Das Sperrausgleichgetriebe

Als Sonderausführung gibt es für alle Modelle ein Sperrausgleichgetriebe (Sperrdifferential), welches bewirkt, daß der Umlauf der Ausgleichräder im Differential gehemmt und dadurch die in der Kurve verschiedenen Drehzahlen der Antriebsräder verhindert werden. Das erfolgt bei Opel durch molybdänbeschichtete Lamellen, die im Differential anstelle der Stahllamellen seitlich der Ausgleichräder sitzen. Je Modell-Typ ist der Aufbau des Sperrdifferential leicht unterschiedlich. Die Sperrwirkung beruht auf Reibung und wird von den beiden Lamellenbremsen in Abhängigkeit vom Antriebsdrehmoment erzeugt.
Als Vorteil des Sperrausgleichgetriebes gilt, daß das Durchdrehen eines Rades beim Anfahren oder während der Fahrt bei einseitig schlechter Bodenhaftung reduziert wird. Ebenso wird bei unterschiedlicher Bodenhaftung der Hinterräder die Schleudergefahr herabgesetzt.

Gut auf den Beinen

Von dem Fahrwerk eines Autos erwartet man viel: Es soll dazu beitragen, daß man sich beim Sonntagsausflug gemütlich durch die Gegend rollen lassen kann, aber es soll auch auf dunkler Dorfstraße plötzlich auftauchende Schlaglöcher vertragen und nicht etwa murren, wenn die Urlaubstour in fremdem Lande nur über holperige Schotterstraßen führt. Ihr Manta nimmt derartige Strapazen nicht übel, wenn Sie sich die Teile, die zur Lenkung und zur Radaufhängung gehören, gelegentlich vorsorglich ansehen, um eventuelle Mängel abstellen zu lassen. Je mehr Sie das Fahrwerk beanspruchen, um so öfter sollten Sie das tun.

Andererseits ist das Fahrwerk des Opel so wartungsfrei, wie man das heute bei allen Autos gewöhnt ist. Die Gelenke und Lagerstellen sind entweder mit einer Dauerschmierung versehen und entsprechend gekapselt, oder sie bestehen aus Kunststoff-Spezialmaterial. Der gute alte Schmiernippel ist also vergessen. Die folgenden Seiten sollen Ihnen helfen, sich dort, woran die Beine Ihres Autos hängen, zurechtzufinden.

Die Vorderachse

Ohne Fachkenntnisse kommt man nicht aus, wenn man an der Vorderachse etwas reparieren oder auswechseln will. Fast alle Arbeiten erfordern Spezialwerkzeuge, über die nur eine Werkstatt verfügt. Dort besteht auch die Gewißheit, daß die Fahrsicherheit des Wagens erhalten bleibt.

Hauptteil der Vorderachse ist ein U-förmig gepreßter Achskörper, der auf jeder Seite – vom Motorraum aus zugänglich – mit dem vorderen Rahmen

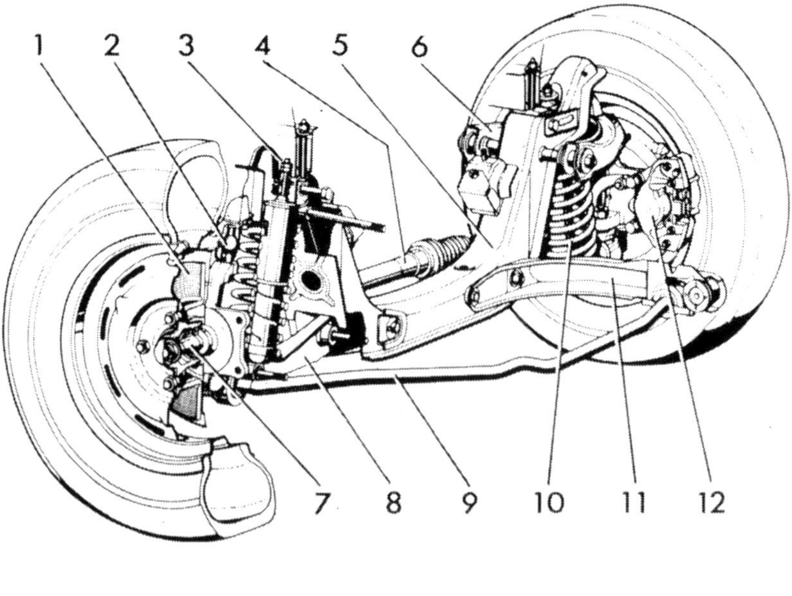

In dieser Schnittzeichnung erkennt man einige wichtige Teile der Vorderachse: 1 – Bremsscheibe, 2 – oberes Führungsgelenk für den Achsschenkel, 3 – obere Befestigung des Stoßdämpfers, 4 – Spurstange, 5 – Achskörper, 6 – oberer Querlenker, 7 – Achsschenkelzapfen, 8 – unterer Querlenker, 9 – Stabilisator, 10 – Schraubenfeder, 11 – Achsausleger, 12 – Bremssattel.

verschraubt ist. Ferner sind zwei nach hinten ragende Ausleger mit dem Rahmen durch Bolzen mit versplinteten Kronmuttern verbunden. An beiden Enden des Achskörpers schließen sich bewegliche Bauteile – sogenannte Querlenker – an, die Bestandteile der Einzelradaufhängung der Vorderräder sind. Die oberen, trapezförmigen Querlenker sind in zwei, die unteren einfachen Querlenker sind in einer Dämpfungsbuchse gelagert. Hierbei werden die Schwingbewegungen von Gummikörpern mit einvulkanisierter Metallbuchse und äußerem Metallmantel aufgenommen.
Etwa in der Mitte des unteren Querlenkers befindet sich eine Öffnung mit aufgebördeltem Rand, der als Sitz für die Schraubenfeder und zugleich als Montageluke für den Stoßdämpfer dient. Feder und Stoßdämpfer – schräg gestellt – stützen sich oben in den Enden des Achskörpers ab. Ein solcher Dreieckverband sichert die Radaufhängung gegen Fahrbeanspruchungen.
Statt eines durchgehenden Achsschenkelbolzens, wie man ihn bei vielen anderen Fabrikaten findet, wird bei Opel ein mit zwei stählernen Kugelköpfen ausgebildetes Traggelenk verwendet. Diese Aufhängung der Achsschenkel zwischen dem oberen und unteren Querlenker ist ein Schmiedestück und die Kugelgelenke besitzen verschleißfeste, also wartungsfreie Kunststoffschalen. Das obere Gelenk dient der Führung und das untere ist ein Traggelenk. Mit der Konstruktion werden Bewegungen in vertikaler Richtung für den Federweg und horizontal für die Lenkung erlaubt.
Zur Vorderachse gehört auch der Stabilisator, der folgende Aufgabe hat: Federn beide Räder gleichzeitig ein, macht die an beiden Enden zu Hebeln abgekröpfte Stabilisatorwelle die Bewegung ohne Widerstand mit. Um jedoch bei Kurvenfahrt oder auf unebener Straße das jeweils belastete Rad zu entlasten, wird die Federwirkung des Stabilisators ausgenutzt, der aus Stahl besteht und dadurch auf Verdrehen reagiert. Das Rad, das vom Boden abheben will, wird von dem Drehstab nach unten gedrückt, während die andere, einknickende Seite der Radaufhängung ihrer übermäßigen Belastung enthoben wird. Somit sind lästige Kurvenneigung und labiles Fahrverhalten verhindert.
Der Stabilisator ist an den Vorderachs-Auslegern in Gummi gelagert und im ähnlich ausgebildeten Lager des unteren Lenkers durch eine selbstsichernde Schraube befestigt. Diese Schraube muß mit 12 mkg angezogen sein. Auswechseln des Stabilisators ist nur in der Werkstatt möglich; man kann sich aber von dem ordnungsgemäßen Zustand der Gummilager selbst überzeugen.
Es bleibt noch zu sagen, daß die Horizontalachsen vom oberen und unteren Lenker gegeneinander verschränkt sind. Diese Anordnung – bei Opel »Anti-Dive« genannt – dämpft Nickbewegungen beim Bremsen.

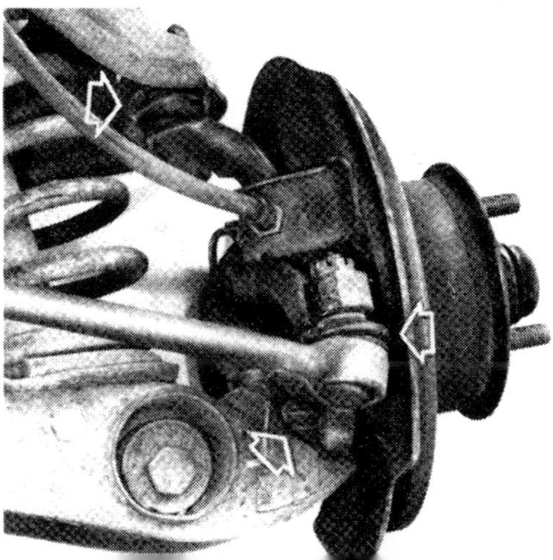

Die Pfeile zeigen auf die mit Fett gefüllten Gummimanschetten an der Vorderradaufhängung. Reinlichkeit ist oberstes Gebot im Umgang mit Gummi. Obwohl Gummi heute alterungsfest hergestellt und auf besondere Funktionen abgestimmt wird, kann es doch durch äußere Einflüsse angegriffen werden. Benzin und Öl sind ebenfalls böse Feinde, deshalb soll man auch beim Absprühen der Wagenunterseite die Gummiteile abdecken.

Die Achsschenkellager

Außer in Kunststoff sind die Kugelköpfe der Achsschenkel auch noch in Fett gebettet, das die Dauer eines langen Autolebens überstehen soll. Nässe und Schmutz sind der größte Feind einer solchen Dauerfettfüllung. Deshalb hat man die Übergänge zwischen den beweglichen Teilen mit Gummimanschetten verkapselt. Öl und Kraftstoff sind vom Gummi fernzuhalten, und wenn man einmal unter dem Auto zu arbeiten hat, muß man auch mögliche Beschädigungen der Manschetten mit Werkzeug vermeiden.

Einige Hinweise, falls einmal eine Opel-fremde Hilfe – im Ausland – in Anspruch genommen werden muß. Anzugs-Drehmomente: Kronmutter des Achsschenkels am Traggelenk = 7,5 mkg; Kronmutter des Achsschenkels am Führungsgelenk = 5,5 mkg; Lenkhebel am Achsschenkel = 8 mkg; Bremssattel am Achsschenkel = 10 mkg; Lenkhebel am Achsschenkel = 8 mkg; Spurstange am Lenkhebel = 4 mkg. Der zulässige Radialeinschlag der inneren und äußeren Radlagersitzfläche darf maximal 0,025 mm betragen. Ein deformierter Achsschenkel kann nicht gerichtet werden. Zwischen Bremsabdeckblech und Lenkhebel am Achsschenkel gehört eine Papierdichtung.

Vorderradlagerspiel

Die Radlager sind als Kegelrollenlager ausgebildet und wartungsfrei geschmiert. Zu stramm angezogene Radlager erhitzen sich; Radlager mit übermäßigem Spiel poltern. In beiden Fällen treten als Folge Lagerschäden auf, die man bei rechtzeitiger Kontrolle vermeiden kann. Das frei bewegliche Rad (bei aufgebocktem Wagen) darf sich – mit beiden Händen außen am Reifen angepackt – nicht verkanten lassen und es muß ruckfrei in beiden Richtungen drehbar sein. – Der Mechaniker in der Werkstatt kommt der richtigen Einstellung mit wenigen Handgriffen bei.

Der Wagen wird hochgebockt, das Rad muß auf der Nabe sitzen und die Bremse darf nicht schleifen. Radnabenkappe mit Schraubenzieherklinge drehend abhebeln. Achsschenkelmutter entsplinten und abschrauben, um ein axiales Spiel zu ermöglichen. Rad drehen und dabei die Achsschenkelmutter mit 2,5 mkg anziehen, damit sich das Lager setzt. Mutter wieder um ¼ Umdrehung lösen oder höchstens so weit, bis ein Schlitz der Achsschenkelmutter mit der Bohrung des Splintloches fluchtet. Beim Drehen des Rades dürfen jetzt keine polternden Geräusche, hervorgerufen durch die Rollen des Radlagers, zu hören sein, sonst Vorgang wiederholen. Die Radlager müssen spielfrei laufen und keinesfalls dürfen sie unter Vorspannung stehen, und das Rad muß sich ohne Rucken in beiden Richtungen drehen lassen. Bei richtiger Einstellung muß sich die Sicherungsscheibe noch verschieben lassen.

Ein Wort zur Schmierung: Der ausgebauchte Hohlraum der Vorderradnabe muß mit Wälzlagerfett (bei Opel unter der Nummer 19 46 254 erhältlich) gefüllt sein. Mit gleichem Fett sind die Radlagerlaufringe und die Kegelkäfige gefüllt, und ebenso ist der Dichtring der Vorderradnabe zwischen den Lippen mit Fett zu füllen.

Traggelenke auf Axialspiel prüfen

Pflegearbeit Nr. 54

Erstmals nach 20 000 km, dann alle 40 000 km müssen die unteren Traggelenke auf Spiel und Verschleiß überprüft werden. Jedes Vorderrad hängt – zum Zweck seiner Lenkbarkeit schwenkbar – an einem Achsschenkel, der für diese Beweglichkeit oben und unten mit je einem Kugelbolzen ausgestattet ist. Der obere Kugelbolzen sitzt in einem Lager des oberen Querlenkers und der untere Kugelbolzen ruht gleichermaßen im Ende des unteren Querlenkers.

Auch im Neuzustand haben die Gelenke ein geringfügiges Spiel (etwa 0,5 mm). Besonders bei nicht einwandfreier Abdichtung des Gummibalges kann sich das Spiel wegen Fettverlust und dadurch hervorgerufenem erhöhten Verschleiß

vergrößern. Bis zu 2 mm Spiel ist zulässig, dann muß das Gelenk ersetzt werden. Nachstellen ist nicht möglich. Ein Gelenk wird von der Werkstatt unter allen Umständen ausgewechselt, wenn bei der Kontrolle eine Beschädigung des Dichtungsbalges festzustellen ist. Der eingedrungene Schmutz führt in absehbarer Zeit zum Ausfall des Gelenkes.
Als Eigenpfleger kann man sich nur grob von dem Zustand dieser Gelenke überzeugen. Die Werkstatt mißt das Spiel bei auf dem Boden stehendem Wagen mit einer Verschleißkontrollehre; in der heimischen Garage bockt man den Opel auf der entsprechenden Seite hoch und rüttelt in Querrichtung am Vorderrad. Es gehört jedoch eine gute Portion Erfahrung dazu, um auf diese Weise festzustellen, ob und wie weit der Verschleiß gediehen ist. Sicherer und beruhigender sind die Meßmethoden beim Opel-Dienst.

Gummibälge des Lenkgetriebes prüfen

Pflegearbeit Nr. 3

Aus dem Inspektionsplan geht hervor, daß die Gummifaltenbälge am Lenkgetriebe nach der ersten 5000-km-Laufzeit und ab km-Stand 20 000 alle 40 000 km überprüft werden sollen. Wir raten zusätzlich, eine solche Kontrolle in regelmäßigen Abständen – etwa alle 10 000 km – zu wiederholen und auch auf alle anderen Gummiteile der Vorderrad- und Hinterradaufhängung auszudehnen.
Zur Kontrolle ist die am Wagen eventuell vorhandene Abdeckschürze vom unteren Luftleitblech und von den beiden Längsträgern abzuschrauben. Rechts und links vom Lenkgetriebe schließen sich die beiden Spurstangen an, die sich beim Einschlagen der Lenkung heraus- bzw. hineinbewegen. Das Getriebe ist mit Fett gefüllt, das bei diesen Bewegungen entweichen würde. Zum Schutz dagegen sind die Faltenbälge angebracht. Am Getriebe sind sie durch einen Klemmdraht verbunden, dem eine verengende Federkraft innewohnt, und auf den Spurstangen werden sie von normalen Schlauchschellen festgehalten.
Die Fettfüllung darf an den bezeichneten Verbindungsstellen nicht entweichen. Verdacht auf Undichtigkeit besteht, wenn sich dort feucht-dunkle Stellen zeigen. Bei größerem Fettverlust muß die Werkstatt neue Bälge einsetzen.

Die Lenkung

Während man von anderen Opel-Modellen die Kugelumlauflenkung kennt, ist die Lenkung des Manta wie beim Ascona und beim Kadett als die einfachere Zahnstangenlenkung ausgebildet. Dabei ist die Lenksäule schräg in das Lenkgetriebegehäuse geführt und endet dort in einem Ritzel, dessen Zähne in eine Zahnstange greifen. Das Ritzel ist schräg- und die Zahnstange ist geradeverzahnt, weil das Ritzel nicht rechtwinklig, sondern schräg zur Zahnstange angeordnet ist. Im Kreuzungspunkt von Ritzel und Zahnstange sitzt auf dem Gehäuse eine Einstellschraube.
Durch die Drehbewegung am Lenkrad läuft das Ritzel auf der Verzahnung der verschiebbaren Zahnstange ab, die diese Hin- und Herbewegung auf die seitlich herausführenden Lenkspurstangen und damit an die Räder weitergibt. Das Lenkgehäuse ist mit ca. 50 g Lenkungsfett (Opel Katalog-Nr. 19 48 585) gefüllt. Es kann aus den seitlichen, harmonikaförmig faltbaren Manschetten nicht heraustreten. Um den Spurstangen das von den Rädern verursachte Mitschwingen zu ermöglichen, befinden sich innerhalb der Manschetten Kugelbolzen, in denen die Spurstangen schwenkbar gelagert sind. Diese Axialgelenke werden in einer wartungsfreien Aufnahmebüchse von einer Druckfeder festgehalten, das Spiel darf bis zu 1,0 mm betragen.
Am Ende jeder Lenkspurstange greift ein Kugelkopfgelenk in die Lenkhebel an den Achsschenkeln. Wird die Lenkung bis zum Anschlag gedreht, beträgt der Wendekreis in dieser Stellung 10,50 m.

Lenkung prüfen
Pflegearbeit Nr. 20

Eigentlich ist die Prüfung, ob sich die Lenkung korrekt verhält, ein Bestandteil der Probefahrt. Beim Inspektionsdienst wird diese Kontrolle erstmals nach 5000 km und dann alle 10 000 km vorgenommen.
Noch im Stand kann man feststellen, ob sich im Lenkrad kein Spiel bemerken läßt. Dabei sollen die Vorderräder in Geradeausfahrt stehen. Zugleich ist zu vermerken, ob sich die Lenkradspeichen dabei in waagerechter Stellung befinden. Man kurbelt das Seitenfenster herunter und stellt sich neben den Wagen. Dann greift man durchs Fenster, und während man das Lenkrad dreht, beobachtet man das linke Vorderrad und besonders die Felge. Denn die Reifen sind elastisch und können beim Drehen im Stand zunächst einen Teil des Einschlags »schlucken«, ehe sie sich bewegen. Bei stärkerem Einschlag der Räder kann ein geringes Lenkradspiel vorhanden sein.
In der Mittelstellung soll die Lenkung überhaupt kein Spiel aufweisen. Man fühlt es auch am Lenkrad: Es wird sogleich ein gewisser Widerstand spürbar.
Auf einer ebenen Straße mit guter Fahrbahndecke kann man bei langsamer und auch bei schnellerer Fahrt die Geradeauslaufeigenschaft überwachen. Dazu gehört allerdings das Fehlen anderer Verkehrsteilnehmer, damit man bei dieser Kontrolle nicht gehindert wird. Wenn die Straße ganz frei ist, läßt man das Lenkrad während der Fahrt los: Der Wagen darf weder zur einen noch zur anderen Seite ziehen, sondern er muß schnurgerade in der Spur bleiben. Schon ein wenig abschüssiger Fahrbahnrand verfälscht den Eindruck, deshalb sollte man diese Prüfung eventuell auf einer anderen Strecke wiederholen.
Ebenso kann man den Rückstelleffekt prüfen. Nach einer Kurve müssen sich die Vorderräder selbsttätig in die Geradeauslaufrichtung zurückstellen. Dieser Geradeauslauf wird von der Anordnung und Geometrie der Achsschenkellenkung hervorgerufen. Ist er gestört, beruht dies auf nicht genau eingestellten oder verbogenen Lenkungsteilen und die Werkstatt muß dem abhelfen.

Lenkung nachstellen

Es wurde schon erwähnt, daß die Einstellschraube schräg oben auf dem Lenkgehäuse sitzt. Zum Lösen und Andrehen der Kontermutter besitzt man in der Werkstatt einen speziellen Gegenmutterschlüssel für eine Ratsche, womit man diese Mutter aus der Position unter dem Wagen bewegt. Wagen mit Abdeckschürze verfügen in dieser über ein entsprechendes Montageloch.
Durch Hineinschrauben (Rechtsdrehen) der Einstellschraube wird der Federdruck auf der Zahnstange erhöht und etwa vorhandenes Spiel verringert. Die Schraube wird bis zum fühlbaren Widerstand in das Lenkgehäuse eingeschraubt, und danach ist sie um eine Achtel bis eine Viertel Umdrehung zurückzudrehen. Bei der jetzt folgenden Prüfung muß sich die Zahnstange im ganzen Lenkbereich frei bewegen lassen. Falls dem nicht so ist, muß man die Schraube vorsichtig noch so weit zurückdrehen, bis die Beweglichkeit gerade erreicht wird. Anschließend ist die Kontermutter mit 6 mkg festzuziehen.

Vorspur prüfen
Pflegearbeit Nr. 21

Beide Vorderräder haben die Tendenz, auseinanderzulaufen, was durch ihre Schrägstellung (Sturz) und durch den Fahrwiderstand bewirkt wird. Dem zu begegnen, stellt man sie vorne näher zusammen als hinten. Sie laufen also sozusagen aufeinander zu. Ist die Vorspur (siehe »Technische Daten«) zu groß oder zu klein, verschleißen die Reifen schneller, und das Lenkverhalten ist beeinträchtigt. Der Abstand der Vorderräder voneinander wird an den Felgenhörnern in Achsmutterhöhe gemessen.
Die Einstellung der Vorspur wird stets an beiden Axialgelenken vorgenommen. Dazu wird die Gegenmutter am linken und rechten Spurstangenkopf gelöst und etwas zurückgeschraubt. Der Klemmdraht der Faltenbalgbefestigung ist am

Lenkgehäuse abzunehmen, und durch Drehen des Axialgelenkes wird die Vorspur eingestellt. Bei Wagen mit Abdeckschürze muß die Schlauchschelle am jeweiligen Axialgelenk abgenommen werden. Beim Einstellen darf der Faltenbalg nicht mit verdreht werden: Seine einzelnen Balgrillen müssen senkrecht stehen. Eventuell muß man den Balgsitz einfetten und beim Drehen festhalten.
Nach erfolgter Einstellung sind die Gegenmuttern an den Spurstangenköpfen mit 6,5 mkg anzuziehen. Die Faltenbälge müssen wieder einwandfrei befestigt werden (zur Kontrolle Lenkung mehrmals betätigen).

Sturz und Nachlauf der Vorderräder

Um den soeben angeführten Sturz einzustellen, wird der Wagen angehoben und das betreffende Rad abgenommen. Beide Lenker werden mit Abstützböcken unterstützt. Das Führungsgelenk am oberen Lenker ist abzuschrauben, der Lenker wird etwas angehoben und der Flansch des Gelenkes um 180 Grad gedreht. Dies entspricht einer Sturzänderung von 1° 5′. Die Schraubenlöcher im Flansch sind außermittig versetzt, um die Sturzeinstellung ermöglichen zu können. Neue selbstsichernde Muttern werden dann auf dem Führungsgelenk mit 4 mkg festgezogen.
Neben Vorspur und Sturz ist noch der Nachlauf von Bedeutung. Die Räder sind dazu am Wagen so angebracht, daß sie gezogen und nicht geschoben werden, wodurch sie das Bestreben entwickeln, sich von selbst in die gerade Fahrtrichtung zu stellen.
Wie zur Einstellung des Sturzes wird der Wagen angehoben und abgestützt. Dann wird die Mutter der als Sechskantschraube ausgebildeten oberen Lenkerachse abgeschraubt und die Achse ganz herausgezogen. Innen, hinter den beiden Gummilagern der Lenkerachse, sind zwei Ausgleichscheiben auf der Achse aufgesetzt, und zwar vorn eine, im Durchmesser kleinere, und hinten eine größere. Ab Werk haben diese Scheiben eine Stärke von 6 mm. Es ergeben sich nur zwei Verstellmöglichkeiten, nämlich vorn eine Scheibe von 3 mm und hinten eine solche von 9 mm einzusetzen, was einer Nachlaufvergrößerung von 50′ gleichkommt, oder umgekehrt, wodurch sich die Nachlaufverringerung von 50′ ergibt.
Mehrere Scheiben an einer Stelle dürfen auf keinen Fall beigelegt werden. Zum Austausch gibt es nur gleichgroße Scheiben mit einem Außendurchmesser von 40 mm. Beim Einführen der Lenkerachse von vorn nach hinten ist zu beachten, daß die Wölbung der beiden außen liegenden Tellerscheiben jeweils nach innen gerichtet ist. Zum Schluß werden neue selbstsichernde Muttern mit 5,5 mkg auf der Lenkerachse festgezogen.

Links: Blick von oben auf das Lenkgetriebe. Zum Nachstellen wird die Kontermutter gelöst und die Stellschraube rechts herum gedreht. Diese Arbeit muß aber der Werkstatt vorbehalten bleiben. Man kann sich aber davon überzeugen, ob der Faltenbalg unbeschädigt ist und festen Sitz hat.

Rechts: Jede Beschädigung am Faltenbalg führt unweigerlich zum vorzeitigen Ausfall des durch ihn geschützten Axialgelenks, weil eindringendes Wasser und Schmutz den Kugelzapfen und die Kunststoff-Lagerschalen angreifen.

Die Hinterachse des Manta besteht aus folgenden Teilen:
1 – Bremstrommel,
2 – Schraubenfeder,
3 – Stoßdämpfer,
4 – Achsrohr (darin Antriebswelle), 5 – Gehäuse für Achsantrieb und Differential,
6 – Stabilisator,
7 – Querlenker (Panhardstab), 8 – Kardanwelle, 9 – Hinterachsverlängerungsbrücke,
10 – Hinterachsverlängerung, 11 – Längslenker.

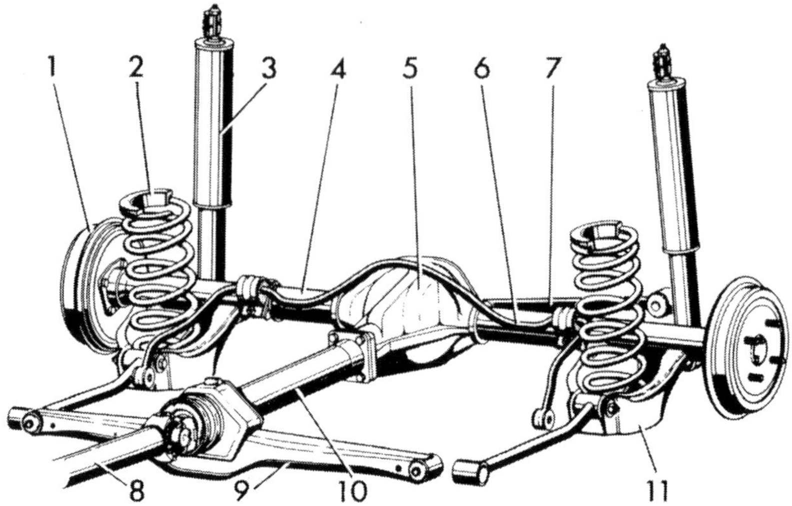

Lenkrad und Lenksäule

Ab Werk sind zwei Ausführungen des Lenkrades erhältlich: entweder als Normal-Produktionsteil oder als Sport-Ausstattungsteil. Bei ersterem wird das Signalhorn durch Niederdrücken der beiden Speichenpolsterenden betätigt, beim anderen hupt es beim Niederdrücken des Polsterknopfes. Das Lenkrad kann nur mit einer Abziehvorrichtung von der Lenkspindel abgezogen werden, nachdem die Lenkradmutter abgeschraubt wurde. Diese ist mit 1,5 mkg festgezogen und gesichert.

Eine starre Lenksäule, wie es sie früher gab und bei Unfällen dem Fahrer tödliche Verletzungen zufügen konnte, findet man auch bei Opel nicht mehr. Vielmehr ist die sich dem Lenkrad anschließende, in sich verschiebbare obere Lenkspindel in einem Lenkstützrohr gelagert, dessen als Gitterrohr ausgebildete untere Hälfte sich bei einem Aufprall zusammenfaltet.

Der oberen Lenkspindel schließt sich ein Kreuzgelenk an, dem die untere Lenkspindel und ein Flanschgelenk folgt. Beide Gelenke sind wartungsfrei, können nicht repariert und müssen im Bedarfsfall ausgetauscht werden.

Die Hinterachse

Bei Nässe und Glätte ist das Opel-Prinzip, die Hinterräder an einer spur- und sturzkonstanten Starrachse zu führen, von Vorteil, zugleich kann die Radaufhängung in unkomplizierter und kostengünstiger Weise konstruiert werden. Der Federungskomfort erhält dadurch allerdings geringe Abstriche (die starre Achsbrücke gehört zu den somit größeren ungefederten Massen, weswegen die Federung nicht ganz so fein ansprechen kann).

Linkes und rechtes Hinterrad laufen an einem gemeinsamen Achsrohr. Sie sind in seinem Inneren durch Halbachsen mit dem Differential verbunden, das dem Ausgleich unterschiedlicher Rollwege bei Kurvenfahrt dient. Die Leistung des Motors wird über die Kardanwelle und über Kegel- und Tellerrad und Differential zu den beiden Halbachsen übertragen. Näheres ist im Abschnitt »Der Hinterachsantrieb« auf Seite 177 beschrieben.

Die Hinterachse wird von zwei Längslenkern und einem langen Querlenker geführt. Dadurch werden nahezu alle in Längsrichtung des Autos auftretenden Beanspruchungen aufgefangen, die sich während der Fahrt ergeben. Der Querlenker besitzt einen großen Bewegungsradius. Diese auch als Panhardstab bezeichnete Stange ist rechts am Hinterachskörper angebracht und mit

seinem anderen Ende gelenkig mit dem Aufbau verbunden; beide Endpunkte besitzen Gummilagerung. Ein Querlenker dient zur Führung der Achse in seitlicher Richtung.
Wie alle Opel besitzt der Manta jedoch progressiv wirkende Schraubenfedern. Sie sind – wie bei der Vorderachse im unteren Querlenker – im Längslenker direkt vor den Achsrohren angebracht. In gleicher Flucht sitzen an der Rückseite der Achsrohre die schrägstehenden Stoßdämpfer.
Schließlich verfügt die Hinterachse noch über einen Stabilisator, der an zwei Punkten mit dem Aufbau verbunden ist. Beim Einfedern eines Hinterrades verdrillt er sich, wodurch die Seitenneigung der Karosserie in der Kurve vermindert wird. Die Wirkung des Stabilisators hebt sich dagegen beim Einfedern beider Räder auf.
Fahrzeuge mit 16 N-Motoren besitzen ab Fahrgestell-Nr. 2 453 081 (ohne 2 454 356 bis 2 454 768) die Hinterachse des 1,1 Liter Opel Kadett. Grundsätzlich unterscheidet sich deren Aufbau von der eben beschriebenen Konstruktion nicht. Lediglich der Panhardstab ist links am Achsrohr angebracht und rechts mit dem Aufbau verbunden.

Die Stoßdämpfer

Die hydraulisch wirkenden Stoßdämpfer sind wartungsfrei, an ihnen läßt sich nichts pflegen oder reparieren. Man hat bei vernünftiger Fahrweise wenig Schwierigkeiten mit ihnen. Die vorderen Stoßdämpfer sitzen innerhalb der Schraubenfedern. Die hinteren Stoßdämpfer sind leichter zugänglich; sie liegen frei vor der Hinterachse. Man sollte ihre Befestigung hin und wieder auf festen Sitz prüfen.
Stoßdämpfer können aus zwei Gründen klappern: Wenn die Gummilager ihrer Befestigung gealtert (verhärtet) oder gerissen sind oder wenn die hydraulische Flüssigkeit ausgelaufen ist. Der erste Fall ist häufiger, der zweite ergibt sich allenfalls nach Beschädigung des Dämpfers. Die Gummilager können ausgetauscht werden.
Auf Feuchtigkeitsspuren achten. Geringe Leckverluste wiegen nicht schwer, da die Flüssigkeitsreserve im Dämpfer im allgemeinen ausreicht. Bei größeren Verlusten müssen die Dämpfer ausgetauscht werden. Dämpferflüssigkeit läßt sich nicht nachträglich auffüllen.
Es gehört einige Erfahrung dazu, die Wirksamkeit von Stoßdämpfern während der Fahrt festzustellen. Die Federung ist unruhiger und die Straßenlage auf unebener Straße schlechter.
Die Opel-Stoßdämpfer halten bei durchschnittlicher Beanspruchung im Mittel etwa 60 000 km, wobei freilich die hinteren Stoßdämpfer etwa 10 000 km früher ersetzt werden müssen. Für alle Modelle sind die Bilstein-Gasdruckstoßdämpfer zu empfehlen, die es in zwei Komfortstufen gibt: Normal und Rallye, letztere für Sportbetrieb, aber auch für harte Beanspruchung durch häufige Vollbeladung und viele schlechte Straßen.
Will man die Stoßdämpfer der Hinterachse ersetzen, muß diese angehoben werden, aber die Achse darf nicht frei durchhängen. Für die obere Befestigung ist stets eine neue selbstsichernde Mutter zu verwenden. Die Mutter ist so anzuziehen, daß zwischen Oberkante Mutter und Ende Stoßdämpferbolzen ein Maß von 11 mm besteht. Das Anzugsdrehmoment beträgt etwa 3 mkg.
Ähnlich verhält es sich mit den Stoßdämpfern für die Vorderräder, die oben mit zwei Muttern befestigt sind. Normal beträgt das eben beschriebene Maß zwischen Oberkante der unteren Mutter und Oberkante Bolzen 12 mm, falls erforderlich, sind die Gummibuchsen beider Dämpfer zu ersetzen. Der Anzugswert der Befestigung am unteren Lenker beträgt 4,0 mkg.

Verzögerungsversuche

Als Fußgänger kann es einem passieren, daß man mit einem rennenden Kind zusammenstößt – es hatte seinen Lauf nicht mehr rechtzeitig abbremsen können. Der Zusammenprall gibt einen Stoß – aber keinen Knochenbruch. Größere Massen, die sich bewegen, brauchen andere Mittel zur Verzögerung. Wissen Sie, daß z. B. ein Supertanker auf dem Meer einen Bremsweg von mehreren Kilometern hat? Und wie ist es mit Ihrem Auto?
Sie müssen unbedingt einmal auf freier und ebener Straße feststellen, wie und wie gleichmäßig die Bremsen Ihres Wagens wirken. Man soll da nicht blindwütig auf das Bremspedal trampeln, auch wenn sich eine bedrohliche Verkehrssituation anbahnt. Die Bremsen verzögern nämlich den Wagen am besten, wenn man mit der Pedalkraft vor dem Punkt bleibt, bei dem die Räder blockieren. Sonst rutschen sie nur quietschend über den Asphalt und Ihr schöner Opel landet dort, wo Sie ihn nicht haben wollten.
Zu einer gleichmäßig einsetzenden und exakt dosierbaren Bremswirkung ist es allerdings notwendig, daß sich die Bremsanlage in guter Verfassung befindet. Diesen Zustand zu erhalten, sollte man schon aus Sicherheitsgründen bestrebt sein. Sicht- und Funktionskontrollen sind bedeutsame Maßnahmen in dieser Richtung, und wer sich nicht zutraut, an der Bremse selbst etwas in Ordnung zu bringen, der kann seine Wahrnehmungen wenigstens dem Werkstattmann erklären. Es ist nämlich keine Schande, wenn man die Wartungsarbeiten an der Bremsanlage in der Werkstatt ausführen läßt. Von der Bremse hängt viel zu viel ab, als daß man daran leichtsinnig herumbasteln könnte.

Bremsen prüfen

Pflegearbeit Nr. 16

Die Bremsen müssen genau so gut eingefahren sein wie der Motor. Bremsscheibe bzw. Bremstrommel und Bremsbelag müssen sich aneinander gewöhnen und ihre gemeinsame Oberfläche, auf der sie sich berühren, muß möglichst groß sein. »Trägt« der Belag nur auf wenigen Quadratzentimetern, ist die Bremswirkung schlecht und ungleichmäßig. Aufschluß darüber gibt eine scharfe Bremsung, vorausgesetzt, man ist allein auf der Straße.
Bremsproben beginnt man, indem zunächst aus mäßiger und dann aus höherer Geschwindigkeit abgebremst wird. Das gleiche wiederholt man mit losgelassenem Lenkrad. Das gibt – auf ebener, nicht gewölbter Straße – Aufschluß darüber, ob der Wagen beim Bremsen einseitig wegzieht. Trotz unbelebter Straße sollte man vor der ersten Bremsung nicht schneller als 60 km/h sein. und erst, wenn man sich über die Verhaltensweise des Autos im klaren ist, erhöht man zu den Versuchen das Tempo. Schließlich, nachdem man alle losen Gegenstände im Wagen gut verstaut hat: Ruckartig auf die Bremse treten. Preisfrage: Wenn der Wagen nach rechts zieht, welche Bremsen sind dann nicht in Ordnung? Natürlich haben Sie's gewußt: Die linken.
Ungleichmäßig ziehende Bremsen deuten zumindest auf verschlissene Beläge, wenn nicht auf undichte Bremsleitungen, auf klemmenden Bremskolben oder

Die Bremsflüssigkeitsbehälter sollen möglichst bis über die Hälfte gefüllt sein. Zu hohe Befüllung ist falsch, da der Behälter bei rückströmender Bremsflüssigkeit (bei heißen Bremsen möglich) überläuft, was zu Verätzungen des benachbarten Motorraumes führt. Plötzlicher Mangel von Bremsflüssigkeit ist sofort zu ergründen. Es darf nur Original-Bremsflüssigkeit, niemals Motoröl nachgefüllt werden.
In jedem Deckel befindet sich ein Entlüftungsventil, um die notwendigen Schwankungen im Stand der Flüssigkeit zu ermöglichen.

auf verrosteten Schwimmsattel hin. (Auch ungleicher Reifendruck wirkt sich derartig aus.) Verbunden mit der verminderten Bremswirkung ist ein größerer Pedalweg, der normal etwa eine Fingerbreite betragen soll. Im übrigen darf sich der Bremspedalweg auch nach mehrmaligem hintereinander erfolgtem Bremsen nicht verringern.
Generell sei wiederholt, daß alle Reparatur- und Montagearbeiten an der Bremsanlage, insbesondere am hydraulischen Teil (Haupt- und Radbremszylinder, Bremsleitungen), in die Werkstatt gehören. Gewisse Sichtprüfungen und Kontrollarbeiten kann man aber ohne weiteres selbst ausführen.

Bremsflüssigkeitsstand prüfen

Pflegearbeit Nr. 13

Bei den Manta-Typen findet man links im Motorraum, auf dem Hauptbremszylinder, einen durchscheinenden Behälter, der mit der lebenswichtigen Flüssigkeit für die Bremsanlage gefüllt ist. Dieser Behälter ist unterteilt und besteht aus zwei nur im oberen Raum verbundenen Kammern. Die vordere Kammer versorgt über zwei getrennte Leitungen die Vorderradbremse, und die hintere ist für die Hinterradbremsen zuständig. Ein solches Zweikreis-System, das bei Ausfall einer Leitung immer noch die Versorgung der anderen Leitung garantiert, stellt eine große Sicherheitsreserve dar, die von dem entsprechend unterteilten Hauptbremszylinder ausgeht. Im Hauptbremszylinder bedient ein sogenannter Tandemkolben beide Bremskreise gleichzeitig.
Der Tritt auf das Bremspedal bewegt auch den Kolben im Hauptbremszylinder, der die Bremsflüssigkeit durch die Bremsleitungen preßt. Dieser Druck pflanzt sich gleichmäßig zu den einzelnen Radbremsen fort, wo über die Bremszylinder die Bremsbeläge gegen Bremsscheiben oder Bremstrommeln gedrückt werden.
Die Flüssigkeit in den Behältern dient zur Reserve, falls einmal irgendwo eine Undichtheit auftreten sollte. Wenn der Flüssigkeitsspiegel auffallend absinkt, ist also Gefahr im Verzug. Um die undichte Stelle muß sich aber die Werkstatt kümmern. Das Überprüfen der Bremsflüssigkeit – man kann es von außen erkennen – ist eine reine Sichtprüfung, die jeder übernehmen kann und auch sollte. Im Kapitel »Der kleine Wartungsdienst« wurde auf die zumindest alle 10 000 km vorzunehmende Kontrolle bereits hingewiesen.
Weil der Opel vorne Scheibenbremsen besitzt, tritt hier auch eine Eigenart dieser Anlage auf, die man bei Wagen mit nur Trommelbremsen nicht findet. Die im Durchmesser verhältnismäßig großen Kolben der Scheibenbrems-Radzylinder treten entsprechend dem Belagverschleiß weiter heraus, wodurch mehr Flüssigkeit nachfließen muß als bei der Trommelbremse. Ein gewisses Absinken der Bremsflüssigkeit ist also bei wachsendem Wagenalter nicht unbedingt

alarmierend. Wirklich routinierte Leute können am tiefen Stand der Bremsflüssigkeit sogar den Abnutzungsgrad der Scheibenbremsbeläge feststellen. Dazu muß das System der Bremsleitungen natürlich dicht sein.
Beim Erneuern der Scheibenbremsbeläge müssen übrigens die Kolben zurückgedrückt werden, wodurch der Flüssigkeitsstand wieder ansteigt. Wurde inzwischen zu viel nachgefüllt, würde ein Behälter auch bei aufgeschraubtem Deckel überlaufen, da sich darin ein Entlüftungsloch befindet. Zum Nachfüllen nur Original-Bremsflüssigkeit (hell bis bernsteinfarben mit der Normbezeichnung DOT 3 bzw. 4) verwenden. Auf keinen Fall, auch nicht als Notbehelf, darf Motoröl verwendet werden. Motoröl zersetzt die Gummiteile. Bremsflüssigkeit ist ein synthetischer Stoff, der auch bei Kälte oder Hitze nicht dick- oder dünnflüssiger werden darf. Sie greift übrigens den Lack an, daher beim Hantieren damit aufpassen. Auch ist sie giftig. Wasser ist unbedingt von der Bremsflüssigkeit fernzuhalten, da sie stark wasseranziehend ist. Die Gesamtflüssigkeitsmenge in der Hydraulikanlage beträgt 0,4 Liter.

Bremsleitungen und -schläuche auf Zustand prüfen

Pflegearbeit Nr. 39

Der Zustand der im Motorraum und am Wagenboden verlegten Bremsleitungen ist zu Ihrer eigenen Sicherheit alle 10 000 km zu überwachen. Bremsschläuche mit Scheuerspuren müssen umgehend in ihrer Lage verändert und womöglich sogar ausgetauscht werden. Ebenso beachte man Beschädigungen durch Steinschlag und Korrosion. Die Rohrleitungen sind zwar durch Verzinkung gegen Rost geschützt, doch in wenigen Jahren ist der Schutz von Streusalz durchgefressen.
Benzin, Dieselkraftstoff, Petroleum, Fett, Lack und Absprühöl müssen von Bremsschläuchen ferngehalten werden. Am besten also überhaupt nicht einsprühen lassen (auch der serienmäßige Unterbodenschutz leidet dadurch).
Die Zustandskontrolle geht Hand in Hand mit der hier nachfolgend beschriebenen Überprüfung auf Dichtheit der Bremsanlage.

Bremsanlage auf Dichtheit prüfen

Pflegearbeit Nr. 38

Zunächst ein Hinweis: Hüten Sie sich davor, an den Bremsleitungen oder -schläuchen irgendetwas selbst korrigieren zu wollen. Das ist Werkstattsache! Eine lebenswichtige Operation überläßt man dem Spezialisten. Ob aber an den Bremsleitungen alles in Ordnung ist, das können Sie selbst kontrollieren.
Bocken Sie den Wagen hoch und verfolgen Sie bei trockener Wagenunterseite den Verlauf der Bremsleitungen und -schläuche. Sie müssen trocken und dürfen nicht aufgequollen sein. Anschluß- und Verbindungsstellen beachten! Bremsflüssigkeit kriecht durch Schmutz, und wo dieser schwarz ist, muß eine undichte Stelle vermutet werden. Auch Radzylinder können undicht werden. Neben dieser vordringlichen Kontrolle sollte man auch beim gelegentlichen Blick in den Motorraum die Bremsleitungen überprüfen.

Die Scheibenbremse

Die Sache ist ziemlich einfach: Parallel mit dem Rad dreht sich eine Stahlscheibe, gegen die von beiden Seiten Reibklötze gepreßt werden. Heute hat man sich allgemein zu Scheibenbremsen – zumindest für die Vorderräder – entschlossen, weil dieser Bremsentyp der althergebrachten Trommelbremse in einigen Punkten überlegen ist.
Sie lassen sich besser kühlen, weil Scheiben und Beläge offen im Luftstrom des Fahrtwindes liegen. Deswegen sind sie standfester: Bei mehrmaligen Vollbremsungen oder bei anhaltendem Bremsen bergab hält die Bremswirkung länger an (kein »fading«). Zudem ist die Bremswirkung einer Achse gleichmäßiger als bei Trommelbremsen. Ferner ist die Scheibenbremse selbstnachstellend und sogar selbstreinigend, was Belagabrieb oder Schmutz betrifft.

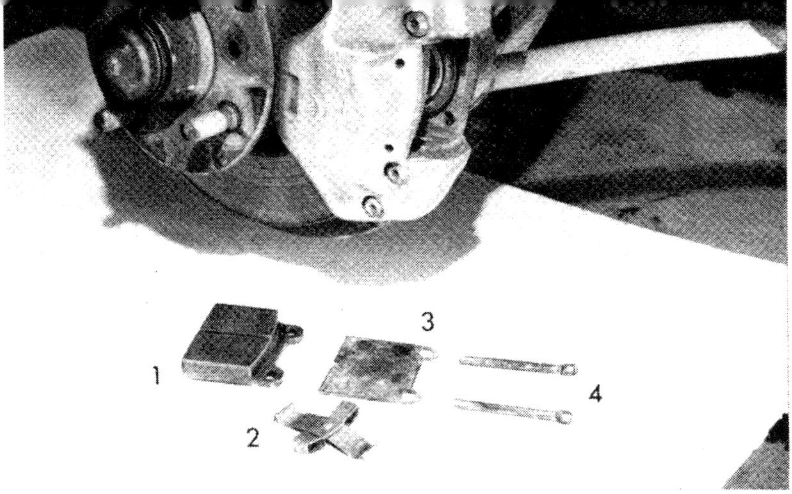

Lose und somit leicht auswechselbare Teile der Scheibenbremse sind: 1 – Bremsklotz mit Bremsbelag, 2 – Klemm- oder Spreizfeder, 3 – Zwischenplatte, 4 – Haltestifte mit Klemmhülse. Wie diese Teile im Bremssattel angeordnet sind, ist auf der nächsten Seite zu sehen.
Um die Bremsbeläge der Scheibenbremse aus dem Bremssattel herauszunehmen, schlägt man die Haltestifte heraus, wodurch man gleichzeitig die Klemmfeder aus ihrem Sitz befreit. Die Bremsscheibe wird von beiden Seiten von den Belägen berührt.

Allerdings hat die Scheibenbremse auch negative Seiten. Die Beläge verschleißen schneller, und weil sie kaum abgeschirmt ist, können zwischen Beläge und Scheibe Fremdkörper eindringen. Das führt zu lästiger Quietscherei, was durch Säubern oder Auswechseln des Belags beseitigt werden kann. Bremsquietschen liegt auch manchmal an einem verdrehten Kolben im Zylinder. Mit einem speziellen Kolbendrehwerkzeug bringt die Werkstatt das wieder in Ordnung.
Bei starkem Regen kann die Bremswirkung wegen der »offenen« Bauweise um einen Sekundenbruchteil später einsetzen, als es bei Trommelbremsen der Fall ist. Die zwischen Scheibe und Bremsklotz befindliche Feuchtigkeit wird erst durch den Anpreßdruck der Beläge zum Verdampfen gebracht.

Bremsbeläge der Scheibenbremse prüfen

Pflegearbeit Nr. 15

Jede Opel-Werkstatt ist der rechte Ort, die Belagstärke der Scheibenbremsen feststellen zu lassen. Aber ein praktisch veranlagter Fahrer, der um die Verkehrssicherheit seines Autos bemührt ist, kann diese Arbeit ebenfalls ausführen. In den Opel-Werkstätten ist es üblich, die Beläge nach 10 000 km auszuwechseln. Wer sich jedoch selbst um den Zustand der Beläge kümmert, wird feststellen, daß dieser Turnus nicht unbedingt eingehalten werden muß.
Der Wagen wird an der betreffenden Seite hochgebockt (siehe dazu Seite 210) und das Rad wird abgenommen. Zur Kontrolle schlägt man die Lenkung in die dem Rad entgegengesetzte Richtung, damit der Bremssattel gut zugänglich ist. Oben im Bremssattel befindet sich eine viereckige Öffnung, in deren Ausschnitt man einen Teil der Bremsscheibe und die beiden rechts und links davon sitzenden Bremsbeläge sehen kann. Damit die Beläge während des Fahrbetriebs nicht herausrutschen, sind sie gesichert. Zum Halt dienen Sicherungsstifte, die in sich gegenüberliegenden Führungen des Bremssattels sozusagen verkeilt sind und gleichzeitig die Beläge arretieren, indem sie durch Ösen an den Ecken dieser Beläge hindurchgeführt wurden.
Beide Haltestifte lassen sich mit einem Durchschläger (oder mit einem entsprechend starken Zimmermannsnagel) und mit einem Hammer von vorn nach hinten herausschlagen. Man sollte jedoch erst einen der beiden Stifte entfernen, um danach die Spreizfeder zu entnehmen, die auf die Beläge drückt. Die Stellung dieser kreuzförmigen Feder muß man sich merken, um sie später wieder genauso anbringen zu können. Dann wird der zweite Haltestift herausgeschlagen. Die Stifte verfügen an ihrem nach hinten gerichteten Ende über Klemmhülsen mit einer federnden Spreizwirkung; ist deren Kraft erlahmt, müssen sie ausgetauscht werden.

Nun entnimmt man zuerst einen der Bremsbeläge. Das gelingt am besten, wenn man mit einem Schraubenzieher abwechselnd durch die Ösen des Belagträgers fährt und – die Schraubenzieherklinge auf den Bremssattel gestützt – den Belag heraushebelt. Will man die Belagstärke des anderen Bremsbelags an einer Bremse kontrollieren, muß man zuerst den vorher entnommenen Belag wieder in seine alte Position bringen.

Die Gesamtstärke eines neuen Bremsbelags mit Belagplatte beträgt für den Opel Manta 14 mm. Der Belag darf höchstens bis auf einen Rest von 2 mm des Bremsbelags abgenutzt sein (ohne Belagplatte gemessen). Spätestens bei diesem Abnutzungsgrad auch nur eines Belags müssen alle Bremsbeläge an den Vorderrädern erneuert werden. In keinem Fall darf das Metall der Platte mit der Bremsscheibe in Berührung kommen. Durch die Hitzeentwicklung beim Bremsen könnte Platte und Scheibe miteinander verschweißen, was zum Blockieren des Rades, zumindest aber zu Rillen auf der Bremsscheibe führt.

In der Mitte des Belages verläuft eine Nut, die in ihrer Tiefe fast bis zur Platte reicht. Sie soll Belagabrieb und Staub aufnehmen; ist sie nicht mehr vorhanden, muß der Belag erneuert werden.

Neue Beläge erhält man bei der Opel-Werkstatt oder bei bekannten Belagherstellern (Textar, Jurid usw.) unter Angabe des Fahrzeugtyps. Man kann dazu raten, härtere Beläge einer weicheren Qualität vorzuziehen, da das härtere Material eine bessere Bremswirkung aufweist und die Neigung zu leichterem Quietschen oder Pfeifen in Kauf genommen werden sollte. Es darf nur eine Belagtype an beiden Bremsen verwendet werden; gleiche Typen sind manchmal an gleichen Farbstrichen erkenntlich.

Vor dem Einsetzen neuer Beläge müssen zuerst die Kolben in den beiden sich gegenüberliegenden Bremszylindern zurückgedrückt werden, weil sie entsprechend den dünner werdenden Belägen aus den Zylindern herausgewandert sind. Die Werkstatt macht das mit einer Kolbenrücksetzzange, man kann sich aber auch helfen, indem man mit einem schmalen Holzbrettchen den Kolben vorsichtig wieder hineindrückt. Das gleiche wird dann auf der anderen Seite des Bremssattels wiederholt, wobei ein Belag immer eingesteckt bleibt.

Beim Zurückdrücken des Bremskolbens wird zugleich die Bremsflüssigkeit durch die Leitungen in den Bremsflüssigkeitsbehälter zurückgedrückt. Dort ist zwischendurch zu beachten, daß der Behälter nicht überläuft. Wenn ja, Kunststoff-Folie (Einkaufsbeutel) und Lappen unterlegen, besser: absaugen. Die Beläge müssen sich in ihren Führungen leicht bewegen lassen. Eventuell ist der Führungsschacht mit Spiritus (kein Öl oder Benzin) und Lappen zu reinigen. Nach dem Einsetzen bzw. Auswechseln der Beläge setzt man einen

Noch einmal von der Nähe gezeigt: Links der Blick in den Schacht des Bremssattels. 1 – Beide Haltestifte, 2 – Spreizfeder, 3 – Trägerplatten der Bremsklötze. Auf dem rechten Bild sind die Haltestifte bereits herausgeschlagen und ein Bremsklotz (1) sowie die Zwischenplatte (2) teilweise herausgezogen. Hier ist auch die Bremsscheibe (3) sichtbar.
Ein Bremsbelag wird entnommen, indem man mit einem Schraubenzieher wechselweise durch die Ösen für die Haltestifte fährt und sie herauszieht. Es ist immer nur ein Bremsbelag herauszunehmen, um seinen Zustand zu kontrollieren bzw. auszuwechseln. Erst, wenn der Belag wieder richtig an seinem Platz sitzt, soll der andere Belag herausgezogen werden. Die vor dieser Demontage abzunehmende kreuzförmige Klemmfeder darf zum Schluß nicht verkehrt herum eingesetzt werden.

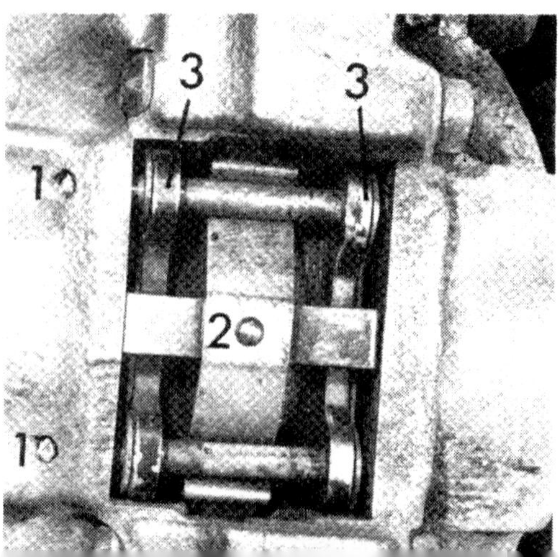

Haltestift, die Spreizfeder und den anderen Haltestift wieder ein (Stifte mit Hammer vorsichtig in die Bohrungen treiben).
Als wichtige Maßnahme nach dem Einsetzen von Bremsbelägen ist noch bei stehendem Wagen das Bremspedal niederzudrücken. Somit kommen die Beläge zum Anliegen an die Scheibe, und erst jetzt ist Bremswirkung vorhanden. Während der nächsten Fahrt kann es schon zu spät sein, wenn man bremsen muß und dazu zwei- oder dreimal auf die Bremse zu treten hat.
Mit neuen Bremsbelägen sollen auf den ersten 200 km keine Gewaltbremsungen durchgeführt werden, sie müssen sich erst einarbeiten, sie müssen eingefahren werden. Sonst wird die Lebensdauer der Beläge verkürzt.
Als Richtwerte für den Belagverschleiß können folgende Angaben dienen: Manta 12 = 12 000 bis 20 000 km, Manta 16 = 10 000 bis 18 000 km, Manta 19 = 10 000 bis 17 000 km. Wagen mit Automatikgetriebe haben in der Regel auch schnelleren Verschleiß der vorderen Scheibenbremsbeläge, weil der Motor weniger mitbremst. Um einiges günstiger ist der Verschleiß bei Wagen ab Baujahr 1974, als die wirksame Bremsfläche vergrößert wurde. Merkmal dieser Änderung: Felgen-Fixierbolzen an der vorderen Radnabe.

Zustand der Bremsscheibe

Während der eben beschriebenen Arbeit, aber auch unabhängig davon, muß der Zustand der Bremsscheibe (bei abgenommenem Rad) kontrolliert werden. Die Bremsscheibe darf keine zu tiefen Rillen aufweisen. Bläuliche Verfärbungen sind unbedenklich. Bei einem Neuwagen beträgt die Stärke der Bremsscheibe 11 mm und sie darf nach einmaligem Abschleifen durch die Werkstatt 10 mm betragen. Bei dieser Arbeit werden durch Feinstdrehen beidseitig höchstens 0,5 mm abgetragen. Eine Toleranz in der Bremsscheibenstärke, eine ungleiche Dicke, darf allerhöchstens 0,015 mm ausmachen. Der Seitenschlag ist bis zu 1,0 mm zulässig.
Gleichzeitig ist zu prüfen, ob am Bremssattel Bremsflüssigkeit austritt, und Verschmutzungen sind zu entfernen. Wie schon bemerkt, sind die mit Auftausalzen bestreuten Straßen im Winter ein bösartiger Feind der Bremsen. Spätestens im Frühjahr soll man daher kontrollieren, ob durch Korrosion an der Anlage Schäden aufgetreten sind.

Fingerzeige: *Man sollte hin und wieder den Wagen ein nur mäßiges Gefälle hinunterrollen lassen, um festzustellen, ob die Räder freigängig sind. Oft sind – an den Scheibenbremsen – die Führungen der Belagträger im Bremssattel verschmutzt und die Beläge gehen nach der Bremsung nicht mehr zurück. Die Folgen sind erhöhter Kraftstoffverbrauch und verringerte Höchstgeschwindigkeit.*

Sieht man sich die Bremsscheibe näher an und läßt das Licht schräg auf ihre Oberfläche fallen, erkennt man zahllose nebeneinander liegende Rillen wie bei einer Schallplatte. Diese Rillen rühren von dem Straßenschmutz her, der sich auf dem Belag des Bremsklotzes festsetzt und beim Bremsen mit gegen die Scheibe gepreßt wird, wo er solche Spuren hinterläßt. Leider läßt sich diese Abnutzung kaum vermeiden. Je tiefer die Rillen sind, um so weniger Belagfläche kommt zum »Tragen« und um so geringer ist die Bremswirkung. Das gleiche gilt natürlich auch für die Trommelbremsen, die wegen ihrer geschützten Bauart aber nicht so anfällig gegen Verschmutzung sind.

Wenn die Bremswirkung bei längeren Abfahrten im Gebirge nachläßt, hat es keinen Zweck, das Bremsen durch wesentlich erhöhten Fußdruck zu erzwingen. Damit werden nur die Bremsbeläge verdorben. Besser ist es, die Bremswirkung des Motors im 2. oder gar im 1. Gang auszunützen.

Die Trommelbremse

Für die Hinterräder sind Trommelbremsen vorgesehen, wie dies auch bei vielen anderen Fabrikaten üblich ist. Dieser Bremsentyp ist keineswegs nur mit Nachteilen verknüpft, wie man vielleicht meinen möchte. Wesentliche Vorteile der Trommelbremse sind: Geringe Anfälligkeit gegen Verschmutzung, keine Anfälligkeit bei Nässe, wesentlich längere Haltbarkeit der Beläge.
Freilich, die Beläge der Trommelbremse stellen sich nicht selbsttätig nach, wie dies bei den Scheibenbremsen automatisch geschieht. Zwischen den halbmondförmigen Bremsbacken sitzt der Radbremszylinder, von dem aus (durch Pedaldruck) die Bremsbacken nach außen gedrückt werden. Beim Betätigen der Handbremse werden die Backen durch Anziehen eines Hebels innerhalb der Trommel gespreizt. Durch eine sinnreiche Aufhängung wird erreicht, daß sich die Bremskraft beim Bremsen noch verstärkt. Gleichzeitig ist garantiert, daß die Bremsbacken gleichmäßig und zentrisch nach außen drücken und nicht etwa eine Bremsbacke mehr beansprucht wird als die andere. Die genaue Bezeichnung für diese Bremsenart lautet: Simplex-Trommelbremse mit Gleitbacken.

Zustand der Trommelbremse prüfen

Pflegearbeit Nr. 40

Auch die Wirkung der Trommelbremse läßt im Laufe der Zeit nach. Da man diese verminderte Bremsleistung in der Fahrpraxis kaum feststellen kann und erst vielleicht in einem Notfall mit Erschrecken bemerkt, wie dürftig die Verzögerung ist, kommt man nicht umhin, sich die Sache wenigstens einmal im Jahr gründlich anzusehen.
Dazu muß das betreffende Hinterrad abgenommen und die Handbremse gelöst werden, sonst läßt sich die Bremstrommel nicht von den nach außen drückenden Bremsbacken abziehen. Natürlich muß man den Wagen hochbocken (zusätzlich unter der Hinterachse mittels Stütze absichern!).
Die Bremstrommel wird gemeinsam mit dem angeschraubten Rad auf dem Radträger festgehalten, man kann die Trommel also nach Abnehmen des Rades meist mühelos nach vorne wegziehen. Bisweilen befinden sich auf den Radbolzen noch Federklammern, die man vorher abziehen muß. Eventuell muß man durch Klopfen mit dem Hammerstiel nachhelfen. Es empfiehlt sich, Bremstrommel und Nabe mit einem Ritzer zu markieren (sofern keine Farbmarkierung vorhanden ist), damit die Trommel nachher wieder in der alten Lage

Die rechte Hinterradbremse bei abgezogener Bremstrommel. Letztere nimmt man ab, um die Beläge zu prüfen und um Belagabrieb herauszublasen.
Die Zahlen bedeuten:
1 – Radbremszylinder,
2 – Rückzugfeder für die Bremsbacken, 3 – Spreizgestänge der Handbremsbetätigung,
4 – Bremsbacke mit Belag, 5 – Bremsbackenlagerung, 6 – Bremsseilhebel, 7 – Radträger.

Um die Bremsbacken zu lösen, bedient man sich in der Werkstatt einer speziellen Zange, damit man die Rückzugfedern aus den Backen klinken kann. Die gekrümmten Federenden kann man aber auch bequem aus den Löchern einer Bremsbacke hebeln, indem man mit einem Schraubenzieher zwischen Feder und Bremsbackenplatte fährt. Wie auf dem Bild gezeigt, kann man die Federspannung durch Abwinkeln des Schraubenziehers überbrücken und das Federende seitlich aus dem Loch ziehen.
Der Pfeil zeigt auf den verstellbaren Nocken der Nachstellschraube, die auf der Rückseite des Bremsträgers zu erreichen ist.

aufgesetzt wird. Geht sie nicht gleich auf die Nabe, dreht man sie beim Aufsetzen etwas.
Riefen in der Bremsfläche der Trommel müssen ausgedreht werden. Der Innendurchmesser einer neuen Trommel beträgt 230 mm, man darf sie bis zu einem Übermaß von 1,0 mm ausdrehen, ihre Verschleißgrenze liegt also bei 231 mm. Dies gilt für die Wagen mit 16 S- und 19 S-Motor und für die Wagen mit 16 N-Motor ab Fahrgestell-Nr. 2 453 081. Die übrigen Typen haben Bremstrommeln mit 200 mm Durchmesser, die auf 201 mm ausgedreht werden dürfen. Bremstrommeln müssen innen sauber und trocken sein, dazu wischt man sie mit einem nicht fettigen Lappen aus. Rostansätze werden mit der Drahtbürste entfernt.

Die Beläge der Trommelbremse

Der Bremsbelag ist auf den Bremsbacken aufgenietet und nicht, wie bei einigen anderen Fabrikaten, aufgeklebt. Man wird also, wenn man nicht über das entsprechende Werkzeug verfügt, den eventuell notwendigen Belagwechsel einer Werkstatt überlassen müssen. Man kann aber zumindest feststellen, ob die Abnutzung so weit fortgeschritten ist, daß neue Beläge montiert werden müssen und ob die Bremse noch nachgestellt werden kann (Bremse nachstellen siehe nächsten Abschnitt).
Ein Bremsbelag darf nicht so weit abgenutzt sein, daß die Nieten, die den Bremsbelag festhalten, das Oberflächenniveau des Belags erreichen. Ebenso müssen verölte Beläge und solche mit Rillen ausgewechselt werden, Reinigen mit Benzin und Abschleifen ist wirkungslos. Glatte, auch schwärzlich glänzende Oberflächen zeigen, daß die Beläge gut tragen. Die Trommelbremsbeläge halten etwa doppelt so lange wie die Scheibenbremsbeläge.
Wer sich zutraut, die Beläge selbst auswechseln zu können, muß die Nietköpfe an den Bremsbacken mit den alten Belägen vorsichtig wegbohren, die alten Beläge entfernen und die Backen sorgfältig reinigen. Mit Nieten, die man beim Kauf der neuen Beläge erhält, sind die neuen Beläge zu befestigen. Diese Hohlnieten muß man mit einem besonderen Nieteisen umbörteln, damit der Belag festen Halt hat. Mit dem Aufnieten beginnt man in der Mitte des Belags, und zwar nietet man immer zwei sich gegenüberliegende Nieten hintereinander fest und setzt die Arbeit, wechselweise nach außen hin verlaufend fort. An einer Achse dürfen nur Beläge desselben Herstellers verwendet werden, und alle Beläge sind gleichzeitig auszuwechseln.
Zu dieser Arbeit muß man selbstverständlich die Bremsbacken von der Bremsträgerplatte lösen. Auf dem Bild nebenan ist ersichtlich, wie und wo die

Bremsbacken befestigt sind. Schwierigkeiten kann allenfalls das Lösen der Rückzugfeder bereiten, wenn man keine Federzange besitzt, um sie aus der einen Backe auszuklinken. Es gelingt aber auch, indem man mit einer Zange das Federende aus seinem Haltepunkt etwas lüftet und mit einem Schraubenzieher nachfährt. Danach muß man die Schraubenzieherklinge an einem festen Punkt innerhalb der Bremse ansetzen und die jetzt am Schraubenzieherschaft eingehakte Feder aus der Backe heraushebeln. Hat man auch die untere Feder einer Bremsbacke ausgehängt, lassen sich auch die beiden Bremsbacken entnehmen. Der Einbau erfolgt später in umgekehrter Reihenfolge der vorher verrichteten Arbeit.
In der Werkstatt hängt man allerdings zuerst die untere Bremsbackenfeder aus den Bremsbacken und das Handbremsseil aus dem Bremsseilhebel. Beide Bremsbacken werden etwas angekantet und die obere Feder ausgehängt. Nichts wird eingefettet! Anschließend müssen natürlich Fuß- und Handbremse eingestellt werden.

Trommelbremse nachstellen

Pflegearbeit Nr. 40

Wie schon erwähnt, stellen sich die Vorderradbremsen entsprechend dem Belagverschleiß selbsttätig nach. Nachgestellt werden also nur die Hinterradbremsen. Die Verstellschrauben liegen jeweils vorn und hinten an der Bremsträgerplatte. Zum Nachstellen der Bremsen:

- Wagen entsprechend hochbocken.
- Verstellschraube (gekröpfter Ringschlüssel 17 mm) so weit verdrehen, bis der Belag an der Trommel leicht schleift. (Schlüssel muß an beiden Nachstellschrauben nach unten bewegt werden.)
- Verstellschraube lockern, bis Rad wieder frei ohne zu schleifen läuft.
- Das gleiche an der anderen Verstellschraube für den anderen Bremsbacken wiederholen.
- Die Radbremse des anderen Hinterrades in gleicher Weise einstellen.

Empfehlenswert: Während des Einstellens das Bremspedal mehrmals durchtreten, damit die Bremsbacken gleichmäßig zum Anliegen kommen. Zu großer Unterschied im Nachstellweg zweier Backen eines Rades darf nicht vorhanden sein, weil es auf zu ungleichmäßige Abnutzung der Beläge schließen läßt. Gleich nach dieser Einstellarbeit sollte eine Probefahrt unternommen werden, um die Bremsen auf Wirkung und Gleichmäßigkeit zu prüfen.
Das fortschreitende Verschleißen der Bremsbeläge macht sich auch in der Wirkung der Feststellbremse bemerkbar. Hier kommt noch hinzu, daß sich die Seile mit der Zeit um geringe Beträge dehnen, was sich ebenfalls bei der Betätigung auswirkt.

Die Bremsbeläge der Trommelbremse, also an der Hinterachse, sind beim Manta aufgenietet. Die Abnutzung des Bremsbelages darf nie so weit fortgeschritten sein, daß Nieten und Belagoberfläche in einer Ebene liegen. Das Auswechseln der Bremsbeläge ist ab Seite 193 beschrieben.

Die Handbremse

Wie bei fast allen Autos wirkt die Handbremse beim Manta mechanisch auf die Hinterräder. Wird der Handbremshebel angezogen, überträgt sich diese Bewegung auf ein Seil, das am Wagenboden V-förmig nach hinten ausladend zu den Bremsen verläuft. In der zulaufenden Spitze dieses V holt eine Rückzugfeder Seil und Handbremshebel wieder in die Ausgangsposition zurück, wenn man die Sperre am Bremshebel löst. Weil das Seil auf Trommelbremsen einwirkt, ist etwas weniger Zugkraft am Handbremshebel erforderlich als dies bei hinteren Scheibenbremsen der Fall wäre.
Leider ist bei fast allen neuzeitlichen Autos die Wirkung der Handbremse nur mittelmäßig. Versuchen Sie einmal (auf ganz freier Straße), den Wagen aus mäßigem Tempo nur mit der Handbremse zum Stand zu bringen. Sie werden erschrecken! Laut Gesetzgeber braucht diese Bremse eben nur eine Feststellbremse zu sein, die den stehenden Wagen auf seinem Platz festhalten kann.
Zunächst einmal ist es unnötig, bei jedem Verlassen des Wagens die Handbremse anzuziehen. Das dehnt auf die Dauer das Seil. Am Berg legt man zum Feststellen einen kleinen Gang oder den Rückwärtsgang ein, und in der Stadt, auf ebener Straße, sollte man das Auto überhaupt nicht blockieren. Der nachbarliche Verkehrsteilnehmer muß vielleicht noch Parken und Rangieren lernen, und bei einem Stupser rollt Ihr Opel dann eben ein Stückchen weiter. Es kann aber auch sein, daß es während Ihrer Abwesenheit im Haus, vor dem das Auto steht, brennt: Die Feuerwehr zerrt ohne Ansehen Ihren Wagen fort, was dem bei eingelegtem Gang oder auch nur mit gezogener Handbremse bestimmt mißfällt.
Bei gezogener Handbremse (und eingeschalteter Zündung) leuchtet im Armaturenbrett eine Warnlampe auf, die sofort verlischt, wenn der Handbremshebel in seine Grundstellung gebracht wird. Dieser Schalter sitzt unter der Mittelkonsole am Handbremshebel und ist mit einer Kreuzschlitzschraube befestigt. Wie ein Türkontaktschalter schließt er den Stromkreis, wenn kein Druck auf ihm lastet. Mit seinem braun-weißen Kabel ist er zusammen mit dem Kupplungskontrollschalter direkt mit der Anzeigenleuchte im Instrumentenbrett verbunden.

Handbremse einstellen

Pflegearbeit Nr. 14

Da die Handbremse auf die Hinterräder wirkt, ist es verständlich, daß zu ihrer einwandfreien Funktion richtig eingestellte Trommelbremsen gehören. Das Einstellen dieser Trommelbremsen wurde eben beschrieben.
Zum Einstellen der Handbremse muß der Wagen wenigstens hinten hochgebockt und gut abgesichert sein; der besseren Zugänglichkeit wegen sollte man ihn auch vorn anheben. Beide Hinterräder müssen frei hängen und sich drehen lassen. Unter dem Wagen wird kontrolliert, ob das dort frei verlaufende Bremsseil gut beweglich ist. Dazu zieht man das Seil an beiden Seiten in Richtung Wagenfront oder auch schräg nach unten, bis man die Bremswirkung am Hinterrad feststellen kann. Man bringt also ein Rad mit der Hand in Umdrehung und spannt dabei das Seil.
Das Einstellen erfolgt durch Verdrehen der beiden Muttern, die auf der Zugstange am Seitenausgleich sitzen (siehe Bild auf Seite 196). Die erste Mutter wird etwas locker gedreht und die andere (beide SW 13) ist anzuziehen. Dadurch spannt man das Seil. Die Hinterräder werden einzeln in Umdrehungen versetzt und das Seil wird so weit gespannt, bis die Bremswirkung gerade einsetzt. Zum Abschluß wird die Kontermutter wieder festgedreht.
Diese Wartungsarbeit soll alle 10 000 km oder alle halbe Jahre einmal vorgenommen werden. Man tut nicht gut, sich um diese Einstellung erst dann zu kümmern, wenn man die Dienstbereitschaft der Handbremse bei irgendeiner Gelegenheit bereits vermißt hat.

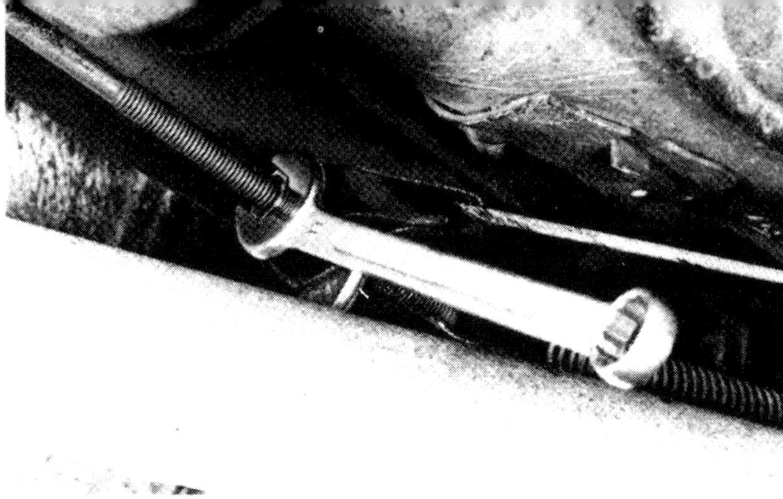

Die Handbremse kann man nur unter dem Wagenboden nachstellen. Zu dieser Arbeit muß der Wagen hochgebockt und gut abgesichert werden. Die auf der Zugstange vorn sitzende Kontermutter ist etwas loszudrehen und die andere Mutter wird rechts herum gedreht. Somit spannt sich das Seil.

Handbremsseil auf Zustand überprüfen

Pflegearbeit Nr. 52

Wir stehen auf dem Standpunkt, daß die 40 000 km-Wegstrecke, die zwischen dieser Kontrolle zurückgelegt sein kann, die äußerste Grenze des Prüfintervalls darstellt. Die Wintermonate mit Schnee und Auftausalzen können den Zustand des Handbremsseils sehr beeinträchtigen. Bestimmt bietet sich im Frühjahr einmal die Möglichkeit – eventuell im Zusammenhang mit einer anderen Arbeit – bei einer Tankstelle oder Werkstatt das Auto von unten zu betrachten und den Zustand des Handbremsseils zu kontrollieren.

Um eine gute Beweglichkeit zu sichern, wird der Wagen hinten hochgebockt. Räder und Bremstrommeln sind abzunehmen. Ein womöglich eingerostetes Bremsseil wird mit Rostlösungsmittel eingesprüht und mehrmals hin- und hergezogen. Schmutzkrusten am Seil entfernt man mit der Drahtbürste, und dann wird das Seil so weit wie möglich, besonders am Anfangs- und Endstück des Führungsschlauches, mit Fett eingeschmiert. Bei Opel nimmt man dazu das Spezialschmiermittel mit der Katalog-Nr. 19 48 482. Durch Hin- und Herziehen des Seils verschiebt sich das Fett in das Innere der Führung.

Ein geknicktes, durchgerostetes oder sonst beschädigtes Seil muß ersetzt werden. Das ist aber besser eine Arbeit für die Werkstatt. Beim Einbau ist auf gegebene Längenunterschiede zu achten. Die Wagen mit 16 S- und 19 S-Motor besitzen ein 2536 mm langes Seil, ebenso die Wagen mit 16 N-Motor bis Fahrgestell-Nr. 2 453 080. Mit 12 S-Motor ausgerüstete Wagen und solche mit 16 N-Motor ab Nr. 2 453 081 haben ein Seil von 2491 mm Länge.

Bremsflüssigkeit wechseln

Wie einige andere Autofirmen schon seit längerem, so empfiehlt auch Opel seit 1978, daß die Bremsflüssigkeit möglichst einmal pro Jahr gewechselt werden soll. Es trifft nämlich zu, daß die Bremsflüssigkeit einem Alterungsprozeß unterworfen ist, und auch ihre Eigenschaft wasseranziehend zu sein, beeinträchtigt auf die Dauer ihre Wirkungsweise. Denn die beim Bremsen entstehende Hitze läßt den möglicherweise vorhandenen Wasseranteil in der Bremsflüssigkeit sieden, und die Bremsleistung läßt nach – sie wirkt schwammig oder die Bremsen sprechen erst mit Verzögerung an. Die Vorschrift, daß man die Bremsflüssigkeit regelmäßig erneuern soll, ist demnach keine Geldschneiderei. Sicherheitshalber haben wir schon früher zu einem Wechsel in zweijährigem Turnus geraten.

Bei Opel verwendet man für den Wechsel hochsiedende Opel-Bremsflüssigkeit (Katalog-Nr. 19 42 404) und schließt ein damit gefülltes Bremsentlüftungsgerät an den Bremsflüssigkeitsbehälter an, wonach man die Anlage unter Druck setzt. Dann öffnet man nacheinander das Entlüftungsventil an jeder Rad-

bremse um eine halbe Umdrehung und beobachtet das Herausfließen. Wenn nur noch neue, glasklare Bremsflüssigkeit blasenfrei heraustritt, wird das Ventil wieder geschlossen.
Mit etwas Geduld und einiger Umsicht kann man diesen Wechsel der Bremsflüssigkeit auch selbst vornehmen. Besonders ist zu beachten, daß die Flüssigkeit giftig ist und den Lack angreift, also vorsichtig damit umgehen und nicht spritzen! Der Vorgang des Wechselns ist gleich dem Entlüften der Bremsen, was hier nachstehend beschrieben wird.

Bremsen entlüften

Wenn sich das Bremspedal zu tief durchtreten läßt, ist Luft in der Bremsleitung (falls die Beläge nicht am Ende sind). Man kann die Luft leicht feststellen, wenn das Pedal beim Betätigen federt oder wenn die richtige Bremswirkung sich erst nach einigem »Pumpen« des Pedals einstellt. Dann muß die Leitung so bald wie möglich entlüftet werden. Vor dem Entlüften ist zuerst zu kontrollieren, ob die Bremsflüssigkeit in dem Behälter im Motorraum links richtig aufgefüllt ist.
Nun zum Entlüften. Durch diese Maßnahme soll, wie schon der Name verrät, die Luft wieder aus der Bremsanlage herausgebracht werden. Ein zweiter Mann drückt mit dem Bremspedal pumpenderweise die Flüssigkeit aus den Leitungen, und zwar so lange, bis sie keine Luftbläschen mehr mit sich bringt. Die Reihenfolge für das Entlüften (rechtes Hinterrad, linkes Hinterrad, rechtes Vorderrad, linkes Vorderrad) wird oft von Werkstätten eingehalten, um die Luft aus den längeren Leitungen nach hinten eher entweichen zu lassen. Da aber die eventuell vorhandene Luft im Hauptbremszylinder dann immer mitgepumpt wird, ist es zweckmäßiger, die Bremsanlage völlig zu entleeren, neu zu befüllen und mit der Entlüftung des kürzesten Weges zu beginnen.
Dann sieht der Gang der Handlung folgendermaßen aus: Entfernen der Schutzkappe von den dafür vorgeschriebenen Entlüfterventilen (diese vorher mit Lappen von Schmutz säubern) – Schlauch über den Ventilnippel schieben – Schlauchende in Glasgefäß (altes Marmeladenglas, kleinere Flasche) stecken. Das Gefäß muß schon mit Bremsflüssigkeit gefüllt sein, damit beim folgenden »Pedalpumpen« keine Luft in die Leitung zurückgesaugt wird. Das Schlauchende muß also in der Flüssigkeit liegen. – Mit Gabelschlüssel SW 9 Entlüfter-

Bremse entlüften: Hier ist an der vorderen Scheibenbremse die Entlüftungsschraube mit einem Schraubenschlüssel geöffnet. Auf das Entlüftungsventil wurde der Entlüftungsschlauch geschoben. Mit seinem anderen Ende liegt dieser in einem mit Bremsflüssigkeit teilweise gefüllten Glasgefäß, so daß man das Aufsteigen herausgepreßter Luftblasen beobachten kann. Steigen keine Blasen mehr auf, ist diese Bremse entlüftet und das Entlüfterventil wird geschlossen.

Im Motorraum links hinten befinden sich wesentliche Teile der Bremsanlage:
1 – Bremskraftverstärker (Unterdruck-Servobremse) mit – im Bild links – vom Vergaser herangeführten Unterdruckschlauch,
2 – Hauptbremszylinder mit Bremsflüssigkeitsbehälter; vorne zweigen zwei Leitungen zu den Vorderrädern ab.

ventil etwa eine halbe Umdrehung lösen. – Auf Zuruf des Mannes am Rad fängt der Mann mit dem Bremspedal zu pumpen an (schnell treten, langsam zurückkommen lassen). – Beobachtet der erste Mann, daß mit der Flüssigkeit keine Luftblasen mehr herausgedrückt werden, ruft er »halt!«. – Der zweite Mann hält Pedal in seiner tiefsten Stellung – der erste schließt das Entlüfterventil – Schlauch abziehen, Staubkappen (gesäubert) aufsetzen.

■ Nach jeder Radentlüftung ist der Bremsflüssigkeits-Vorratsbehälter wieder aufzufüllen. Luft gerät wieder in Leitungen, wenn das Niveau zu weit absinkt.

■ Hochsiedende Original-ATE-Bremsflüssigkeit gibt es in der Werkstatt oder in jedem Zubehör-Geschäft zu kaufen.

Bremskraftverstärker überprüfen

Pflegearbeit Nr. 17

Wie schon in diesem Kapitel im Abschnitt »Die Scheibenbremse« erwähnt, entsteht bei Scheibenbremsen kein selbstverstärkender Effekt, wenn flache Beläge gegen eine flache Bremsfläche gedrückt werden. (Bei der Trommelbremse nimmt die umlaufende Trommel den gegen sie »auflaufenden« Bremsbacken mit, was den Anpreßvorgang verstärkt.) Mit der Einführung von Scheibenbremsen wurde daher bei schweren Wagen ein gesonderter Bremskraftverstärker (Servobremse) erforderlich.

Dieser Bremsverstärker ist in zwei Kammern aufgeteilt, die jedoch mit der Bremsflüssigkeit nicht direkt in Verbindung kommen. In beiden Kammern – getrennt durch eine Membrane – herrscht normalerweise Unterdruck. Bei Betätigung des Geräts (von der Pedalseite her, wenn also die Bremse getreten wird) strömt in die kleinere Kammer Außenluft, deren Druck sich auf die Membrane fortpflanzt. Die Membrane drückt den luftverdünnten Raum der trommelförmigen großen Kammer, die über eine Leitung mit dem Ansaugrohr des Motors verbunden ist, zusammen und verstärkt dadurch den Druck auf den angeschlossenen Hauptbremszylinder.

Es handelt sich bei dem Bremskraftverstärker also um ein Zusatzgerät, das serienmäßig eingebaut wird. Bei fehlendem Vakuum wird die Fußkraft mechanisch auf den Hauptbremszylinder übertragen und die Bremse bleibt weiter wirksam, bei stehendem Motor liefert der Servo natürlich auch keine (zusätzliche) Bremskraft. Deshalb muß man z. B. beim Abschleppen wesentlich kräftiger auf das Pedal treten.

Die Störung	— ihre Ursache	— ihre Abhilfe
A Wagen zieht nach rechts oder links beim Bremsen	1 Reifendruck ungleich	Korrigieren
	2 Bereifung ungleichmäßig abgenutzt	Auswechseln, daß auf jede Achse gleichmäßig abgenutzte Reifen kommen
	3 Verschmierte Beläge	Alle Beläge der betr. Achse erneuern
	4 Bremssattel oder Bremstrommel verschmutzt oder verrostet	Säubern und gängig machen
	5 Unrunde Bremstrommeln	Trommeln ausdrehen
	6 Kolben im Bremssattelzylinder verdreht	Kolbenstellung berichtigen
B Bremsen quietschen	1 Schmutz an oder in den Bremsen	Mit Preßluft ausblasen und mit Bürste säubern
	2 Federn der Bremsbeläge gebrochen	Federn ersetzen
	3 Bremsscheibe hat Schlag	Erneuern
C Pedalweg zu groß	1 Beläge abgenutzt	Beläge erneuern
	2 Bremsscheibe hat Schlag	Auswechseln
D Pedalweg zu groß und federndes Durchtreten	1 Luft in Bremsanlage, evtl. Bremsflüssigkeit zu tief abgesunken	Bremsen entlüften, evtl. Vorratsbehälter auffüllen
	2 Beschädigte Manschette im Trommelbremszylinder	Auswechseln
	3 Undichtigkeit	Anlage kontrollieren
E Pedalweg zu groß, trotz Lüftung	Dichtungen oder Bremsschläuche schadhaft	Beides auswechseln
F Pedal läßt sich ganz durchtreten, Bremswirkung läßt nach	1 Undichtigkeit in der Leitung	Anschlüsse kontrollieren, evtl. Leitung auswechseln
	2 Haupt- oder Radzylinder-Manschette beschädigt	Manschette auswechseln (Werkstatt)
G Schlechte Bremswirkung bei hohem Fußdruck	1 Gummidichtungen verquollen	Gummiteile und Bremsflüssigkeit erneuern
	2 Beläge in Trommelbremse verölt	Radlagerdichtung und Beläge erneuern
H Bremse zieht von selbst	1 Ausgleichsbohrung im Hauptzylinder verstopft	Hauptbremszylinder überholen (Werkstatt)
	2 Gequollene Manschetten	Bremsanlage spülen, Manschette auswechseln
	3 Bremsscheibe hat Schlag	Bremsscheibe zentrieren
I Bremsen schütteln	1 Beläge ungleichmäßig abgenutzt	Beläge auswechseln
	2 Bremsscheibe hat Schlag	Bremsscheibe zentrieren
	3 Bremstrommel unrund oder exzentrisch	Trommeln egalisieren oder auswechseln

Gummi-Paragraphen

In der gleichen Weise, wie Sie sich in zu engen Schuhen keineswegs wohl fühlen, würden Sie sofort feststellen, daß mit Ihrem Manta etwas nicht stimmt, wenn ihm falsche Reifen aufgezogen wurden. Das hängt ganz einfach mit der großen Abhängigkeit heutiger Autos von der Ausführung, Qualität und Größe der Bereifung zusammen, die einmal auf die Eigenschaften des Wagens, aber auch auf den Zustand der Straßenoberfläche abgestimmt sein müssen. Niemand begibt sich ja auch mit Bergstiefeln auf das Tanzparkett.
Einen Reifen, der bei jedem Wetter, für jeden Straßenbelag, zu jeder Fahrweise und für hohe Lebensdauer gleich gut geeignet ist, den hat noch keine Reifenfirma entwickeln können. Dazu sind die Faktoren, die berücksichtigt werden müssen, viel zu unterschiedlich. Damit Sie sich ein paar Gedanken machen, zu welchem Reifentyp Sie demnächst greifen können, wenn die immer geringer werdende Profiltiefe an den Pneus an einen Neukauf erinnert, wollen wir uns dem leider auch etwas kostspieligem Thema widmen.

Die Reifen-Größen

Zuerst: Die Frage, welche Reifen beim Kauf in die engere Wahl gezogen werden müssen, richtet sich nach der Eintragung in dem zu Ihrem Auto gehörenden Kraftfahrzeugschein. Dort steht ganz klar, welche Größe die Obrigkeit (in Zusammenarbeit mit Opel) vorgeschrieben hat. Daneben gibt es nur wenig Spielraum, der in der Tabelle auf Seite 248 angegeben ist.
Beim Manta kommen demnach die Größen 165 S 13, 165 SR 13, 165 H 13 und 185/70 SR 13 infrage, wobei zu berücksichtigen ist, mit welchem Motor der Wagen ausgerüstet wurde. Ferner muß man noch die vorhandene bzw. vorgeschriebene Felgengröße beachten. Ab Werk sind die Wagen mit schlauchlosen Reifen ausgestattet.

Bedeutung der Reifen-Bezeichnung

Nach international gültigen Regeln werden Reifen teilweise und die dazugehörigen Felgen immer in englischen Zoll gemessen. 1 Zoll (Kurzzeichen: ″) entspricht 25,4 mm. Eine – für den Manta-Besitzer uninteressante und hier nur zur Erläuterung angeführte – Größenangabe 6.40–13 bedeutet also 6.40 Zoll Breite (= 162,6 mm) und die Felge hat an der Auflage für den Reifenwulst einen Durchmesser von 13 Zoll (= 330,2 mm). Dieses Felgenmaß ist aus allen Reifen-Größen ersichtlich. Die andere, beim Manta wichtige Reifen-Größenbenennung wird in mm dargestellt, so daß der Reifen 165 S 13 genau 165 mm dick ist, wozu eine 13-Zoll-Felge gehört.
Normal-Reifen der 13-Zoll-Größe sind für eine Spitzengeschwindigkeit bis zu 150 km/h freigegeben. Da der Manta aber mehr erreicht, waren diese Modelle serienmäßig mit sogenannten Sport-Reifen ausgestattet, die als Kennzeichnung in der Größenangabe ein »S« tragen – in unserem Falle also 6.45/165 S 13 oder etwa 185/70 SR 13 – und die für die Spitzengeschwindigkeiten bis zu 180 km/h zugelassen sind. Die Zusatzbezeichnung »HR« erlaubt einen Geschwin-

digkeitsspielraum von 180 bis 240 km/h, und die beim Manta nicht vorgesehenen »VR«-Reifen sind für die flotte Gangart über 240 km/h zulässig.
Der Reifenbezeichnung kann man auch noch die Ply-Rating-Zahl hinzurechnen, die über die Belastungsfähigkeit Aufschluß gibt. Diese Zahl findet man in Verbindung mit den Buchstaben »PR« hinter der Reifengröße.

Unterschiedliche Reifentypen

Grundsätzlich unterscheidet man Diagonal-Reifen und Radial-Reifen, was ebenfalls in der Reifenbezeichnung zum Ausdruck kommt: Radial-Reifen tragen ein zusätzliches »R« also z. B. 165 SR 13. Da die Manta-Modelle, je nach Motorstärke, mit beiden Reifentypen ausgerüstet werden können, wollen wir auf die Bedeutung ihrer Unterschiede näher eingehen.

Diagonal-Reifen

Beim Diagonal-Reifen liegen die Gewebeeinlagen im Unterbau des Reifens (der Karkasse) diagonal zur Reifenachse. Da dieser Reifen der althergebrachten Reifenbauweise entspricht, wird er bisweilen auch als »konventioneller Reifen« oder »Normal-Reifen« bezeichnet. Die Zeit dieser Reifen ist aber vorbei. Auch bei Nachrüstungen sollten Sie in jedem Fall dem Gürtel-Reifen (Radial-Reifen), der sich durch sein wesentlich besseres Fahrverhalten auszeichnet, den Vorzug geben. Aufgrund der sinkenden Nachfrage sind nämlich auch die Preise der Diagonal-Reifen heimlich, still und leise in die Höhe geklettert, so daß die fahrsichereren Gürtel-Reifen heute schon billiger sind als die entsprechenden Normalreifen. Einer zeitgemäßen Bereifung kommt diese Preisentwicklung sehr zugute.
Der Manta SR darf nur mit Gürtel-Reifen ausgerüstet werden. Das Problem der Reifenwahl ist bei diesem Wagen also wesentlich kleiner. Doch auch die übrigen Modelle werden ab 1975 ab Werk mit Gürtel-Reifen ausgerüstet.

Radial-Reifen

Zuerst in Frankreich zur Bedeutung gelangt, haben die Radial- oder Gürtel-Reifen im letzten Jahrzehnt zunehmend Verbreitung gefunden, und die Reifenindustrie sieht in ihnen den Reifen der Zukunft. Im Gegensatz zum schrägen Fadenverlauf in den Diagonal-Reifen hat der Gürtel-Reifen unter seiner Lauffläche einen ziemlich stabilen »Gürtel« aus Lagen feiner Stahl- oder Textilfäden. Diese Lagen können jeweils in verschiedener Fadenrichtung liegen.
Der Gürtel kann sich in seinem Durchmesser kaum verändern, so daß sich die Lauffläche nicht, wie bei Normal-Reifen, mit wachsender Geschwindigkeit aufbaucht und die Bodenberührungsfläche kleiner wird. Dadurch gibt es in der Lauffläche bei der Berührung der Fahrbahn keine Querbewegungen, wo-

Als Ergänzung zum Abschnitt »Die Reifen-Wahl« auf der nächsten Seite sind hier zwei verschiedene Gürtel-Reifen gezeigt. Der Reifen links ist ein Textilgürtel-Reifen; dieser Dunlop SP 57 gilt als komfortabel und eignet sich dennoch für den Freund eines flotten Fahrstils. Der Dunlop SP 68, rechts, besitzt eine Stahlgürtel-Karkasse. Seine hohe Laufleistung machte ihn bekannt. Während der SP 57 in den Ausführungen SR, HR und VR zu erhalten ist, gibt es den SP 68 nur in der SR-Version.

durch eine besonders gute Bodenhaftung entsteht und der Abrieb sehr gering gehalten wird. Dieser Gürtel-Reifen gibt hauptsächlich in den weichen Reifenflanken nach, so daß die Reifen oft den Eindruck machen, es fehle am richtigen Luftdruck. Trotzdem ist der Rollwiderstand etwas geringer, wodurch der Gürtel-Reifen etwas Benzinersparnis bringt.

Ferner ist er im Winter wesentlich wirkungsvoller als der Normal-Reifen, so daß er in vielen Fällen die Anschaffung besonderer M + S-Reifen erspart. Vor allem zeichnet er sich durch sehr geringen Abrieb aus, da seine Lauffläche auf der Fahrbahn kaum walkt. So erreicht man mit Gürtel-Reifen wesentlich höhere Kilometerleistungen – sie liegen oft doppelt so hoch wie jene normaler Diagonal-Reifen. Aber einige Reifen haben einen Nachteil, der manchen Autofahrer stört und der auch beim Manta bisweilen bemerkt werden kann: Sie dröhnen bei gewissen Geschwindigkeiten auf Kopfsteinpflaster, sind bei niedrigen Geschwindigkeiten lauter als Diagonal-Reifen und lassen querliegende Straßenfugen bis ins Lenkrad spüren. Die einheitlichen Fadenlagen der Karkasse bieten kaum Eigendämpfung, neuere Entwicklungen sind allerdings komfortabler.

Im allgemeinen werden Gürtel-Reifengrößen in Millimetern (und Zoll für die Felgengröße) angegeben. Aber es gibt auch Gürtel-Reifen in Zoll-Größen.

Nicht »gemischt« montieren

Gürtel-Reifen sollen wegen ihrer besonderen Fahreigenschaften, die sich von den normalen Diagonal-Reifen erheblich unterscheiden, nicht gemischt mit anderen Reifen gefahren werden. Geradezu gefährlich wird es aber, wenn auf den Vorderrädern Gürtel-Reifen und hinten Diagonal-M + S-Reifen montiert sind. Ebenso soll man bei der möglichen Mischbereifung Textilgürtel- und Stahlgürtel-Reifen letztere grundsätzlich auf der Hinterachse montieren. Andernfalls ergibt sich beim Opel eine verstärkte Neigung zum Übersteuern.

Mitbestimmung des TÜV

Eine weitere Frage bewegt viele Autofahrer beim Reifen-Ersatzbedarf: Könnte man sein Auto nicht auf andere Reifengrößen stellen? Man hört da so viel von verbesserter Straßenlage, schnellerer Kurvenflitzerei, von Benzinersparnis und mehr Kilometern. Ganz recht, nur sind für den Manta weder vom Werk noch vom TÜV andere Größen als die angegebenen freigegeben. Eine Umstellung der Bereifung für die Benutzung im öffentlichen Verkehr ist also – mancher wird sagen: leider – ausgeschlossen. Siehe aber Seite 204.

Die Reifenwahl

Reifenarten und -größen sind also nur begrenzt in die engere Wahl zu ziehen. Nach Abwägen der offenbleibenden Gesichtspunkte, ob Diagonal- oder Gürtel-Reifen gewünscht werden und welche Wagenbelastungen und Geschwindigkeiten vorgesehen sind, bleibt jetzt noch die Frage, welchem Reifenfabrikat man den Vorzug geben soll.

Alle Reifenhersteller rühmen die lange Laufzeit ihrer Produkte, und eigentlich unterscheiden sich Marken-Reifen in ihrer Lebensdauer nur wenig voneinander. Andererseits plädiert der eine Fabrikant mehr für Regentauglichkeit, und der andere lobt die zusätzliche Wintereigenschaft seines Reifens. Wir wollen uns hier nicht festlegen, denn die individuelle Beurteilung hängt schließlich von verschiedenen Faktoren ab, die freilich auch die Gestaltung des Reifenprofils berücksichtigt. Denn bei dem Profil – die unterschiedlich breiten, sich wiederholenden Einschnitte auf der Lauffläche – kommt es sowohl auf Griffigkeit an als auch auf die Gegebenheit, Wasser auf der Fahrbahn aufzunehmen und in Sekundenbruchteilen so verdrängen zu können, daß der Kontakt Reifen/Straßenoberfläche dauernd erhalten bleibt.

Bei den Gürtel-Reifen unterscheidet man solche mit Textilgürtel (oder Kunstfasergürtel) und diejenigen mit Stahlgürtel. Die erstgenannten sind in ihrem Ablauf etwas weicher und »komfortabler« und werden u. a. von Bridgestone, Dunlop, Firestone, Kelly, Kléber, Trelleborg und Vredestein hergestellt. Stahlgürtel-Reifen besitzen eine weitgehend stabilisierte Lauffläche, was sie auch relativ gut wintertauglich macht. Bekannte Fabrikate sind Ceat, Continental, ebenfalls Dunlop, Fulda, Gislaved, Goodrich, Goodyear, Metzeler, Michelin, Phoenix, Semperit, Uniroyal und Veith-Pirelli.

Der Reifenverschleiß

Wie man sich deutlich vorstellen kann, hängt die Lebensdauer eines Reifens von verschiedenen Einflüssen ab. Da wäre zuerst die Beanspruchung, die sich durch Wagenbelastung, Geschwindigkeit, Fahrstil bemerkbar macht. Bedeutende Auswirkungen gehen von falschen Luftdrücken aus, wie noch später ausführlich erklärt wird. Der Straßenzustand spielt nur noch eine untergeordnete Rolle, weil es heutzutage kaum noch Schotterstraßen in unseren Breiten gibt.
Bei der nachstehenden Erfahrungs-Tabelle kann es sich natürlich nur um Durchschnittsangaben handeln, die auch die zwischen den einzelnen Reifenmarken bestehenden leichten Unterschiede in der Lebensdauer unberücksichtigt lassen.

Manta-Typ	Reifenverschleiß bei Benutzung von: Diagonal-Reifen	Textilgürtel-Reifen	Stahlgürtel-Reifen
12	18 000 – 24 000 km	22 000 – 30 000 km	28 000 – 40 000 km
16	16 000 – 22 000 km	20 000 – 28 000 km	26 000 – 38 000 km
16 S	15 000 – 22 000 km	19 000 – 28 000 km	25 000 – 38 000 km
19 S / SR	14 000 – 20 000 km	18 000 – 26 000 km	23 000 – 35 000 km

Wagen mit Automatikgetriebe haben in der Regel eine längere Reifenlebensdauer, etwa um 3000 bis maximal 5000 km.
Mit 70er-Stahlgürtel-Reifen kann man beim 19 SR etwa 20 000 bis 33 000 km veranschlagen.

In Amerika kam dieser Reifentyp zuerst in den Handel (1967), und dort sind die 70er-Reifen weit mehr verbreitet als bei uns. Den Namen haben sie von ihrem niedrigen Querschnitt, der sich im Verhältnis von Höhe zur Breite als 0,70 : 1,00 darstellt. Ein solcher Gürtel-Reifen verfügt über eine sehr große Laufflächenbreite, woraus sich ein wesentlich größerer Kontakt mit der Straßenoberfläche ergibt. Beim herkömmlichen Gürtel-Reifen, wie er seit 1959 produziert wird, beträgt das Verhältnis Höhe/Breite nur 0,80 : 1,00 und beim 1964 eingeführten Diagonal-Reifen mit Super-Niederquerschnitt 0,82 : 1,00.

Reifenpreise

Für Autoreifen gelten, wie heutzutage überall üblich, »empfohlene Richtpreise«, an die sich aber niemand halten muß. So gibt vielleicht ein Händler 10 % Rabatt auf den empfohlenen Richtpreis und außerdem sind Montage, Auswuchten und die Beseitigung der alten Reifen im Preis inbegriffen. Ein anderer Händler offeriert dagegen 30 % Rabatt, dafür muß man aber Montage und Auswuchten extra bezahlen. Lassen Sie sich von hohen Rabattprozenten nicht täuschen, das billigste Angebot kann hinterher teurer als gedacht ausfallen. Es lohnt sich also in jedem Fall, erst einige Angebote einzuholen, ehe man Reifen kauft.

Auf dem Markt gibt es neben den bekannten Markenreifen welche von großen Kaufhauskonzernen und sogenannte Importreifen. Letztere sind meist die billigsten. Bevor Sie aber bei völlig unbekannten Reifen zugreifen, sollten Sie erst das Urteil eines Fahrers (nicht des Verkäufers) hören, der schon längere Zeit diese Reifen aufgezogen hat oder, noch besser, Sie besorgen sich einen Reifentestbericht einer unabhängigen Fachzeitschrift.

Schläuche in schlauchlosen Reifen?

Da die Wagen ab Werk mit schlauchlosen Reifen ausgerüstet sind, sollte man sich beim Neukauf ruhig wieder solche anschaffen. Die Furcht mancher Autofahrer, daß ein derartiger Reifen von der Felge springen könnte, ist unbegründet, denn die Radfelgen für diese Reifen sind entsprechend gestaltet, so daß nichts Arges geschehen kann.

Auch der Reifenunterbau der Gürtel-Reifen ist inzwischen so verändert worden, daß sie als schlauchlose Versionen hergestellt werden können, im Gegensatz zu den Möglichkeiten noch vor wenigen Jahren.

Bei schlauchlosen Reifen kann der Einbau eines nicht notwendigen Schlauches gefährlich werden. Diese Reifen schließen nämlich so dicht am Felgenrand ab, daß sich beim Aufpumpen zwischen Schlauch und Decke Luftblasen bilden, die beim Fahren zum Scheuern des Schlauches im Reifen führen, den Reifen übermäßig erhitzen und ihn zum Platzen bringen können.

Muß aber aus echtem Grund einmal der schlauchlose Reifen mit Schlauch montiert werden, weil eine sonst noch gute Reifendecke nicht dicht geflickt wurde oder weil ein rostnarbiges Felgenhorn nicht mehr ganz luftdicht abschließt (größere Felgenschäden kann auch ein Schlauch nicht aufheben), ist das »schlauchlose Ventil« aus der Felge auszubauen. Beim Aufpumpen muß man dann das Schlauchventil öfter in die Felge drücken, damit die Luft zwischen Reifendecke und Schlauch entweicht.

Hat man jedoch die Absicht, in der Zukunft nur noch Reifen mit Schlauch zu fahren, müssen entsprechende andere Felgen besorgt werden. Kostenmäßig wird sich dies nur lohnen, wenn man solche Felgen – eventuell gebraucht, aber gut im Zustand – preisgünstig beziehen kann.

70er-Reifen

Bei der Suche nach mehr Fahrsicherheit kam man zwangsläufig zu immer breiteren Reifen. Extrem in diese Richtung zeigen die Walzen der heutigen Rennwagen. Die Verbesserung der Fahreigenschaften durch solche Reifen macht sich also eher bei hohen Geschwindigkeiten bemerkbar, aber auch bei Wagen mit größerem Eigengewicht. Siehe auch umseitigen Bildtext.

Auch die Reifen beteiligen sich an der Federung des Wagens, was in der Fahrwerkskonstruktion einkalkuliert wird. Die Eigenfederung der Reifenflanken wird durch Versteifen der Reifenseitenwände erreicht, was schon bei den Gürtel-Reifen Probleme aufwarf und die Hersteller von 70er-Reifen nicht minder bedrückt. Im Endeffekt kann eine solche Flankenversteifung nur härteres Abrollen bringen.

Schließlich steht zu den genannten Vorteilen beim Fahrverhalten sowie einer fast gleichen Lebensdauer – sofern man seinen bisherigen Fahrstil nicht aufgibt und die flottere Fortbewegungsmöglichkeit nicht ausnutzt – ein weiterer Minus-Punkt zur Debatte. Die größere Aufstandsfläche der 70er-Reifen läßt den Druck pro Quadratzentimeter geringer werden, der sich vom Reifen auf die Straße überträgt. Das hat zur Folge, daß es dem Reifen schwerer wird, bei nasser Fahrbahn den Wasserfilm zu verdrängen. (Aqua-planing!)
Bei der Umrüstung muß die eventuelle Anschaffung von 5½ J x 13-Felgen berücksichtigt werden, sofern das Auto diese Felgen nicht schon besitzt. Das bedeutet aber, daß Reifen und Felgen schwerer als vorher sind und sich somit das Gewicht der ungefederten Massen vergrößert. Allgemein werden dadurch die Eigenschaften des Fahrwerks etwas beeinträchtigt.
Da die Größe 185/70 SR 13 jedoch als Sonderausstattung und bei der Berlinetta serienmäßig geliefert wird, soll hier nicht gegen diesen Reifentyp polemisiert werden, zumal er ja auch unbestreitbar Positives bietet. Es ist sogar möglich, den Manta mit der Reifengröße 195/70 HR 13 zusammen mit der Felge 7 J x 13 oder mit den Reifen 235/60 VR 13 mit 8 J x 13-Felgen auszurüsten. Das dürfte zur Beteiligung an sportlichen Wettbewerben interessant sein, nur muß man dazu eine Unbedenklichkeitsbescheinigung einholen, die man zur Vorlage kontrollierender Organe benötigt. Man kann sie bei Opel unter Angabe des Fahrzeug-Halters, des Fahrzeug-Typs und der Fahrgestell-Nr. erhalten.

M + S-Reifen

Im Winterkapitel, ab Seite 224, finden Sie erläutert, weshalb die »Matsch- und Schnee-Reifen« für heutige mitteleuropäische Straßenverhältnisse kaum noch Sinn haben. Da hier der Schnee zumeist festgefahren oder vereist ist, schaden sie durch ihren längeren Bremsweg und ihre sogar den Diagonal-Reifen unterlegene Fahrbahnhaftung mehr als sie nützen. Wir können sie deshalb nicht mehr empfehlen.

Winter-Reifen

Stahl-Gürtel-Reifen, etwa Michelin XzX oder Phoenix 2010 S, wie man sie am Manta montieren kann, verfügen über eine gewisse Wintertauglichkeit. Das hängt mit ihrer verhältnismäßig steifen Lauffläche zusammen, die höhere Führungskräfte als bei Diagonal-Reifen aufnimmt. Doch das Profil der üblichen Gürtel-Reifen wird mit Schneematsch und lockerem Schnee kaum fertig: Sie heißen nicht umsonst »Sommer-Reifen«.
Auf festgefahrenem Schnee können sie eine gerade noch ausreichende Griffigkeit bieten, wobei natürlich die Fahrweise auf den Straßenzustand ganz besonders abgestimmt sein muß. Problematisch wird es an Steigungen auf Schneeglätte oder Eis, wenn die Bodenhaftung der Reifenlauffläche erheblich abfällt.
Die beiden auf den Seiten 223 bis 224 stehenden Abschnitte über die »Reifen im Winter« werden Sie, wenn Sie in einer Gegend mit gemäßigten Wintermonaten wohnen, vielleicht zögern lassen, zusätzlich derartige Reifen anzuschaffen. Wer in dieser kühlen Jahreszeit nicht viel und regelmäßig oder nur in der Stadt fahren muß, kommt auch ohne spezielle Bereifung aus. Treten ausnahmsweise doch einmal hinderliche Bedingungen auf, kann man sich mit einigen Tricks, die im Kapitel »Winterschutz« erwähnt sind, über die Runden helfen. Dort ist auch zu den Haft-Reifen der »neuen Generation« gesagt, daß man von ihnen nicht alles erwarten darf.

Besondere Felgen im Winter

Die Anschaffung besonderer Felgen für Winter-Reifen rentiert sich sehr schnell. Das erspart nicht nur das »kostenpflichtige« Ummontieren der Reifen auf den Felgen vor und nach dem Winter, sondern ohne besondere Schwierigkeit

Leichtmetallfelgen sorgen für bessere Bodenhaftung und sie beanspruchen weniger die Radaufhängung sowie die Teile der Lenkung. Außerdem gibt es von ihnen ansprechende Formen. Vor dem Kauf muß man sich informieren, welche Radtypen genehmigt sind – siehe Seite 207–208. Hier die Cromodora-Felge CD 26.

lassen sich während des Winters auch die ganzen Räder am Wagen austauschen, wenn wochenlang weit und breit von Schnee und Eis nichts zu sehen ist. Das erspart den sinnlosen Abrieb der teuren Haft-Reifen auf eis- und schneefreien Straßen.

Runderneuerte Reifen montieren?

Neu besohlte Reifen stehen bei vielen Autofahrern in schlechtem Ruf, obwohl sie bei fabrikmäßiger Herstellung den Beweis ihrer Tüchtigkeit in verschiedenen Tests erbracht haben.
Doch trotz gleichartiger Profilgestaltung können sich Runderneuerte sowohl in Lebensdauer wie im Fahrverhalten erheblich vom entsprechenden Markenreifen unterscheiden. Außerdem weisen sie zumeist größere Unwuchten auf. Runderneuerte Reifen würden wir deshalb nur dann für den Manta empfehlen, wenn er eher gemächlich oder hauptsächlich im Kurzstreckenbetrieb gefahren wird.
Geld sparen läßt sich mit runderneuerten Haftreifen, denn mit dieser Bereifung wird ohnehin verhaltener gefahren.

Fingerzeig: *Auch Reifen müssen eingefahren werden! Nicht nur wegen der vom Vulkanisieren her sehr glatten Profiloberfläche und der Reifenwülste, die sich erst während den ersten Fahrkilometern exakt in das Felgenhorn schmiegen. Der anfangs wenig verformungsfreudige Pneu muß sich durch einige Einlaufkilometer geschmeidig walken und vor den ersten harten Bremsmanövern oder starkem Beschleunigen muß das beim Reifenaufziehen verwendete Montagefett austrocknen.*
Am besten geschieht das Reifeneinfahren auf trockener kurvenreicher Landstraße, aber es genügt auch, wenn Sie die ersten 100 km nur mäßig Gas geben und bremsen sowie die Höchstgeschwindigkeit ihres neu bereiften Wagens nicht voll ausnutzen.

Felgen-Abmessungen

Entsprechend den Reifengrößen findet man bei den Manta-Modellen Felgen zweierlei Durchmessers und somit unterschiedliche Felgenmaulweite. Bei den Normalausführungen lautet die Serienausstattung 5 J x 13 und bei den SR-Ausführungen gibt es die Felgengröße 5½ J x 13. Letztere ist auch bei allen Modellen als Sonderausstattung erhältlich.
Die Größenberechnungen der Felgen bedeuten:

5 = Felgenmaulweite in Zoll, an der Felgenhornbasis quer zur Laufrichtung des Rades gemessen.

J = Formung des Felgenhorns nach Norm-Vorschrift.

x = Zeichen für Tiefbettfelge.

13 = Felgendurchmesser von Wulst zu Wulst, in Zoll gemessen.

Hier haben wir es ebenfalls mit Norm-Bezeichnungen zu tun, jedoch nur die für die Reifengröße wichtigen Felgenabmessungen, nicht aber die Art der Felgenbefestigung betreffend. Die Zahl der Radmuttern, die sogenannte »Schüsseltiefe« der Felge usw. differieren trotz gleicher Norm-Bezeichnung von Automarke zu Automarke (z. B. hat der Fiat 125 ebenfalls 5 x 13-Felgen). Beim Kauf von Felgen ist also das Autofabrikat mit anzugeben.

In Verbindung mit den schlauchlosen Reifen rüstet Opel die Wagen mit Sicherheitsfelgen – den sogenannten Hump-Felgen – aus. Hump nennt man eine ringförmige Erhebung auf der Felgenschulter, die den Reifenwulst gegen Abgleiten in das Felgenbett sichert.

Bei der ersten Felgenserie des Manta SR gab es bisweilen mit unzulässigem Höhen- und Seitenschlag Ärger. Deshalb bekam das Auto gleichzeitig mit der Einführung des Ascona SR (im März 1971) dessen neue Sportfelgen. Man erkennt sie am Zierkreuz, im Gegensatz zu den älteren 5½-Zoll-Felgen mit kleinem Nabendeckel.

Nicht jede Leichtmetallfelge, die im Handel ist, darf am Auto montiert werden. Solche Felgen müssen eine Allgemeine Betriebserlaubnis (ABE) zu einem bestimmten Fahrzeug erhalten haben, sonst ist ihre Benutzung verboten. Das Kraftfahrt-Bundesamt hat jedoch in Zusammenarbeit mit dem TÜV Bayern die von der Firma Mahle hergestellten Leichtmetall-Scheibenräder Typ 290 000 9 der Größe 5 J x 13 sowie Typ 290 0108 der Größe 6 J x 13 H 2 freigegeben. Für diese wie für die nachfolgend genannten Felgen sind besondere ABE-Nummern erteilt worden. Für die Bereifung 165 SR/HR 13 gibt es von Cromodora das Rad CD 26, und für die Reifen 185/70 HR/VR 13 wurden die Cromodora-Räder CD 32 und CD 40, das Dunlop-Rad LP 1139 und das Kronprinz-Rad 548 4 A freigegeben. Von Ronal ist die Felge Nr. 3624.031 (Größe 6 J x 13 H 2) freigegeben, während die Felge Nr. 3814.031 (8 J x 13 H 2) zusätzliche Umbauten am Wagen erfordert.

Hier wird der Wert des richtigen Reifendrucks durch den »Abdruck« bewiesen. Links fehlt es an Luft: Die Reifenmitte wölbt sich nach innen, walkt zu stark und die Reifenschultern werden vorzeitig verschlissen. In der Mitte stimmt der Luftdruck. Gleichmäßige Abnutzung über die ganze Reifenbreite. Rechts zu hoher Luftdruck: Der stark gewölbte Reifen berührt nur in der Mitte die Fahrbahn, das bewirkt vorzeitigen Verschleiß der Profilmitte.

Fingerzeig: *Auch die Felgen erwarten von Zeit zu Zeit einen prüfenden Blick. Anfahren an große Steine oder an Bordkanten kann zu Beschädigungen am Felgenhorn (und an der Radaufhängung) führen. Ebenso wie der Rost an der Anlagefläche des Reifens bewirken solche Schäden schleichende Luftverluste am schlauchlosen Reifen. Ein rostnarbiges Felgenhorn kann überdies den Reifenwulst durchscheuern und so Anlaß zu einem Reifenplatzer geben.*

Reifendruck-Vorschriften

Pflegearbeit Nr. 18

Als günstigste Kombination zwischen guter Straßenlage, angenehmem Fahrkomfort und langer Lebensdauer hat Opel eine Reihe von Luftdruck-Empfehlungen gegeben. Wir haben diese Angaben in Form einer Tabelle im Kapitel »Technische Daten« auf Seite 249 wiedergegeben.
Ein beispielsweise mit 1,8 angegebener Reifendruck bedeutet, daß der Luftdruck im Reifeninneren 1,8 kg auf 1 cm^2 beträgt, wobei dies üblicherweise in der Bezeichnung für den atmosphärischen Überdruck = atü, neuerdings jedoch in bar = 1,02 kp/cm^2, angegeben wird.
Belastung des Wagens und die bei individueller Fahrweise erreichte Geschwindigkeit geben zudem Ausschlag auf die Reifendruck-Vorschriften. Man wird also bei der Gepäckraum- und Rücksitz-»Ausnutzung« abwägen müssen, ob der Reifendruck zu erhöhen ist. Nun soll man natürlich nicht dauernd von einer Tankstelle zur anderen pendeln, um fortwährend dort die Luftpumpe zu strapazieren, sondern man wird sich nach der hauptsächlichsten Inanspruchnahme richten, wobei es kein Fehler ist, wenn der höhere Luftdruck gewählt wird.
Zu flotter Fahrt auf der Autobahn ist es sowieso ratsamer, den Druck sogar um etwa 0,2 bar auf allen Reifen zu erhöhen, da sich dann die verstärkte Beanspruchung nicht so sehr auf die Lebensdauer der Reifen auswirkt. Ständig mit zu wenig Druck aufgepumpte Reifen halten nicht lange. Die Autofirmen raten gewöhnlich zu Reifendrücken, die für die entsprechenden Reifen gerade noch vertretbar sind. Dies geschieht aus Gründen des Fahrkomforts. Was man am Fahrwerk als Kompromiß zwischen Fahreigenschaften und Komfort für die Insassen entwickelt, geht meistens zu Lasten der Reifen – die man ja immer wieder neu anschaffen kann. Höherer Luftdruck hilft also, die Lebensdauer der Reifen zu verlängern.

Kalte Luft ist maßgebend

Stets muß der Reifendruck am kalten Reifen gemessen werden. Da der Druck schon nach wenigen Kilometern zügiger Fahrt um 0,2 oder sogar 0,4 bar ansteigen kann, wäre es falsch, beim nächsten Halt an einer Tankstelle den Luftdruck entsprechend zu erniedrigen. Denn diese Druckerhöhung durch Erwärmung ist von den Reifenkonstrukteuren bereits einkalkuliert. Um den Reifendruck am kalten Reifen zu messen, ist deshalb der Erwerb eines eigenen Luftdruckmessers überaus empfehlenswert.

Reifenzustand prüfen

Pflegearbeit Nr. 36

Wenn Sie sich ein eigenes Luftdruck-Prüfgerät anschaffen, sind Sie einer stets gleichbleibenden Meßgenauigkeit gewiß. Sollten Sie mit diesem Luftdruckprüfer bei der regelmäßigen wöchentlichen Prüfung Druckverluste an einem Reifen feststellen, müssen Sie sich den Reifen dieses Rades etwas genauer ansehen. Entweder ist das Ventil undicht geworden oder in der Reifendecke sitzt ein Nagel oder eine Glasscherbe, wodurch ein kleines Loch entstanden ist, das natürlich auch bei einem schlauchlosen Reifen zu Luftverlust führt. Jedenfalls muß der Ursache nachgespürt werden. Es hilft nichts, einfach Luft nachzupumpen.
Die Fremdkörper bohrt man aus der Reifendecke und prüft nach, ob sie bereits ernsthaften Schaden gestiftet haben. Im Vordergrund der Reifenprüfung

steht natürlich die Beobachtung der Reifenabnutzung. Sie können sehr zufrieden sein, wenn jeweils die Reifen einer Achse über den gesamten Reifenumfang und über die gesamte Profilbreite gleichmäßig abgenutzt sind. Zeigt sich jedoch eine einseitige Abnutzung oder hat das Profil wellige Vertiefungen in regelmäßigen Abständen, dann ist am Fahrgestell oder am Rad selbst etwas faul.
In diesem Falle sollten Sie aber einen wirklichen Fachmann zu Rate ziehen, denn nur dieser kann durch die Art der ungleichen Reifenabnutzung erkennen, ob es sich um zu viel oder zu wenig Luftdruck, um unausgewuchtete Räder, um unwirksame Stoßdämpfer, um ausgeschlagene Gelenke, um Fehler in Vorspur oder Radsturz als Ursache handelt. Alle diese zahlreichen Fehlerquellen hinterlassen nämlich ihre individuellen Spuren auf dem Reifenprofil. Unter Umständen müssen dann die Räder abgenommen und neu ausgewuchtet werden oder die betreffende Achse ist zu vermessen. Das sind jedoch Arbeiten, die Ihnen auch mit guten Heimpfleger-Hilfsmitteln nicht möglich sein werden. Die Kosten, die Sie in Ihrer Werkstatt dafür entrichten, haben Sie mit der gewonnenen Reifenersparnis schnell hereingeholt.
Wenn Sie sich vorerst nur zwei neue Reifen zulegen und zwei der noch brauchbaren alten weiter benutzen wollen, dann gehören die neuen auf die Hinterachse. Bei neuen Reifen sind die Führungskräfte – auch während des Bremsens – besser. Um die Fahreigenschaften des Opel beizubehalten, sind zwei neue Reifen daher nur hinten zu montieren.

Räder untereinander austauschen?

Vom regelmäßigen Reihum-Austauschen der Räder hält man bei Opel nichts. Das ist gut so, denn noch nicht alle Kraftfahrzeughersteller haben sich zur gleichen vernünftigen Erkenntnis durchgerungen. Durch das Auswechseln der Räder bei jedem Wartungsdienst werden nämlich Fehler der Lenkung, Stoßdämpfer, Gelenke usw. verschleiert. Bestimmte Fehlerquellen haben dann nicht genügend Zeit, ihre Kennmarken auf dem Reifenprofil zu hinterlassen. Gürtel-Reifen sollen sowieso nicht über Kreuz gewechselt werden, denn ihre Laufrichtung muß immer dieselbe sein.

Radmuttern anziehen

Pflegearbeit Nr. 19

Alle 10 000 km sollen die Radmuttern auf ihren festen Sitz kontrolliert werden. Dazu genügt es, wenn man nach Abnahme der Radkappen (sofern solche zur Ausstattung gehören) sich mit einem Kreuz- oder gekröpften Ringschlüssel SW 19 vom festen Sitz der Muttern überzeugt. Wenn sie nicht ohne mittlere Gewalt weiterbewegt werden können, dürfen sie nicht noch fester »angeknallt« werden.

Festsitzende Radmuttern lassen sich lösen, wenn man den Bordwagenheber zu Hilfe nimmt und den Griff des Radmutterschlüssels in den nach oben gewinkelten und gegen den Reifen gelehnten Arm des Wagenhebers legt und dann nach oben dreht. Das kann auch eine zarte Frauenhand. Damit der Wagen nicht rollt: Gang einlegen. Mehr Hebelkraft als bei diesem einarmigen Steckschlüssel kann man mit einem Kreuzschlüssel anwenden, darum sei dessen Anschaffung empfohlen.

Der Radwechsel

Heutzutage bleibt der Autofahrer weitgehend von Reifenpannen verschont. »Plattfüße« haben Seltenheitswert. Deshalb ist der Umgang mit dem Wagenheber schon fast unbekannt, und festgerostete Radbolzen sind den Herren ein Greuel, für Damen eine Zumutung. Trotzdem muß man alles daran setzen, einen luftlosen Reifen zu wechseln, um ihn nicht vollends zu ruinieren. Da Gewebe wird nämlich schon nach wenigen hundert Metern so verwalkt, daß jede Reparatur des Reifens unmöglich wird.

Die Öffnungen am Wagenboden, die für den Wagenheber vorgesehen sind, verschmutzen leicht und sind im Winter sogar vereist. Dann ist es ärgerlich, wenn man vor dem schon nicht sehr erfreulichen Radwechsel auch noch auf dem Bauche liegen und Dreck abkratzen muß. Schützt man dagegen diese Öffnungen für den Wagenheberzapfen mit beispielsweise je einem Korken, braucht man diesen im Bedarfsfall nur herauszuziehen, und der Wagenheber läßt sich jederzeit ansetzen.

Wenn man auf den Gewindegang der Radbolzen etwas Fett aufträgt, bevor man die Radmuttern aufschraubt, sind Kraftanstrengungen bei späterem Radwechsel nicht mehr nötig. Einfacher geht es mit einem Radschraubenschlüssel (Kreuzschlüssel), aber auch dessen Hebelarm muß man gelegentlich mit einem aufgeschobenen Rohrstück verlängern.

Der Radwechsel geht nun so vor sich:

- Wagen möglichst auf ebenem und festem Boden anhalten
- Handbremse anziehen
- Räder der anderen Wagenseite mit Steinen oder Holz blockieren
- Radkappe – falls vorhanden – abhebeln (mit Griffstange aus Bordwerkzeug)
- Radmuttern (SW 19) um eine Umdrehung lockern
- Einstecknase des Wagenhebers in die Wagenheberpfanne unter dem Wagenboden einsetzen (Bild auf Seite 39) und Ersatzrad bereitlegen
- Fahrzeug hochkurbeln
- Die vier Radmuttern ganz abschrauben, in der Radkappe oder an sauberer Stelle ablegen
- Rad abnehmen und Ersatzrad aufstecken
- Radmuttern mit abgeschrägter Seite (Konus) auf die Bolzen setzen und über Kreuz gleichmäßig anziehen
- Wagen ablassen, Wagenheber herausziehen
- Radmuttern über Kreuz fest anziehen und Radkappe mit Handballenschlag andrücken
- Defektes Rad und Wagenheber verstauen

Hoffentlich hatte Ihr Reserverad genug Luft. Sie brauchen sich darum keine

Es gibt unterschiedliches Reifenzubehör: 1 bis 3 – Ventilkappen, von denen man mit den ersten beiden auch das Ventil herausdrehen kann. Beim Wagenwaschen bleibt allerdings der Schwamm an Nr. 2 hängen, solche Kappen führt man besser im Handschuhfach mit. 4 – Ventil für Luftschlauch und 5 – Ventil für schlauchlose Reifen. 6 bis 8 – Ventileinsätze, wobei Nr. 6 die konventionelle Art darstellt. Die kleineren französischen Einsätze, z. B. von Michelin, sind besser, da sie keine Feder haben, die sich verbiegen kann.

Sorgen zu machen, wenn Sie beim Prüfen des Luftdruckes an der Tankstelle stets auch den Ersatzreifen kontrollieren lassen. Und zu aller Sicherheit geben Sie ihm immer volle 2 bar! Entgegen der üblichen Regel halten wir es für besser, die Radschrauben bei noch nicht belastetem Rad, also bei noch nicht völlig herabgelassenem Wagen, fest anzuziehen. Das Rad zentriert sich dann besser, als wenn das Wagengewicht darauf lastet.

Unwucht der Räder kontrollieren

Pflegearbeit Nr. 37

Manchmal sieht man andere Fahrzeuge, an denen ein Rad oder gar mehrere ständig wackeln oder springen, obgleich das Auto auf ebener Fahrbahn rollt. Die Ursache dazu kann an einem defekten Stoßdämpfer liegen, der nicht mehr in der Lage ist, das Springen des federnden Rades zu verhindern. Sehr oft liegt dies jedoch an dem betreffenden Rad und dessen ungleicher Gewichtsverteilung. Diese ungleichmäßige Gewichtsverteilung nennt man Unwucht, von der es zwei Arten gibt: die statische und die dynamische. Die unten stehende Skizze dient zur Erklärung.

Die Kräfte, die an unausgewuchteten Rädern auftreten, sind beachtlich. Nicht nur, daß sich dabei die Fahreigenschaften verschlechtern, sondern auch die Radaufhängung und die Teile der Lenkung leiden unter den ständigen Vibrationen.

Die Kosten für das Auswuchten lohnen sich deshalb auf jeden Fall. Dazu müssen die Räder einzeln abgenommen und auf einer besonderen Auswuchtmaschine ausgewuchtet werden. Diese Maschinensysteme sind sehr unterschiedlich. Trotzdem erkennt man schnell, wie sie eine Unwucht anzeigen und kann durch Zuschauen die Qualität der Auswuchtarbeit unterstützen. In manchen Werkstätten stellt man nämlich die jüngsten Lehrlinge, denen es auf 20 Gramm mehr oder weniger nicht ankommt, an diese Maschine. Achten Sie auch beim Aufspannen des Rades auf die Maschine genau darauf, daß das Rad einwandfrei zentriert ist und mit allen vier Radbolzen – und nicht nur mit zwei oder drei – angeschraubt wird, sonst ergibt sich von vornherein eine Unwucht.

Wenn die Räder nachgewuchtet werden sollen, reißen manche Mechaniker gerne zuerst die angebrachten Ausgleichsgewichte ab und fangen dann von vorne an. Sie müssen verlangen, daß das Rad erst einmal zur Probe läuft. Vielleicht ist die Auswuchtung noch einwandfrei und Sie können sich einen Teil des Geldes sparen.

Auch nach jeder Reifenreparatur sollte das betreffende Rad neu ausgewuchtet werden. Eine Unsitte mancher Werkstatt ist es übrigens, die Ausgleichsgewichte auf der Felge zu belassen, wenn der Reifen regelrecht ab- und wieder aufmontiert werden muß.

Die Opel-Werkstätten sind angewiesen, die Unwucht der Vorderräder bei jeder 10 000 km-Inspektion zu überprüfen und gegebenenfalls auszugleichen.

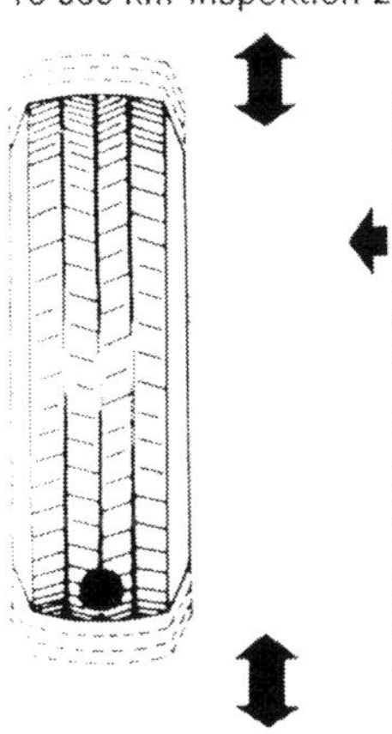

Unsere Skizze erläutert die Auswirkungen der Unwucht am laufenden Rad.

Die **statische** Unwucht liegt senkrecht zur Radachse und ist durch ein entsprechendes Gegengewicht auf der gegenüberliegenden Seite des Rades zu beheben.

Die **dynamische** Unwucht ist durch Auspendeln des Rades nicht feststellbar, aber das schnellaufende Rad flattert und wackelt. Das läßt sich nur auf einer Auswuchtmaschine beheben. Die dynamische Unwucht steht irgendwie schräg zur Radachse, wie die schwarzen Punkte der Skizze andeuten.

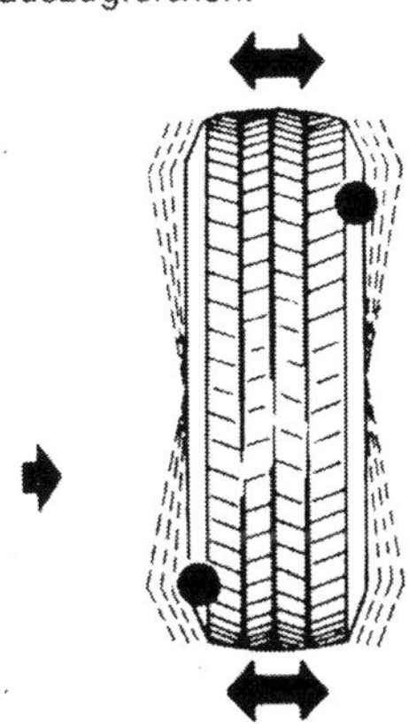

Badefreuden

Da steht also Ihr schmucker Opel Manta vor der Haustür, und fast täglich müssen Sie sich darüber ärgern, daß er schneller schmutzig wird als Sie Zeit haben, ihn wieder zu reinigen und glänzen zu lassen. Machen Sie sich nicht zu viel daraus. Erstens geht es anderen Autobesitzern ähnlich, und zweitens ist es eigentlich gar nicht so wichtig, ob nun Ihr Wagen in jeder Stunde wie geleckt aussieht.
Man kann nämlich des Guten auch zu viel tun, was die Wascherei anbelangt. Um Ihnen ein wenig mit dem Kampf gegen Staub und Schmutz zu raten, wurde dieses Kapitel geschrieben, und im anschließenden Kapitel sollen Sie noch erfahren, wie Sie das Kleid Ihres rollenden Freundes für längere Zeit als nur bis zum nächsten Winter ansehnlich erhalten können.
Hier geht es also zuerst um das Wie und Wo und Wann, um Fragen, die mit der Wäsche eines Automobils zusammenhängen. Dazu sei vorausgeschickt, daß ein Kind, das auf staubiger Dorfstraße spielt, meist gesünder lebt als das antiseptisch behütete, blasse Wesen, das im gebohnerten Salon dem Lebenskampf entgegenwachsen muß. Ähnlich ist's mit Ihrem Auto.

Viel Wasser

Sollte einmal keine ausreichende Gelegenheit bestehen, Ihren Opel waschen zu können, dann fahren Sie ruhig noch einige Tage mit einem schmutzigen Wagen herum. So müssen Sie später nicht eine Blechmumie bewegen. Mit »Gelegenheit« ist nämlich das Vorhandensein von viel Wasser gemeint, das zum Wagenwaschen gebraucht wird. Der ununterbrochene Fluß des Wassers weicht den Schmutz auf und schwemmt ihn zum Teil schon weg, ohne den Lack zu beschädigen. Der Wasserstrom soll den Schmutz lockern, allenfalls kann man diesen Vorgang mit Schlauchbürste oder Schwamm unterstützen. Reibt man dagegen den Schmutz mit zu wenig Wasser weg, schmirgelt man zugleich die Staub- und Sandkörnchen über den Lack, die ihn zerkratzen und schließlich zerstören. Das wird nach dem ersten oder zweiten Mal noch nicht sichtbar, aber nach einer Reihe solcher Torturen offenbart es sich: Die Oberfläche des Lacks ist angegriffen. Deutlich sieht man bei schräg auffallendem Sonnenlicht in Streifen und Kreisen verlaufende Schleifspuren, feiner zwar als die Rillen einer Schallplatte, aber auch unerfreulicher. Vor allem aber neuer Lack ist noch weich und keineswegs widerstandsfähig. Daher darf er nur mit klarem Wasser ohne irgendwelche Zusätze gereinigt werden.
Übrigens: mit Wasser spült man auch Ablagerungen auf dem Lack weg, die aus der chemischen Verunreinigung der Luft (Industrieabgase) stammen, und ebenso sollen Auftausalze – und diese so oft wie möglich – entfernt werden. Auch die von Insektenleichen verunzierte Vorderfront des Wagens nach sommerlicher Fahrt kann mit Wasser behandelt werden. Dazu drückt man nasses Zeitungspapier auf den Fliegenfriedhof und läßt die Sache über Nacht aufweichen. Danach lassen sich die Insektenreste mühelos entfernen.

Aus den vorangegangenen Zeilen geht hervor, daß man die für das Wagenwaschen nötige Wassermenge am besten durch ein Schlauch herbeischaffen kann. Trotzdem muß die Schlauchwäsche nicht in eine Überschwemmung ausarten. Vor allem darf der Wasserhahn, an den der Schlauch angeschlossen ist, nicht zu weit aufgedreht werden. Der harte Wasserstrahl würde das besorgen, was wir gerade vermeiden wollen: Schmirgelspuren auf dem Lack. Mit mäßigem Wasserstrom wird der Schmutz zuerst »eingeweicht«, und nur, wenn Sie auch der Unterseite Ihres Opels zu Leibe rücken und die Radkästen von der Dreckkruste befreien wollen, ist die Wasserleitung mehr aufzudrehen.

Waschen mit dem Schlauch

Wenn die ganze Karosserie eingefeuchtet ist, beginnt die eigentliche Wäsche mit der Schlauchbürste oder mit dem Schwamm. Eine weiche Schlauchbürste ist im Gebrauch am bequemsten, weil ihre langen Borstenhaare ständig von Wasser durchflossen werden. Doch gewöhnlich läßt es sich mit einem Schwamm sauberer und wirkungsvoller waschen. Dann hat man aber mit beiden Händen zu tun: Mit der einen Hand führt man den Schlauch und mit der anderen ist der Schwamm zu bewegen.

Ein Schwamm mit großen Poren ist von Vorteil, weil feinporige Schwämme den Schmutz eher festhalten und schmirgeln, während die gröberen den Durchfluß von Wasser besser ermöglichen. Großporige Naturschwämme gibt es ab 10 DM, sie erfüllen ihren Zweck am besten. Auch großporige Viskoseschwämme sind geeignet (sie kosten etwa 3 DM), nur muß man beim Kauf beachten, daß ihre Struktur nicht zu steif ist.

Sehr praktisch ist ein Waschhandschuh, den man sich selbst aus einem langhaarigen Stück Pelz schneiden kann, oder den es auch als langhaarigen Perlon-Waschhandschuh für etwa 8 DM zu kaufen gibt. Dieser Wasch-Fausthandschuh wird über die Hand gestülpt, die andere Hand hält den Schlauch mit dem sanft fließenden Wasser. Beide Hände ziehen gemeinsam leicht über den Lack, alles starke Reiben wird vermieden.

Die Eimerwäsche

Garten, Hof oder Garagenvorplatz stehen nicht jedem Autobesitzer zur Verfügung. Manch einer muß seinen Bedarf an Wasser im Eimer herbeischleppen, und in diesem Fall sind zwei Eimer besser als einer, weil die Waschbrühe, schneller als einem lieb ist, trübe wird. So oft wie möglich muß das alte Wasser durch neues ersetzt werden, denn der im Schmutzwasser treibende Staub und Sand wird immer wieder kratzend über den Lack gewischt. Auch nimmt man am besten Kunststoffeimer und keine aus Metall, um nicht gleich Kratzer oder Beulen am Wagen zu haben, wenn man versehentlich einmal anstößt.

Wagenwäsche mit dem Schlauch ist gut, aber nur so: Den Schmutz auf der Oberseite mit sanft fließendem Wasserstrom abschwemmen. Der harte Wasserstrahl preßt die Schmutzteilchen mit hohem Druck über den Lack. Das ergibt eine Schmirgelwirkung, die auf die Dauer den Lack blind werden läßt. Harter Wasserstrahl ist nur für die Felgen, die Radkästen und die Fahrzeugunterseite gut.

Zuerst wird das ganze Auto mit Wasser aus dem Eimer übergossen, damit der Schmutz aufweicht. Auf keinen Fall mit dem nassen Schwamm auf dem trockenen Schmutz herumwischen! Wie bei der Wäsche mit dem Schlauch soll genügend Wasser verbraucht werden, dazu läßt man den Schwamm im Eimer sich stets vollsaugen. Hartnäckiger Schmutz an Stoßstangen und Felgen kann mit normaler Wurzelbürste entfernt werden.

Wagen abledern

Ist der Schmutz restlos beseitigt, kommt als nächster Arbeitsgang das Trocknen des Wagens mit dem Waschleder. Nichts anderes ist zum Trocknen des Wagens besser geeignet als ein großflächiges Ziegen- oder Rehleder. Und in diesem Fall müssen Sie einmal tüchtig in den Geldbeutel greifen, denn ein echtes Ziegenleder kostet mindestens 12 DM! Sie können sich statt eines teuren Waschhandschuhes einen billigen Viskoseschwamm kaufen, aber am Waschleder ist nichts zu sparen; alle Kunst- und Ersatz-Fensterleder taugen nicht viel. Sie sind auch zu klein, denn Ihr Waschleder soll mindestens 50 auf 50 cm groß sein. Nehmen Sie's auf die Haushaltskasse, denn die Hausfrau wird schnell dahinterkommen, daß sich mit solch einem echten Fensterleder auch die Wohnungsfenster viel leichter und besser putzen lassen.

Wann man nicht waschen darf

Waschen Sie nie Ihr Auto, wenn die Sonne dabei auf das Blech scheint. Keiner kann sein Auto so schnell abledern, wie die Sonnenstrahlen alles Wasser auf der heißen Karosserie wegtrocknen. Wasserflecke, die sich dabei durch Kalk- und Schmutzrückstände bilden, sind noch harmlos. Die Brennglaswirkung einzelner Wassertropfen lassen jedoch Verfärbungen im Lack entstehen. Solche blassen Stellen kann man nur mit Politur entfernen (siehe nächstes Kapitel!). Ebenso sind Temperaturen um Null Grad zum Wagenwaschen denkbar ungeeignet. Das anschließende Abledern zum Trocknen nutzt dann wenig, weil sich das Wasser in Fugen und Karosserienähten verkriecht und bei solchen Temperaturen kaum noch verdunstet. Sobald es gefriert, beginnt es dort und hinter Zierleisten und Gummidichtungen sein zerstörerisches Werk. Eis nimmt mehr Raum ein als Wasser und entwickelt bei dieser Ausdehnung eine Kraft, die den unterwanderten Karosserieteilen schlecht bekommt. Verhältnismäßig harmlose Lackschäden nehmen auf diese Weise betrübliche Ausmaße an.
Dennoch sollte man auch im Winter dem Auto einen Waschtag gönnen. Besonders die Auftausalze, die an der Karosserie und an der Unterseite des Wagens antrocknen und mit jeder Feuchtigkeit erneut ins Blech beißen, müssen regelmäßig entfernt werden. Nur sollte man nach der Wäsche für ein warmes Plätzchen sorgen, wo der Wagen richtig durchtrocknet.

Großmutters Messingputzmittel Sidol, mit einem Lappen auf der Windschutzscheibe verrieben und dann blank poliert, ist das einfachste und wirksamste Mittel, selbst gegen die sogenannte »Silikonpest«. Es ist billiger, aber mindestens so wirkungsvoll wie viele andere für diesen Zweck angebotene moderne Spezialmittel. Windschutzscheibenreinigung allein mit Wasser genügt auf die Dauer wegen der öligen Motorabgase der anderen Verkehrsteilnehmer nicht. Die Reinigung gelingt aber auch, wie es hier geschieht, ganz perfekt mit üblichen Haushaltsspülmitteln.

Waschen ohne Wasser?

Selbstverständlich bekommt man sein Auto auch ohne das natürliche Naß sauber. Die Waschmittel-Industrie versucht den Glauben zu nähren, daß ihre Produkte den Gebrauch des Wassers wesentlich einschränken könnten. Nur auf den Wagen sprühen und wegwischen – so lautet die Devise. Vorsicht!
Allenfalls mag es ausnahmsweise erlaubt sein, trockenen Staub mit einem eigens dazu präparierten Mop wegzuwischen. Das mag in Gegenden nötig sein, wo wegen Wassermangels das Waschen von Autos verboten ist. Die Methode kann nur ein Behelf sein und gilt nur für leicht verstaubte Karosserien, deren Verschmutzung nicht in Verbindung mit Regen entstand. Der Automop, dessen dicke weiche Wollfäden von den Herstellern mit einer Flüssigkeit präpariert wurden, nimmt durch leichtes Wischen den Staub auf und poliert gleichzeitig etwas den Lack. Taxifahrer und Direktionschauffeure bedienen sich des Reinigungsgeräts, wenn die frisch gewaschenen Wagen nach einigen Stunden doch wieder verstaubt sind. Allein durch vorsichtiges Wedeln wird der trockene Staub verjagt.

Automatische Waschanlagen

Gewiß sind die automatischen Waschanlagen eine recht praktische Einrichtung. Ehe man es sich versieht, ist der Wagen gereinigt, und für die eingesparte Zeit opfert man gern eine Gebühr, die man oft sogar für angemessen halten kann. Aber völlig bedenkenlos sollte man seinem Wagen diese Schnellwäsche nicht zumuten, obwohl dabei ca. 250 Liter Wasser herniederrieseln.
Die rotierenden – wenn auch sehr weichen – Waschbürsten bearbeiten den Lack recht intensiv. Bei einem stark verschmutzten Auto wird dem Dreck gar nicht die Zeit gelassen, richtig aufzuweichen, und trotz der dabei verwendeten großen Menge Wasser kann die Lackoberfläche angegriffen werden. Oft ist dem Wasser auch ein »konservierendes« Wachs beigemengt, das aber eher dem schnelleren Trocknen nach dieser Wäsche dienen soll. Eine automatische Waschbehandlung ist für den Lack in gewissem Maße aggressiv, und vor allem soll man ein frisch lackiertes Auto davon fernhalten.
Ratsam ist es, an Waschanlagen antizyklisch (werktags, tagsüber) vorzufahren. Dann hat man dort mehr Zeit und Ihr Wagen wird gründlicher »eingeweicht« – besonders wichtig bei starker Verschmutzung!

Motorwäsche mit Vorsicht

Auch Ihr Opel wird bald einen verschmutzten Motorraum haben. Aus Gründen zusätzlicher Kühlung und guter Zugänglichkeit ist der Motorraum von unten nicht völlig verschlossen. Der auf diesem Wege eingefangene Straßenschmutz vermischt sich mit Öl und Fett zu einer fest haftenden Schicht, die mit klarem Wasser kaum beseitigt werden kann.
Störungen an der Zündanlage, die beim Auswaschen des Motorraums mit Wasser häufig auftreten, umgeht man mit geeigneten Motorreinigern, die beispielsweise an Tankstellen zu erhalten sind. Der Inhalt dieser Sprühdosen reicht für mehrere Säuberungsaktionen und wird lediglich auf die verschmutzten Teile gesprüht. Anschließend kann mit schwachem Wasserstrahl die ganze Sache weggespült werden. Allerdings sollten zuvor wichtige Teile der elektrischen Anlage, wie Verteiler und Kerzenstecker, mit Lappen abgedeckt werden, damit das nachfolgende Starten des Motors nicht im Versuch erstickt. Besonders gerne dringt Wasserdampf in den Verteilerdeckel und sorgt für eine Umleitung des Zündfunkens durch Niederschlag an der Innenwand des Gehäuses. In diesem Fall hilft meist Auswischen des Deckels mit einem Papiertaschentuch. Müheloser fördern die notwendigen Funkbahnen trotz eingetretener Feuchtigkeit Chromschutzspray von Polifac oder das spezielle Kontakt-Sprühmittel »Intact« von Aral.

Glanz und Gloria

Wie heißt es doch in den alten Märchen? Die Prinzessin besaß einen Kirschenmund, sie hatte Wangen wie Pfirsiche und ihr Haar glänzte gülden. Die Schönheit dieses Kindes rührte gewiß nicht von irgendwelchen Salben und Pomaden her; vielmehr erfreute die Maid sich einer natürlichen Frische, die nicht mit dem Gebrauch von Kosmetika zusammenhing.
Ihr Auto entstammt keinem Märchen, sondern es ist eine Realität aus unserer heutigen Welt. Dennoch bestehen zwischen Ihrem Manta und der Märchenfee Ähnlichkeiten: Auch Ihr Auto hält sich am längsten jung und frisch, wenn es so wenig wie möglich mit Lackpflegemitteln in Berührung kommt. Dies gilt besonders für die scharfen Kuren, zu denen es zwar sehr klangvolle Namen und Werbesprüche gibt, das Aussehen des Wagens aber nur für kurze Zeit verbessern und danach bald häßlicher erscheinen lassen als vorher.
Viel Wasser ist immer noch die beste Lackpflege (siehe das vorangegangene Kapitel). Das gilt auch im Winter, wenn das Streusalz auf der Karosserie sitzt und sich durch den Lack zum Blech hindurchfrißt. Damit sich die Prinzessin nicht unversehens in eine Hexe verwandelt – deshalb dieses Kapitel.

Nicht zu Tode pflegen

Solange das Wasser noch in kleinen Tropfen über den Lack perlt und nicht »teigig« zerrinnt, ist das eben erwähnte Stadium nicht erreicht. Dann genügt es völlig, den Lack mit klarem Wasser zu waschen.
Erst wenn die Wäsche mit klarem Wasser nichts mehr ausrichtet, wenn die Oberfläche stumpf bleibt, soll die eigentliche Lackpflege beginnen. Besorgte Heimpfleger tun da meist zuviel des Guten. Wer immer wieder mit einem Poliermittel an seinem Auto herumfummelt, wird sich immer öfter dazu veranlaßt sehen, und eines Tages ist die hauchdünne Lackschicht durchpoliert. Deshalb gilt bei der Lackpflege der Grundsatz, daß man an seinem Lack um so länger Freude hat, je sparsamer man mit Pflegemitteln umgeht und stets nur jenes nimmt, das gerade noch die angestrebte Wirkung zeigt.

Kein Haushaltsspülmittel verwenden

Die im Haushalt praktischen und bewährten, alles reinigenden Spülmittel sind zum Wagenwaschen grundverkehrt. Auch, wenn auf dem Etikett nebenbei etwas von Autopflege steht und auch, wenn Ihr Wagen im ersten Moment dadurch prachtvoll aussehen würde. Was nämlich zur Reinigung von Kacheln, Glas und Eßbestecken sehr wirkungsvoll ist, ist für den stets porösen Autolack Gift. Denn Oberflächen von Glas und Porzellan sind härter als Lack.

Qualität ist wichtig

Es ist nicht leicht, die Auswahl unter den speziellen Autopflegemitteln zu treffen. Es gibt auch kleine, weniger bekannte, aber strebsame Betriebe, die ausgezeichnete Autopflegemittel herstellen, weil sie mit deren Qualität ins Geschäft kommen wollen. Aber wenn man sich in solchem Falle nicht auf den Rat eines fachkundigen Tankwarts oder eines routinierten Selbstpflegers stützen kann, sollte man sich besser an die bekannten Marken dieser Branche halten, die einen Namen zu verlieren hätten, wenn sie Schund verkaufen würden. Wir denken dabei an die Marken

- 1-Z (lies: »eins-zett«)
- Teroson
- Pingo
- Polifac

Auch die Aral-, Shell- und Esso-Tankstellen bieten unter ihren Benzinmarken ein reichhaltiges Programm von Pflegemitteln für Selbsthilfe an, wobei die Verkaufsprogramme von Esso und Aral praktisch alles umfassen, was man für sein Auto gebrauchen kann und die Gebrauchsanweisungen auf jeder Packung der Aral-Autopflegemittel wegen ihrer sachlichen und klaren Verständlichkeit hervorzuheben sind. Ebenfalls achten die führenden Kaufhäuser und Versandfirmen darauf, daß die von ihnen vertriebenen Autopflegemittel von guter Qualität sind.

Lackpflege von Stufe zu Stufe

Es kommt auf den Zustand und das Alter des Lackes an, mit welchem Lackpflegemittel man seinem Auto zu Leibe rückt. Nicht allein die Qualität des Mittels ist von Ausschlag, die man beim Kauf an der Tankstelle oder im Autozubehörladen in dem Glauben hervorhebt, daß damit alle Probleme gelöst werden.

Der fachkundige Verkäufer wird durch Fragen den tatsächlichen Bedarf einkreisen, aber ohne ihn sind Sie auf ziemlich verwirrende Begriffe angewiesen – die selbst von den Pflegemittelherstellern verwendet werden –, die wir in diesem Abschnitt versuchen zu erklären.

Auto-Shampoo nicht zu oft anwenden

Leider ist Auto-Shampoo zur »Naß-Pflege« des Lacks bei Samstagnachmittag-Straßenrand-Pflegern sehr beliebt, so daß sie allwöchentlich mit wenigen Eimerchen Wasser und Shampoo ihr Auto wieder auf Hochglanz bringen. Daß Eimerwäsche schon an sich problematisch ist, wurde bereits auf Seite 213 beschrieben. Schlimmer wird es noch, wenn die fehlende Wassermenge durch Shampoo ausgeglichen werden soll. Die Rechnung geht nicht auf, denn die meisten Auto-Shampoo, auch als »Auto-Schaumwäsche« bezeichnet, laugen den Lack mit der Zeit doch ziemlich aus, und ihre vielfach angebliche »rückfettende Wirkung«, bei der die fettlösenden Bestandteile des Shampoos in den Lackporen nach getaner Arbeit während des Reinigungsprozesses durch schützende Wachsteilchen ersetzt werden sollen, ist eine Art chemische Akrobatik, die wohl nur in der Theorie einwandfrei funktioniert.

Nicht so in der Praxis, denn die Versuche verantwortungsbewußter Pflegemittelhersteller haben gezeigt, daß nach zwei Jahren der Lack nie mit Shampoo gewaschener Wagen wesentlich besser ist als jener, der ständig fleißig mit Shampoo gepflegt wurde.

Deshalb: Auto-Shampoo nur gelegentlich verwenden, wenn der Lack etwa von Dieselqualm, Ruß oder anderer Schmiere wasserunlöslich verschmutzt ist. Vorher wird der grobe Schmutz vom Wagen abgewaschen – also noch ohne Shampoo –, danach kommt als zweiter Gang die »Feinwäsche« mit Shampoo, das hinwiederum mit einer tüchtigen Wasserflut abgeschwemmt werden muß, damit alle fettlösenden Stoffe und Emulgatoren aus den Lackporen gewaschen werden (aus diesem Grund ist also Shampoo schon nichts für die wassersparende Eimerwäsche) und schließlich soll nach dem Trockenledern dieser mit einem Hartwachs oder Lack-Konservierer (siehe nächsten Abschnitt) behandelt werden, wenn die »Tropfenprobe« aus dem trockenen Lack nicht durch scharfe Tropfenränder beweist, daß eine wasserabstoßende Schutzschicht bereits auf dem Lack durch die »rückfettende« Wirkung sitzt.

Waschkonservierer und Waschpolitur

Bei manchen Fabrikanten ist ein Waschkonservierer mit Auto-Shampoo kombiniert. Das Mittel dient sowohl zur Wäsche wie auch der Beschichtung des Lackes mit einem schützenden Wachsfilm. Eigentlich soll der Waschkonservierer erst angewendet werden, nachdem der Wagen ganz normal mit klarem Wasser gewaschen und sauber ist.
Auf einen kleinen Eimer Wasser gibt man zumeist einen Meßbecher Waschkonservierer und überwäscht den Wagen noch einmal mit dem Schwamm – er wird »abgeschwammt«, sagt der Wagenpfleger. Danach wird der Wagen, je nach der Gebrauchsanweisung des einzelnen Präparates, im nassen Zustand abgeledert (z. B. bei »alwi«-Waschkonservierer) oder man läßt ihn von der Luft trocknen (z. B. bei Polifac). Zuletzt mit Poliertuch oder Polierwatte nachreiben. Es bleibt eine feine Wachsschutzschicht auf dem Lack zurück. Diese Waschkonservierung ist bei gesundem Lack angebracht. Wird sie zu oft, etwa bei jeder Wagenwäsche, ohne andere Lackpflege wiederholt, zeigt sich der Lack nach unseren Erfahrungen nach einiger Zeit milchig-trübe. Dann ist die Wachsschicht mit der Zeit zusammen mit feinstem Staub »zu dick« geworden. Das schadet dem Lack darunter an sich nichts, aber die Schicht sollte zwischendurch mit einem milden Lackreiniger wieder heruntergeputzt werden.

Spezialwaschmittel

Hartnäckiger Schmutz kann mit Spezialwaschmitteln aufgelöst werden. Sie beseitigen Flugrost und Zementstaub und gebieten der Korrosion auf und unter dem Lack Einhalt. Im Gegensatz zum Auto-Shampoo sind sie säurehaltig.
Zu diesen Mitteln gehören »Bostik wie neu« (Bostik, 637 Oberursel) und der Spezial-Autolackreiniger »abomar« (Loba-Chemie, Wien; Importeur Erich Artweger, 8415 Nittenau). Letzteres wurde durch die Beseitigung von Eisenbahnschmutz bekannt. Diese Mittel sollte man aber nur anwenden, wenn man sehr viel fließendes Wasser – also einen Schlauch – zur Verfügung hat. Man kann mit Eimern gar nicht so viel Wasser heranschleppen, wie zum Abschwemmen der Waschmittel benötigt wird, die etwa 10 Minuten einwirken müssen.

Opel-Pflegemittel für innen und außen

Wie andere Autohersteller auch, bietet Opel für die pflegebewußten Kunden eine Reihe von Pflegemitteln an, die preislich und qualitätsmäßig durchaus empfehlenswert sind. Wenn man manchen verlockenden Angeboten widersteht und dafür die bei den Opel-Diensten vorrätigen Schönheitstinkturen einkauft hat man die Gewißheit, damit seinem Wagen keinen Schaden zuzufügen.

Lackkonservierungsmittel

Ist der Lack Ihres Autos noch einwandfrei und gesund und wollen Sie ihm zu einer schützenden Wachsschicht (und vielleicht zu etwas frischerem Glanz) verhelfen, dann greift man zweckmäßigerweise zu Lackkonservierungsmitteln, die zumeist unter den Bezeichnungen »Hartglanz«, »Autowachs« und »Sprühwachs« bekannt sind. Auch manche »Auto-Polish«, die dem Namen nach eigentlich zu den polierenden Mitteln gehören, sind Lackkonservierer.
Die Wirkung ist ähnlich wie beim Waschkonservierer, jedoch ohne milchige Trübung nach mehrmaliger Anwendung. Es gibt die Lackkonservierer als Paste oder helle Flüssigkeit und (teuer, aber leicht zu handhaben) in Spraydosen. Nach dem Auftragen je nach Gebrauchsanweisung wird die Wachsschicht blankgerieben – wir sagen bewußt nicht »poliert«, denn das ist etwas anderes und eine Stufe weiter. Beim Blankreiben darf die Watte nichts von der Lackfarbe annehmen, sonst ist es kein echtes Konservierungsmittel, sondern es enthält schleifende oder lacklösende Bestandteile, die in einen Konservierer nicht hineingehören.
In den Lackkonservierern ist durchweg Silikon drin. An sich ist Silikon auf der

Windschutzscheibe, wo es von dem Autoblech her unvermeidlich hingerät und bei Regen zur sichtstörenden Schlierenbildung führt, gar nicht erwünscht. Auch der Lackierer hat es auf dem Lack nicht gern, wenn ein Lackschaden ausgebessert werden muß.
Aber Silikon ist ein sehr wirkungsvolles Konservierungsmittel und die Pflegemittelhersteller wollen darauf nicht verzichten. Wegen des Silikons auf der Windschutzscheibe preisen sie daher spezielle Scheibenwascher-Zusatzmittel an, die sie natürlich auch selbst herstellen.

Lackpolitur und Schleifpolierpaste

Das sind die schwersten Geschütze, die nur bei stark verwitterten Lacken und nur sehr selten angewendet werden dürfen. Vor allem Schleifpolierpaste, die fast schon so »grob« wie Handwaschpaste aussieht und von den meisten Lackpflegemittelherstellern gar nicht für Selbstpfleger angeboten wird, sollte nur zum Auspolieren von Schrammen oder nach einer Streifberührung mit einem fremden Fahrzeug zum Wegpolieren des fremden Lackes benutzt werden. An der starken Farbe, die in der Watte hängen bleibt, können Sie die schnelle und scharfe Wirkung erkennen, die manchen Autopfleger – auch die Wagenpfleger an manchen Tankstellen – verlockt, schon bei geringerem Anlaß zu dieser Brisanzgranate zu greifen. Das ist aber falsch, denn der Kunstharzlack hält dies nur ein paarmal aus. Vor allem nimmt Schleifpolierpaste die härteste oberste Schicht des Lackes weg; darunter ist der Lack »weicher« und weniger widerstandsfähig, so daß er nach einigen Schleifpoliturbehandlungen immer wieder nach Politur »schreit«. Bis die Grundierung herausschaut. Wenn es aber doch sein muß: Fachleute schätzen z. B. die Unus-Schleif-Polierpaste (grün) von Ferdinand Kuhn, 8033 Planegg. Auch Polifac bietet Polier-Schleifpaste an. Sie sollten aber nicht vergessen, daß auch bei dieser Arbeit die Sonne auf keinen Fall zuschauen darf.

Fingerzeig: *In Lack-Konservierern ist nahezu durchweg Silikon enthalten. Auf der Windschutzscheibe, wo es vom Autoblech her unvermeidbar hingerät, ist es jedoch weniger erwünscht, da es sichtstörende schwer entfernbare Schlieren bildet. Entfernen der Schlieren mit Silikonentferner oder Sidol (siehe Seite 214).*

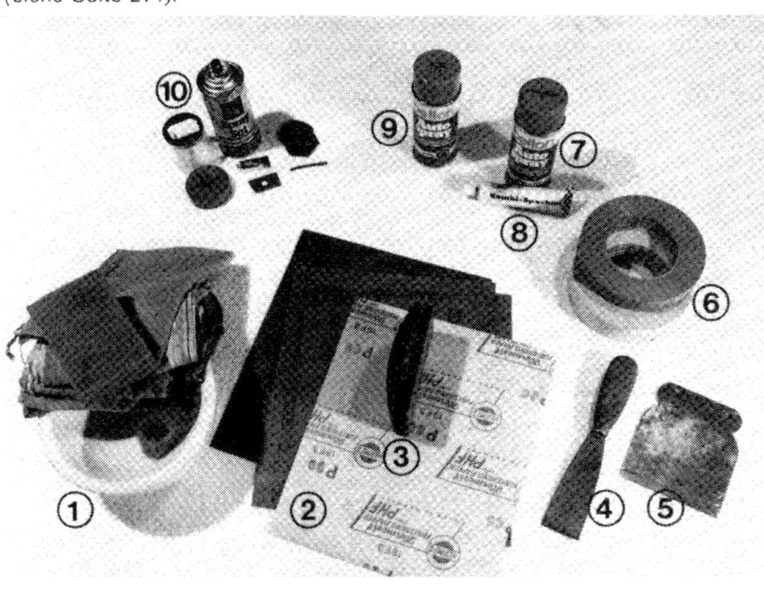

Das Arbeitsgerät zum Ausbessern von Lackschäden:
1 – Wassereimer, Schwamm, Lappen und Fensterleder zum Naßschleifen;
2 – Schleifpapier verschiedener Körnung;
3 – Schleifblock zum Aufspannen des Schleifpapiers;
4 – Spachtelmesser;
5 – Flächenspachtel;
6 – Abklebeband;
7 – Haftgrundierung;
8 – Nitrokombispachtel;
9 – Farblack;
10 – Lackspray-Set von Auto-K mit Hilfsmitteln für kleine Lackschäden

Poliermaschine mit Bedacht benutzen

Vielleicht besitzen Sie in Ihrer Hobbywerkstatt eine der Allround-Bohrmaschinen. Wenn Sie damit maschinell polieren und Ihren Opel auf Hochglanz bringen wollen, müssen Sie sich über die möglichen Nachteile dieser kräftesparenden Arbeitsmethode im klaren sein.
Vorbedingung ist es, daß die zu polierenden Lackflächen völlig sauber und staubfrei sind. Sonst treibt die rotierende Lammfellscheibe jedes Schmutzteilchen kreisend über den Lack und hinterläßt eine übel zugerichtete und zerkratzte Oberfläche. Wenn die Maschine sehr schnell dreht, kann zwischen der Polierscheibe und dem Lack eine hohe Reibungswärme entstehen, die das Poliermittel zersetzt oder gar festbrennen läßt. In diesem Fall darf man also nur einen geringen Druck mit der Poliermaschine ausüben. Außerdem wird dabei zuviel aufgetragenes – teures! – Poliermittel von der Polierscheibe durch die Gegend gespritzt. Bei langsamer drehenden Maschinen kann man den Druck entsprechend erhöhen. Allgemein wird nur praktische Erfahrung den Umgang mit der Poliermaschine richtig wirkungsvoll werden lassen.

Lackschäden ausbessern

Opel bezieht die Lacke für die Serienmodelle von verschiedenen Firmen (z. B. Bonaval, Lechler, Spieß & Hecker). Deshalb gibt es auch von allen diesen Firmen die Opel-Farben zur Nachlackierung, jeweils mit der gleichen Opel-Kennummer. Das ist wichtig zu wissen, wenn man selbst einmal eine kleine Lackreparatur ausführen möchte.
Denn schnell hat man sich eine Schramme am Blech eingehandelt, oder ein unvorsichtiger Nachbar hat auf dem Parkplatz eine unschöne Delle in der Karosserie hinterlassen. Nach dem ersten Ärger sollte man dann systematisch vorgehen und die Lackschicht wieder in der alten Form aufbauen und nicht, wie es etwa in manchen Werbeprospekten so mühelos aussieht, einfach mit der Sprühdose auf die Schadenstelle zielen. Damit wäre überhaupt nichts gewonnen.
Zuerst wird die Beule im Blech entfernt. Ist sie nicht groß, reicht dazu völlig ein normaler Hammer (aber nicht wild drauflosschlagen, sondern mit Fingerspitzengefühl probieren, wie das Blech reagiert). Umfangreichere Beschädigungen müssen mit Gummihammer, Handfaust und Schlichthammer ausgebeult werden. Danach ist die Fläche zu feilen, und mit grobem Schleifpapier entfernt man alle alten Lack-, Grundierungs- und eventuellen Rostreste.
Nun beginnt man mit dem Aufbau der Lackierung – und falls gar keine Beule vorhanden war, verfährt man ebenfalls wie folgt. Die Grundierung wird auf das blanke Blech (mit Pinsel oder per Sprühdose) aufgetragen. Trocknen lassen und eventuell vorhandene Unebenheiten mit Spachtel überziehen. Nitrospachtel in Dosen ist haltbarer als in Tuben, worin er schneller eintrocknet und später nicht wieder verwendet werden kann, es sei denn, man hebt die Tube in einem Gefäß mit Wasser auf. Zum Spachteln eignet sich auch Plastik-Füller. Die Spachtelmasse zieht man schnell und gleichmäßig mit seinem Spachtelmesser (aus Kunststoff) über die Reparaturstelle und läßt sie härten.
Mit Schleifpapier, das über ein völlig planes, handgroßes Brettstück gespannt ist, werden die Unebenheiten nach dem Trocknen glatt geschliffen. Oft stellt es sich heraus, daß kleinere Stellen nachgespachtelt werden müssen, also nochmals spachteln, trocknen lassen und schleifen. Hat man den Eindruck gewonnen, daß die Oberfläche dieser Ausbesserung zu der angrenzenden alten Lackumgebung eine gleichmäßige Einheit bildet, könnte man jetzt Lack auftragen. Zuvor muß man aber mit sehr feinkörnigem, wasserfestem Schleifpapier die ganze Geschichte spiegelblank schleifen, denn alle Spuren der vorangegangenen Trockenschleifung sollen verschwunden sein, damit man sie

beim Endlack nicht erkennt. Pinselfanatiker streichen also ihren Lack auf die ehemalige Schadenstelle, lassen gut durchtrocknen und schleifen jetzt mit Wasser und 400er oder 600er Papier, und dann erst wird der Lack, der die Oberhaut bilden soll, aufgetragen.
Neue, unlackierte Karosserieteile (etwa eine Motorhaube) sind gründlich mit Nitroverdünnung oder Washprimer zu entfetten, denn sogar Fingerspuren schlagen später durch die Lackierung. Auch kleinste Transportschäden sind mit Grundierung, Füller oder Spachtel zu beseitigen, bevor man lackiert.

Sprühdosen mit Original-Farbton

Alle Materialien, die man braucht, bekommt man in Farbgeschäften, von denen sich bereits viele auf »Selbst-ist-der-Mann«-Arbeiten eingestellt haben. Allen Versuchen mit Farbsprühpistolen (wenn nicht entsprechende Ausstattung mit Kompressor usw. zur Verfügung steht) sind die Farb-Sprühdosen vorzuziehen. Verlassen Sie sich bei der Farbwahl einer solchen Lack-Sprühdose auf keinen Fall auf Ihr Augenmaß. Grundsätzlich ist am Opel der Original-Farbton auf dem Typenschild in der unteren Zeile rechts zu erkennen, das eine ganze Reihe von Zahlengruppen und eine Buchstabengruppe zeigt. Die gleichen Kennbuchstaben für den Farbton und ihre Entschlüsselung finden Sie in dem Spezialprospekt »Farben und Polster«, den Sie sich wahrscheinlich beim Kauf Ihres neuen Autos vom Opel-Händler geben ließen. Ist die werksoffizielle Lackbezeichnung nicht mehr festzustellen, muß zuerst einmal auf einer Seitenwand innen im Kofferraum eine Fläche besprüht und verglichen werden.
Passend zu der Farbe Ihres Opels gibt es die Opel-Spray und Tupffarbe, aber ähnliche Sprühdosen auch von anderen Lackherstellern.
Die Farb-Sprühdosen tragen neben einer entsprechend lackierten Schutzkappe die Aufschrift der werksoffiziellen Farbnamensgebung. Drei Firmen haben sich mit fünf Marken auf diese Autolack-Sprühdosen spezialisiert. Zwischen diesen Erzeugnissen bestehen einige Unterschiede:

	Auto-K-Lack	Belton	Dupli Color	Ducolux	Prestoflux
Preis etwa DM	5,55	3,75	6,95	6,60	5,50
Lackart	Nitrokombinationslack	Nitrokombinationslack	Acrylharzlack	Kunstharzlack	Acrylharzlack

Inhalt jetzt einheitlich 150 Gramm, zu höherem Preis auch größere Dosen

Teerspritzer und Insekten

Bei der Fahrt über frisch asphaltierte Straßen hinterläßt der hochgespritzte Splitt kleine schwarze Teerflecke auf dem Lack. Völlig falsch ist es, sie mit dem Messer oder auch mit einem Holz abschaben zu wollen. Das gibt Kratzer im Lack, die nicht weniger schäbig als die Teerflecken aussehen. Sie müssen chemisch aufgelöst werden. Das geht mit Petroleum oder einem speziellen Teerentferner. Billiger ist die Petroleumanwendung, jedoch muß nachher der Lack noch nachbehandelt werden. Bei Spezial-Teerentfernern ist dies nicht immer notwendig, z. B. bei dem sehr vielseitig anwendbaren (Flecken aus Stoffen, Motorteilereinigung) Pingo-Teerentferner (Sprayflasche zu 4,50 DM).
Über die Insektenleichen wurde schon im Abschnitt »Viel Wasser« auf Seite 212 gesprochen. Bei der Wagenwäsche kann man einen kleinen Insekten-Spezialschwamm benutzen, um tote Insekten zu entfernen. Es gibt ihn z. B. von Polifac. Den Lack zerkratzt man damit nicht. Insektenreste lassen sich auch mit Natron (für wenige Pfennige aus der Drogerie) entfernen. Das Natron wird in Wasser aufgelöst, und mit einem mit dieser Lauge angefeuchteten Schwamm beseitigt man die toten Insekten.

Am warmen Herd zu lesen

Trotz technischer Fortschritte hat die kalte Jahreszeit für den Autofahrer nicht alle Schrecken verloren. Zwar gibt es eine ganze Reihe von Möglichkeiten, den Wagen auch im Winter einsatzbereit zu halten, und die Ausstattung moderner Automobile erlaubt es, scheinbar so bequem wie im Sommer einherzufahren. Es bleibt einem freilich nicht erspart, dieses und jenes zu beachten, und wer sich einfach sorglos ans Steuer setzt, wenn das Thermometer unter dem Gefrierpunkt steht, dem kann es dann noch noch so wie unseren Großvätern ergehen, die ihr Automobil bei Eis und Schnee nur mit großer Kunstfertigkeit von der Stelle bekamen.

Was den Autobesitzer vergangener Jahre nicht anfocht, ist jedoch heute zu einem echten Problem geworden: Der Werterhalt des Wagens während der Wintermonate. Das Streusalz nagt in dieser Zeit unerbittlich an unseren Autos. Dies ist umso unerfreulicher, weil die selbsttragende Bauweise der heutigen Personenwagen ein stabiles Fahrgestell unnötig machte. Was das Auto zusammenhält, ist heutzutage nur noch Blech. Und der Prüfer beim TÜV weiß recht genau, wo das Blech am schnellsten von Rost durchlöchert wird. Dessen Kenntnis sollte man zu schätzen wissen.

Kühlflüssigkeit frostfrei?

Ihr Opel besitzt wie alle heute gebauten Autos – außer Wagen mit luftgekühltem Motor – ein Überdruck-Kühlsystem. Im Kühlerkreislauf befindet sich ab Werk eine Dauerfüllung, die bis — 30° C frostfest ist. Diese Angabe gilt aber nur, wenn kein klares Wasser nachgefüllt wurde. Ist man sich über die frostsichere Eigenschaft des Kühlmittels nicht im klaren, kann man sich den Kühlerinhalt an einer Tankstelle ausspindeln lassen. Ähnlich wie eine Säureheber zum Batterieprüfen (siehe Seite 117) gestaltet ist, zeigt die Spindel an, bei welcher Temperatur das Kühlmittel gefrieren wird. Entsprechend muß Frostschutzmittel nachgefüllt werden.

Statt der von Opel empfohlenen Kühlflüssigkeit (»Opel-Kühlerfrostschutz Katalog Nr. 1940680«) kann man an einigen Tankstellen auch Frostschutzmittel literweise aus dem Faß bekommen. Das ist etwa halb so teuer wie andere, in Dosen erhältliche Marken-Frostschutzmittel. Zur Not kann man sich aus einem Teil Glyzerin, einem Teil Spiritus und zwei Teilen Wasser eine bis – 20° C frostsichere Kühlflüssigkeit selbst mischen, die allerdings den Nachteil hat, daß Spiritus schneller verdunstet. In jedem Fall muß man eine neue Frostschutzflüssigkeit vor dem Einfüllen im Eimer durchmischen.

Opel schreibt nicht vor, das Kühlmittel alle zwei Jahre zu wechseln, wie es von anderen Autofirmen und von den Frostschutzmittel-Herstellern empfohlen wird. Voraussetzung ist allerdings, daß man den »Opel-Kühlerfrostschutz« im Kühlsystem eingefüllt hat. Es wird behauptet, daß die Frostschutzmittel mit der Zeit »altern« und ihre Schutzeigenschaften gegen Korrosion verlieren. Wir konnten das bislang jedoch nicht feststellen.

Weil die Schutzfüllung tatsächlich Rückstandsbildung und Oxydation verhindert, ist an ihrer Stelle möglichst kein Wasser zu verwenden. Und was jeder weiß: Reines Wasser wirkt unter Null Grad verheerend, es friert ein (Eis nimmt mehr Raum ein als Wasser) und sprengt Kühler und Motorblock.

Frostschutz für den Scheibenwascher

Pflegearbeit Nr. 25

Der Behälter für das Scheibenwaschwasser ist im Opel verhältnismäßig günstig untergebracht, wo sein Inhalt – vom Motor erwärmt – nicht so schnell einfriert. Aber wenn der Wagen über Nacht in der Kälte stand, dann ist das Wasser darin doch zu Eis geworden.
Eine Beimischung von Frostschutzmittel verhindert unliebsame Überraschungen. Bei Opel gibt es für das Waschwasser »Reinigungs- und Frostschutzmittel Katalog Nr. 1758263«, das im Mischverhältnis zu Wasser 1 : 10 bis – 5° C, im Verhältnis 1 : 3 bis – 13° C und im Verhältnis 1 : 2 bis – 18° C vor Einfrieren schützt. Daneben gibt es an Tankstellen eine Fülle von Spezialmitteln, die man dem Scheibenwaschwasser beimischen kann. Einige von ihnen lösen sogar den Öldunst vorausgefahrener Qualmer auf der Windschutzscheibe auf.
Brennspiritus ist ein billigerer Saft, der – im Verhältnis 1 : 1 dem Wasser beigemischt und im Behälter geschüttelt – noch bei klirrendem Frost für eine saubere Scheibe sorgt. Allerdings kann der typische Geruch durch die Belüftung nach innen dringen. Die Sonne bringt manchen Lacksorten durch den angetrockneten Spiritus Verfärbungen bei. Das sollte man beobachten, rechtzeit die Flecken durch Lackpflege entfernen und doch lieber eine andere Waschlösung nehmen. Daß die Scheibendichtung durch Spiritus angegriffen wurde, ist uns bisher nicht bekannt geworden.

Reifen im Winter

Im Winter verlangen die geänderten Straßenverhältnisse eine aufmerksame und zurückhaltende Fahrweise. Die Verzögerung, die beim Bremsen auf schneebedeckter Fahrbahn erreicht werden kann, ist um rund das Doppelte geringer als auf nasser Fahrbahn, und auf einer mit Eis bedeckten Straße bietet sich so gut wie keine Haftung. Im Gefälle leidet die Verzögerung unter einer zusätzlichen Verzugsdauer, hervorgerufen von dem kräftiger als in der Ebene schiebenden Wagengewicht. Daher muß der Sicherheitsabstand den Gegebenheiten ausreichend angepaßt sein.
Um den Eventualitäten im Winterbetrieb gewachsen zu sein, sind folgende Faktoren als Beitrag zur Fahrsicherheit von erheblicher Bedeutung:

- Gleichartige Bereifung auf allen Rädern
- Richtiger Luftdruck
- Gutgängige Bremsen, richtige Qualität der Bremsbeläge
- Nicht scharf kuppeln oder voll beschleunigen
- Beim Bremsen auskuppeln.

Gürtel-Reifen im Winter

Weil Gürtel- (oder Radial-)Reifen durch ihren stabilen Laufgürtel in ihrer Auflagefläche kaum auf der Fahrbahn walken, haben sie auf Schnee und Glatteis eine bessere Haftfähigkeit als die Diagonal-Reifen. Das macht sich in den Fahreigenschaften aller Autos bemerkbar, und die akute Bedrohung durch winterliche Einflüsse wird gemildert. Im Grunde ist es also durchaus möglich, mit Gürtel-Reifen den Winter zu überstehen, sofern man nicht beabsichtigt, weite Strecken über Land zu fahren, wo die Straßenverhältnisse problematischer sein können. Dann sollten es aber SR-Reifen (bis 180 km) sein. Die Gummimischung der (für den Manta nicht zulässigen) HR-Reifen und VR-Reifen wird bei tiefen Temperaturen zu hart. Neben den in der Reifen-Tabelle auf

Seite 248 angeführten Gürtel-Reifen dürfen auch die Reifen der Größe 155 SR 13 im Winter montiert werden, was die Felgengröße 5 J x 13 voraussetzt.
Wer nicht gerade im Hochgebirge wohnt, sondern den Manta zumeist im Stadtverkehr benutzt, müßte im Winter ohne spezielle Bereifung auskommen. Über recht gute Eigenschaften verfügen die früher schon teilweise ab Werk montierten Stahlgürtel-Reifen Michelin zX, mit denen man mit besonnener Fahrweise sogar auf glattgefahrenem Schnee sein Ziel ansteuern kann. Meist sind die Straßen danach wieder schnell geräumt.

M + S-Reifen nur bedingt zu empfehlen

Die Anschaffung von M + S-Reifen lohnte sich früher, als die Entwicklungsarbeit der Reifenhersteller noch nicht so weit wie heute gediehen war. Zwar sind sie im tiefen und noch nicht hartgefrorenen Schnee sehr wirksam, aber sowohl auf nasser wie auf vereister Fahrbahn sind sie weniger griffig als alle anderen Reifentypen, und natürlich sind dann auch ihre Bremswege z. T. erheblich länger. Auf unseren Straßen ist frischer und lockerer Schnee aber selten und nur von kurzer Dauer. Für vereisten Matsch, festgefahrenen Schnee und vor allem für Glatteis sind die konventionellen Diagonal-M + S-Reifen sehr ungeeignet. Siehe aber den Abschnitt über die neuen Haft-Reifen auf der nächsten Seite.
Auf keinen Fall dürfen Diagonal-M + S-Reifen und Gürtel-Reifen gemischt montiert werden. Deren Fahreigenschaften sind extrem unterschiedlich und bedeuten gemeinsam auf vereister oder nasser Strecke Lebensgefahr!
Diagonal-M + S-Reifen dürfen nicht schneller als 150 km/h gefahren werden, für Gürtel-Winter-Reifen gelten 160 km/h Spitzengeschwindigkeit. Wenn Ihr winterbereifter Opel Manta laut Kfz-Schein schneller laufen kann, muß am Armaturenbrett ein entsprechender Aufkleber auf die zulässige Geschwindigkeit mit Winter-Reifen hinweisen – so verlangt es der Gesetzgeber.

M + S-Haft-Reifen

Die früher einmal angepriesenen M + S-Reifen wurden von der Entwicklung überholt. Mit jenen »Matsch- und Schnee«-Reifen kann sich das Auto zwar in noch nicht hartgefahrenem Schnee vorarbeiten, aber auf nasser und vereister Straße ist man mit ihnen noch schlechter dran als mit Sommer-Reifen.
Als bemerkenswerte Verbesserung kann man die Haft-Reifen ansehen, die zugleich als Ersatz der in Verruf geratenen Spike-Reifen – über die vorstehend bereits geschrieben ist – gelten sollen. Das sind sie aber nicht und verantwortungsvolle Reifenhersteller weisen auch darauf hin, daß die neuen M + S-Haft-Reifen auf Eisglätte nicht die Wirkung zeigen können wie die seit April 1975 in Deutschland verbotenen Nagel-Reifen. Trotzdem ist es gelungen, durch hydrophile (wasserfreundliche) Laufflächenmischungen den Fahrbahnkontakt bei Glätte zu verbessern. In dem Temperaturbereich um 0° C allerdings befindet sich auf Eis ein dünner Wasserfilm, der ohne mechanische Hilfen (Sand, Spikes) die an sich schon unfreundliche Eigenart von Eis noch weitaus gefährlicher macht. Hier können die neuen Gummimischungen nur wenig ausrichten, sie zeigen aber auf Eis unterhalb — 5° C Spurtreue und Haftvermögen.
Wirkliches Können beweisen einige dieser Reifen in lockerem und auf festgefahrenem Schnee. Das verdanken sie ihrer Profilgestaltung, bei der eine grobe Verzahnung der Profilstollen mit relativ breiten Zwischenräumen ihre Eignung für hohen Schnee heraufsetzt und bei Regen die Wasserverdrängung fördern, während zahlreiche lamellenartige Einschnitte zur Griffigkeit auf glattgefahrenem Schnee dienen. Schließlich verhalten sich Haft-Reifen auf trockener Bahn kaum schlechter als übliche Reifen, was man von den Reifen mit Spikes nicht behaupten kann.

Von den M+S-Haft-Reifen der »neuen Generation«, wie man diese seit 1973 auf den Markt gelangten Winter-Reifen bezeichnet, trifft man inzwischen bei fast jedem Fabrikat auf einen Vertreter. Neue Haft-Reifen sind leider enorm teuer; wer sparen will und trotzdem gute Winter-Reifen auf seinem Manta haben möchte, kann auch runderneuerte nehmen. Wir haben mit den runderneuerten Haft-Reifen von Vergölst mit der Gummimischung und dem Profil des Conti Contact recht gute Erfahrungen gemacht.

Reifendruck im Winter

Praktische Versuche zeigten, daß durch eine Luftdruckerhöhung von etwa 0,2 bar eine zustäzliche Stabilisierung erreicht wird. Diese Tatsache sollte man sich im Winter zunutze machen, weil man dadurch zugleich die Aufstandsfläche etwas verkleinert. Somit wird die Last, die pro Quadratzentimeter auf den Boden (auf Schnee und Eis) drückt, erhöht. Die Profilstollen und -kanten können dann besser greifen. Deshalb hatten auch unsere Väter weniger Kummer beim Fahren im Winter: Die alten Autos besaßen große und schmale Reifen, die mit Schnee und Matsch elegant fertig wurden.
Die für die Autobahnfahrt auch im Sommer empfohlene Luftdruckerhöhung um 0,2 bar ist in dem eben erteilten Ratschlag schon inbegriffen.

Gleitschutzketten

Wenn auch die griffigsten Winterreifen schon versagen, helfen gegen Schnee und Eis, bei Hochgebirgsfahrten und starken Schneefällen noch Ketten. Offiziell heißen sie Gleitschutzketten und haben bei entsprechender Ausführung vom Kraftfahrt-Bundesamt eine Bauartgenehmigung. Solche Gleitschutzketten sind eine gute Anschaffung, aber sie sind nicht billig – für eine gute Spurkreuzkette müssen Sie mindestens 150 DM rechnen (pro Stück!). Irgendwelche Sonderangebote können zwar auf den ersten Blick genauso aussehen, aber nach den ersten Fahrkilometern auf trockener Straße, wobei Ketten am stärksten beansprucht werden, merken Sie den Unterschied bald. Eine Qualitätskette übersteht einige Kilometer auf schnee- und eisfreier Straße, die Billigkette löst sich dagegen schnell in ihre Bestandteile auf.
Auf trockener Fahrbahn sollten Sie auf keinen Fall schneller als 50 km/h fahren – schon deshalb wird man auf freier Strecke die Ketten schnellstmöglich abnehmen –, auf Schnee gelten etwa 80 km/h als die höchste Geschwindigkeit.
Wer das Kettenauflegen vor dem ersten Schnee geübt hat, fürchtet sich kaum vor dem Auflegen und Abnehmen der Ketten und braucht nur wenige Minuten.
Es war früher ein guter Tip, sich für Fahrten in schneereiche Gebiete ein komplettes sechstes Rad anzuschaffen und dieses wie das ohnehin vorhandene Reserverad daheim in Ruhe mit Ketten zu versehen und mitzunehmen. Das empfehlen wir heute nur noch für Ketten, die bei der Montage erhebliche Schwierigkeiten bereiten.
Die Kette darf nicht zu stramm angezogen werden, sonst wird sie zu sehr belastet und kann reißen oder das Reifenprofil (vor allem bei Winterreifen) beschädigen. Zwischen Kette und Reifenlauffläche sollte etwa die flache Hand geschoben werden können, dann kann die Kette „wandern«, was sie auch soll. Lose Kettenenden dürfen natürlich auch nicht herumschleudern, deshalb eventuell die Spannvorrichtung zusätzlich sichern.

Fingerzeige: *Wer von seinem bisherigen Auto noch gute Spurkreuzketten hat, die nicht für die Reifen des Opels passen, kann sich die Ketten umarbeiten lassen. Das machen (allerdings nur in den Sommermonaten) beispielsweise die Firmen Erlau und RUD für von ihnen gelieferte Ketten.*
Die Schneeketten werden nach dem Gebrauch mit möglichst kräftigem Wasser-

strahl abgespritzt (evtl. in der Badewanne), saubergebürstet und anschließend in einem Eimer mit Waschkonservierer gespült. Dann gibt es keine Rost- oder Korrosionsspuren.

Anfahrhilfen

Zum Flottmachen eines steckengebliebenen oder auf der glatten Straße rutschenden Wagens können solche Anfahrhilfen (Preis ca. 150 DM) nützen. Die kurzen Ketten oder Bügel, die um die Reifen geschnallt werden, helfen etwa, wenn Sie morgens über einen steilen verschneiten Weg auf die gestreute Straße hinausfahren wollen, dann sind sie schnell montiert und wieder abgenommen. Ein Ersatz für Schneeketten sind sie nicht.

Billiger sind zwei alte Teppichstreifen, jeweils etwa einen halben Meter breit und mindestens 1,5 m lang aus einem alten Teppich oder Kokosläufer (siehe Seite 227). Sie können auch mehrere aneinandergebundene flache Spülgitterroste aus Kunststoff nehmen. Diese Anfahrhilfen werden unter die Hinterräder gelegt, wenn es auf glatter Fahrbahn nicht mehr weitergeht, und jeweils rechts und links an der hinteren Stoßstange mit einem entsprechend langen kräftigen Faden angebunden. Wenn der Manta an der Steigung dann ins Rollen gekommen ist, zieht er die Streifen an der Stoßstange einfach hinterher, bis die Steigung genommen ist. Chemische Mittel, die auf die Reifenlauffläche gesprüht werden, haben sich nach unseren Erfahrungen nicht bewährt.

Praktische Hilfen unterwegs

Im Winter braucht man unterwegs manchmal einige der hier genannten Utensilien, die kaum Geld kosten, aber gute Dienste leisten können.

■ Eis-Schaber, um vereiste Scheiben zu reinigen. Er muß aus Kunststoff sein, damit die Scheiben nicht zerkratzt werden. Man kann so ein Ding auch als »Teig-Schaber« – für die Kuchenteigschüssel – kaufen.

■ Sandsäckchen, um an vereister Steigung eine Fahrbahn zum Anfahren streuen zu können. Am besten sind dichte Leinen- oder Kunststoffsäckchen mit möglichst scharfem Sand oder feinem Kies.

■ Schneeschaufel, um sich bei starkem Schneefall einen Weg bahnen zu können. Damit es ein auch wirklich brauchbares Gerät ist, möglichst eine breite Kohlenschaufel mit kurzem, abnehmbaren Stiel nehmen, damit man sich auch durch eine hohe Schneewehe graben kann.

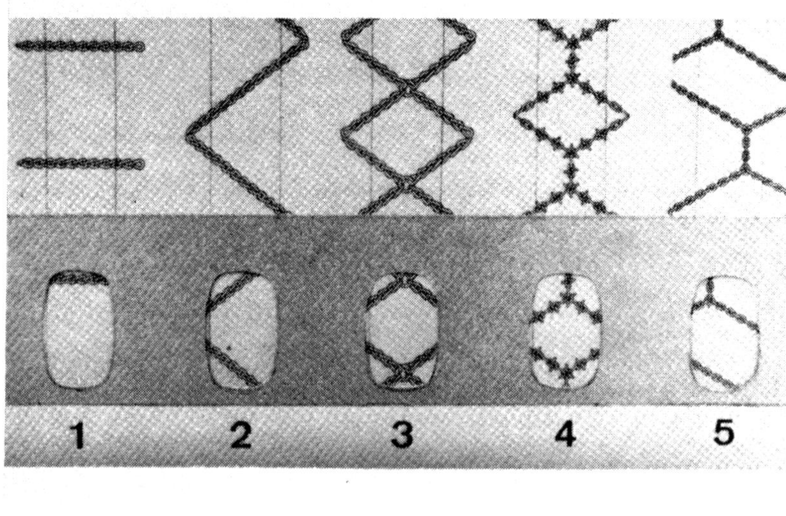

Die ovalen Ausschnitte geben die Aufstandsfläche eines Reifens an und vermitteln eine Vorstellung davon, bei welchen Gleitschutzketten der größte Kontakt mit der Fahrbahn besteht. Von diesen Ketten sind die Leiter- und Zickzack-Ketten (1 und 2) nicht zu empfehlen, dagegen sind die Kreuz-Kette (3) und die Spurkreuz-Ketten (4 und 5) wirkungsvoll genug, um im Schnee besonders gut zu greifen. Diese bieten auch bei Glatteis echte Sicherheit, während die beiden erstgenannten Ketten wegen ihrer ungleichmäßigen und unvollkommenen Auflage den Wagen bei einer Notbremsung unkontrolliert rutschen lassen.

Für alle Winterfälle gerüstet und nicht kostspielig: zusammenklappbarer Grab-Spaten, Sandsack, Unterlegmatten aus alten Kokosläufern, Anti-Beschlagtuch, Abschleppseil, Eis-Schaber, Kunststoff-Flasche mit Brennspiritus und Handfeger. Am besten verstaut man alles in einem festen Karton, damit es nicht im Kofferraum des Wagens umherpoltert.

■ Anti-Beschlagtuch, mit dem die von innen beschlagene Windschutzscheibe und Heckscheibe abgerieben werden kann. Die Imprägnierung, die das Beschlagen etwa für eine Woche verhindert, reicht in dem Tuch für eine Saison. Dann wird das Tuch ausgewaschen und als normales Staubtuch verwendet.

■ Zwei alte Teppichstreifen, jeweils einen halben Meter breit und mindestens 1,5 m lang aus einem alten Teppich oder Kokosläufer. Diese Stücke kann man zum Anfahren unter die Hinterräder legen, wenn es auf Glatteis nicht mehr weitergeht. Was für diesen Zweck im Zubehörhandel an Gummimatten usw. angeboten wird, taugt dagegen nicht viel. Wichtig ist, daß an beiden Stücken jeweils eine starke Schnur befestigt ist.

Teppichstreifen an die hintere Stoßstange hängen und vor den antreibenden Hinterrädern ausbreiten.

■ Sprühdose mit Klarsichtmittel gegen vereiste Windschutzscheiben. Man braucht es nur auf die obere Hälfte der Scheibe zu sprühen, weil es abläuft und dann auch den unteren Teil der Scheibe vom Eis befreit.

Noch billiger kann man es mit Brennspiritus haben, den man sich in eine kleine Plastikflasche füllt.

Start bei strenger Kälte

Alle Opel-Modelle sind relativ gute Starter. Man muß aber im Winter besonders beachten, ob der Wagen mit Starterzug oder Startautomatik ausgerüstet ist (siehe Seite 92 und 95). Fernere Ratschläge sind:

■ Falls Schaltgetriebe, Kupplungspedal treten (steifes Getriebeöl bremst).

■ Sprühflaschen (z. B. »Startpilot«) aus dem Zubehörhandel mit besonders leicht vergasbarem Anlaßkraftstoff besorgen. Dieser wird – möglichst von zweiter Person – beim Anlassen in den Vergaserstutzen gespritzt (Luftfilterdeckel abnehmen). Auch Feuerzeugbenzin vergast recht gut.

■ Bei sehr strenger Kälte hilft es, die Kerzen herauszuschrauben und an Flamme oder Ofen zu erwärmen. Wichtig: Elektrodenabstand muß stimmen.

■ Batterie in beheiztem Raum aufbewahren und erst zum Start einsetzen.

■ Peinliche Sauberkeit von Zündleitungen, Zündspule und Verteiler einhalten. Weißliche Schicht von Streusalz ist elektrisch leitend – abwaschen und gut trocknen.

■ Um sorgfältige Vergasereinstellung bemüht sein.

Dünneres Motoröl bei Frost

Opel empfiehlt, bei länger anhaltenden Temperaturen unter –10° C HD-Öl der Viskosität SAE 10 W zu verwenden. Dieses Winteröl ist ein Einbereichsöl, anstelle dessen auch ein (teureres) Mehrbereichsöl SAE 10 W-30 eingefüllt werden kann. Dünneres Motoröl erleichtert das Anlassen und hat bei Kälte eine sofort einsetzende, bessere Schmierwirkung. Was besonders für die Rekord D-Modelle und für den Commodore gilt, sollte man aber auch beim Manta bedenken: Das Einbereichsöl SAE 10 W eignet sich weniger für hohe Dauergeschwindigkeiten. In den Opel-Motoren kann die Möglichkeit auftreten, daß bei hoher Motortemperatur auf den Gleitstellen der Film dieses »dünnen« Öls reißt und die Schmierfähigkeit aussetzt.

Da Motoröl im Winter, vor allem bei vielen Stadtfahrten, stark beansprucht wird, sollte man im Frühjahr rechtzeitig an Ölwechsel denken. Dieser ist im Kapitel »Schmieren aller Teile« beschrieben.

Chromglanz auch im Winter

Der glänzende Schmuck, der bei Ihrem Wagen aus Chrom- und Eloxalteilen besteht, läßt sich auch im Winter gegen das angriffsfreudige Salzwasser schützen. Reine, säurefreie Vaseline ist das einfachste Mittel, aber sie macht durch klebenbleibende Verschmutzung den Chromglanz trübe, und hart anprallendes Spritzwasser verdrängt mit der Zeit die fette Schicht. Besser ist dann ein wachsartiges Unterbodenschutzmittel, wie etwa Tectyl.

Verständlich ist es, daß mancher Autofahrer seinen Chromschmuck auch im Winter glänzen lassen möchte. Dazu gibt es Sprühdosen mit glasklarem Chromschutzspray von Polifac, auch von BP, Aral, Shell und Teroson. Diese Chromschutzmittel »unterwandern« vorhandene Feuchtigkeit und bieten, wenn die verhältnismäßig einfache Arbeit etwa alle 14 Tage einmal wiederholt wird, einen sehr guten Schutz.

Schutz für die Wagenunterseite

Während der Fahrt befindet sich der Bauch des Wagens dauernd im Sandstrahlgebläse von aufgeschleudertem Dreck und Splitt, und das von Auftausalzen durchsetzte Schmelzwasser vollbringt zugleich ein grausames Werk. Dazu tritt die Heimtücke, daß diese Salze in den unzugänglichsten Winkeln und Hohlräumen des Autos antrocknen und auch den folgenden Sommer hindurch immer wieder Spritzwasser aufsaugen und dadurch bösartige Rostnester bilden. Mancher Autobesitzer hat sich schon mit maßlosem Erschrecken die Unterseite seines noch gar nicht übermäßig alten Wagens angesehen. Und auch der TÜV handelt dann gnadenlos, wenn der Rost das Blech papierdünn werden ließ und Fahrzeugteile mit ehemals tragender Funktion nur noch von der danebenliegenden Metallumgebung festgehalten werden.

Serienmäßiger Unterbodenschutz

Um der Zerstörung durch Rost zu begegnen, verwendet Opel an gefährdeten Stellen der Autos verzinkte Blechteile. Als Schutz für den Unterboden erfolgt eine Behandlung des Unterbaues mit einer Schutzschicht auf Bitumen-Kautschuk-Basis im Schleuderbereich der Räder, die als einmalige Vorkehrung gedacht ist, also während der gesamten Laufzeit des Wagens halten soll. Die übrigen unteren Partien des Opel erhalten eine weit weniger ausdauernde Wachsschicht.

Opel empfiehlt daher, den Unterboden vor dem nächsten Winter erneut zu behandeln. Solch ein Saison-Unterbodenschutz reicht jedoch höchstens für einige Monate und kostet etwa 40 Mark. Wenn Sie Ihren Wagen länger als zwei Jahre behalten wollen, wird diese Methode allerdings ziemlich teuer. Sie können aber auch den Unterbodenschutz regelmäßig kontrollieren und selbst nachbessern. Im Handel gibt es Sprühflaschen (Tectyl von Vavoline, Terotex von Teroson, Bostik M+S), die freilich relativ teuer sind und nur zum Ausbessern gedacht sind. Es lohnt sich nicht, damit die ganze Unterseite des Opel einzusprühen.

Unterbodenschutz nachträglich anbringen

Wenn Sie Ihren Opel von einem Vorbesitzer erworben haben, der sich nicht um die Rost-Vorsorge gekümmert hat, sollten Sie als erstes überlegen, wie lange Sie den Wagen behalten wollen. Sonst geben Sie Ihr Geld womöglich für den Nachbesitzer aus. (Der Einwand, ein Wagen mit Unterbodenschutz verkauft sich besser, gilt nicht, denn ein Käufer könnte auch vermuten, daß nur Rostschäden verdeckt werden sollen.)
Zur Auswahl stehen drei Arten von Unterbodenschutz:

- Saisonschutz
- Langzeitschutz
- Dauerschutz.

Der Saisonschutz hält, wie sein Name sagt, höchstens eine Saison, womit die Wintersaison gemeint ist. Aber ein Langzeitschutz kommt wahrscheinlich billiger. Er überdauert im Durchschnitt zwei Winter.
Dauerschutz kommt in Betracht, wenn man den Wagen vier oder mehr Jahre fahren will. Der Unterbodenschutz wird mehrere Millimeter dick aufgesprüht und wirkt zugleich als Antidröhnmasse, er hängt dem Fahrgestell aber ein zusätzliches Gewicht von 12 bis 15 kg an. Diese Behandlung kostet für den Manta etwa 150 Mark, enthebt Sie jedoch – von Kontrollen nach der Winterperiode und eventuellen Nachbesserungen abgesehen – aller weiterer Sorgen.
Wollen Sie Ihren fabrikneuen Opel lange behalten, lohnt sich ein Dauerschutz auf dem vorher entwachsten Unterboden. Das ist billiger als das ständige Nachsprühen und überdauert dann zusammen mit dem werkseitigen Schutz rund fünf Jahre.

Hohlraumversiegelung – kostet und spart Geld

Auch mit dem besten Unterbodenschutz sind Sie leider noch immer nicht vor Rostfraß sicher. In den Hohlräumen der Karosserie bildet sich Kondenswasser, und durch allerlei Ritzen und Löcher kann Spritzwasser eindringen. Das bißchen Blechgrundierung ist dann schnell durchrostet und das Autoblech wird von innen heraus durchfressen. Nach einem oder zwei Jahren bilden sich auf dem Lack kleine Pickel, die schließlich aufbrechen und dem erschreckten Autobesitzer demonstrieren, daß dort in letzter Zeit nur noch der Lack die restlichen Blechteile zusammengehalten hat.
Dann ist es für eine Hohlraumkonservierung natürlich zu spät. Der Schaden hätte nur durch eine fachmännische Hohlraumkonservierung des Neuwagens verhindert werden können.
Trotz der immer noch angebotenen Hohlraumspray-Dosen ist das keine Arbeit für Heimwerker. Für eine wirksame Konservierung braucht man einen Kompressor, lange Spezial-Sprühdüsen und dergleichen Werkstattgeräte. Die Hohlraumkonservierungsmittel müssen außerdem Feuchtigkeit unterwandern und vorhandenen Rost durchkriechen können.
Nicht jede Tankstelle oder Werkstatt, die sich zur Hohlraumkonservierung anbietet, ist für wirklich gute Arbeit ausgestattet und geeignet. Suchen Sie sich deshalb einen Spezialbetrieb, der für seine Hohlraumkonservierung einen guten Ruf hat. Oft sind das Lackierwerkstätten, wo Sie gut und sorgfältig bedient werden.
Solch eine Hohlraumkonservierung lohnt sich für einen gebrauchten Manta nur, wenn der Wagen in ausgesprochen gutem Zustand ist. Bei bereits vorhandenen Rostschäden in den Hohlräumen kann auch der beste Konservierer nichts mehr ausrichten.
Aber das Weiterrosten können Sie hinauszögern, wenn Sie bei gelegentlicher Betrachtung der Wagenunterseite die Wasserablauflöcher, die es an allen

Hohlräumen, wie Türschwellen, Türunterkanten usw. gibt, mit einem abgebrochenen Küchenmesser oder einem schmalen Schraubenzieher aufstochern und anschließend die Hohlräume mit klarem Wasser aus dem Schlauch kräftig durchspülen, bis aller Rostschlamm herausgeschwemmt ist. Dazu vorsichtig die Gummi-Verschlußstopfen heraushebeln und später wieder einsetzen. Das klare Wasser ist weniger rostgefährdend als der nie trocken werdende Rostschlamm in den Hohlräumen!

Maßnahmen bei der Stillegung

Es kann verschiedene Gründe dafür geben, daß man sein Auto für einige Monate abmeldet und in die Garage stellt. War es früher der Winter, der manchen Wagenbesitzer zur Stillegung seines Blechlieblings veranlaßte, sind heute eher Militärdienst oder Führerscheinentzug die Ursache, daß das Auto »eingemottet« werden soll. Um den Fahrzeugzustand für die Dauer einer solchen Zwangspause zu erhalten, denke man an das Sprichwort »Wer rastet – rostet« und befolge nachstehende Regeln:

- Öl wechseln, Tank und Kühler ganz füllen.
- Motor warmlaufen lassen. Etwas Korrosionsschutzöl oder Petroleum in Vergaserstutzen sprühen oder in Kerzenlöcher gießen und Motor ohne Zündung (Verteilerkappe abnehmen) mit Anlasser durchdrehen.
- Motor (mit in Öl getränktem Lappen) luftdicht verschließen: Ansaugöffnung (Vergaserstutzen), Auspuff.
- Handbremse nicht anziehen. Kappen des Bremsflüssigkeitsbehälters mit Klebeband abdichten, da Bremsflüssigkeit wasseranziehend ist.
- Batterie ausbauen. Möglichst alle 4 Wochen aufladen lassen oder dorthin verleihen, wo sie benutzt wird.
- Chromteile mit Vaseline oder anderem säurefreien Fett einreiben.
- Reifendruck regelmäßig kontrollieren (lassen).
- Alle 2 Monate Wagen bei eingelegtem großen Gang wenigstens 50 cm vom alten Platz wegschieben, um einseitige Reifenbelastung und Dauerbelastung einzelner Ventilfedern zu vermeiden.
- Bei Stillstand über 6 Monate Wagen hochbocken.
- Abstellplatz soll trocken sein und muß gelegentlich gelüftet werden. Heizung ist nicht erforderlich. Wagenfenster handbreit geöffnet lassen.

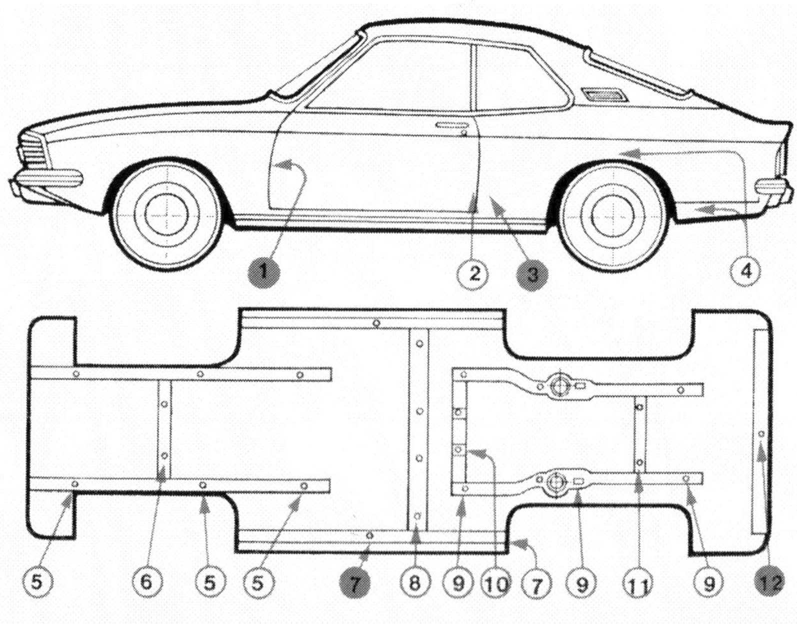

Neben anderen hat auch die Firma Teroson Arbeitspläne zur Hohlraum-Konservierung ausgearbeitet. Die Zeichnung zeigt, an welchen Stellen am Manta diese vorsorgende Behandlung vorgenommen werden soll:
1 – Türholm, 2 – Tür, Stopfen abnehmen, 3 – Seitenteil, 4 – Radschacht, durch Kofferraum, 5 – Rahmenträger vorne, 6 – Motorträger, 7 – Türschweller, 8 – Rahmenquerträger, 9 – Rahmenträger hinten, 10 – Kardanwellenlager, 11 – Rahmenquerträger hinten, 12 – Abschlußblech.
○ – Löcher sind vorhanden, ● – Löcher müssen gebohrt werden. Anschließend sind die Bohrungen mit einem Stopfen zu verschließen.

Das Haus aus Blech

Nicht alle Autos gefallen auf den ersten Blick. Der Opel Manta ist jedoch ein Wagen, den die meisten Leute mit Wohlwollen betrachten, ohne vielleicht seine sonstigen Qualitäten beurteilen zu können. Sicherlich hat seine gefällige Linie auch bei Ihrem Entschluß dazu mitgewirkt, sich diesen Wagen anzuschaffen, und Sie werden bestrebt sein, die Freude am Kleid Ihres Autos so lange wie möglich zu erhalten.
Sehr schnell kann die gute Laune ins Gegenteil umschlagen, wenn etwa ein Unfall das Blech zerknautschte. Die dann in Angriff zu nehmenden Instandsetzungsarbeiten müssen – je nach Ausmaß des Schadens – sorgfältigst ausgeführt werden, denn nur durch die Wiederherstellung des einwandfreien Zustandes ist die Fahrsicherheit zu garantieren. Eine selbsttragende Karosserie (wie sie von Opel schon seit 1935 hergestellt wird) besteht aus einer Reihe von im Punkt-Schweiß-Verfahren zusammengesetzten Teilen, die sich nicht mehr wie bei einem Lastwagen auf einen Rahmen stützen, sondern gemeinsam eine tragende Funktion ausüben und allen Fahrbedingungen und Belastungen standzuhalten haben.

Was ist demontierbar?

Jedes Teil der Karosserie muß zur Stabilität beitragen. Deshalb sind die einander berührenden Teile nicht durch Schrauben verbunden, sondern elektrisch punktgeschweißt. Nur die vorderen Kotflügel machen eine Ausnahme, sie sind in ihrem gesamten Umfang festgeschraubt. Aber bezüglich der hinteren Seitenteile – die man ohnehin nicht mehr als Kotflügel bezeichnen kann – hat man bei Blechschäden mit kostspieligen Schweißarbeiten zu rechnen.
Praktisch lassen sich beim Manta nur die Türen, die beiden Hauben, die Fenster, das Kühlerschutzgitter, Zierleisten sowie Scheinwerfer und Stoßstangen ausbauen.
Da diese demontierbaren Teile aber nur selten allein beschädigt werden, sondern bei einem Zusammenstoß zumeist auch die benachbarten Blechteile etwas abbekommen (was oft nicht ohne weiteres erkennbar, sondern erst nach genauem Vermessen festzustellen ist), lohnen sich hausbackene Klempnerarbeiten an der Karosserie oft nur nach leichten Schadensfällen. Fachkundige Werkstattkräfte mit Spezialwerkzeugen und Meßgeräten müssen nach einem Unfall meist in Anspruch genommen werden.

Karosserie- und Fahrzeugteile auf Geräusche prüfen

Pflegearbeit Nr. 23

Nun muß es ja nicht gleich zu einer Kollision gekommen sein, und dennoch klappert es plötzlich hier und zirpt es dort. Derartige Blechmusik kann sogar bei neuen Wagen auftreten, und der Besitzer des Autos ist verärgert und nervös. Gewöhnlich handelt es sich dabei um nur lächerliche Ursachen: Eine vergessene Schraube rasselt hinter der Verkleidung umher, ein loses Kabel schlägt ans Blech oder – das Schlüsselbund klirrt im Handschuhkasten. Manchmal bedarf es einer gehörigen Portion Geduld, den Klopfgeist aufzuspüren.

Alle 10 000 km soll man bewußt die Ohren spitzen und auf ungewohnte Geräusche lauschen. Das kann durchaus während eines Sonntagsausflugs geschehen, fern vom Großstadtlärm, in der Stille einer einsamen Landstraße. Die Geräuschübertragung in der Karosserie, die an manchen Stellen wie ein Resonanzboden wirkt, macht es oft schwierig, den Störenfried, der da klopft zu lokalisieren. Er kann ganz woanders sitzen, als wo man ihn vermutet und sucht. Vielleicht sind Ihre Nerven stark genug und Sie lassen es einfach klappern!

Sehr oft klappern locker hängende Kabel ans Blech. Deshalb zuerst einmal alle lockeren Kabel in der Geräuschgegend wieder in die Kabelschellen drücken oder mit Klebeband befestigen. Rasselt irgendwo etwas herum, ist es vermutlich eine Schraube oder Mutter. Wenn man sie nicht findet, soll man einmal nachprüfen, wo eine solche Befestigung fehlt: In der Nähe wird sich auch der Klappergeist aufhalten. Schon eine verschwundene Befestigung kann Quietschen oder Zirpen der nun gelockerten Teile verursachen, und hat man im Moment keine geeignete Sicherungsmöglichkeit (Schraube, Draht) zur Hand, kann man wenigstens etwas Öl an die Zwitscherstelle geben (vom Ölmeßstab die Öltropfen an Taschenmesser oder Streichholz abstreifen und auftragen), sofern kein Gummi in der Nähe ist.

Vorbeugend gegen Quietschgeräusche (oder versuchsweise) hilft es, alle in der Störgegend erreichbaren gegeneinander scheuernden Teile mit Glyzerin einzureiben oder zu beträufeln. Öl ist in diesem Falle nicht immer ratsam, denn sehr oft sind Gummi- oder Kunststoffzwischenlagen an der Quietscherei mitbeteiligt, denen Öltropfen nicht gut bekommen würden.

Eine gute Vorbeugung gegen Klappergeräusche ist natürlich auch das Nachziehen aller Schrauben und Muttern zur Befestigung der verschiedenen Teile an der Karosserie. Dieser nach jeweils 10 000 km Fahrtstrecke empfohlene Wartungsdienst ist allerdings etwas theoretischer Natur, denn einerseits warten Klappergeräusche nicht gerade 10 000 km lang und andererseits wäre es allein eine stundenlange Arbeit, wirklich sämtliche Schrauben und Muttern zu suchen und nachzuziehen. In der Praxis ist es also gescheiter, bei allen Wartungs- und Instandsetzungsarbeiten, die man an diesem oder jenem Teil des Wagens vornimmt, den jeweils passenden Schraubenschlüssel auf die nächsterreichbaren Schrauben und Muttern anzusetzen und mit kurzem Zug zu prüfen, ob sich da etwas gelockert hat; etwa beim Motorölwechsel am unteren Bodenblech des Motorraums, an der Hinterachsaufhängung usw. Hüten Sie sich dabei jedoch, alle Schrauben nun mit größter Gewalt anziehen zu wollen. Für viele von ihnen sind bestimmte Zugspannungen zum Festdrehen vorgeschrieben, die man nur mit einem sogenannten Drehmoment-Schraubenschlüssel genau befolgen kann und nicht überschreiten darf.

Karosserieschäden

Opel hat die Karosserien so versorgt, daß sie gegen Witterungseinflüsse und Streusalzangriffe für eine geraume Zeit abgeschirmt sind. Die Oberfläche der Karosserie ist phosphatiert, grundiert und erst danach mit Kunstharzlack überzogen; im Bereich des Unterbaus und der Einstiegträger kommen verzinkte Bleche zur Anwendung; die Einstiegträger besitzen außerdem eine Rostschutzgrundierung und einen Wachsfilm; im Schleuderbereich der Räder hat man einen Unterbodenschutz auf Bitumen-Kautschuk-Basis aufgetragen. Trotz dieser Vorkehrungen dürfen Sie nicht erwarten, nun für alle Zeiten ein taufrisches Auto Ihr eigen zu nennen.

Plötzlich zeigt sich irgendwo der erste Rost, und es bleibt nicht dabei. Schnell sind bei Unachtsamkeit die Hauben- und Türkanten angestoßen und dann der

Korrosion ausgesetzt. Wie bei fast allen anderen Wagen ist das Karosserieblech unterhalb der vorderen Stoßstange dem Aufprall hochgewirbelter Steine ausgesetzt. Hierbei handelt es sich um direkt von außen einwirkende Schädigungen, die sich bei rechtzeitigem Erkennen leicht beseitigen lassen.
Anders ist es bei der Verrostung von Karosserienähten. Hier kommt die Korrosion von innen, und ist der Lack erst einmal hochgedrückt, helfen Schönheitsreparaturen von außen wenig. Von innen unzugängliche Karosserienähte können nur in einer Fachwerkstatt repariert und gegen spätere Einflüsse isoliert werden.
Gewisse Unfallreparaturen können teuer werden, beispielsweise, wenn ein hinteres Seitenteil (das die Türeinfassung mit einschließt) beschädigt wurde. Nicht jede Opel-Werkstatt ist immer in der Lage, Lack- und Karosserieschäden ordnungsmäßig zu reparieren. Wenn es sich um keinen Garantiefall handelt, geht man lieber gleich zu einer Spezialwerkstätte (zu der Vertragswerkstätten ohnedies ihre Aufträge »weitergeben«).
Um die angeblichen Kostensteigerungen bei der Regulierung von Schadensfällen wenigstens teilweise aufzufangen, suchen die Versicherungsunternehmen in Zusammenarbeit mit den Automobilherstellern nach Wegen der Rationalisierung. Danach ergeben sich Preis- und Zeiteinsparungen durch sogenannte Abschnittsreparaturen, bei denen nicht bedenkenlos ganze Karosserieteile ersetzt werden, sondern nur Teile derselben. Zum Beispiel muß nicht eine komplette Tür ausgetauscht werden, wenn nur das Außenblech verbeult ist. Bei solchen Arbeiten muß es natürlich das oberste Gebot bleiben, die Betriebssicherheit und den Werterhalt zu berücksichtigen.

Reparaturen am Unterbau

Wie wir zeigten, besitzen alle Karosserieteile eine stabilisierende Aufgabe, die sie gemeinsam mit dem Unterbau übernehmen. Beschädigungen an der Karosserie ziehen sehr oft auch den Unterbau in Mitleidenschaft, und Instandsetzungen dieser für das Auge nicht immer sichtbaren Fahrzeugteile können nur von einem Fachbetrieb vorgenommen werden. Größere Opel-Werkstätten sind dazu ohne weiteres in der Lage, und dort hält man sich bei derartigen Arbeiten an folgende Richtlinien:
Träger, Trägerteile und Konsolen dürfen beim hydraulischen Richten nicht erwärmt werden. Besteht bei stark verunfallten Wagen der Verdacht auf Beschädigung der Bodengruppe, wird grundsätzlich eine Rahmenlehre in Anspruch genommen, um Abweichungen von vorgeschriebenen Maßen und Formen festzustellen. Träger und Rahmenteile werden nur mit Hilfe bestimmter Prüf- und Schweißverfahren ersetzt. Träger sollen nur an den Original-Trennstellen ersetzt werden. Die Verbindungen sind punktzuschweißen. Neue Teile dürfen nicht stumpf angesetzt und autogen geschweißt werden, sondern sie sind mit U-Laschen an der Stoßstelle einzupunkten und unter Verwendung eines Lichtbogenschweißapparates zu befestigen. Es sollen Punktschweißelektroden mit möglichst kleiner Ausladung verwendet werden, um den Anpreßdruck so hoch wie möglich zu halten.
Diese für den Autobesitzer üblicherweise wenig verständliche Anleitung soll Ihnen nahebringen, daß nach einer Beschädigung der Bodengruppe – die Ihrem Auto hoffentlich nie widerfährt – die Reparatur sehr gewissenhaft ausgeführt werden muß. Das muß nicht zuletzt im Hinblick auf Ihre eigene Sicherheit beim später wieder aufgenommenen Betrieb geschehen – auch der TÜV erkennt bei der nächsten Untersuchung sehr schnell, ob fachmännische Arbeit geleistet wurde. Murks zahlt sich nicht aus – man muß es noch einmal machen lassen.

Schließt die Motorhaube nicht richtig, läßt sich ihr Schloß seitlich und in der Höhe verschieben, wenn man die beiden Schrauben SW 13 lockert. Die beweglichen Schloßteile sind gut mit Fett zu versorgen, und ebenfalls sollte man ab und zu etwas Öl an die Führung des Haubenzuges träufeln, der vom Bedienungshebel heranführt.

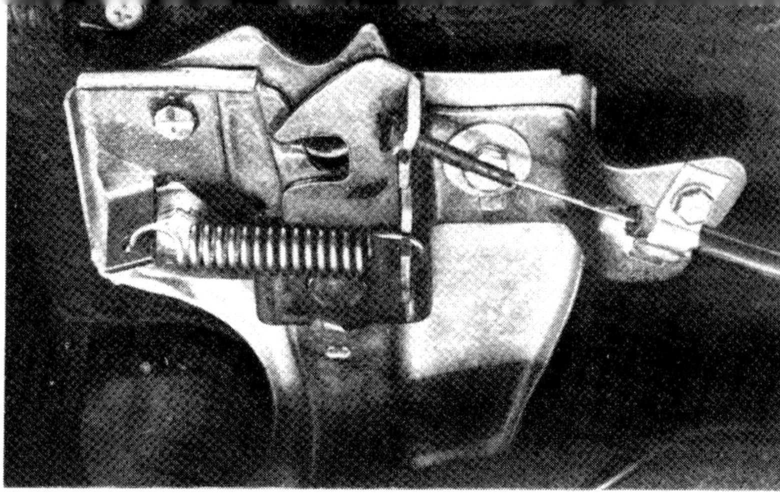

Die Motorraumhaube und ihr Schloß

Pflegearbeit Nr. 35

Die Haube über dem Motorraum ist vorn mit zwei Scharnieren angelenkt. Mit dieser Art der Anbringung ist es unmöglich, daß die Haube sich während der Fahrt öffnet und dem Fahrer die Sicht versperrt. Dennoch soll der Schloßmechanismus der Haube alle 10 000 km und ihre ordentliche Stellung kontrolliert werden, um einerseits stets des korrekten Verschlusses sicher zu sein, andererseits zu jeder Zeit die Haube umstandslos öffnen zu können.

Wenn die Haube schief sitzt, müssen die beiden Sechskantschrauben an den Befestigungswinkeln bei jedem Scharnier etwas gelockert werden, damit sich der Haubendeckel entsprechend verschieben läßt. Danach sind die Scharnierschrauben wieder gut anzuziehen. Die Haube muß so ausgerichtet sein, daß die Abstände zu den angrenzenden Flächen annähernd gleich groß sind. An der hinteren Versteifungsrippe der Haube befindet sich ein Gummipuffer, der – bei geschlossener Haube – auf den Schalter der Motorraumleuchte drückt. Wenn die Haube geöffnet wird, brennt dieses Licht zusammen mit den eingeschalteten Scheinwerfern. Bei nicht eingebauter Leuchte fehlt ab Werk auch der genannte Gummipuffer.

Die Kofferraumhaube

Auch den Gepäckraumdeckel kann man – wie die Motorhaube – abnehmen oder in seitlicher Richtung und in der Höhe verstellen. Zum Justieren ist es auch möglich, den Haltebügel für das Schloß zu versetzen, indem man die Sechskantschraube lockert oder aber das Schloß selbst nach Lösen der beiden Kreuzschlitzschrauben verschiebt. Dies wird man vornehmen müssen, wenn der Kofferraumdeckel klappert.

Die Schloßfalle des Kofferraumdeckels ist mit zwei Kreuzschlitzschrauben befestigt. Die Öffnung zu den Schraubenlöchern ist weiter gestaltet und erlaubt ein Verschieben der Falle, wenn das Schloß nicht richtig schließen sollte. Außerdem kann man noch die Befestigungsschrauben an den Scharnieren der Haube lösen und die gesamte Haube somit justieren.

Auf der Auflagekante des Kofferraumdeckelausschnittes ist rundum eine Gummidichtung aufgeklebt, die das Eindringen von Staub und Wasser sowie das Klappern der Kofferraumhaube verhindern soll. Ist diese Gummidichtung beschädigt, muß sie ersetzt werden, sonst verschmutzt das Gepäck im Kofferraum. Dazu alte Dichtung herausreißen und Auflagefläche gut mit Benzin säubern, bis eventuelle Klebstoffreste beseitigt sind. Die neue Dichtung und die Kofferraumdeckelkante werden auf ihren Auflageflächen mit Gummikleber eingestrichen und etwas trocknen gelassen. Nach entsprechender Zeit Klebefläche der Gummidichtung flüchtig mit Benzinlappen überwischen und sofort andrücken. Die beiden Enden der Gummidichtung mit Kleber bestreichen und ebenfalls zusammendrücken.

Die Stoßstangen

Für den Manta sind die Stoßstangen aus einem Stück gefertigt. Es ist nicht schwer, sie vom Wagen abzunehmen. Dazu benötigt man lediglich einen Ringschlüssel SW 13, mit dem man vorn die Sechskantschrauben – jeweils am Kotflügel innen und am Halter links und rechts sowie an der Front unten abschraubt. Hinten sind zuerst die Kennzeichenleuchten auszubauen, und dann schraubt man die Stoßstangen – ähnlich wie vorne – mit den Haltern ab. Die zur Wagenseite herumführenden Stoßstangenenden, die relativ dicht am Karosserieblech anliegen, sind im Alltagsverkehr besonders gefährdet – und mit ihnen das dahinter »geschützte« Blech.
Man muß aufpassen, daß die Stoßstange beim Lösen ihrer letzten Halteschraube nicht herunterfällt und womöglich die Karosserie zerkratzt.

Die Türen

Nur nach einer Beschädigung wird man eine Tür ausbauen müssen. Diese Arbeit erfordert aber oft besondere Werkzeuge und größere handwerkliche Erfahrung. Die Türscharnier-Spannhülsen müssen ausgebaut werden und eventuell sind die Türscharniere zu richten. Der Niet der Türbremse ist abzuschleifen und später durch einen Halbrundniet zu ersetzen. Beim Tausch gegen eine sogenannte Rohbautür müssen alle (noch verwertbaren) Teile der alten Tür für die neue Tür übernommen werden, außer der Verkleidung also auch der Schließzylinder, die Türgriffe, Fensterheber und -scheibe, Fensterführungsschienen, Türbremse, Anschlagpuffer usw. Vor Beginn einer solchen Arbeit soll man es sich genau überlegen, ob die eigenen Fähigkeiten und das vorhandene Werkzeug dazu geeignet sind oder ob man die Sache doch nicht lieber in der Werkstatt machen läßt.

Türen justieren

Liegt eine Tür nach dem Einbau nicht flächenglatt zum Kotflügel, zur unteren oder oberen Türleiste, dann müssen die Scharnierschrauben noch einmal etwas gelockert und in ihren Bohrungen so weit verschoben werden, bis die geschlossene Tür flächenglatt anliegt. Dieses Heimwerker-Justieren wird allerdings nicht ausreichen, wenn beispielsweise die Tür beim Öffnen auf den Bürgersteig gerammt wurde, sich durch Anprall verschoben hat und nun etwas verkantet im Türausschnitt sitzt. Da sind die speziellen Richtwerkzeuge der erfahrenen Werkstatt notwendig, und anschließend muß die Türschloßeinstellung überprüft werden.

Türverkleidung ausbauen

Für viele Arbeiten an der Tür muß zuerst die Innenverkleidung abgenommen werden. Diese Arbeit beginnt mit dem Ausbau der Fensterdrehkurbel. Dazu ist eine flache Türfederzange (Hazet-Werkzeug Nr. 799) zwischen den Kurbelfuß und die darunter liegende Kunststoffscheibe zu zwängen und die Sicherungsfeder herauszudrücken. Mit etwas Geschick läßt sich diese offene Ring-

Ohne besondere Mühe lassen sich beide Stoßstangen abschrauben, wozu man lediglich einen Schraubenschlüssel SW 13 benötigt. An jeder Seite ist die Stoßstange mit der Karosserie verschraubt. Ohne Stoßstangen zu fahren ist besonders für die Rückleuchten (beim Parken) risikoreich, da sie dann fast die äußersten Angriffspunkte am Wagen darstellen.

feder an einem ihrer Enden auch mit einem sehr schmalen Schraubenzieher herausdrücken oder mit einer Häkelnadel herausziehen.
Anschließend hebelt man mit einem breiten Schraubenzieher die Rosette der Türschloßbetätigung ab, und beide Schrauben der Armstütze werden herausgedreht. Danach ist es möglich, die Verkleidung abzunehmen, die mit Federklammern an drei Seiten (links, rechts und unten) im Blechrahmen gehalten ist. Bei noch gut erhaltenen Wagen genügt es dazu, seitlich hinter der Verkleidung dieselbe mit der Hand abzudrücken; bei älteren Autos können die Halteklammern verrostet sein und widersetzen sich der vorsichtigen Behandlung. Dann nimmt man einen Schraubenzieher zu Hilfe, den man zwischen Türverkleidung und Türinnenblech schiebt und in der Nähe der Klammern das Werkzeug als Hebel benutzt. Um den Lack der Tür nicht zu zerkratzen, hält man auf das Türblech noch ein Stückchen Pappe als Schutz unter den Schraubenzieher.
Unter der Türverkleidung ist der Türrahmen mit Kunststoffolie als Schutz gegen Feuchtigkeit verklebt. Man kann sie abziehen, denn die Klebemasse ist dauerplastisch. Beim Zusammenbau darf diese Folie (man kann als Ersatz auch jede Art wasserfester Plastikfolie nehmen) auf keinen Fall vergessen werden, sonst dringt Wasser oben durch den Fensterschlitz auf die Rückseite der Türverkleidung und läßt deren Pappe wellig werden und schimmeln. Die Wasserabweisfolie muß im unteren Türschlitz eingeführt sein. Wenn der dauerplastische Klebstoff beim Wiederankleben nicht mehr hält, läßt sich stattdessen auch Alleskleber (Uhu oder Pattex) verwenden.

Störungen am Kurbelfenster

Die rahmenlosen Kurbelfenster sind nicht immer frei von Problematik. Dieses Charakteristikum der Manta-Karosserie beeinflußt das Aussehen des Wagens positiv, kann aber zu Ärger Anlaß geben, wenn der Hebemechanismus nicht ganz genau eingestellt ist. Ständige Windgeräusche während der Fahrt stellen dann noch das kleinere Übel dar, es kann aber in extremen Fällen sogar zum Eindringen des Regenwassers kommen. Um bei diesem rahmenlosen Fenster an dessen Führung heranzukommen, muß das Fenster ausgebaut werden.
Sollte sich jedoch herausstellen, daß der Hebemechanismus defekt ist, muß man ihn wegen seiner Unzulänglichkeit, wenn er eingebaut ist, ebenfalls aus der Tür ausbauen. Dazu hat man das Fallfenster so zu verstellen, daß der

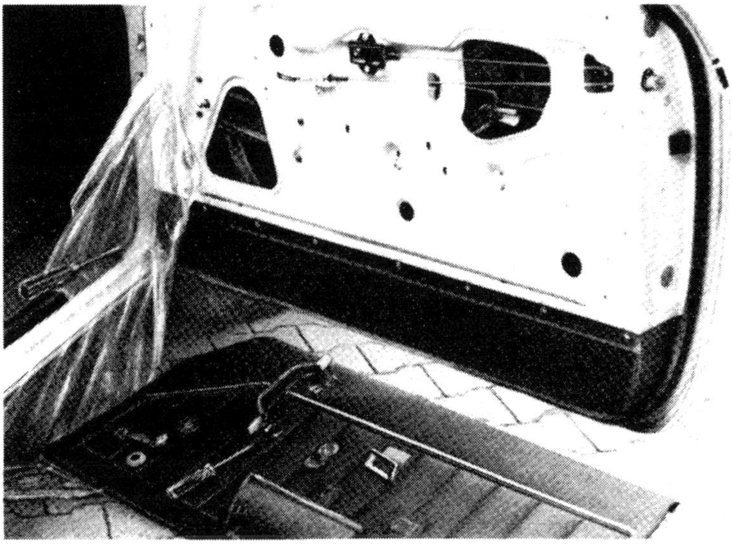

Die rechte Vordertür mit abgenommener Innenverkleidung. Hierzu wurde die Armlehne abgeschraubt, der Griff von der Fensterkurbelwelle abgenommen (siehe Bild Seite 238) und die Kunststoffschale aus der Türgriffumrandung abgehebelt. In der rechten Aussparung der Türfüllung sieht man das Zahnsegment des Fensterhebers. Beim Zusammenbau darf man nicht versäumen, die Regenschutzfolie wieder korrekt anzubringen.

Haupthebel mit dem Zahnsegment und die vordere Halteplatte zur Deckung kommen. Die Lage der Schraube am Plastiklager der Fensterschiene ist anzuzeichnen und dann abzuschrauben. Das Fenster muß im Türschacht (mit Holzkeilen) festgeklemmt werden.
Weiterhin sind die beiden Sechskantschrauben der Führungsschiene für den Fensterheber anzuzeichnen und danach wird der Fensterheber abgeschraubt (Kreuzschlitzschrauben) und langsam abgelassen, indem man ihn durch das untere Montageloch mit der Hand unterstützt. Nun schiebt man das Fallfenster hoch und klemmt es erneut fest. Der Fensterheber wird durch das obere Montageloch im Türinnenblech entnommen.
Der Einbau geschieht in umgekehrter Reihenfolge.

Fenster austauschen

Bei der Tür des Manta ist, bevor man das Fenster ausbaut, natürlich die Innenverkleidung – wie schon beschrieben – abzunehmen. Außerdem muß der Zierstab, der an der Außenseite der Tür längs des Fensterschachts angebracht ist, abgenommen werden. Zu diesem Zweck biegt man seine Enden auf und drückt den Stab mit einem Holzkeil nach oben ab. Die Fensterführungsschiene wird an der Schloßseite gelöst und ferner hat man die Schraube am Plastiklager der Fensterschiene in ihrer Position zu markieren und abzuschrauben.
Die Lage der Sechskantschrauben für die Fensterheberführungsschiene ist zu kennzeichnen. Um sie abschrauben zu können, muß das Fenster mit der Hand festgehalten oder anderweitig festgeklemmt werden. Jetzt läßt sich das Fenster kippen (hinten anheben) und aus dem Fensterschacht nach oben entnehmen.
Das hintere Ausstellfenster kann ohne größere Umstände ausgewechselt werden. Man löst die drei Kreuzschlitzschrauben des Verschlusses von der Innenseite des Wagens. Danach hält man die Scheibe gut fest und schraubt auch die beiden Schrauben an der Schloßsäule ab, die dort unterhalb des Scharniers sitzen. Oben ist diese Fensterschiene nur in eine Führung gesteckt. Nach Entnahme der Scheibe wird diese vorsichtig aus der Fensterschiene abgedrückt.
Will man die Verriegelung des Schwenkfensters weiterhin verwenden, muß ihr Bolzen abgebohrt und der Halter von der Scheibe abgeschraubt werden.
Vor dem Einsetzen einer neuen Windschutz- oder Heckscheibe möchten wir

Soll die Fensterkurbel von ihrem verzahnten Sitz abgenommen werden, kann der findige Bastler auch ohne spezielle Federzange auskommen. Das Federende, das nur um 1 mm aus dem Führungsspalt herausragt, kann mit einem schmalen Schraubenzieher seitlich abgehebelt und nach oben gedrückt werden. Beim Aufsetzen ist die Feder mit ihren Einschnürungen auf die oberen Spaltenenden zu klemmen und wird erst heruntergedrückt, wenn die Kurbel richtig auf der Welle sitzt.

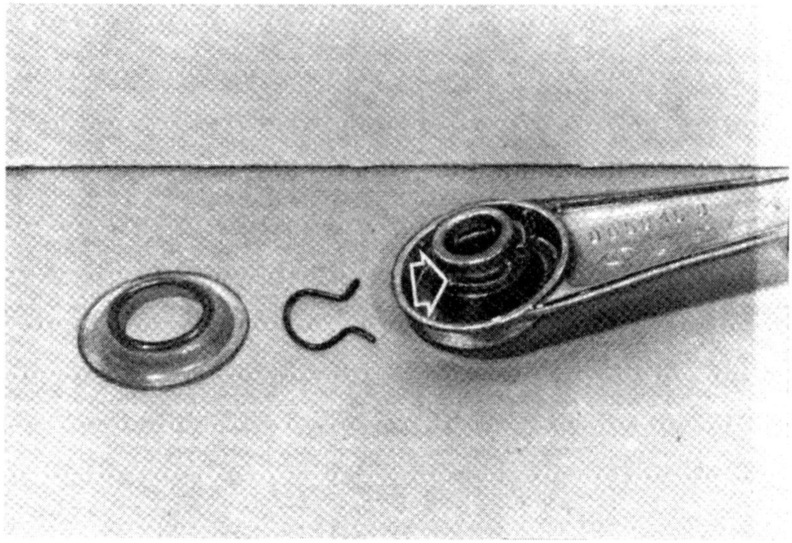

warnen. Bei ungeschickter Handhabung brechen diese Scheiben leicht. Die Scheiben sind teurer als die Einbauarbeit in der Werkstatt, und wenn sie dem Mann in der Werkstatt beim Einsetzen brechen, war es seine Schuld. Außerdem würden wir aus Sicherheitsgründen für den Einbau einer Verbundglasscheibe plädieren, die es auf Wunsch auch ab Werk gibt.
Nach dem Einbau einer Windschutz- oder Heckscheibe muß Dichtungsmasse mit einer besonderen Druckpresse zwischen Gummifassung und Karosserierand gedrückt werden. Da diese Masse nicht eintrocknet, kann man sich damit arg das Wageninnere verschmieren. Diese Dichtungsmasse ist übrigens werksseitig vergessen oder nicht in genügender Menge eingepreßt, wenn bei Regen Wasser in den Wagen eindringt.
Verbundglas-Windschutzscheiben sind bei Opel ab April 1973 billiger als vorher.

Fingerzeig: *Im Winter sollen die Türdichtleisten öfter mit Glyzerin sparsam eingerieben werden. Das verhindert das Festfrieren bei plötzlichem scharfen Frost. Talkum hält dagegen Gummidichtteile im Sommer geschmeidig.*
Brüchig gewordene Gummidichtungen sollten Sie austauschen, sonst wird es innen feucht.

Sitze ausbauen

Immerhin kann es einmal erforderlich sein, einen sperrigen Gegenstand transportieren zu müssen, den man nur in den Wagen laden kann, wenn der rechte Vordersitz oder die Rückbank entfernt wird. Aber auch beim Sauberhalten des Innenraums sollen die Sitze gelegentlich herausgenommen werden.
Bei den Vordersitzen hängt man den Haken der Sitzarretierung aus, damit er nicht in die Verzahnung der Schiene eingreifen kann. Dann wird der Sitz jeweils so weit nach vorn und nach hinten geschoben, daß sich die Befestigungsschrauben erreichen lassen, die man herausdrehen muß. Später sind die Schrauben wieder fest anzudrehen – sie lockern sich leicht.
Den Sitz der Rückbank drückt man in Richtung Rückenlehne aus seinen Halterungen am Boden unter dem Sitz und schiebt ihn danach nach oben, wodurch er ausgehängt wird. Die Rückenlehne ist rechts und links von Blechlaschen am Radlauf festgehalten. Diese Laschen sind aufzubiegen, und dann kann die

Lehne aus ihren Halterungen, die sich an der Traverse unterhalb des Heckfensters befinden, herausgehoben werden.

Sicherheitsgurte kontrollieren

Die Hersteller von Sicherheitsgurten vertreten die Ansicht, daß ihre Produkte ein ganzes Autoleben überstehen, wenn die Gurte nicht bei einem Unfall gedehnt wurden. Trotzdem empfiehlt sich aber eine regelmäßige Kontrolle. Ist das Gurtband wellig, zeigen sich ausgefranste Kanten, aufgeriebenes Gewebe oder angerissene Nähte, dann sollten Sie den betreffenden Gurt unbedingt auswechseln.
Und wenn bei einem »lahmen« Automatikgurt das Gurtband öfter zwischen Tür und Rahmen eingeklemmt wurde, verliert der Gurt mit der Zeit an Festigkeit. Auch in diesem Fall ist Ersatz anzuraten. Schmutzige Gurte werden mit einer milden Seife und lauwarmem Wasser gesäubert, keinesfalls chemische Reinigungsmittel verwenden.

Fingerzeig: *Wenn bei einem Unfall die Passagiere von den angelegten Sicherheitsgurten »gebremst« wurden, dehnt sich das Gurtgewebe. Ein solcher Gurt muß unbedingt ausgetauscht werden, denn er bietet anschließend nur noch unzureichenden Schutz. Bei einem unverschuldeten Unfall bezahlt die zum Schadenersatz verpflichtete Versicherung auch die neu anzuschaffenden Sicherheitsgurte.*

Nicht zuletzt: Sauberkeit

Von daheim sind Sie Reinlichkeit gewöhnt, und der fahrbare Raum, den Ihr Auto Ihnen bietet, soll ebensolche wohnliche Sauberkeit ausstrahlen. Deshalb gehört es zu jeder Wagenwäsche, daß etwa eingelegte Fußmatten herausgenommen, abgewaschen oder ausgeklopft werden und der zum Wagen gehörende Bodenbelag mit einem feuchten Schwamm abgewaschen wird. Nimmt man nach längerer Winter- oder Regenzeit diesen Bodenbelag heraus (dazu Haltebleche an dem Einstieg abschrauben), wird man sich vielleicht wundern, welche Spuren die eingedrungene Feuchtigkeit hinterlassen hat. Während die Bodenmatte austrocknet, kann man sich dem Bodenblech widmen.
Vorhandene Roststellen werden blankgeschliffen, mit einem Phosphatierungsmittel (Bostik Antirost) eingepinselt, und das Metall mit etwas Teroson-Unterbodenschutz überstrichen oder mit Tectyl übersprüht.
Kunststoffbezüge der Sitze und der Innenverkleidung reinigt man auf keinen Fall mit Benzin oder Fleckenwasser, denn damit lassen sich viele Kunststoffarten auflösen, so daß es nicht mehr reparierbare Flecken und Schäden gibt. Statt dessen versucht man es erst einmal mit einem feuchten Schwamm und etwas Seifenschaum. Noch schneller und intensiver geht es mit einem Plastik-Reiniger, den es von verschiedenen guten Pflegemittelfirmen gibt, beispielsweise Pyrmofix, Plastoclean (kleine Blechflasche mit 250 Gramm Inhalt und kleinem Spezialschwamm). Auch die Seitenverkleidungen werden damit gereinigt.
Für Stoffbezüge der Sitze – einschließlich des Cord in der Berlinetta – gibt es geeignete Schaumreiniger, womit man den grau gewordenen Farben oder auch vorhandenen Flecken zuleibe rückt. Scharfe Reinigungsmittel sind zu vermeiden, es sei denn, sehr grobe Verschmutzungen sind zu entfernen. Sollte man bei dieser Gelegenheit die Sitze ausgebaut haben, kann man jetzt kontrollieren, ob die Nähte der Polsterung nicht beginnen aufzureißen. Eine helfende Frauenhand ist sicher zugegen, die sich derart ankündigenden Schäden annimmt und mit einigen Nadelstichen wieder Halt dorthin bringt, wo sich der Bezug (besonders unten am Sitz) gelockert hat. Beschädigungen des Polster-Innenmate-

Hier wurde der Beifahrersitz herausgenommen. Dazu muß man die zwei Schrauben beider Haltebügel aus dem Bodenblech herausdrehen, wodurch die vordere Sitzstütze frei wird. Zudem ist die Sitzarretierung auszuhaken.

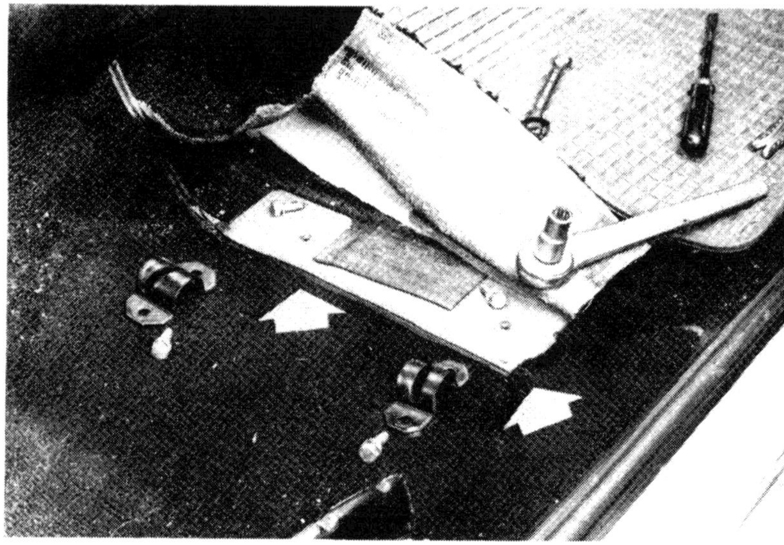

rials durch die Sitzfederung begegnet man, indem zwischen Federn und Polster Kunststoff-Folie geschoben wird.
Die Verkleidung des Daches, die sich über den Insassen des Wagens wölbt, ist der »Himmel«. Dieser irdische Himmel sollte unangetastet bleiben, denn dem Selbsthelfer ist es so gut wie unmöglich, ein Unwetter zu verhindern, das in Gestalt von herabsinkender Verkleidung die Köpfe verhüllt. Nur eine Fachwerkstatt, am besten eine Auto-Polsterei, bringt diesen Himmel wieder dorthin, wo er hingehört, und das noch ohne Falten und »Wolken«.

Zusätzliche Spoiler

Ein Spoiler (vom englischen stören, verderben) ist ein unter die vordere Stoßstange gesetztes breites Blech, das die Luftströmung so stören soll, daß bei hohen Geschwindigkeiten der Wagen vorn keinen Auftrieb bekommt, was Lenkung und Bodenhaftung vermindern könnte.
Für einige Leute bedeutet der Anblick eines Autos mit Spoiler, daß der Besitzer entweder ein übler Straßenrowdy oder ein Angeber ist. Ehe man aber abfällig urteilt, soll man sich vor Augen halten, daß ein aerodynamisch richtig ausgebildeter Spoiler die Fahrsicherheit im oberen Geschwindigkeitsbereich erhöht. Nicht umsonst rüstet Opel den Manta GT/E wie auch schon vorher den Typ Commodore GS/E serienmäßig mit einem Spoiler aus, was das Fahrverhalten, mit dem der gleichen Modelle ohne Spoiler verglichen, positiv beeinflußt. Ähnliche Ergebnisse kann man bei jedem Manta erzielen, nur sollte man sich nicht irgendeinen Schneeschieber vor den Wagen schrauben, sondern tatsächlich den vom TÜV zugelassenen Spoiler eines erfahrenen Herstellers. Wer also die Fahreigenschaften seines Manta noch verbessern möchte oder eventuell die Absicht hat, mit seinem Auto an sportlichen Wettbewerben teilzunehmen und für diese Zwecke unter anderem den Anbau eines Spoilers erwägt, kann sich z. B. mit der bekannten Tuning-Firma für Opel-Wagen, Irmscher in Winnenden, in Verbindung setzen, wo man sachkundigen Rat erhält.

Schleppzug ahoi

Wir wollen es nicht hoffen, aber man muß der Eventualität ins Auge sehen: Der Fall kann eintreten, daß Ihr Auto nicht mehr weiter will. Wollen Sie es dann bis zur nächsten Rettungsstation schieben?
Vielleicht sind Sie in einer derartigen Situation überaus mißmutig (was verständlich wäre) und rufen kurzerhand einen Abschleppdienst herbei. Haben Sie sich aber auch überlegt, was der Spaß kosten kann? Abschleppdienste sind ganz gewiß keine Wohltätigkeitsorganisationen und die Inanspruchnahme ihrer tüchtigen Hilfe reißt ganz schön ins Geld. Aus finanzieller Sicht ist es bestimmt vorteilhafter, ein eigenes Seil im Auto mitzuführen. Wenn man in seiner Notlage, am Straßenrand stehend, mit diesem Seil winkt und die vorbeiflutenden Verkehrsteilnehmer dadurch auf sich aufmerksam macht, vergeht voraussichtlich nur eine kurze Zeit, bis ein hilfsbereiter Weggenosse anhält und sich bereit erklärt, den liegengebliebenen Wagen ins Schlepptau zu nehmen.

Das eigene Seil

Das zulässige Gesamtgewicht beträgt beim Manta, je nach Ausführung, zwischen 1230 kg und 1355 kg. Damit gehören diese Wagen in die Mittelklasse der Automobile, was man beim Kauf eines Seils berücksichtigen sollte. Vielleicht kommen Sie unterwegs auch selbst einmal in die Lage, einen schweren Wagen abschleppen zu wollen, dann wird Ihr Hilfswille von einem »Bindfaden« nicht unterstützt. Besorgen Sie sich also ein starkes Seil.
Abschleppseile aus Hanf, Perlon oder Stahl erhält man im Zubehörhandel. Vor- und Nachteile haben sie alle. Perlonseile sind dehnfähig und verhüten deswegen, daß an den Fahrzeugen beim Anfahren etwas beschädigt wird. Aber sie sind scheuer- und hitzeempfindlich, werden an Karosseriekanten leicht beschädigt und sind am heißen Auspuff sofort hinüber. Deshalb muß ein Perlonseil verschiebbare Ledermanschetten besitzen, die es vor solchen Anfeindungen schützen. Besonders preiswert sind Hanfseile, und ihre Lebensdauer ist der von Perlonseilen überlegen. Aber ein Hanfseil ist dick und läßt sich nicht durch jede Abschleppöse hindurchfädeln. Stahlseile sind ziemlich spröde zu handhaben, und Nachgiebigkeit besitzen sie überhaupt nicht. Ein solches Seil muß unbedingt mit »Ruckdämpfer« ausgestattet sein, der das harte Anrucken beim Schleppvorgang durch Elastizität ausschließt. Mit einem Stahlseil kann man sogar einen Wagen, der in den Graben gerutscht ist, wieder herauszerren.

Im Schlepptau

Bei Opel war man nicht hochnäsig und sorgte dafür, daß man den Manta auch einmal an ein Seil hängen kann. Am Vorderachskörper, in der Mitte unter dem Abdeckblech, ist eine nach vorn ragende stabile Öse angebracht, durch die sich ein nicht zu dickes Seil hindurchziehen läßt. Woanders soll man das Seil nicht anbringen, und eigentlich ist das auch kaum möglich, weil keine andere Gegebenheit vorhanden ist.

Im Schlepp zu fahren ist nicht ganz einfach. Der Ziehende hat vordringlich den Verkehrsablauf zu beobachten und kann nur durch vorsichtige Fahrweise auf sein Anhängsel Rücksicht nehmen. Im geschleppten Wagen müssen Sie jedoch ebenfalls die vor Ihrem Zugwagen wechselnden Situationen beobachten, ja beinahe vorausahnen. Sie müssen eher bremsen als ihr Helfer vorn, damit das Seil immer straff bleibt, ihn also praktisch mitbremsen. Jedes Anfahren mit lockerem, über die Straße schleifendem Seil beansprucht die Haltepunkte des Seils an beiden Wagen, denn der Vordermann kann es meist nicht sehen, wenn die Verbindung zu seinem Anhänger nicht stramm spannt. Zieht er dann wieder los, gibt es einen gewaltigen Ruck durch beide Autos.
Um an dem Schleppwagen vorbei gute Sicht voraus zu haben, wird das Seil bei diesem möglichst links angeknüpft. So kann die Zugmaschine scharf rechts fahren und der Geschleppte lenkt leicht versetzt zur Fahrbahnmitte hin.
Die hinter diesem Geleitzug fahrenden Verkehrsteilnehmer müssen sehen können, wann Sie bremsen. Also: Zündung einschalten, sonst leuchten die Bremslichter nicht auf. Haben Sie jedoch einen längeren Weg in dieser für Sie benzinsparenden Weise des Autofahrens vor sich, dann ist es ratsam, das glasklar-orange Kabel an der Zündspule zu lösen, damit sie sich nicht aufheizt und Schaden nimmt. Eingeschaltete Zündung verhindert zudem das Einrasten des Lenkschlosses, wodurch schon häufig Unfälle passierten. Zumindest also den Schlüssel auf Stellung »0« = »Aus«. Wenn Sie jetzt noch das Warndreieck ins Rückfenster stellen, können Sie Ihrem Vordermann das Startzeichen geben.

Fingerzeig: *Die Bremskraftunterstützung funktioniert nur bei laufendem Motor. Zum Abbremsen des geschleppten Wagens ist ein höherer Pedaldruck nötig.*

Abschleppen des Automatik-Opel

Wenn Ihr Manta ein automatisches Getriebe besitzt, darf er nur bei der Wählhebelstellung »N« geschleppt werden. Dabei soll die Geschwindigkeit von 50 km/h nicht überschritten werden, und die Schleppstrecke darf nicht mehr als 50 km betragen. Das hängt mit der Ölversorgung der Getriebeautomatik zusammen, deren Ölpumpe nur bei laufendem Motor angetrieben wird.
Zum Abschleppen über eine größere Entfernung ist entweder die Hinterachse anzuheben und dabei das Lenkrad in Geradeausstellung der Vorderräder zu fixieren (diese Maßnahme ist nur durch einen Abschleppdienst möglich), oder man muß die Kardanwelle vom Differential der Hinterachse lösen, damit sich der Lauf der Hinterräder nicht auf das Getriebe überträgt.

Das Abschleppseil darf am Manta nur an der eigens dafür vorgesehenen Öse am Vorderachskörper angebracht werden. Das ist zwar – besonders bei schlechtem Wetter und nasser Straße – nicht sehr angenehm, weil man sich dazu unter das Vorderteil des Wagens bemühen muß, man hat aber auch die Gewißheit, daß diese Öse bestimmt nicht abreißt. Trotzdem soll der ziehende Helfer ruckartiges Anfahren vermeiden.

Praktischerweise verfügt der Opel hinten sogar über zwei Abschleppösen, wo man das Seil am Wagenunterbau links oder rechts befestigen kann. Allerdings paßt nicht jeder Seilverschluß durch diese Ösen. Zur Not muß man das Seil zu einer Schlaufe abknicken, diese durch die Öse ziehen und daran dann den Verschluß befestigen oder das andere Seilende durch die Schlaufe ziehen.

Einen anderen abschleppen

Bei älteren Wagen kann die Blechlasche der nach unten gerichteten Öse angerostet sein und bei starker Beanspruchung eventuell abbrechen. Dann steht noch die Öse der anderen Seite zur Verfügung, oder man muß die Hilfeleistung einem anderen überlassen.

Hoffentlich beherrscht der, dem Sie helfen wollen, die primitivsten Regeln der Abschleppkunst. Handzeichen und Lichtsignale müssen Sie mit ihm verabreden, und außerdem hat er zuerst zu bremsen – das geschleppte Auto muß praktisch den Schleppwagen mit abbremsen.

Die Beifahrer des abzuschleppenden Wagens läßt man möglichst in den Zugwagen umsteigen. Dann ist das Anhängegewicht niedriger.

Abschleppen nach Gesetz

Folgendes hat man zu bedenken, bevor man sich an einem Schleppvorgang beteiligt:

Abschleppen ist eine Notmaßnahme und darf nur dazu dienen, den aus eigener Kraft nicht fahrfähigen Wagen in die nächste zumutbare Werkstatt oder an seinen nahegelegenen Heimatort zu bringen. Die Autobahn muß bei der nächsten Ausfahrt verlassen werden. Der Fahrer des abgeschleppten Fahrzeugs braucht keinen Führerschein zu besitzen, und für den Fahrer des schleppenden Wagens genügt der Pkw-Führerschein. Allerdings muß der Lenker eines betriebsfähigen Kraftfahrzeugs, das geschleppt wird, über den entsprechenden Führerschein verfügen. Das ist demnach beim Anschleppen wichtig.

Anhängerbetrieb

Wer an seinem Opel einen Anhänger mitziehen will, muß sich eine vorschriftsmäßige Anhängerkupplung an den Wagen anbauen lassen und hat dann zu beachten, daß die Anhängelast ein bestimmtes Gewicht nicht überschreiten darf. Wie schwer ein Anhänger im einzelnen Fall für die verschiedenen Manta-Typen sein kann, das ist im Kapitel »Technische Daten« aufgeführt. Dabei wird noch unterschieden, ob es sich um einen gebremsten oder ungebremsten Anhänger handelt.

Ihr Auto ist nur ein Mittelgewicht, und eine Zweifamilienvilla können Sie hinten nicht dranhängen. Überlegen Sie sich bitte genau, was Sie Ihrem Manta zumuten können, ehe Sie sich einen Wohnanhänger zulegen und damit über die Alpen ziehen. Die erlaubte Anhängelast sollte man niemals vollständig ausschöpfen, damit die Urlaubsreise nicht zu einer Tortur für Wagen und Insassen wird.

Die Eignung des Fahrwerks für den Anhängerbetrieb kann durchweg als befriedigend, wenn nicht als gut bezeichnet werden. Wenn man die Motoreignung der vier Manta-Typen in das Verhältnis zu den jeweils genehmigten Anhängelasten setzt, so ergeben sich natürlich etwas unterschiedliche Bewertungen. Die Leistung des 12 S-Motors erweist sich auch mit Anhänger als gut; die gleiche Einstufung für Anhängelasten bei den drei anderen Motoren bringt den 16 N-Motor natürlich ins Hintertreffen und macht ihn nur ausreichend tauglich, während die Eignung des 16 S-Motors befriedigend und die des 19 S-Motors als gut beurteilt werden kann. In jedem Fall lohnt sich der Einbau von verstärkten Hinterfedern, die Opel vorrätig hat. Sie verhindern das sonst starke Absinken des Wagenhecks durch den Druck auf die Anhängerkupplung.

Kraftstoffversorgung über Computer

Bei dem Manta GT/E sorgt eine elektronisch gesteuerte Benzin-Einspritzung von Bosch für die Gemischzubereitung, die anstelle der bei den anderen Modellen verwendeten Vergaser trat. Diese »Jetronic« bewirkt wegen der gleichmäßigeren Gemischverteilung eine bessere Gesamtverbrennung, verbunden mit günstigerem spezifischen Kraftstoffverbrauch. Zugleich entsteht ein geringerer Anteil schädlicher Abgase. Beim Betätigen des Gaspedals sprechen die Dosierungseinrichtungen eher an, wodurch guter Übergang und größere Beschleunigung möglich ist. Die Einspritzanlage bewirkt gegenüber der Vergaserausrüstung eine Leistungssteigerung von mehr als 10 %, im Zusammenwirken mit einer Nockenwelle, die über günstigere Steuerzeiten verfügt.

Alle Daten, die zur jeweils optimalen Gemischaufbereitung notwendig sind, werden am Motor abgetastet und dem Computer gemeldet, der sie augenblicklich in Steuerbefehle umsetzt. Die Druck- und Unterdruckverhältnisse im Saugrohr, die Drehzahl des Motors und die Temperaturen werden berücksichtigt, um die erforderliche Menge Kraftstoff zu liefern.

Um bei jeder Fahrsituation das gewünschte Luft-Kraftstoff-Verhältnis zu erhalten, wird die Kraftstoffmenge durch Ermitteln der Luftmenge und der Motordrehzahl geregelt. Auf diese Weise können auch die scharfen Abgasbestimmungen der USA eingehalten werden. Zweimal pro Nockenwellenumdrehung wird jeweils die Hälfte der pro Arbeitstakt benötigten Benzinmenge eingespritzt, wobei die Einspritzventile gleichzeitig spritzen, weil sie elektrisch parallel geschaltet sind.

Die Anlage ermöglicht Start und Anfahren auch bei großer Kälte störungsfrei wie auch eine volle Beschleunigung bei Drehzahlen um 1000 U/min ruckfrei durchführbar ist. Doch sollte man trotz solcher günstigen Eigenschaften die Notwendigkeit eines betriebswarmen Motors – bevor man ihn beansprucht – nicht vergessen.

Bei Störungen unterwegs soll man zuerst prüfen, ob die elektrische Kraftstoffpumpe arbeitet. Bei eingeschalteter Zündung kann man das hören: Sie muß ticken. Siehe auch nebenstehendes Schemabild.

Die Einspritzanlage besteht aus mehreren Teilsystemen, nämlich der elektrisch gesteuerten Kraftstoff-Zumessung, dem Kraftstoff-Versorgungssystem, dem temperaturabhängigen Kaltstartsystem und der temperaturabhängigen Leerlaufdrehzahl-Steuerung. Obwohl dies kompliziert erscheint, ist eine eventuelle Fehlersuche relativ leicht vorzunehmen. Solche Reparaturen und Einstellarbeiten sollen aber der Opel-Werkstatt oder dem Bosch-Dienst vorbehalten bleiben.

Zum Starten bei kaltem Motor und auch, wenn das Fernthermometer nicht ausschlägt, darf weder vor noch beim Anlassen das Gaspedal betätigt werden. Dagegen soll man das Gaspedal bei warmem oder heißem Motor während des Anlassens etwas niedertreten.

Im Zahlen-Dschungel

Mit den »Technischen Daten« bringt man alle Angaben zum Ausdruck, die sich in bezug auf ein Auto in Zahlen kleiden und mit international gültigen Maßen in Verbindung bringen lassen. Solche Angaben enthalten zugleich Kurzbezeichnungen für Teile des Motors, des Fahrgestells und der Karosserie. In der »Allgemeinen Betriebserlaubnis« (ABE), die für jeden Automobilhersteller Voraussetzung für Produktion und Vertrieb seines Erzeugnisses ist, sind sämtliche technische Darstellungen festgehalten und die Behörde wacht darüber, daß sie nicht (oder nur unter besonderen Auflagen) verändert werden. Daneben bieten diese Daten den Vergleich zu anderen Automobilen. (Änderungen der auf den nachstehenden Seiten gemachten Angaben auf Grund von werksseitigen Verbesserungen vorbehalten.)
Die Produktion des Opel Manta lief im August 1970 mit der Fahrgestell-Nr. 2 261 863 an. Es werden Motoren verwendet, die beim 1,2-Liter-Typ mit dem entsprechenden Opel Kadett identisch und bei den anderen Typen mit dem Opel Rekord C verwandt sind.
Die Typenkennzeichnung vor der eigentlichen siebenstelligen Fahrgestell-Nr. lautet (Modell-Kurzbezeichnung in Klammern):

57 (SZL) – Coupé Luxus

58 (SZ) – Coupé

59 (SZL) – Coupé Luxus

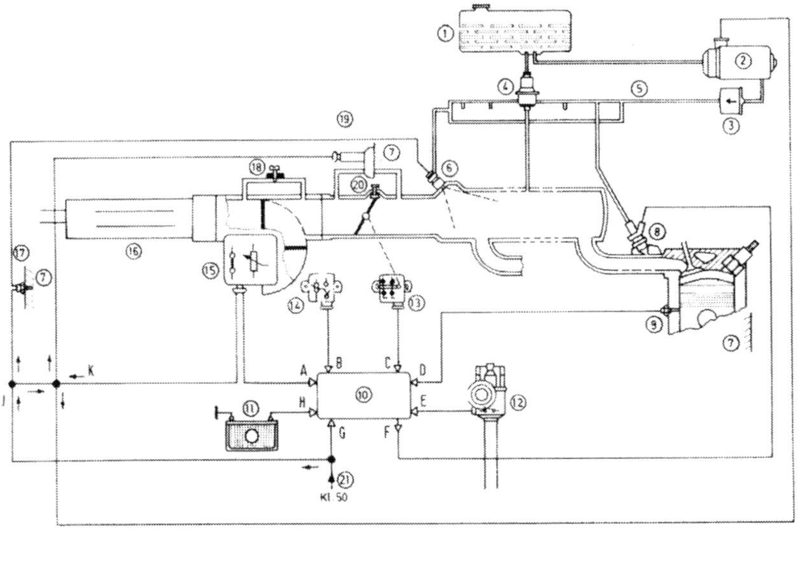

Schematische Anordnung der L-Jetronic im Manta A:
1 – Kraftstoffbehälter,
2 – Kraftstoffpumpe,
3 – Kraftstoffilter,
4 – Druckregler,
5 – Kraftstoffverteiler,
6 – Startventil,
7 – Motorblock,
8 – Einspritzventil,
9 – Temperaturfühler II,
10 – Steuergerät,
11 – Batterie,
12 – Unterbrecherkontakt im Zündverteiler,
13 – Drosselklappenschalter,
14 – Höhengeber,
15 – Luftmengenmesser,
16 – Luftfilter,
17 – Thermozeitschalter,
18 – Bypass im Luftmengenmesser,
19 – Zusatzluftschieber,
20 – Leerlauf-Einstellschraube,
21 – Anlasser Kl. 50.

Motor (Die Angaben hinter dem Schrägstrich betreffen die Modelle ab März 1975)

Typ		12 S	16	16 S	19 S	19 E
Bauart		Viertakt-Kurzhub-Reihenmotor, wassergekühlt				
Zylinder		4	4	4	4	4
Bohrung	mm	79	85	85	93	93
Hub	mm	61	69,8	69,8	69,8	69,8
Hubraum effektiv	ccm	1196	1584	1584	1897	1897
Hubraum nach Steuerformel	ccm	1187	1566	1566	1875	1875
Höchstleistung	kW (PS)	44 (60)	50 (68)/44 (60)	59 (80)/55 (75)	66 (90)/65 (88)	77 (105)
bei U/min		5400	5200/5000	5200/5000	5100/4800	5400
Drehmoment	Nm (kpm)	88 (9)/90 (9)	108 (11)/105 (10,5)	118 (12)/117 (11,7)	146 (14,9)/145 (14,5)	152 (15,5)
bei U/min		3000–3800/ 2600–3400	3400/ 3000–3400	3800/3800	2500–3100/ 3400–3800	4200
Verdichtung		9,2/9,0	8,2/8,0	9,5/8,8	9,0/8,8	9,2
Oktanbedarf	ROZ	98	92	98	98	98
Kurbelwellenlager		3	5	5	5	5
Ventiltrieb		Seitlich liegende Nockenwelle, durch einfache Rollenkette angetrieben auf hängende Ventile wirkend	Obenliegende Nockenwelle, durch endlose Duplex-Rollenkette angetrieben, auf hängende Ventile wirkend			
Ventilspiel (warm)						
Einlaß	mm	0,15	0,30	0,30	0,30	0,30
Auslaß	mm	0,25	0,30	0,30	0,30	0,30
Ventilsteuerung						
Einlaß öffnet vor OT		46°	44°	44°	44°	52°/44°
Einlaß schließt nach UT		90°	86°	86°	86°	90°/88°
Auslaß öffnet vor UT		70°	84°	84°	84°	88°/84°
Auslaß schließt nach OT		30°	46°	46°	46°	54°/48°
Schmiersystem		Druckumlaufschmierung durch Zahnradpumpe mit Ölwechselfilter im Hauptstrom				
Kühlung		Wasserumlaufkühlung mit Flügelradpumpe, thermostatisch geregelt, Dauerflüssigkeit mit Frostschutz				

Kraftstoffanlage

Vergaser	Fallstrom-Vergaser				
Typ	Solex 35 PDSI	Solex 35 PDSI	Solex 32 DIDTA-4	Solex 32 DIDTA-4	Elektronische Benzineinspritzung (Bosch L-Jetronic)
Anzahl	1	1	1	1	
Beschleunigungspumpe	ja	ja	ja	ja	
Starterklappe	manuell	manuell	automatisch	automatisch	
Lufttrichter	26	27	23/28	24/28	
Hauptdüse	127,5	142,5	112,5/145	120/155	
Leerlaufdüse	47,5	50	55/—	50/—	
Luftkorrekturdüse	85	90	120/100	150/100	
Anreicherungsdüse	85	122,5	60/—	60/—	
Übergangsdüse	—	—	—/90	—/60	
Schwimmernadelventil	1,75	1,75	2,0	2,0	
Luftfilter	Trockenfilter mit Papiereinsatz und Ansauggeräuschdämpfer				
Kraftstoffpumpe	Mechanische Membranpumpe, von Verteilerwelle angetrieben				

Elektrische Anlage		12 S	16	16 S	19 S / 19 E
Zündung		Batterie-Zündung, 12 V Spannung			
Batterie		12 V/36 Ah	12 V/44 Ah	12 V/44 Ah	12 V/44 Ah
Zündspule		Bosch KW 12 V oder Delco Remy 12 V DR 502			
Zündverteiler		Bosch 0 231 150 034	Delco Remy 3 470 217	Delco Remy 3 470 221	Delco Remy 3 470 221
Zündverstellung		durch Fliehkraft und Unterdruck			
Fliehkraft	bis °kW	24–30	22–28	22–28	22–28
Unterdruck	bis °kW	12,5–17,5	10,5–15,5	18,5–23,5	18,5–23,5
Unterbrecherkontaktabstand	mm	0,4	0,4	0,4	0,4
Schließwinkel		47–53°	47–53°	47–53°	47–53°
Zündzeitpunkt-Grundeinstellung		Kerbe Riemenscheibe auf Markierung Steuergehäuse	Zeiger auf Markierung Schwungrad		
Zündfolge		1 – 3 – 4 – 2	1 – 3 – 4 – 2	1 – 3 – 4 – 2	1 – 3 – 4 – 2
Zündkerzen		Bosch W 6 B (W 200 T 35) oder AC 42 FS oder Autolite AE 22 oder Beru 14 - 6 B (200/14 A) oder Eyquem 705 S oder KLG GT 6 oder Marchal 35 oder Marelli CW 260 N	Bosch W 6 B (W 200 T 35) oder AC 42 FS oder Autolite AE 22 oder Beru 14 - 6 B (200/14 A) oder Eyquem 705 S oder KLG GT 6 oder Marchal 35 oder Marelli CW 260 N	Bosch W 6 D (W 200 T 30) oder AC 41,2 XLS oder Autolite AG 22 oder Beru 14 - 6 D (200/14/3 A) oder KLG GT 7 L oder Lodge HLNY oder Marchal GT 34 HD oder Marelli CW 78 LP oder NGk BP-6 ES	Bosch W 6 D (W 200 T 30) oder AC 42 FS oder Autolite AE 22 oder Beru 14 - 6 D (200/14/3 A) oder Eyquem 705 S oder KLG GT 6 oder Marchal 35 oder Marelli CW 260 N
Elektrodenabstand	mm	0,7–0,8	0,7–0,8	0,7–0,8	0,7–0,8
Lichtmaschine		K 1 ⟷ 14 V 35 A 20	K 1 (R) 14 V 28 A 22	K 1 (R) 14 V 35 A 20	K 1 (R) 14 V 55 A 20
Regler		ADN 1/14 V	AD 1/14 V	AD 1/14 V oder ADN 1/14 V	ADN 1/14 V
Anlasser		DF (R) 12 V 0,5 PS	EF (R) 12 V 0,8 PS	EF (R) 12 V 0,8 PS	EF (R) 12 V 0,8 PS
Stromaufnahme	Amp.	32 bis 150	40 bis 200	40 bis 200	40 bis 200
Scheinwerfer		Fernlicht 45 Watt, asymmetrisches Abblendlicht 40 Watt			

Kraftübertragung

Kupplung		Einscheiben-Trockenkupplung mit Belleville-Feder			
Schaltgetriebe		Schrägverzahntes, voll- und sperrsynchronisiertes Zahnrad-Vorlegegetriebe			
Übersetzungsverhältnisse	1. Gang	3,733	3,428	3,428	3,428
	2. Gang	2,243	2,156	2,156	2,156
	3. Gang	1,432	1,366	1,366	1,366
	4. Gang	1,0	1,0	1,0	1,0
	R.-Gang	3,9	3,317	3,317	3,317
Automatisches Getriebe				Hydraulischer Dreielement-Drehmomentwandler und automatisch schaltendes Dreigang-Planetenradsystem	
Übersetzungsverhältnisse	1. Gang	—	—	2,40	2,40
	2. Gang	—	—	1,48	1,48
	3. Gang	—	—	1,00	1,00
	R.-Gang	—	—	1,92	1,92
Kardanwelle		Einteilige Rohrgelenkwelle			
Hinterachsgetriebe		Hypoidverzahnter, geräuscharmer Kegelradantrieb			
Übersetzungsverhältnisse		4,11	3,70	3,67	3,44
(»SR«)				(3,89)	(3,67)
(»SR« mit Automatik)				(3,89)	(3,44)
(»GT/E«)					(3,18)

Fahrwerk		12 S	16	16 S	19 S / 19 E
Vorderachse		Einzelradaufhängung mit ungleich langen Querlenkern, trapezförmiger oberer Lenker, schmaler unterer Lenker mit Schubstrebe als Drehstabstabilisator, Horizontalachsen der Lenker gegeneinander verschränkt, Schraubenfedern mit linearer Rate			
Stoßdämpfer		Teleskop	Teleskop	Teleskop	Teleskop
Hinterachse		Deichselachse mit Zentralgelenk, zwei Längslenker und ein Querlenker, Schraubenfedern mit progressiver Rate, Drehstabstabilisator			
Stoßdämpfer		Teleskop	Teleskop	Teleskop	Teleskop
Lenkung		Gedämpfte Zahnstangenlenkung mit Schrägverzahnung, Gitterrohrlenksäule mit Teleskopspindel und Abreißschlitten, Gesamtübersetzung 19,7 : 1 (GT/E 17,4 : 1)			
Spurkreisdurchmesser	m	9,76	9,76	9,76	9,76
Wendekreisdurchmesser	m	10,50	10,50	10,50	10,50
Nachlauf unbelastet		+ 2° 30′ bis + 4° 30′			
belastet		+ 3° 50′ bis + 5° 50′			
Vorspur unbelastet		26′–45′ = 2,8–4,8 mm			
belastet		9′–28′ = 1,0–3,0 mm			
Sturz unbelastet		– 0° 10′ bis – 1° 40′			
belastet		0° bis – 1° 30′			
Bremsanlage		Hydraulische Zweikreis-Vierradbremse mit Bremskraftverstärker, Bremskraftregler beim GT/E			
Fußbremse vorne		Scheibenbremsen mit festem Bremssattel, zwei gegenüberliegende Bremskolben je Scheibe			
Bremsscheibe Durchmesser	mm	238	238	238	238
Nennstärke	mm	11	11	11	11
Mindeststärke	mm	10	10	10	10
Fußbremse hinten		Simplex-Trommelbremsen mit schräg abgestützten Gleitbacken, Bremskraftregler			
Bremstrommel Durchmesser	mm	200	200	230	230
Höchstzul. Durchmesser	mm	201	201	231	231
Wirksame Gesamtbremsfläche	qcm	409	409	510	510
Felgen (SR)		5 J x 13	5 J x 13	5 J x 13 (5½ J x 13)	5 J x 13 (5½ J x 13)
Reifen Berlinetta und SR		6.45/165 S 13/4 PR	6.45/165 S 13/4 PR	6.45/165 S 13/4 PR 185/70 SR 13 oder 165 SR 13	6.45/165 H 13/6 PR 185/70 SR 13 oder 165 SR 13 GT/E nur 185/70 HR 13
Sonderausstattung					
Felgen		5 J x 13	5 J x 13		
Reifen		165 SR 13	165 SR 13		
Felgen			5½ J x 13	5½ J x 13	5½ J x 13
Reifen			165 SR 13 185/70 SR 13	165 SR 13 185/70 SR 13	165 SR 13 185/70 SR 13

Füllmengen

		12 S	16	16 S	19 S/19 E
Kraftstofftank	Liter	45	45	45	45
Kühlsystem (GT/E)	Liter	5,1	6,5	6,5	6,1 (6,8)
bei automat. Getriebe	Liter	—	—	7,2	7,0
Ölwanne ohne Filterwechsel	Liter	2,5	3,5	3,5	3,5
mit Filterwechsel	Liter	2,75	3,8	3,8	3,8
Schaltgetriebe	Liter	0,6	1,1	1,1	1,1
Automatisches Getriebe (bei Ölwechsel)	Liter	—	—	2,5	2,5
Hinterachse	Liter	0,65	0,65	1,1	1,1
Scheibenwascher	Liter	1,3	1,3	1,3	1,3

Fahrwerte (Werksangaben)

		12 S	16	16 S	19 S	19 E
Höchstgeschwindigkeit						
mit Schaltgetriebe	km/h	145	154/150	164/163	170	188/188
mit automatischem Getriebe	km/h	—	—	159/158	165	—/183
Steigfähigkeit im 1. Gang bis 500 m über 0	(SR)	43 %	38 %	43 % (46 %)	51 % (56 %)	58 %
Kraftstoffverbrauch						
mit Schaltgetriebe (SR)	Liter	8,4/7,9	9,0/9,5	8,5 (8,8)/8,4	8,5 (8,7)/8,2 (8,5)	8,5/8,1
mit autom. Getriebe (SR)	Liter	—	—	9,4 (9,7)/(9,8)	9,7 (9,7)/9,2 (9,2)	—/9,0
Ölverbrauch je 100 km	Liter	0,075	0,1	0,1	0,1	0,1

Reifendruck (bar)

Reifengröße	Bei Geschwindigkeit bis 150 km/h		Bei Geschwindigkeit bis 160 km/h		Bei Höchstgeschwindigkeit	
	vorn	hinten	vorn	hinten	vorn	hinten
6.45/165 S 13/4 PR 6.45/165 H 13/6 PR	1,6	1,8			1,9	2,1
165 SR 13			1,6	1,9	1,8	2,1
185/70 SR 13			1,8	2,0	2,0	2,2

Luftdruck kann vorn und hinten bei Belastung bis 3 Personen um 0,2 atü gesenkt, soll bei sportlicher Fahrweise um 0,2 atü erhöht werden

Maße und Gewichte

		Manta	Manta L	Manta SR (Berlinetta)	Manta GT/E
Radstand	mm	2430	2430	2430	2430
Spurweite vorn	mm	1331	1331	1331	1329
Spurweite hinten	mm	1320	1320	1320	1320
Bodenfreiheit (19 S)	mm	165 (161)	165 (161)	155	155
Länge über alles	mm	4292	4343	4343	4292
Breite über alles	mm	1626	1632	1632	1626
Höhe (unbelastet)	mm	1355	1355	1355	1345
Leergewicht					
mit Schaltgetriebe					
Motor 12 S	kg	865	880	—	—
Motor 16	kg	930	945	—	—
Motor 16 S / 19 S, 19 E	kg	950	960	970 (960)	980
mit automatischem Getriebe	kg	970	980	990 (980)	—
Zulässige Vorderachslast					
Motor 12 S	kg	560	560	—	—
Motor 16 / 16 S / 19 S, 19 E	kg	630	630	650	650
Zulässige Hinterachslast					
Motor 12 S	kg	700	700	—	—
Motor 16	kg	710	710	—	—
Motor 16 S / 19 S, 19 E	kg	730	730	730	730
Zuladung	kg	365	365	365	320
Zulässiges Gesamtgewicht					
mit Schaltgetriebe					
Motor 12 S	kg	1230	1245	—	—
Motor 16	kg	1295	1310	—	—
Motor 16 S / 19 S, 19 E	kg	1315	1325	1335 (1325)	1300
mit automatischem Getriebe	kg	1335	1345	1355	—
Zulässige Anhängelast					
ungebremst					
Motor 12 S	kg	415	415	—	—
Motor 16 / 16 S / 19 S, 19 E	kg	500	500	500	500
gebremst					
Motor 12 S	kg	700	700	—	—
Motor 16 / 16 S / 19 S, 19 E	kg	850	850	850	850

Änderungen am Opel Manta

Entwicklungsjahre

Die folgende Aufstellung zeigt die Änderungen im Laufe der Produktionsjahre auf, die sich auf neue Gesichtspunkte in der technischen Entwicklung und auf Erfahrungen aus der Praxis stützen. Für Käufer und Gebrauchtwagenhändler ist die chronologische Übersicht gleichermaßen wertvoll, wie sie auch professionellen oder privaten Handwerkern interessante Anhaltspunkte bietet. Ausführliche technische Daten enthält das vorangegangene Kapitel.

1970

Produktionsbeginn des Opel Manta im August 1970 im Opel-Werk Bochum.
Neues Fahrwerk, identisch mit dem des (ab Dezember ausgelieferten) Opel Ascona, beginnend mit Fahrgestell-Nr. 2261863. Vorn Einzelradaufhängung mit ungleichen oberen und unteren Lenkern und Schubstrebe als Drehstabstabilisator, hintere Starrachse mit Längslenkern und Querlenker und mit Drehstabstabilisator; Schraubenfedern.
Drei aus der Rekord-Reihe abgeleitete Motorversionen mit vier Zylindern: Zwei 1,6 Liter-Motoren mit 68 PS (Typ 16) und 80 PS (Typ 16 S) sowie der 1,9 Liter-Motor mit 90 PS (Typ 19 S).
Typ 16 mit Solex PDSI-Vergaser mit manuell bedienbarer Starterklappe, Typen 16 S und 19 S mit Solex DIDTA-Vergaser mit Startautomatik. Die beiden stärkeren Modelle wahlweise mit automatischem Getriebe, Sperrdifferential auf Wunsch.
Typ 16 wahlweise mit Diagonal- oder Radial-Reifen, Felgengröße 5 J x 13 oder 5½ J x 13, die anderen Typen nur mit Radial-Reifen und 5½ J x 13-Felgen.
Neue Karosserie als zweitüriges Coupé mit Doppelscheinwerfern, wahlweise Halogen-Scheinwerfer. Alle Modelle mit Drehstrom-Lichtmaschine. Heizbare Heckscheibe auf Wunsch.
Zusatzinstrumente, Dreipunkt-Sicherheitsgurte, Sportlenkrad, automatische Wischerbetätigung, Halogen-Scheinwerfer und 185/70 SR 13-Reifen auf Sportfelgen für die SR-Version. Nur in Verbindung mit 80 PS- und 90 PS-Motor. Wahlweise mattschwarze Motorhaube, schwarze Seitenstreifen.

Januar 1971

Luftfilter nur noch mit Papierelement, bei Motor 16 S ab Nr. 0010552 und 19 S Nr. 0588414 Luftfilter mit zusätzlicher Stütze und Abschirmblech zwischen Vergaser und Auspuffkrümmer.

Mai 1972

Preisgünstiger Typ Holiday, basierend auf Luxusmodell mit Drehstrom-Lichtmaschine, Halogen-Nebelscheinwerfer, Nebelschlußleuchte, Sicherheitsgurte, Gürtel-Reifen, heizbare Heckscheibe, 90 PS-Motor.
Sparmodell Typ 12 S mit 1,2 Liter-Motor der Kadett-Reihe, Leistung 60 PS. Solex PDSI-Vergaser, Drehstrom-Lichtmaschine. Diagonal- oder Radial-Reifen wahlweise.

September 1972

»Berlinetta« als Sonderversion, serienmäßig mit 1,9 Liter-Motor. Vier von der Serie abweichende Lackierungen, cordbezogene Sitze, Kopfstützen vorn, Vinyldach, zusätzliche Halogen-Fernscheinwerfer, elektrischer Scheibenwascher, heizbare Heckscheibe, Sportfelgen.

April 1973

Preisgünstiger 90 PS-Manta wie Mai 1972, dazu Sportfelgen, PVC-Leiste auf Stoßfängern, Drehzahlmesser.

August 1973

Typ 12 S aus der Produktion genommen.
Alle Opel serienmäßig mit Dreipunkt-Sicherheitsgurten für Vordersitze.
Scheibenwischerbetätigung in Kombinationshebel links an der Lenksäule, mit dem auch Blinker, Lichthupe und Parkleuchten geschaltet werden. Auf Wunsch Scheinwerfer-Wisch- und Waschanlage. Neue Sitze, größere Ablage auf Tunnelkonsole, zusätzliche Luftdüsen seitlich der Instrumententafel. Alle Modelle – außer SR – mit bisherigem Luxuslenkrad.

September 1973

Vorstellung des Manta GT/E auf der IAA in Frankfurt. 1,9 Liter-Motor mit Benzineinspritzung und mit einer Leistung von 105 PS. Sonderlackierung und Bugspoiler. Spitzengeschwindigkeit bei 188 km/h.

November 1973

Wiedereinführung des 12 S/60 PS-Motors.
Sonderversion »Plus« des 68 PS-Modells mit Sportfelgen, Stahlgürtel-Reifen 165 SR 13 zX, heizbarer Heckscheibe, stärkerer Drehstrom-Lichtmaschine und verstellbaren Kopfstützen.
Im Jahr 1973 wurden 127 242 Exemplare der Modellreihe Manta hergestellt.

März 1974

Lieferbeginn des im September 1973 vorgestellten Manta GT/E mit Bosch-L-Jetronic. Reichhaltige Ausstattung, breiter Zierstreifen auf den Seitenteilen.

Januar 1975

1,6-Liter-Motoren durch verringerte Verdichtung mit 60 bzw. 75 PS Leistung.

März 1975

Alle Modelle ab Werk mit Gürtel-Reifen und mit modifizierter Scheibenwaschanlage.

Mai 1975

Sonderversion des 75-PS-Modells mit verstärkter Lichtmaschine, heizbarer Heckscheibe, Kopfstützen vorn, Sportfelgen und Sportlenkrad.

August 1975

Produktionsende des Manta A, der von dem Manta B abgelöst wird.

Wegweiser zur Erkenntnis

Erläuterungen zum Schaltplan in der hinteren Buchklappe

Lassen Sie sich von dem Kabelgewirr unserer Zeichnung nicht erschrecken. Die jeweiligen Breiten der Doppellinien entsprechen den Kabelstärken im Wagen. Die Buchstaben und Ziffern der nachfolgenden Tabellen sollen Ihnen außerdem im Schaltplan zu weiterer Übersicht verhelfen. Der Schaltplan schließt alle Teile ein, die nicht zur serienmäßigen Grundausstattung gehören. Er ist für alle Manta-Modelle ab Baujahr Mai 1971 gültig, bei den vorher gebauten Modellen bestehen nur geringfügige Abweichungen. Masse-Anschlüsse sind durch Pfeile gekennzeichnet.

A — Anlasser
B — Batterie
C — Drehstrom-Lichtmaschine
C_1 — Regler
C_2 — Ladekontrolleuchte
D — Zündschloß
E — Sicherungskasten
F — Blinkgeber
F_1 — Blinkleuchte vorn links
F_2 — Blinkleuchte vorn rechts
F_3 — Blinkleuchte hinten links
F_4 — Blinkleuchte hinten rechts
F_5 — Blinkerkontrolleuchte
F_6 — Warnblinkkontrolleuchte
G — Gebläse
G_1 — Gebläseschalter
H — Signalhorn
J — Innenleuchte
J_1 — Türkontakt links
J_2 — Türkontakt rechts
K — Kraftstoffmeßgerät
K_1 — Kraftstoffanzeige
L — Lichtschalter
L_1 — Scheinwerfer links mit Abblendlichtlampe und Standlichtlampe
L_2 — Scheinwerfer rechts mit Abblendlichtlampe und Standlichtlampe
L_3 — Scheinwerfer links mit Fernlichtlampe
L_4 — Scheinwerfer rechts mit Fernlichtlampe
L_5 — Nebelscheinwerfer links
L_6 — Nebelscheinwerfer rechts
L_7 — Fernlichtrelais
L_8 — Nebelscheinwerferrelais
L_9 — Nebelscheinwerfer- und Schlußleuchtenschalter mit Kontrolleuchte
L_{10} — Fernlichtkontrolleuchte
L_{11} — Nebelschlußleuchte
L_{12} — Nebelschlußleuchtenschalter
L_{13} — Parkleuchte links
L_{14} — Parkleuchte rechts
M — Motorraumleuchte
M_1 — Kofferraumleuchte
M_2 — Kofferraumleuchtenschalter
M_3 — Handschuhkastenleuchte
M_4 — Instrumentenleuchten
N_1 — Kennzeichenleuchte links
N_2 — Kennzeichenleuchte rechts
O — Öldruckschalter
O_1 — Öldruckkontrolleuchte
O^2 — Öldruckmanometer
P — Bremslichtschalter
P_1 — Brems-Schlußlicht links
P_2 — Brems-Schlußlicht rechts
P_3 — Handbrems- und Kupplungskontrolleuchte
P_4 — Handbremskontrollschalter
P_5 — Kupplungskontrollschalter
P_6 — Rückfahrleuchte links
P_7 — Rückfahrleuchte rechts
P_8 — Rückfahrleuchtenschalter
Q — Heizscheibe
Q_1 — Heizscheibenschalter mit Leuchte
Q_2 — Heizscheiben-Relais
R — Radio
S — Wischermotor
S_1 — Scheibenwischerschalter
S_2 — Scheibenwascherpumpe
S_3 — Signalschalter mit Scheibenwascherschalter
S_4 — Fußkontaktpumpe
T — Zigarrenanzünder mit Leuchte
U — Instrumente
V — Verzögerungsrelais
W — Temperaturgeber
W_1 — Fernthermometer
X — Wählhebelschalter
X_1 — Wählhebelleuchten
Y — Steckverbindung
Z — Zündspule
Z_1 — Zündverteiler
Z_2 — Zündkerzen
Z_3 — Drehzahlmesser
Z_4 — Zeituhr
Z_5 — Spannungsstabilisator
Z_6 — Amperemeter
Z_7 — Zeituhr bzw. Drehzahlmesser

Genormte Klemmenbezeichnungen im Schaltplan

Die nachstehenden Klemmenbezeichnungen sind sowohl im Schaltplan in der hinteren Buchklappe an den betreffenden Stellen eingedruckt als auch auf den meisten Bauteilen im Auto eingeprägt. Diese Klemmenbezeichnungen sind übrigens allgemeinverbindlich für alle Kraftfahrzeuge genormt.

Klemme	Kabel von — zu
1	Primärstrom Zündspule - Verteiler (Unterbrecher)
4	Sekundärstrom Zündspule - Verteiler
15	Strom bei eingeschalteter Zündung: Zündschloß - Zündspule
30	Stets stromführende Leitungen: Batterie + - Anlasserschalter - Reglerschalter Klemme B + - Zündschloß Zündschloß - Abblendhebel, Strom für Lichthupe Reglerschalter Klemme B + - Lichtschalter
30/51	Relais
31	Masseanschluß-Leitungen
31 b	Endabstellung Wischermotor - Wischerschalter
49	Sicherung Nr. 7 - Blinker-Relais
49 a	Blinker-Relais - Blinkerhebel am Lenkrad
50	Anlaß-Strom Zündschloß - Anlasser
51	Lichtmaschine (+-Pol) - Reglerschalter - Ladeanzeige
53	Wischerschalter - Wischermotor Betriebsstrom
53 a	Wischerschalter - Wischermotor Endabstellung
53 b	Wischerschalter - Wischermotor 2. Stufe
56	Stromführend bei gedrücktem Lichtschalter: Lichtschalter - Abblendhebel am Lenkrad

Klemme	Kabel von — zu
56 a	Abblendhebel - Scheinwerfer-Fernlicht
56 b	Abblendhebel - Scheinwerfer-Abblendlicht
58	Standlichtschalter Klemme 58 L - Sicherung Nr. 2 - Standlicht links, Schlußlicht links Standlichtschalter Klemme 58 R - Sicherung Nr. 1 - Standlicht rechts, Schlußlicht rechts
58 K	Standlichtschalter - Sicherung Nr. 3 - (Weitstrahler-Relais Klemme 30/51) - Kennzeichenleuchte
58 L	Nur bei ausgeschalteter Zündung: Blinkerhebel - Sicherung Nr. 2 - Parklicht links (Standlicht, Schlußlicht links)
58 R	Blinkerhebel - Sicherung Nr. 1 - Parklicht rechts (Standlicht, Schlußlicht rechts)
D +	Lichtmaschine Ankerwicklung - Reglerschalter
D —	Reglerschalter - Lichtmaschine Masse
DF	Lichtmaschine Feldspulen - Reglerschalter
B +	Batterie +-Pol - Reglerschalter
P	Nur bei ausgeschalteter Zündung: Zündschloß - Blinkerhebel (Parklicht-Strom)

Erläuterungen zum Schaltplan siehe Seite 254.

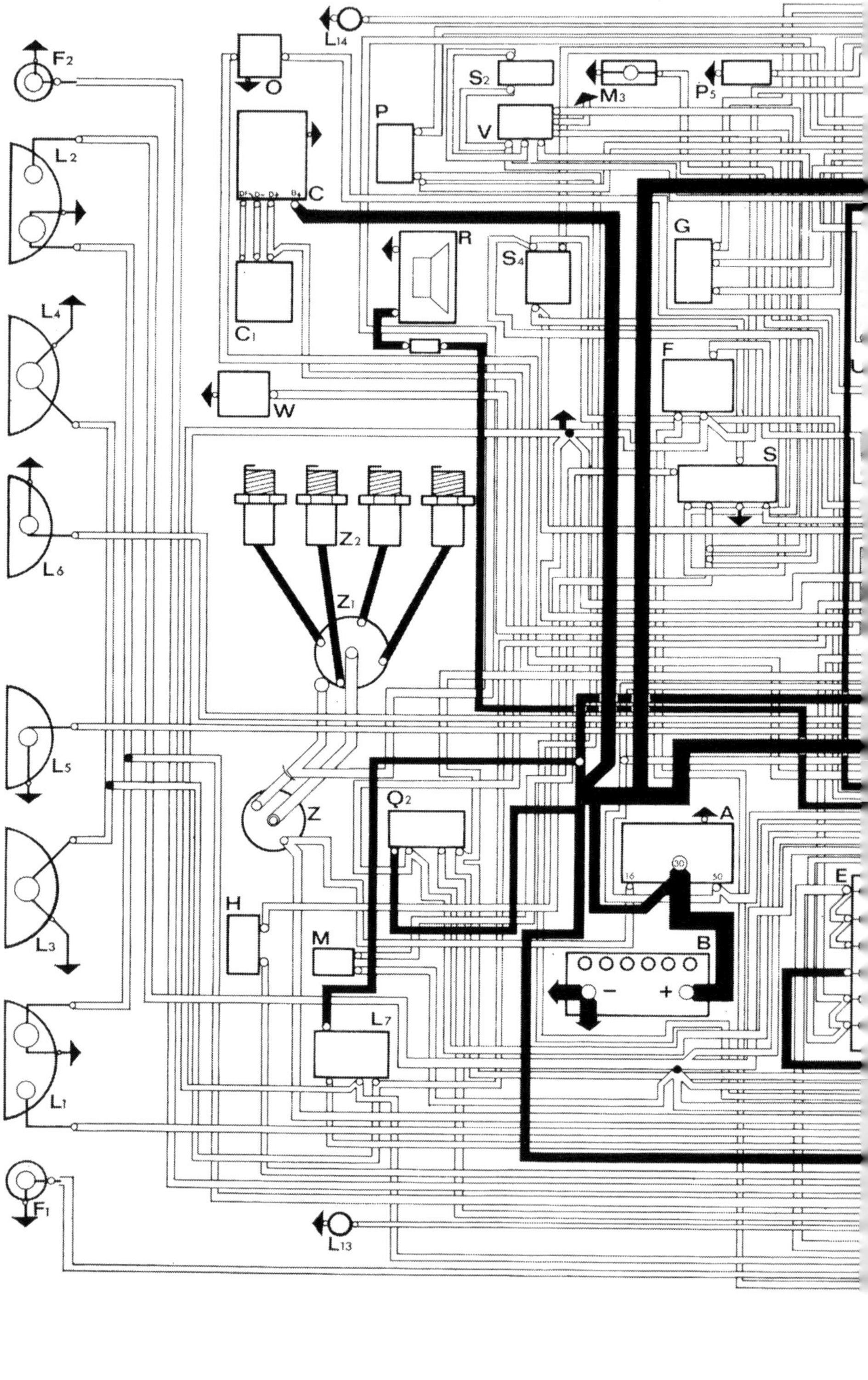

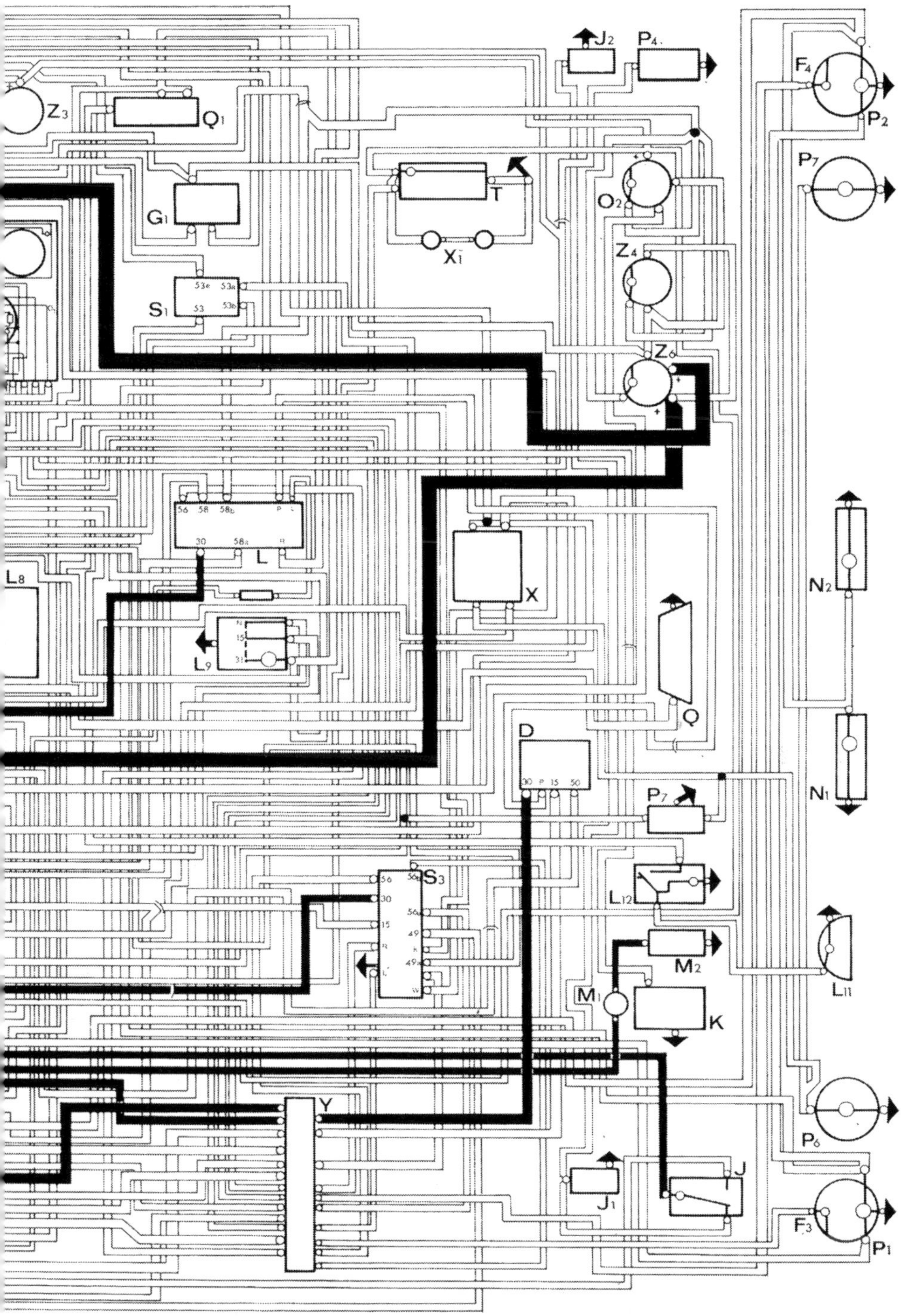
Z3
Q1
G1
S1
53e
53a
53
53b
J2
P4
T
X1
O2
Z4
Z6
F4
P2
P7
56
58
58b
P
L
30
58a
R
L8
L9
X
Q
D
30
P
15
50
P7
S3
L12
M2
M1
K
L11
N2
N1
Y
J
J1
P6
F3
P1

FSC
www.fsc.org
MIX
Papier | Fördert gute Waldnutzung
FSC® C083411

Kolibri 360 GmbH
Ferdinand-Jühlke-Straße 7
99095 Erfurt, Deutschland
produktsicherheit@kolibri360.de